1
3
4
5
2
6
7
8
9
U0133722
10
11
12
14
15
16
17
19
21
18
20
23

22

25

26

24
27
28
29
30
33
31
34
32
36
35
37
38
40
39
42
43
41
48
44
45
47
46
49
香山公园
香山公园
50

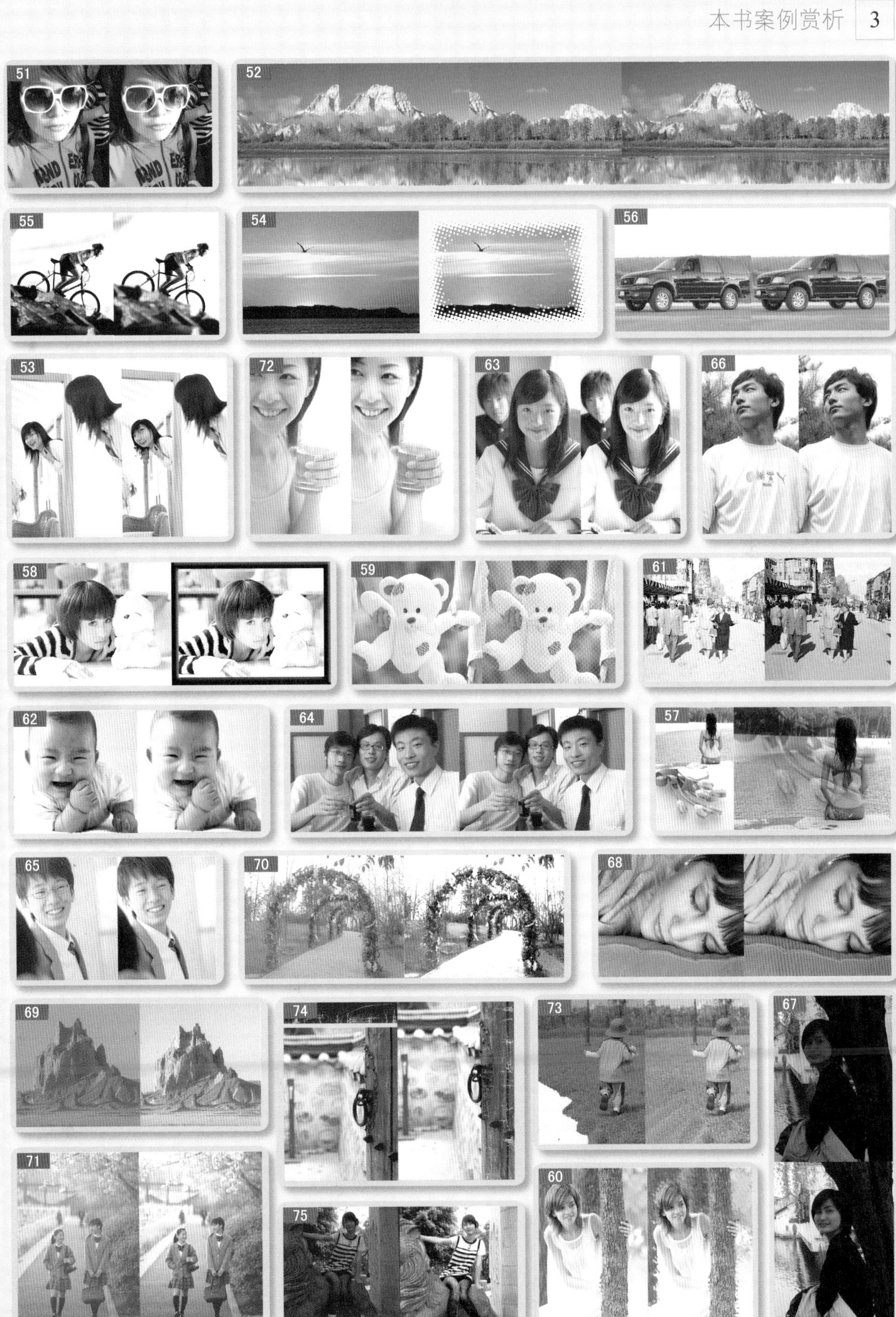
51
52
55
54
56
53
72
63
66
58
59
61
62
64
57
65
70
68
69
74
73
67
71
75
60

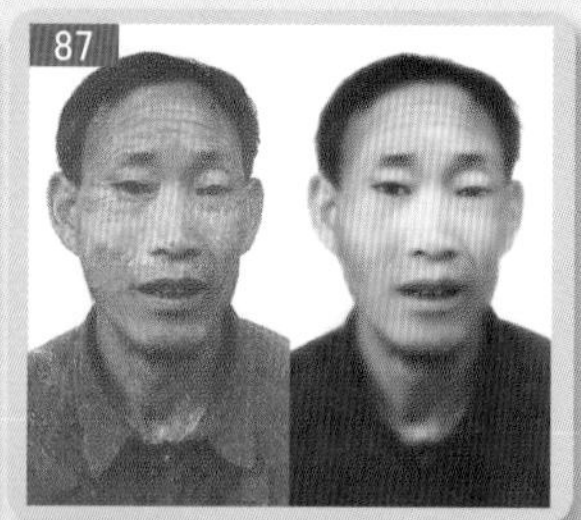

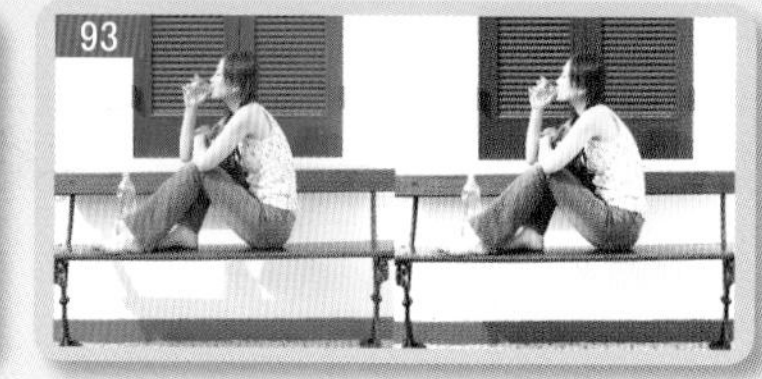

101

102

109

103

104

106

107
EIJING
EIJING

108

111

113

114

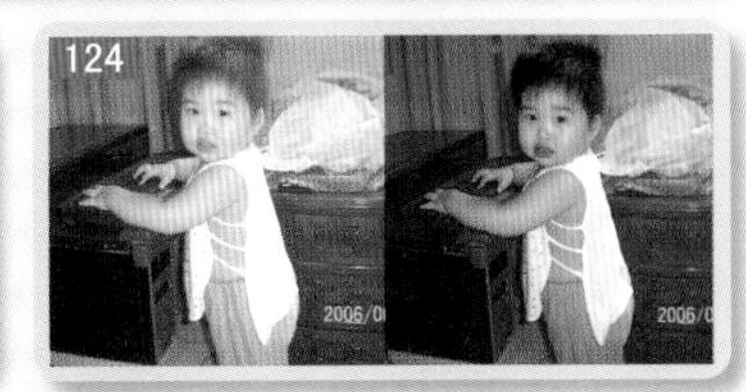
124

115

120

119

116

121

117

125

123

110

122
你喜欢品味生活吗?

105
2008. Summer

112

136

127

128

130

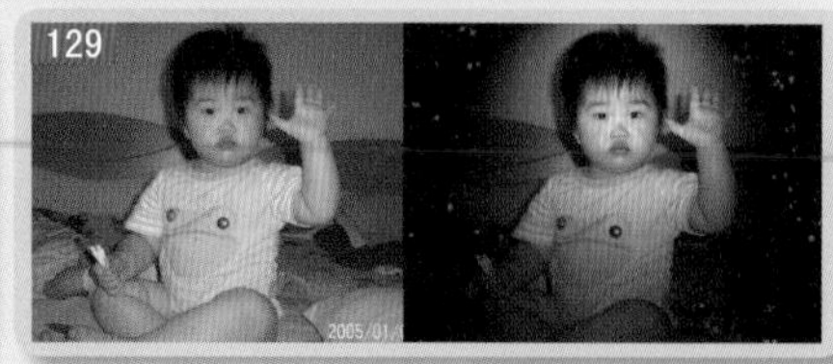
129

137

126

133

135

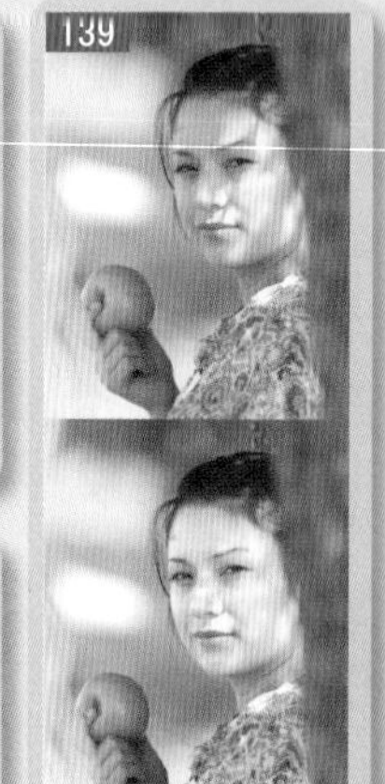
139

134

140

143

141

138

132

147

144

146

142

131

145

148

149

150

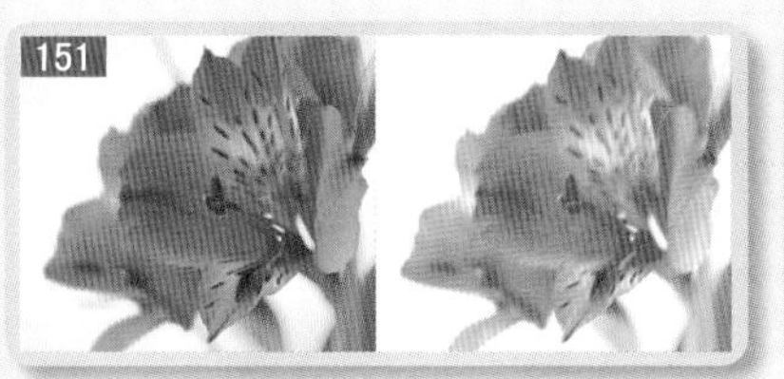
151

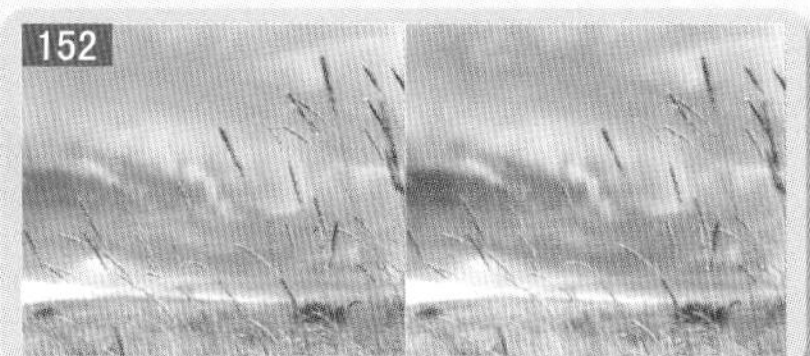
152

161

154

155

169

153

157

158

159

160

162

163

164

173

166

165

167

175

170
171

168

174

156

172

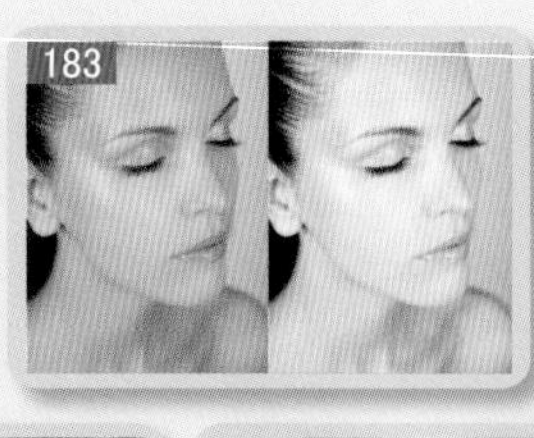

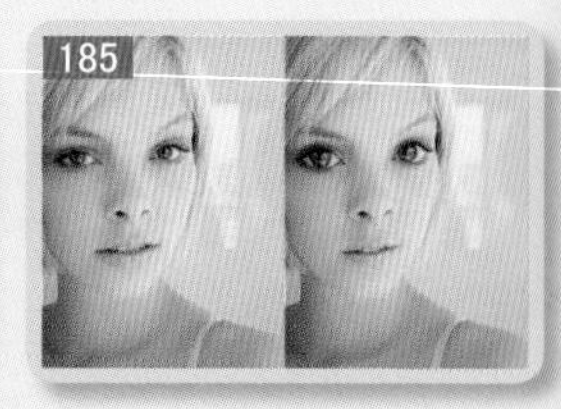

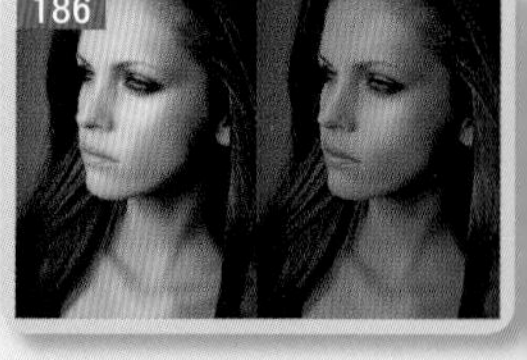

201
202
203
204
205
207
208
217
221
216
213
211
209
214
206
215
219
218
220
222
225
212

210

223

224

226

231

229

227

234

233

232

235

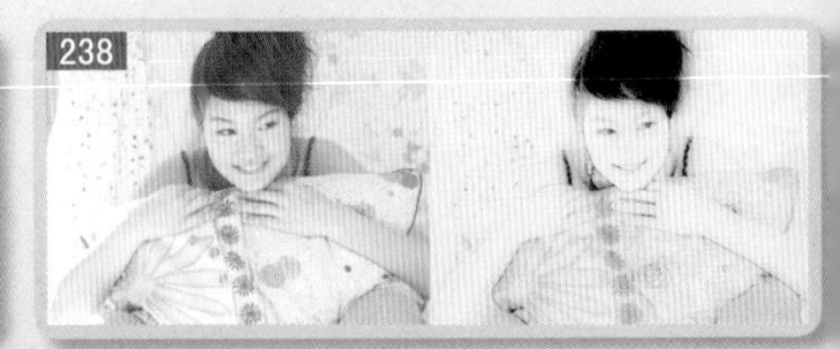
238

236

237

240

239

241

242

248

230

243

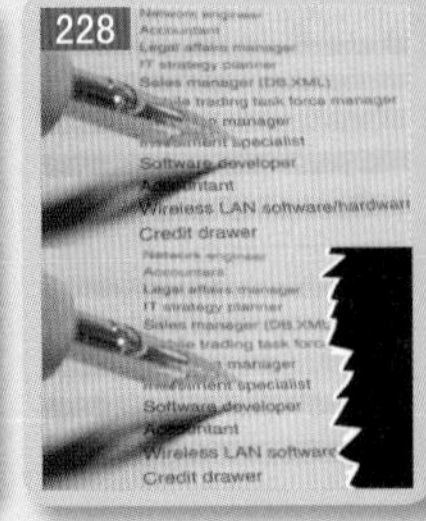
228
Network engineer
Accountant
Legal affairs manager
IT strategy planner
Sales manager (DB,XML)
Software developer
Credit drawer

244

245

246

247

249

250

252

262

254

251
the city

255

259
约定

258

260

261

257
梦幻蝴蝶

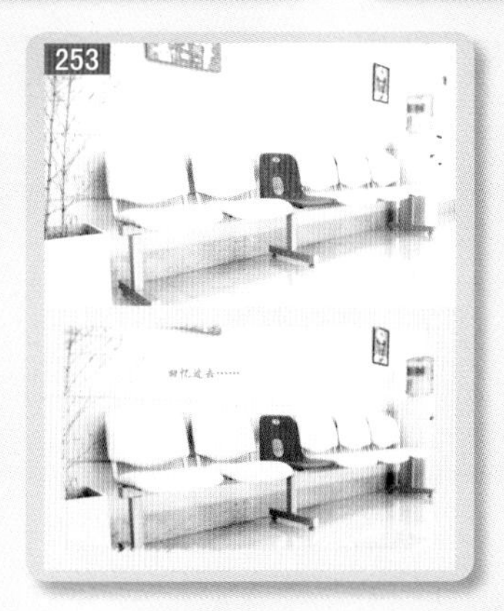
253

256
can you
see me?

263
童年时光

264

266

265
January

267
甜心寶貝
Sweet heart treasure

268

269
快乐宝贝

270

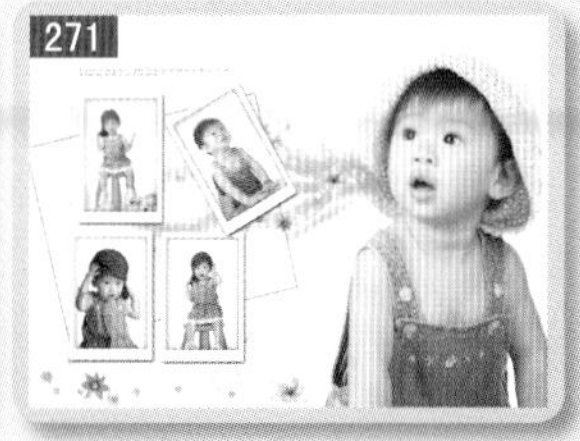
271

272

273

274
ETERNAL LOVE

275

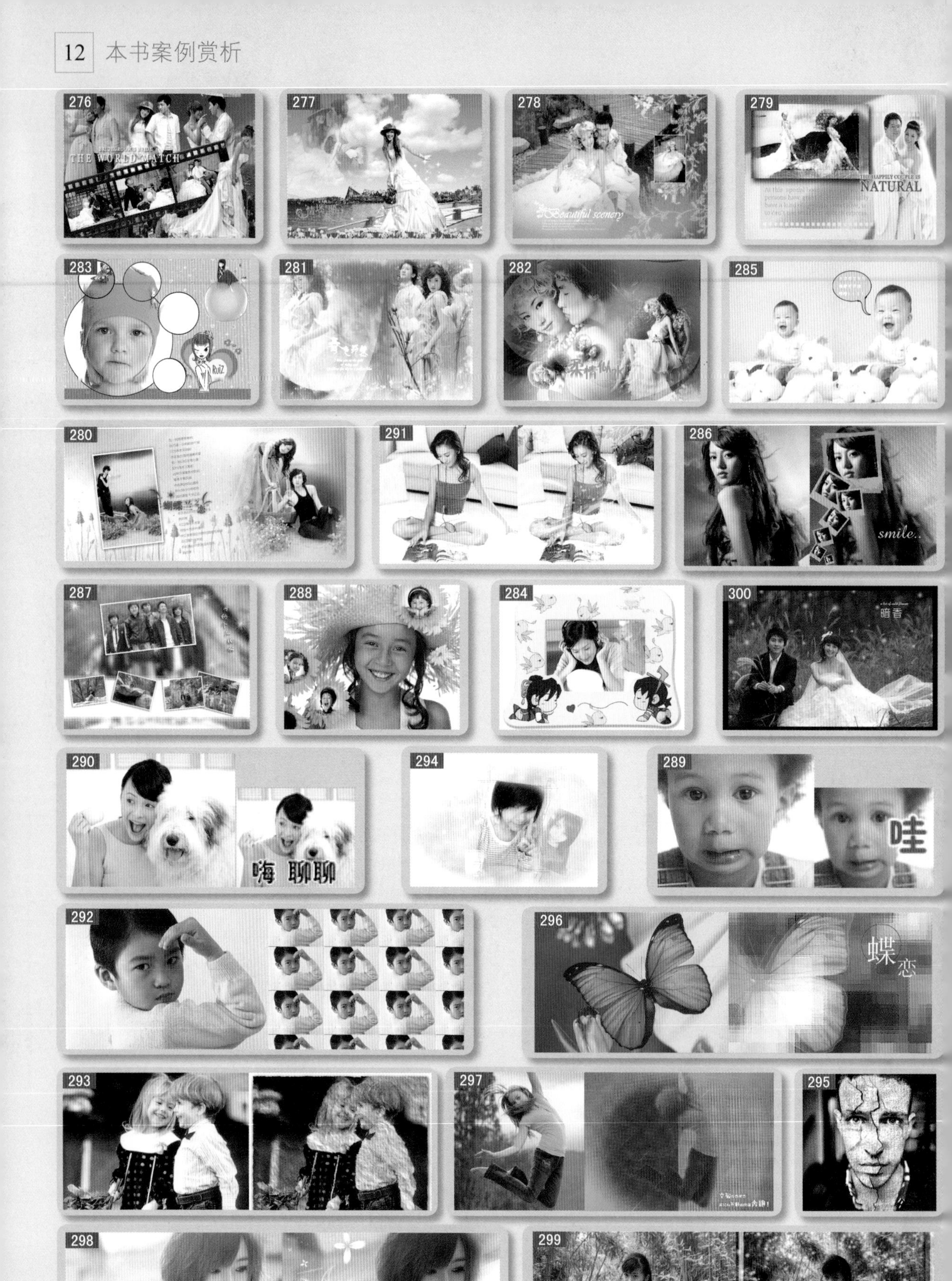
276
277
278
279
283
281
282
285
280
291
286
smile..
287
288
284
300
暗香
290
嗨 聊聊
294
289
哇
292
296
蝶
恋
293
297
295
298
299
美好的回忆

Photoshop CS4 数码照片处理从入门到精通

新视角文化行 编著

人民邮电出版社
北京

图书在版编目（CIP）数据

Photoshop CS4数码照片处理从入门到精通 / 新视角文化行编著. -- 北京 : 人民邮电出版社, 2010.1
（设计师梦工厂. 从入门到精通）
ISBN 978-7-115-21546-8

Ⅰ. ①P… Ⅱ. ①新… Ⅲ. ①图形软件，Photoshop CS4 Ⅳ. ①TP391.41

中国版本图书馆CIP数据核字(2009)第206526号

内 容 提 要

本书是“从入门到精通”系列中的一本。本书精心设计了300个实例，全面讲解了使用Photoshop CS4处理相片所需要的知识点。全书共分15章，分别讲解了照片基本处理、照片基本修饰、修补照片、调整照片的色调、调整照片影调、风景照片处理、人物照片处理、城市主题照片修饰、相框制作、静物照片的艺术特效制作、绘画艺术特效制作、照片特效、烂漫童真照片处理、浪漫婚纱照片处理和实用创意特效制作等内容，基本上涵盖了Photoshop相片处理的具体应用。附带的两张DVD视频教学光盘包含了书中所有300个实例的多媒体视频教程、源文件和素材文件。

本书采用“完全案例”的编写形式，兼具技术手册和应用技巧参考手册的特点，技术实用，讲解清晰，不仅可以作为图像处理和平面设计初中级读者的学习用书，而且也可以作为大中专院校相关专业及平面设计培训班的教材。

设计师梦工厂·从入门到精通

Photoshop CS4数码照片处理从入门到精通

◆ 编　著　新视角文化行
　责任编辑　郭发明
◆ 人民邮电出版社出版发行　北京市崇文区夕照寺街14号
　邮编　100061　电子函件　315@ptpress.com.cn
　网址　http://www.ptpress.com.cn
　北京隆昌伟业印刷有限公司印刷
◆ 开本：787×1092　1/16
　印张：26　彩插：6
　字数：812千字　2010年1月第1版
　印数：1–4 000册　2010年1月北京第1次印刷

ISBN 978-7-115-21546-8

定价：55.00元（附2 DVD）

读者服务热线：(010)67132692　印装质量热线：(010)67129223
反盗版热线：(010)67171154

前　言

Preface

Photoshop CS4 数码照片处理从入门到精通

关于本系列图书

感谢您翻开本系列图书。在茫茫的书海中，或许您曾经为寻找一本技术全面、案例丰富的计算机图书而苦恼，或许您为担心自己是否能做出书中的案例效果而犹豫，或许您为了自己应该买一本入门教材而仔细挑选，或许您正在为自己进步太慢而缺少信心……

现在，我们就为您奉献一套优秀的学习用书——“从入门到精通”系列，它采用完全适合自学的“教程+案例”和“完全案例”两种形式编写，兼具技术手册和应用技巧参考手册的特点，随书附带的 DVD 多媒体教学光盘包含书中所有案例的视频教程、源文件和素材文件。希望通过本系列书能够帮助您解决学习中的难题，提高技术水平，快速成为高手。

■　自学教程。书中设计了大量案例，由浅入深、从易到难，可以让您在实战中循序渐进地学习到相应的软件知识和操作技巧，同时掌握相应的行业应用知识。

■　技术手册。一方面，书中的每一章都是一个小专题，不仅可以让您充分掌握该专题中提到的知识和技巧，而且举一反三，掌握实现同样效果的更多方法。

■　应用技巧参考手册。书中把许多大的案例化整为零，让您在不知不觉中学习到专业应用案例的制作方法和流程，书中还设计了许多技巧提示，恰到好处地对您进行点拨，到了一定程度后，您就可以自己动手，自由发挥，制作出相应的专业案例效果。

■　老师讲解。每本书都附带了 CD 或 DVD 多媒体教学光盘，每个案例都有详细的语音视频讲解，就像有一位专业的老师在您旁边一样，您不仅可以通过本系列图书研究每一个操作细节，而且还可以通过多媒体教学领悟到更多的技巧。

本系列图书近期已推出以下品种。

3ds Max 9+VRay 效果图制作实战从入门到精通	Flash CS3 动画制作实战从入门到精通
Photoshop CS3 图像处理实战从入门到精通	InDesign CS3 从入门到精通
Photoshop CS3 中文版从入门到精通全彩版	3ds Max/VRay 三维模型与动画制作实战从入门到精通
Photoshop CS3 平面设计实战从入门到精通	3ds Max 2009 从入门到精通
3ds Max 2009/VRay 建筑动画制作实战从入门到精通	3ds Max 9+VRay 效果图制作实战从入门到精通全彩版
Photoshop CS4 从入门到精通	AutoCAD 2009 辅助设计从入门到精通
会声会影 X2 实战从入门到精通	AutoCAD 2009 机械设计实战从入门到精通
3ds Max+VRay 效果图制作从入门到精通	Photoshop CS4 图像处理实战从入门到精通

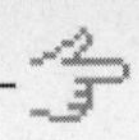

关于本书

本书以图像处理软件 Photoshop CS4 为操作基础，介绍了数码照片处理的基础知识、数码照片常见的处理方法和技巧，然后逐步引导大家进阶到数码照片专业处理技术，如调整照片的色调和影调、制作照片相框特效、制作照片特效等，最后运用 3 个章节分类讲解了数码照片常见的艺术效果的制作。全书共有 300 个案例，并详细剖析了各个案例的操作步骤，也为众多的数码照片爱好者提供了一个技术交流的平台。

本书具有以下特点。

1．专业设计师讲解。本书由具有丰富教学经验的老师编写而成，从机械制图的制作流程入手，逐步引导读者系统地掌握软件和机械制图的各种技能。

2．语言通俗，标注明了。全书语言浅显易懂，除了本书配合多媒体讲解外，我们对书中的配图也做了详细、清晰的标注，让读者学习起来更加轻松，阅读更加容易。

3．案例丰富专业，技巧全面实用。300 个实例和大量的应用技巧，二者相辅相成，形成了立体化教学的全新思路。

4．超大容量光盘，学习轻松方便。本书配有 2 张海量信息的 DVD 光盘，包含 300 个实例的多媒体语音教学文件、案例源文件和素材文件，为读者扫清了可能的学习障碍。

本书由新视角文化行总策划，由一线专业教师张传记、孙美娟编写，在成书的过程中，得到了杜昌国、邹庆俊、易兵、宋国庆、汪建强、信士常、罗丙太、王泉宏、李晓杰、王大勇、王日东、高立平、杨新颖、李洪辉、邹焦平、张立峰、邢金辉、王艾琴、吴晓光、崔洪禹、田成立、梁静、任宏、吴井云、艾宏伟、张华、张平、孙宝莱、孙朝明、任嘉敏、钟丽、尹志宏、蔡增起、段群兴、郭兵、杜昌丽等人的大力帮助和支持，在此表示感谢。

由于作者知识水平有限，书中难免有错误和疏漏之处，恳请广大读者批评指正。读者在学习过程中，如果遇到问题，可以联系作者（网址 www.visualbooks.cn 或者电子邮件 nvangle@163.com），也可以与本书策划编辑郭发明联系交流（guofaming@ptpress.com.cn）。

新视角文化行

2009 年 12 月

目　录
Contents

Photoshop CS4 数码照片处理从入门到精通

第1章　照片基本处理

本章主要讲解如何将照片进行最基本的处理，调整照片的大小、对称处理、为照片添加边框以及将照片中简单的多余物进行处理是最常用的，本章就对这些问题进行详细讲解。

Example 实例 1　调整照片的大小

案例文件	DVD1\源文件\第 1 章\1-1.psd
难易程度	★☆☆☆☆
视频时间	36 秒
技术点睛	通过“图像大小”对话框调整照片的大小

思路分析

拍摄的照片有时尺寸比较大，占用的磁盘空间也很大，修改照片的尺寸大小可以减小照片的尺寸，效果如图 1-1 所示。

（修改前）

（修改后）

图 1-1　调整照片大小前后的效果对比

制作步骤

步骤 1 执行“文件>打开”命令，打开需要处理的照片原图“DVD1\源文件\第 1 章\素材\1101.jpg”，如图 1-2 所示，执行“图像>图像大小”命令，打开“图像大小”对话框，如图 1-3 所示。

图 1-2　打开照片

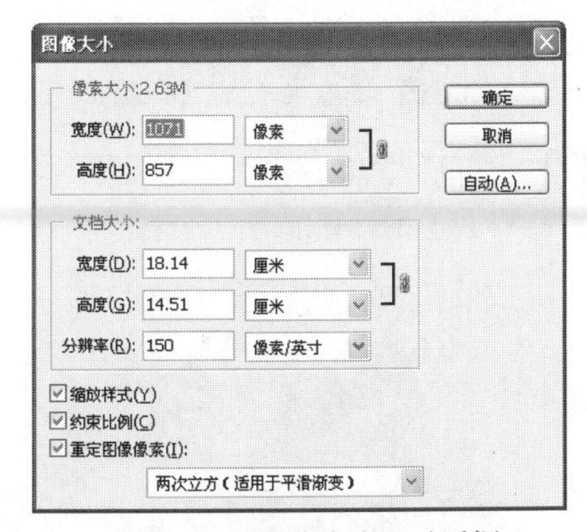

图 1-3　“图像大小”对话框

步骤 2 在“图像大小”对话框中设置“宽度”值为 800 像素，如图 1-4 所示，单击“确定”按钮完成设置，如图 1-5 所示。

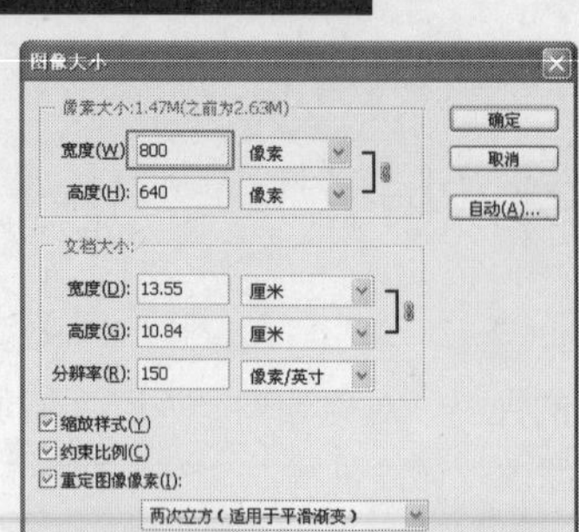

图 1-4 “图像大小”对话框

图 1-5 调整照片后的效果

提示 在设置“宽度”和“高度”值时，如果勾选了“约束比例”选项，在修改数值时 Photoshop 会自动更改数值，从而成比例地调整图像大小。例如，设置的是“宽度”值，则会自动修改“高度”值。如果不勾选“约束比例”选项，在修改时就不会自动地按比例缩放。

步骤 3 调整完照片大小后，执行“文件>存储为”命令，将照片存储为 PSD 文件。

实例小结

本实例主要讲解如何利用“图像大小”对话框调整照片的大小，通过利用“图像大小”对话框可以方便快捷地调整照片的尺寸大小。

Example 实例 2 调整中心偏移照片的构图

案例文件	DVD1\源文件\第 1 章\1-2.psd
视频文件	DVD2\视频\第 1 章\1-2.avi
难易程度	★☆☆☆☆
视频时间	35 秒

步骤 1 打开要调整的照片，发现照片中的人物位于照片的左侧，造成中心的偏移。

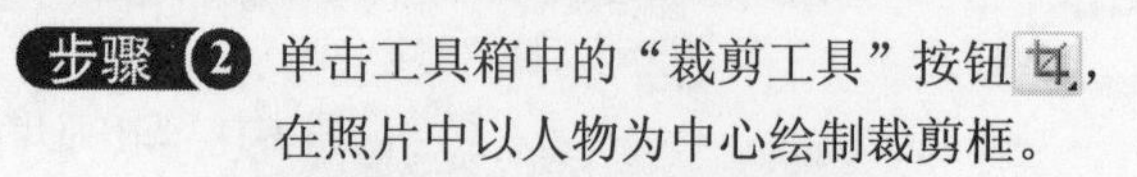

步骤 2 单击工具箱中的“裁剪工具”按钮，在照片中以人物为中心绘制裁剪框。

步骤 3 可以通过拖动裁剪框上的 8 个控制手柄对裁剪框进行细微的调整。

步骤 4 按 Enter 键，确认照片的裁剪操作，完成中心偏移照片的修正。

Example 实例 3　精细放大照片

案例文件	DVD1\源文件\第 1 章\1-3.psd
视频文件	DVD2\视频\第 1 章\1-3.avi
难易程度	★☆☆☆☆
视频时间	44 秒

步骤 1 打开需要精细放大的照片。

步骤 2 执行“图像>图像大小”命令，打开“图像大小”对话框，可以看到该照片的尺寸等参数。

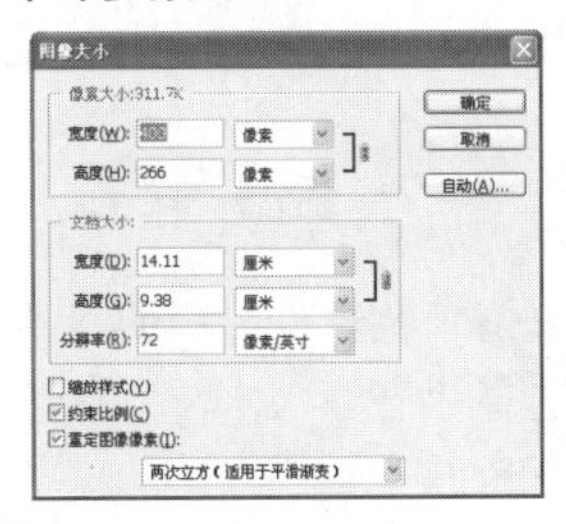

步骤 3 选中“重定图像像素”和“约束比例”复选框，修改“宽度”值和“分辨率”值。

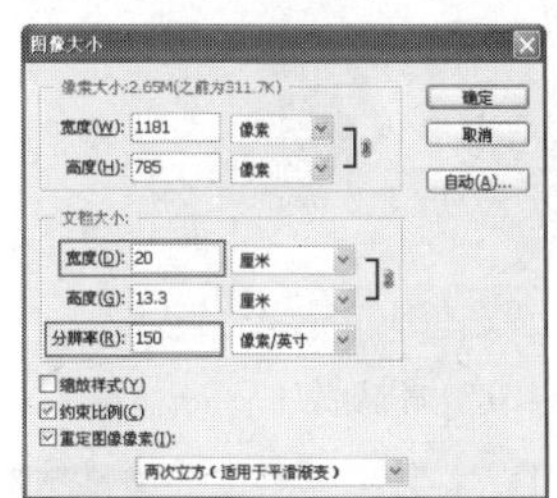

步骤 4 单击“确定”按钮，完成对照片进行精细放大的操作。

Example 实例 4　调整照片的方向

案例文件	DVD1\源文件\第 1 章\1-4.psd
难易程度	★☆☆☆☆
视频时间	1 分 32 秒
技术点睛	主要使用“变换”功能调整照片

思路分析

本实例主要通过 Photoshop 的“变换”功能，将一支鲜花修改为一束鲜花的效果，调整前后的效果如图 1-6 所示。

（修改前）

（修改后）

图 1-6　调整照片方向前后的效果对比

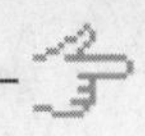

制作步骤

步骤 1 执行“文件>打开”命令，打开需要处理的照片原图“DVD1\源文件\第 1 章\素材\1401.jpg”，如图 1-7 所示。执行“窗口>图层”命令，打开“图层”面板，将“背景”图层拖动到“创建新图层”按钮上，如图 1-8 所示，复制“背景”图层，得到“背景副本”图层。

图 1-7　打开照片

图 1-8　在“图层”面板中拖动复制图层

步骤 2 单击“背景”图层的“指示图层可见性”按钮，如图 1-9 所示，将“背景”图层隐藏，选择“背景 副本”图层，执行“编辑>自由变换”命令，将照片进行旋转，如图 1-10 所示。

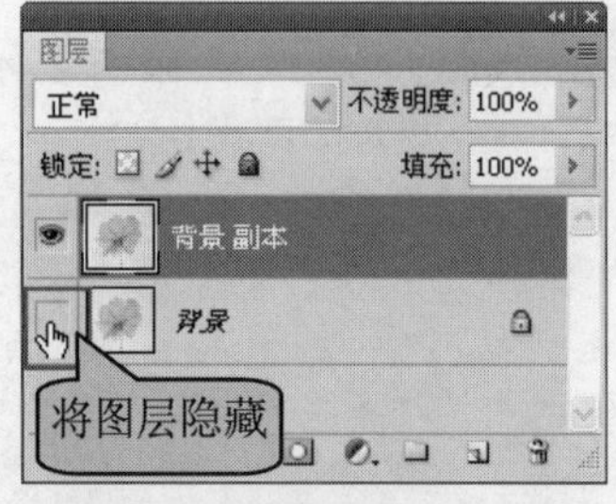

图 1-9　“图像大小”对话框

图 1-10　调整照片后的效果

> **提示**　隐藏图层主要是将该图层隐藏，同时避免对该图层执行任何命令，在对其他图层进行操作时也不影响该图层的图像。

> **技巧**　执行“编辑>自由变换”命令，可以自由地变换图像，按快捷键 Ctrl+T 也可以自由地变换图像。

步骤 3 调整照片的位置，完成照片的调整后按 Enter 键确定照片的调整，如图 1-11 所示。单击工具箱中的“矩形选框工具”按钮，在画布上拖动创建选区，执行“编辑>清除”命令，将选区中的照片删除，如图 1-12 所示，执行“选择>取消选择”命令，取消选区。

图 1-11　照片效果

图 1-12　照片效果

步骤 4 在“图层”面板中将“背景副本”图层进行复制，得到“背景 副本 2”图层，如图 1-13 所示。选择“背景 副本 2”图层，执行“编辑>变换>水平翻转”命令，单击工具箱中的“移动工具”按钮，将照片水平向右移动，如图 1-14 所示。

图 1-13　复制图层

图 1-14　照片效果

> **技巧** 执行“编辑>自由变换>水平翻转”命令，可以将照片水平翻转处理，如果按快捷键 Ctrl+T，在照片上单击鼠标右键，在弹出的快捷菜单中选择“水平翻转”选项，也可以将照片进行水平翻转处理。

步骤 5 单击工具箱中的“裁剪工具”按钮，在画布上单击鼠标左键进行拖动创建裁剪区域，如图 1-15 所示。按 Enter 键确定裁剪的区域，如图 1-16 所示。

图 1-15　创建裁剪区域

图 1-16　裁剪后的照片效果

步骤 6 调整完照片方向后，执行“文件>存储为”命令，将照片存储为 PSD 文件。

实例小结

实例通过“变换”命令，将照片进行旋转处理，使用“变换”命令非常简单易懂，方便快捷。

Example 实例 5　定制裁切照片

案例文件	DVD1\源文件\第 1 章\1-5.psd
视频文件	DVD2\视频\第 1 章\1-5.avi
难易程度	★☆☆☆☆
视频时间	44 秒

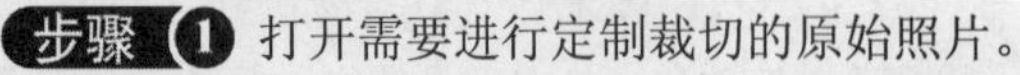
步骤 1 打开需要进行定制裁切的原始照片。

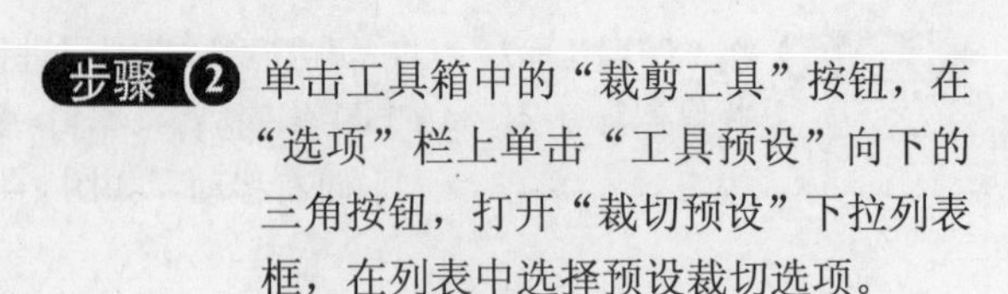
步骤 2 单击工具箱中的“裁剪工具”按钮，在“选项”栏上单击“工具预设”向下的三角按钮，打开“裁切预设”下拉列表框，在列表中选择预设裁切选项。

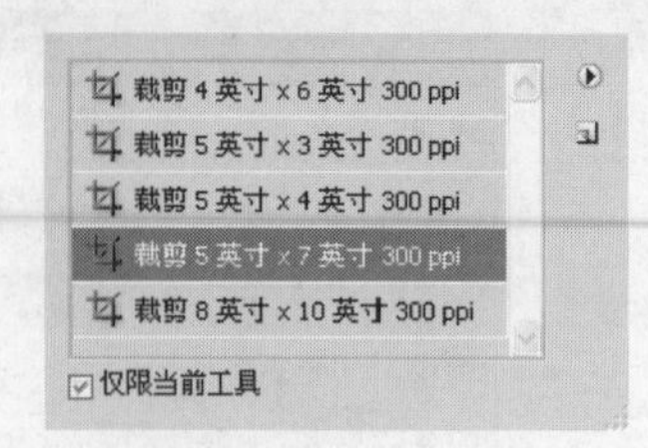

步骤 3 选择预设裁切选项后，在画布中拖动鼠标绘制裁切区域。

步骤 4 按键盘上的 Enter 键，确认裁切区域，完成照片的定制裁切。

Example 实例 6 透视裁切照片

案例文件	DVD1\源文件\第 1 章\1-6.psd
视频文件	DVD2\视频\第 1 章\1-6.avi
难易程度	★☆☆☆☆
视频时间	39 秒

步骤 1 打开需要进行透视裁切的原始照片。

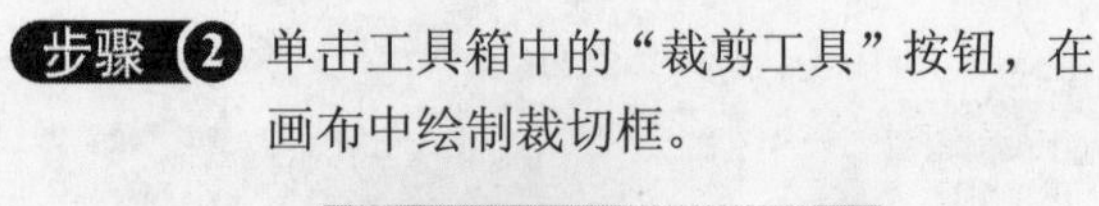
步骤 2 单击工具箱中的“裁剪工具”按钮，在画布中绘制裁切框。

步骤 3 在“选项”栏上选择“透视”复选框，在画布中调整裁切框的透视角度。

步骤 4 按 Enter 键确认裁切区域，完成照片的透视裁切。

Example 实例 7　为照片添加边框

案例文件	DVD1\源文件\第 1 章\1-7.psd
难易程度	★☆☆☆☆
视频时间	1 分 6 秒
技术点睛	通过利用“添加图层样式”，制作照片的边框效果

思路分析

本实例主要使用图层样式的“描边”命令来制作照片的边框效果，为照片添加边框的前后效果如图 1-17 所示。

（修改前）　　（修改后）

图 1-17　为照片添加边框前后的效果对比

制作步骤

步骤 1 执行“文件>打开”命令，打开需要处理的照片原图“DVD1\源文件\第 1 章\素材\1701.jpg”，如图 1-18 所示，再次执行“文件>打开”命令，打开需要处理的照片原图“DVD1\源文件\第 1 章\素材\1702.jpg”，如图 1-19 所示。

图 1-18　打开照片

图 1-19　打开照片

步骤 2 单击工具箱中的“移动工具”按钮，将 1702.jpg 照片拖入到 1701.jpg 照片中，如图 1-20 所示。执行“窗口>图层”命令，打开“图层”面板，单击“添加图层样式”按钮 fx.，如图 1-21 所示。

图 1-20　拖入照片

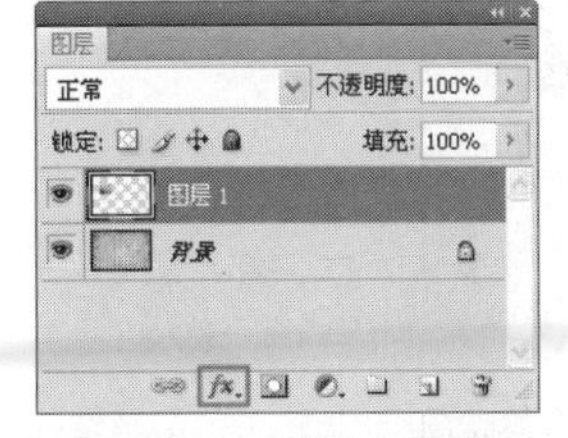

图 1-21　“图层”面板

> **提示**　在需要添加图层样式的图层缩览图上双击鼠标左键，同样可以打开“图层样式”对话框。

步骤 3 在打开的菜单中选择“描边”选项，弹出“图层样式”对话框，在左侧的“样式”列表中选择“描边”复选框，设置“描边颜色”值为 RGB（255，255，255），其他设置如图 1-22 所示，单击“确定”按钮，完成“图层样式”对话框的设置，照片效果如图 1-23 所示。

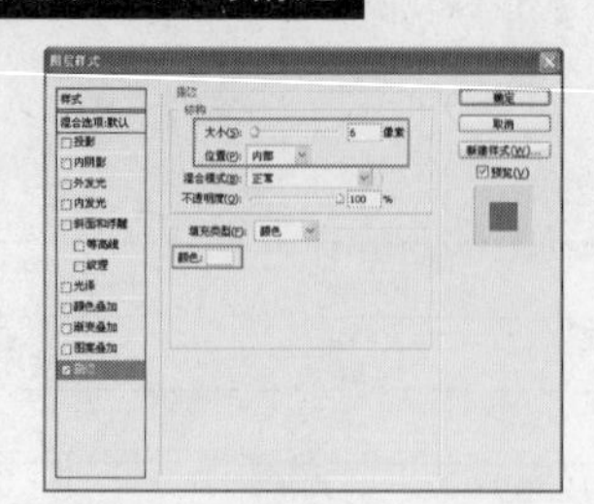

图 1-22 “图层样式”面板

图 1-23 照片效果

步骤 4 用同样的制作方法，将相应的照片拖入到 1701.jpg 照片中并进行制作，完成后的效果如图 1-24 所示，“图层”面板如图 1-25 所示。

图 1-24 照片效果

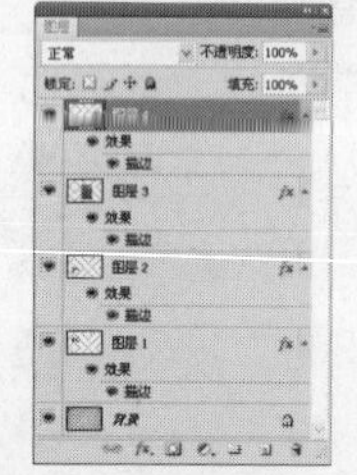

图 1-25 “图层”面板

步骤 5 为照片添加完边框后，执行“文件>存储为”命令，将照片存储为 PSD 文件。

实例小结

本实例主要向读者讲解利用“添加图层样式”制作照片的边框，通过调整图层样式可以方便、快捷地修改描边的相关设置。

Example 实例 8 制作照片多次曝光的效果

案例文件	DVD1\源文件\第 1 章\1-8.psd
视频文件	DVD2\视频\第 1 章\1-8.avi
难易程度	★☆☆☆☆
视频时间	1 分 36 秒

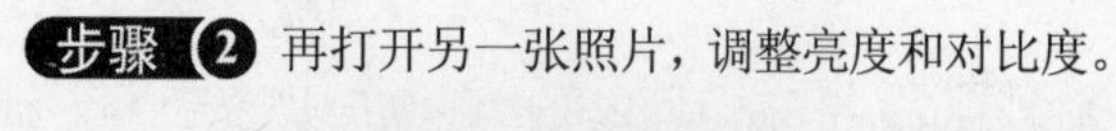

步骤 1 打开照片，使用自动调整命令对照片进行调整。

步骤 2 再打开另一张照片，调整亮度和对比度。

步骤 3 将照片复制在一起，并使用图层蒙版将背景去除。

步骤 4 用同样的方法制作另一个人物的效果，完成多次曝光的效果。

Example 实例 9　为照片添加花边相框

案例文件	DVD1\源文件\第 1 章\1-9.psd
视频文件	DVD2\视频\第 1 章\1-9.avi
难易程度	★☆☆☆☆
视频时间	42 秒

步骤 1 打开要添加边框的照片。

步骤 2 打开中间是空心的图像素材。

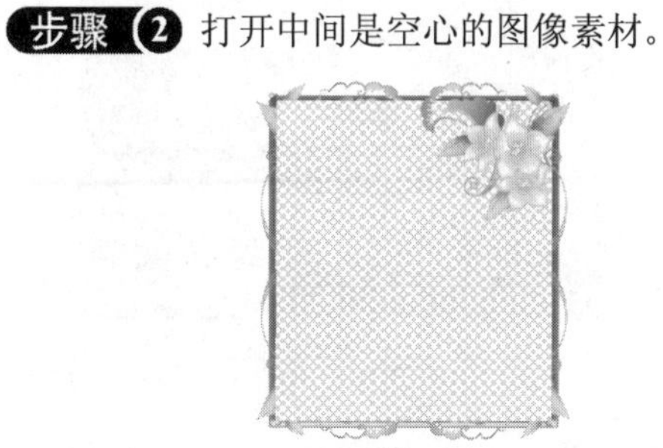

步骤 3 将空心的图像素材拖入到要添加边框的照片中。

步骤 4 使用“裁剪工具”将画布缩小，将多余的部分裁剪掉。

Example 实例 10　去除照片上的日期

案例文件	DVD1\源文件\第 1 章\1-10.psd
难易程度	★☆☆☆☆
视频时间	57 秒
技术点睛	通过使用“仿制图章工具”吸取相近的颜色，在日期上进行涂抹，从而去除照片上的日期

思路分析

本实例通过使用“仿制图章工具”，将日期进行仿制并涂抹，去除日期前后的效果如图 1-26 所示。

（修改前）

（修改后）

图 1-26　去除照片上日期前后的效果对比

制作步骤

步骤 1 执行“文件>打开”命令，打开需要处理的照片原图“DVD1\源文件\第 1 章\素材\11001.jpg”，如图 1-27 所示。在“图层”面板中，将“背景”图层拖动到“创建新图层”按钮上，如图 1-28 所示，复制“背景”图层，得到“背景副本”图层。

图 1-27　打开照片

图 1-28　拖动画制作“背景”图层

步骤 2 单击工具箱中的“仿制图章工具”按钮，在“选项”栏上进行画笔的相应设置，在日期的右下边按住 Alt 键的同时单击吸取图样，如图 1-29 所示，松开 Alt 键后在日期上涂抹，如图 1-30 所示。

图 1-29　吸取颜色

图 1-30　修改照片效果

技巧 单击工具箱中的“仿制图章工具”按钮，可以切换到“仿制图章工具”的使用状态，输入法为英文的情况下，按快捷键 S 也可以切换到“仿制图章工具”的使用状态。

步骤 3 反复进行同样的制作，将照片上多余地日期文字去除。去除完照片上的日期后，执行“文件>存储为”命令，将照片存储为 PSD 文件。

实例小结

本实例主要向读者讲解如何利用“仿制图章工具”去除照片上的日期，通过使用“仿制图章工具”可以修改简单的照片效果，例如，去除脸上的痘痘、伤疤、痣等。

Example 实例 11　调整照片构图为微缩景观

案例文件	DVD1\源文件\第 1 章\1-11.psd
视频文件	DVD2\视频\第 1 章\1-11.avi
难易程度	★★☆☆☆
视频时间	1 分 4 秒

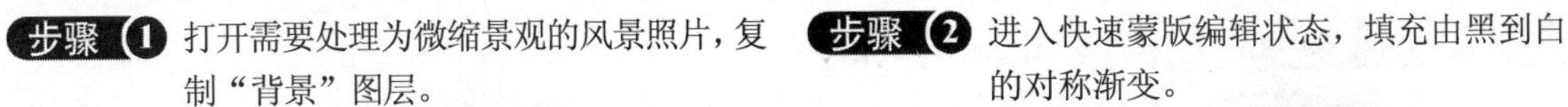

步骤 1 打开需要处理为微缩景观的风景照片，复制“背景”图层。

步骤 2 进入快速蒙版编辑状态，填充由黑到白的对称渐变。

步骤 3 返回正常编辑状态，得到选区。

步骤 4 应用“镜头模糊”滤镜，得到微缩景观构图的照片。

Example 实例 12 快速改变照片中鲜花的颜色

案例文件	DVD1\源文件\第 1 章\1-12.psd
视频文件	DVD2\视频\第 1 章\1-12.avi
难易程度	★☆☆☆☆
视频时间	1 分 15 秒

步骤 1 打开需要调整的照片，需要将照片的红玫瑰修改为蓝玫瑰。

步骤 2 新建“色相/饱和度”调整图层，选择任意一种颜色，使用“吸管工具”吸取需要调整的颜色，修改色相。

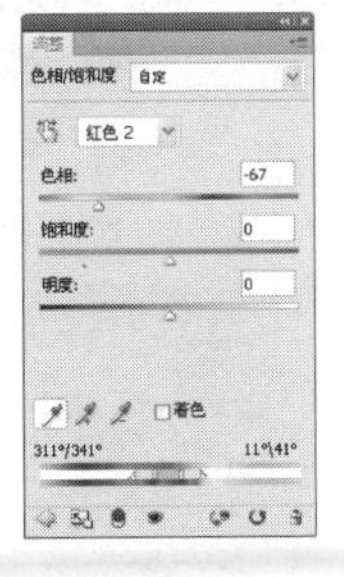

步骤 3 在调整图层蒙版上将不需要改变颜色的区域显示出来。

步骤 4 完成照片中鲜花颜色的调整。

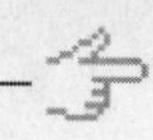

Example 实例 13 修正倾斜的照片

案例文件	DVD1\源文件\第 1 章\1-13.psd
难易程度	★☆☆☆☆
视频时间	1 分 14 秒
技术点睛	使用“标尺工具”在照片上建立度量线，通过“旋转画布”对话框对照片进行旋转，最后使用“裁剪工具”对照片进行裁剪操作

思路分析

在拍摄照片时，常常会因为没有掌握好相机拍摄的角度，导致拍摄出来的照片中的景物出现倾斜的现象，在本节中将向大家介绍如何方便、快捷地修正照片的倾斜，本实例的最终效果如图 1-31 所示。

（修复前）

（修复后）

图 1-31　倾斜照片修改前后效果对比

制作步骤

步骤 1 执行“文件>打开”命令，打开需要处理的照片原图“DVD1\源文件\第 1 章\素材\11301.jpg”，如图 1-32 所示。单击工具箱中的“标尺工具”按钮，在照片中原本应该处于水平位置的影物建立度量线，如图 1-33 所示。

图 1-32　打开照片

图 1-33　建立度量线

步骤 2 执行“图像>图像旋转>任意角度”命令，弹出“旋转画布”对话框，默认设置，如图 1-34 所示。单击“确定”按钮，对照片进行旋转操作，效果如图 1-35 所示。

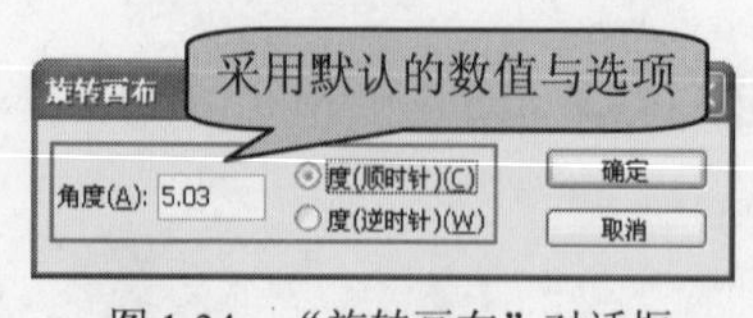

图 1-34　“旋转画布”对话框

图 1-35　照片效果

> **提示** 绘制度量线后，打开“旋转画布”对话框时，在该对话框中会在“角度”对话框中填入相应的值，该值为所绘制的度量线与水平线的角度值，所以在该对话框中只需要采用默认的设置即可。

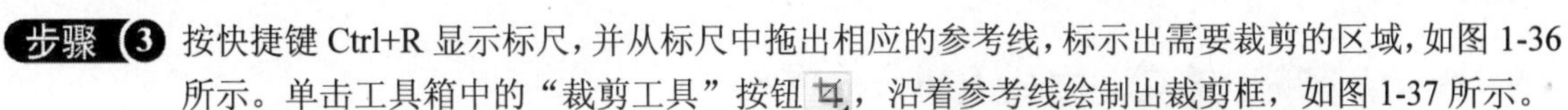

步骤 3 按快捷键 Ctrl+R 显示标尺，并从标尺中拖出相应的参考线，标示出需要裁剪的区域，如图 1-36 所示。单击工具箱中的“裁剪工具”按钮，沿着参考线绘制出裁剪框，如图 1-37 所示。

图 1-36 拖出参考线

图 1-37 绘制裁剪框

技巧 景物形象的轻重很重要，这里指的不是景物的实际重量，而是指人的心里重量，拍摄角度的仰视或者俯视以及水平线、地平线的倾斜，都会影响画面的稳定感。

步骤 4 按键盘上的 Enter 键，确认照片的裁剪操作，修正完倾斜的照片后，执行“文件>存储为”命令，将照片保存为 PSD 文件。

实例小结

本实例主要讲解了如何快速地修正倾斜的照片，在对照片进行度量的时候，需要注意度量线的位置是否与照片中地面的水平线平行，以免达不到修正倾斜照片的效果。

Example 实例 14 丰富照片构图

案例文件	DVD1\源文件\第 1 章\1-14.psd
视频文件	DVD2\视频\第 1 章\1-14.avi
难易程度	★☆☆☆☆
视频时间	1 分 17 秒

步骤 1 打开人物照片，将“背景”图层转换为普通图层，在人物照片上创建人物选区。

步骤 2 羽化选区，并将人物背景删除。

步骤 3 将人物复制到鲜花的照片背景中，并设置人物所在图层的“混合模式”为“正片叠底”。

步骤 4 完成人物照片构图的处理，人物照片更加丰富。

Example 实例 15 照片中的背景遮盖

案例文件	DVD1\源文件\第 1 章\1-15.psd
视频文件	DVD2\视频\第 1 章\1-15.avi
难易程度	★☆☆☆☆
视频时间	52 秒

步骤 1 打开要处理的照片。

步骤 2 新建“图层 1”填充白色，并添加图层蒙版。

步骤 3 使用“画笔工具”，设置前景色为黑色，在“选项”栏上设置“画笔大小”。

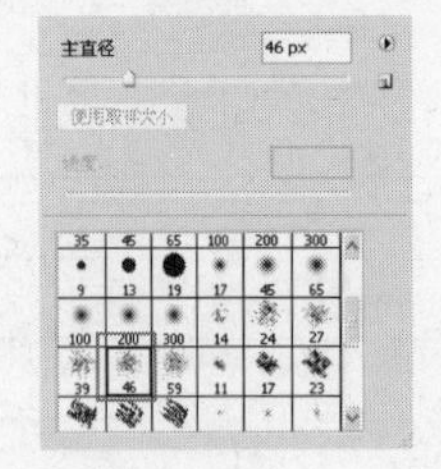

步骤 4 在照片上反复涂抹，最终完成照片的处理。

Example 实例 16 突出照片的效果

案例文件	DVD1\源文件\第 1 章\1-16.psd
难易程度	★☆☆☆☆
视频时间	2 分 34 秒
技术点睛	使用“马赛克拼贴”滤镜制作背景效果，使用“色相/饱和度”命令改变照片的色相

思路分析

对照片进行一些简单的处理即可突出照片的效果，在本实例中通过对照片的“色相/饱和度”的调整，调整出不同的效果，从而实现照片效果的突出，制作前后的效果如图 1-38 所示。

（修改前）

（修改后）

图 1-38 突出照片前后的效果对比

步骤 1 执行“文件>新建”命令，打开“新建”对话框，参数设置如图 1-39 所示。执行“滤镜>纹理>马赛克拼贴”命令，打开“马赛克拼贴”对话框，设置“拼贴大小”为 90，“缝隙宽度”为 8，“加亮缝隙”为 9，如图 1-40 所示。

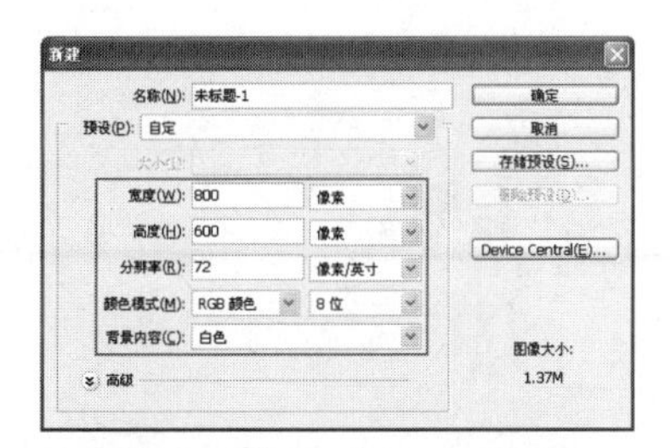

图 1-39　设置“新建”对话框

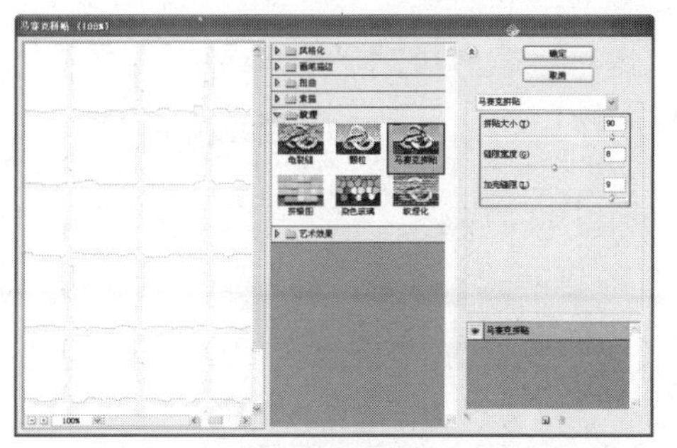

图 1-40　设置“马赛克拼贴”对话框

提示 在“马赛克拼贴”对话框中调整各项数值时，一定要按照片的大小进行调整。

步骤 2 单击“确定”按钮，完成“马赛克拼贴”对话框的设置，效果如图 1-41 所示。执行“文件>打开”命令，打开需要处理的照片“DVD1\源文件\第 1 章\素材\11601.jpg”，效果如图 1-42 所示。

图 1-41　照片效果

图 1-42　打开照片

步骤 3 单击工具箱中的“移动工具”按钮，将打开的照片拖动到刚刚制作的背景照片中，得到“图层 1”，如图 1-43 所示。拖动“图层 1”至“创建新图层”按钮上，复制“图层 1”，得到“图层 1 副本”图层，选择“图层 1 副本”图层，执行“编辑>变换>缩放”命令，打开变换框，拖动控制点将照片缩小，如图 1-44 所示。

图 1-43　“图层”面板

图 1-44　缩放照片

技巧　在对图像进行缩放操作时，按住键盘上的 Shift 键拖动鼠标，可以对图像进行等比例缩放，按住键盘上的 Shift+Alt 键拖动鼠标，可以以图像的中心点为中心等比例缩放图像。

步骤 4 按 Enter 键确认照片的缩放操作，选择“图层 1”，在“图层”面板上设置“不透明度”为 30%，如图 1-45 所示，照片效果如图 1-46 所示。

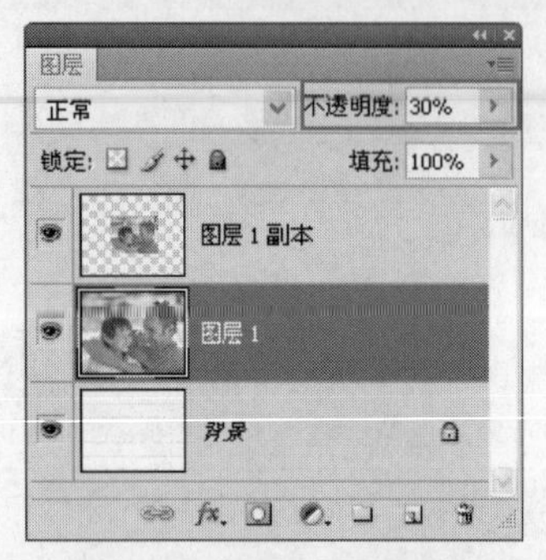

图 1-45　设置“不透明度”

图 1-46　照片效果

步骤 5 选择“图层 1 副本”图层，按住 Ctrl 键单击“图层 1 副本”图层缩览图，得到“图层 1 副本”选区，如图 1-47 所示。执行“编辑>描边”命令，打开“描边”对话框，参数设置如图 1-48 所示。

图 1-47　创建照片选区

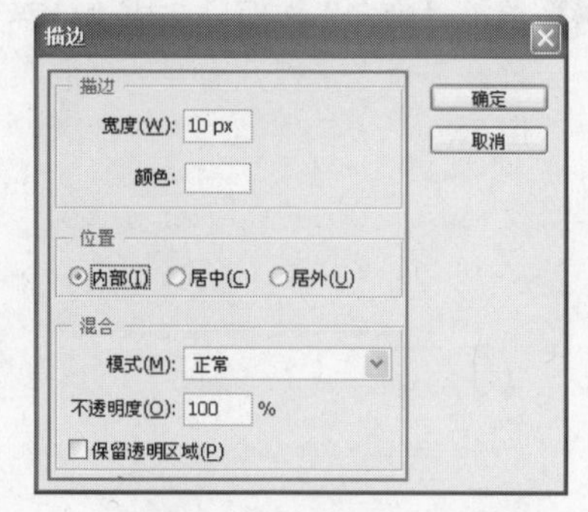

图 1-48　设置“描边”对话框

提示　在使用“描边”命令对图像的选区进行描边时，在同一图层就可以应用描边；但是要单独编辑“描边”时，最好新建一个图层。

步骤 6 单击“确定”按钮，完成“描边”对话框的设置，按快捷键 Ctrl+D，取消选区，照片效果如图 1-49 所示。执行“图像>调整>色相/饱和度”命令，打开“色相/饱和度”对话框，参数设置如图 1-50 所示。

图 1-49　照片效果

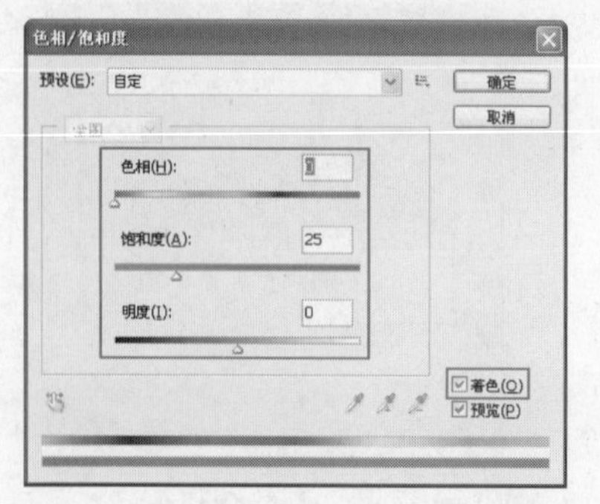

图 1-50　设置“色相/饱和度”对话框

提示　在“色相/饱和度”对话框中勾选“着色”复选框，则“编辑”下拉列表框处于不可用状态；如果不勾选“着色”复选框，则“编辑”下拉列表框处于可用状态。

步骤 7 单击“确定”按钮完成设置，照片效果如图 1-51 所示。选择“图层 1 副本”图层，单击“图层”面板上的“添加图层样式”按钮 fx，在弹出菜单中选择“投影”选项，打开“图层样式”对话框，参数设置如图 1-52 所示。

图 1-51　照片效果

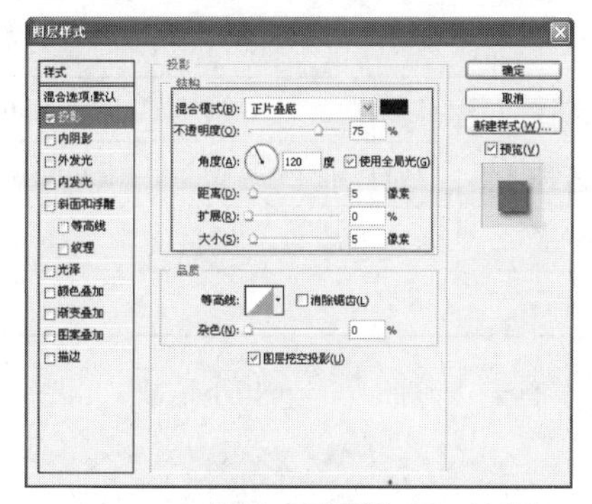

图 1-52　设置“图层样式”对话框

步骤 8 单击“确定”按钮完成设置，照片效果如图 1-53 所示。拖动“图层 1 副本”至“创建新图层”按钮上，复制“图层 1 副本”，得到“图层 1 副本 2”图层，按快捷键 Ctrl+T，调出变换框，拖动控制点将照片适当地旋转并移动到相应的位置，效果如图 1-54 所示。

图 1-53　照片效果

图 1-54　照片效果

步骤 9 选择“图层 1 副本 2”图层，执行“图像>调整>色相/饱和度”命令，打开“色相/饱和度”对话框，设置如图 1-55 所示。单击“确定”按钮完成设置，照片效果如图 1-56 所示。

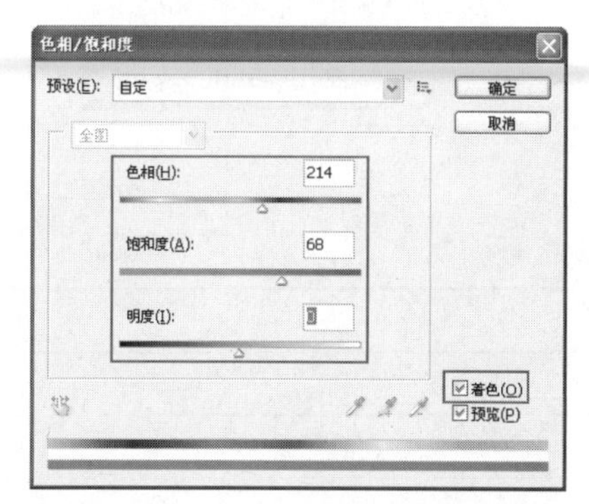

图 1-55　设置“色相/饱和度”对话框

图 1-56　照片效果

步骤 10 相同的制作方法，可以再复制出照片并进行相应的调整，完成照片突出效果的制作后，执行“文件>存储为”命令，将照片存储为PSD文件。

实例小结

本实例首先使用“马赛克拼贴”滤镜制作照片的背景，再使用“色相/饱和度”命令制作不同颜色的照片并对其进行描边处理，最后为照片添加“投影”效果，从而制作出不一样的照片。

Example 实例 17 制作有冲击力的照片

案例文件	DVD1\源文件\第1章\1-17.psd
视频文件	DVD2\视频\第1章\1-17.avi
难易程度	★★☆☆☆
视频时间	58秒

步骤 1 首先去除图片的一些小瑕疵。

步骤 2 使用图像调整命令对图像的色调、色阶和颜色进行调整。

步骤 3 使用魔术棒工具配合其他选择工具将照片中的人物选中，然后反选。

步骤 4 执行“滤镜>模糊>径向模糊”命令，选择“缩放”模式，完成制作。

Example 实例 18 制作人物幻影效果

案例文件	DVD1\源文件\第1章\1-18.psd
视频文件	DVD2\视频\第1章\1-18.avi
难易程度	★★☆☆☆
视频时间	1分25秒

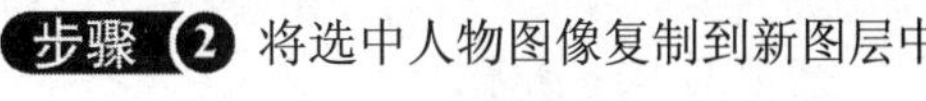

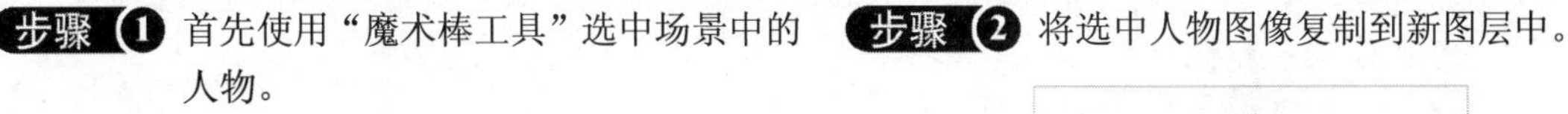

步骤 1 首先使用“魔术棒工具”选中场景中的人物。

步骤 2 将选中人物图像复制到新图层中。

步骤 3 复制人物图形，并为下层人物添加“动感模糊”滤镜，调整图层透明度。

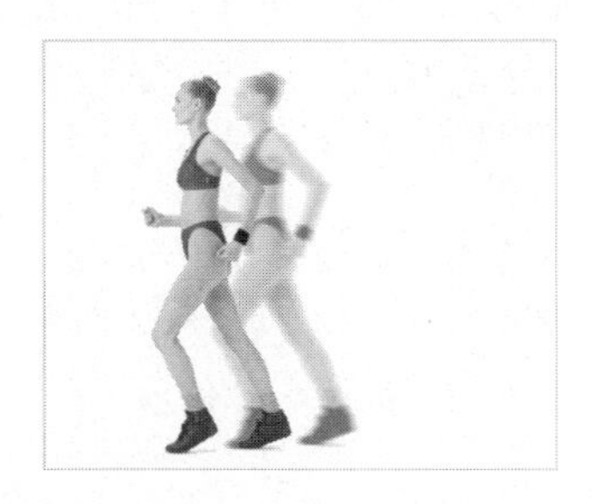

步骤 4 依次制作多个图层的效果，并依次增加模糊值，减小透明度。

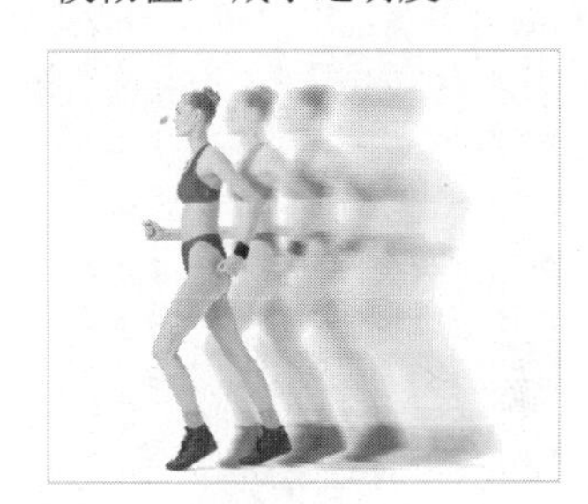

Example 实例 19 校正建筑物的透视变形

案例文件	DVD1\源文件\第 1 章\1-19.psd
难易程度	★☆☆☆☆
视频时间	1 分 12 秒
技术点睛	通过利用“图像旋转”的“任意角度”命令，将照片进行处理

思路分析

本实例中的高楼由于拍摄角度不正，给人一种不协调的感觉，通过使用“图层旋转”的“任意角度”命令将照片进行调整，调整前后的效果如图 1-57 所示。

（修改前）

（修改后）

图 1-57　校正建筑物的透视变形前后的效果对比

制作步骤

步骤 1 执行“文件>打开”命令，打开需要处理的照片原图“DVD1\源文件\第 1 章\素材\11901.jpg”，

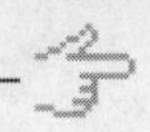

如图 1-58 所示。执行“图像>图像旋转>任意角度”命令，在打开的“旋转画布”对话框中设置如图 1-59 所示。

图 1-58　打开文件

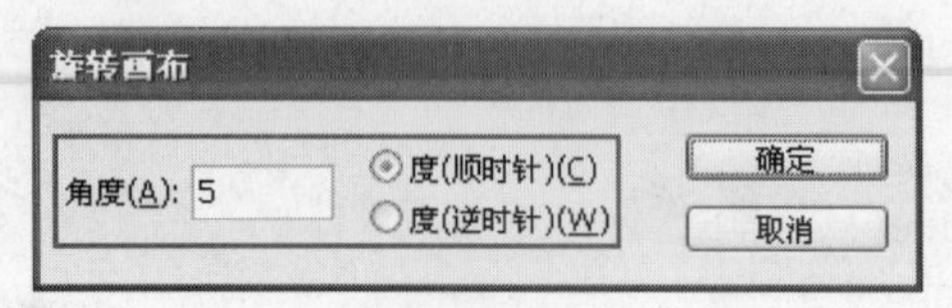

图 1-59　“旋转画布”对话框

步骤 2　单击“确定”按钮，完成设置，如图 1-60 所示。完成照片的调整，单击工具箱中的“涂抹工具”按钮，在“选项”栏上进行“画笔”的设置，如图 1-61 所示。

图 1-60　旋转画布后的照片效果

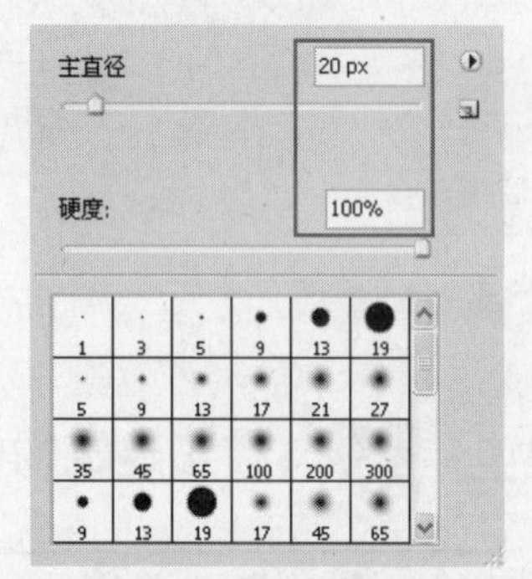

图 1-61　设置“画笔”

提示：通过“图像旋转”的“任意角度”命令，可以将画布进行旋转，也可以将“背景”图层复制，再选择复制的“背景副本”图层，按快捷键 Ctrl+T 将图像进行旋转并等比例缩小，也可以制作出相同的效果。

步骤 3　使用“涂抹工具”在画布的白色区域上反复涂抹，如图 1-62 所示。单击工具箱中的“裁剪工具”按钮，在画布上创建裁剪区域后按 Enter 键确定裁剪，如图 1-63 所示。

图 1-62　涂抹后的照片效果

图 1-63　照片效果

步骤 4　校正完建筑物的透视变形后，执行“文件>存储为”命令，将照片存储为 PSD 文件。

实例小结

本实例主要通过利用“图像旋转”中“任意角度”命令，将画布进行旋转处理，从而将不正的高楼旋转正。

Example 实例 20 修改照片的角度

案例文件	DVD1\源文件\第 1 章\1-20.psd
视频文件	DVD2\视频\第 1 章\1-20.avi
难易程度	★☆☆☆☆
视频时间	50 秒

步骤 1 打开要处理的照片，并将“背景”图层复制。

步骤 2 将“背景”图层隐藏，选择“背景副本”图层，按Ctrl+T键将照片进行旋转调整。

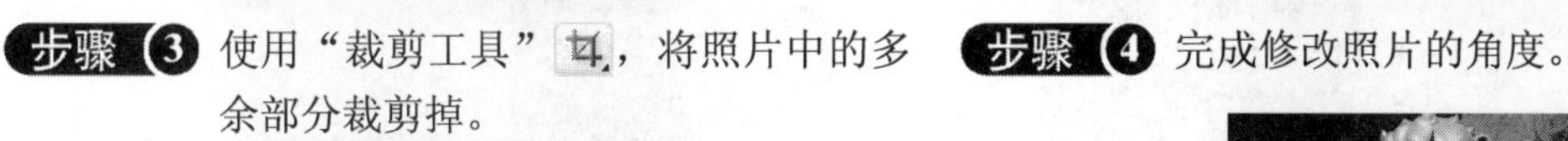

步骤 3 使用“裁剪工具”，将照片中的多余部分裁剪掉。

步骤 4 完成修改照片的角度。

Example 实例 21 制作透视照 T 恤效果

案例文件	DVD1\源文件\第 1 章\1-21.psd
视频文件	DVD2\视频\第 1 章\1-21.avi
难易程度	★☆☆☆☆
视频时间	1 分 25 秒

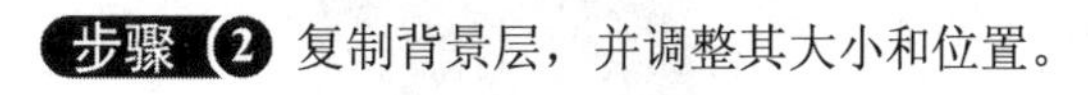

步骤 1 打开要处理的照片，使用自动调整命令调整照片的属性。

步骤 2 复制背景层，并调整其大小和位置。

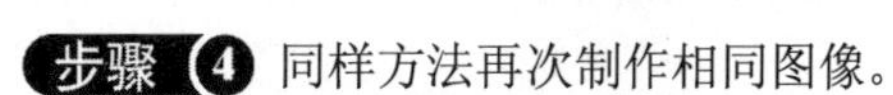

步骤 3 将“图层混合模式”设置为“正片叠底”，并使用“图层蒙版”调整效果。使用“透视”命令调整效果。

步骤 4 同样方法再次制作相同图像。

Example 实例 22 修补老照片

案例文件	DVD1\源文件\第 1 章\1-22.psd
难易程度	★☆☆☆☆
视频时间	2 分 17 秒
技术点睛	利用快速蒙版功能创建选区，利用“滤镜>杂色>去斑”命令去照片中的噪点

思路分析

老照片记载着童年的记忆，随着时光的流逝，照片中的人物、景物等都发生了很多变化。由于多种原因，老照片在保存的过程中难免会产生残损，因此本实例将讲解如何修复老旧照片，效果如图 1-64 所示。

（修复前）

（修复后）

图 1-64　老照片修补前后的效果对比

制作步骤

步骤 1 执行“文件>打开”命令，打开需要处理的照片原图“DVD1\源文件\第 1 章\素材\12201.jpg”，如图 1-65 所示。复制“背景”图层，得到“背景副本”图层，如图 1-66 所示。

图 1-65　打开照片

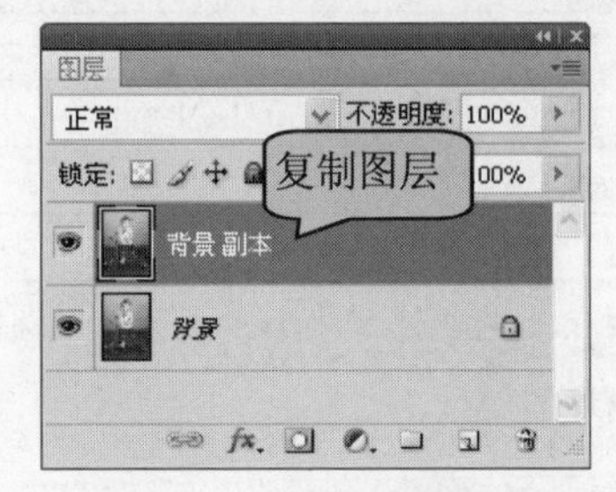

图 1-66　“图层”面板

步骤 2 执行两次“滤镜>杂色>去斑”命令，照片效果如图 1-67 所示。单击工具箱中的“以快速蒙版模式编辑”按钮，进入快速蒙版编辑状态，单击工具箱中的“画笔工具”按钮，在“选项”栏上进行画笔的设置，在输入法为英文的状态下，按下 D 键恢复前景色和背景的默认设置，对照片上的人物上进行涂抹，如图 1-68 所示。

图 1-67　照片效果

图 1-68　创建快速蒙版区域

步骤 3 单击工具箱中的“以标准模式编辑”按钮，返回标准编辑模式，得到新的选区，如图 1-69 所示。执行“选择>反向”命令，将选区进行反向，如图 1-70 所示。执行“选择>存储选区”命令，在打开的“存储选区”对话框中进行如图 1-71 所示的设置，执行“选择>取消选区”命令，取消选区。

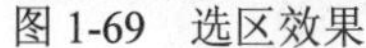
图 1-69　选区效果

图 1-70　选区效果

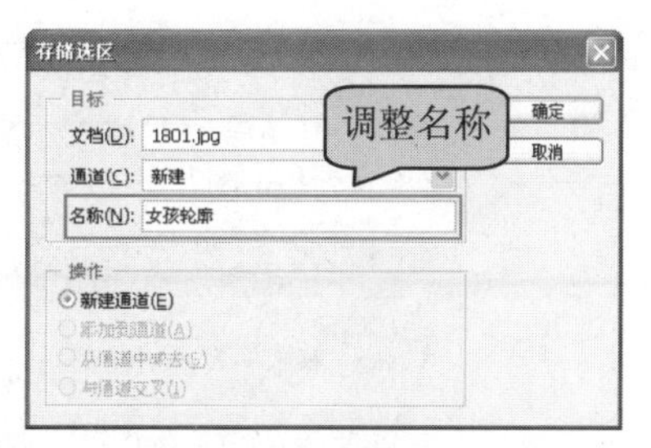

图 1-71　“存储选区”对话框

> **提示**　存储选区的目的是在以后的操作步骤中便于多次调用选区，如果不进行选区的存储，在需要该选区时就要重新创建。

步骤 4 在“图层”面板中复制“背景 副本”图层，得到“背景 副本 2”图层，执行“滤镜>其他>高反差保留”命令，在打开的“高反差保留”对话框中进行如图 1-72 所示的设置，单击“确定”按钮，完成“高反差保留”对话框的设置，照片效果如图 1-73 所示。

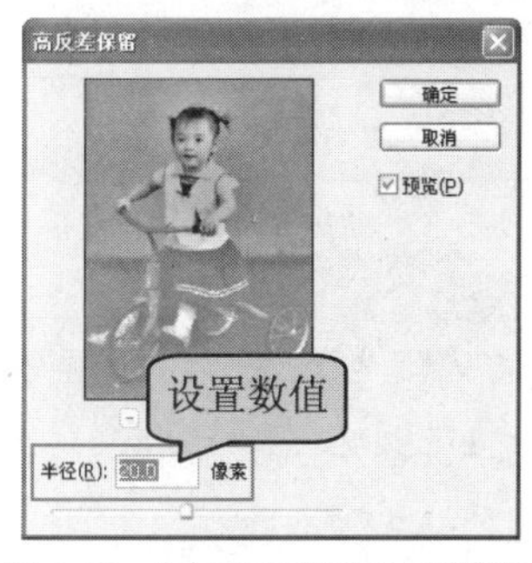

图 1-72 “高反差保留”对话框

图 1-73　照片效果

步骤 5 执行“选择>载入选区”命令，将存储的选区载入到文件中，如图 1-74 所示。单击“图层”面板上的“添加图层蒙版”按钮，以选区创建蒙版，如图 1-75 所示。

图 1-74　载入选区

图 1-75　照片效果

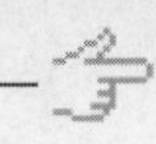

提示 存储选区后在“通道”面板中会自动生成一个与存储选区名称相同的“通道”。

步骤 6 在“图层”面板中选择“背景 副本 2”图层，设置“混合模式”为“叠加”，“不透明度”为 50%，如图 1-76 所示，照片效果如图 1-77 所示。

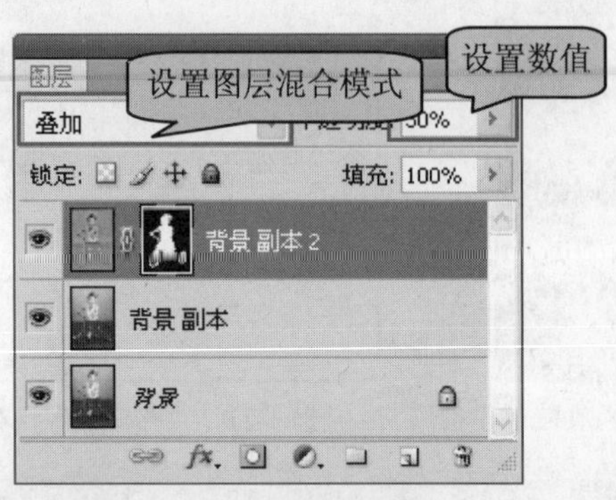

图 1-76 “图层”面板

图 1-77 照片效果

步骤 7 再次执行“选择>载入选区”命令，将存储的选区载入到文件中，执行“窗口>调整”命令，单击“创建新的色阶调整图层”按钮，在“调整”面板中进行如图 1-78 所示的设置，照片效果如图 1-79 所示。

图 1-78 设置“色阶”

图 1-79 照片效果

步骤 8 完成修补老照片后，执行“文件>存储为”命令，将修补的照片存储为 PSD 文件。

实例小结

本实例主要讲解如何将旧照片进行清晰化处理，以及在处理旧照片时所应用到的功能，在日常生活中人们的旧照片比较多，一旦保存不当就会将照片损坏，所以将旧照片进行清晰化处理是有必要的。

Example 实例 23 制作照片图章效果

案例文件	DVD1\源文件\第 1 章\1-23.psd
视频文件	DVD2\视频\第 1 章\1-23.avi
难易程度	★☆☆☆☆
视频时间	1 分 43 秒

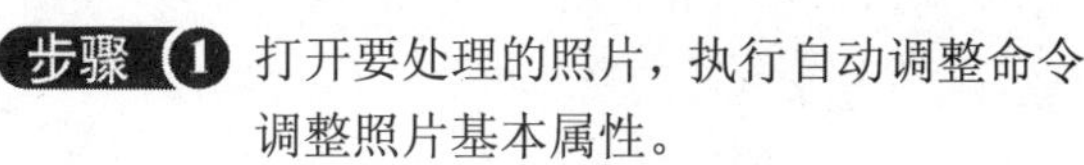

步骤 1 打开要处理的照片，执行自动调整命令调整照片基本属性。

步骤 2 新建图层，创建圆形选区，并使用“描边”命令，对选区描边。

步骤 3 创建圆形路径，使用“文本工具“输入路径文本。

步骤 4 使用“自定义形状工具”绘制图形，输入文本，完成制作。

Example 实例 24 制作涂抹边缘效果

案例文件	DVD1\源文件\第 1 章\1-24.psd
视频文件	DVD2\视频\第 1 章\1-24.avi
难易程度	★★☆☆☆
视频时间	1 分 58 秒

步骤 1 打开要制作的照片。

步骤 2 使用“矩形选框工具”绘制选区，进入“蒙版编辑状态”，并设置其“海洋波纹”滤镜。

步骤 3 连续执行 3 次“碎片”滤镜，然后应用“水彩”滤镜。

步骤 4 退出“蒙版的编辑状态”，新建图层，并填充颜色，最终完成涂抹式相框的制作。

Example 实例 25 截切扫描图像

案例文件	DVD1\源文件\第 1 章\1-25-1.psd 到 1-25-5.psd
难易程度	★★☆☆☆
视频时间	1 分 33 秒
技术点睛	裁剪并修齐照片等

思路分析

本实例中的照片效果在实际工作中经常会用到。用户一般都是通过扫描仪将外部的照片输入到计算机中的。为了节省时间常常会一次扫描多张，然后再一张一张地裁切出来。这样做很浪费时间。本实例将使用一个非常实用的"裁剪并修齐照片"命令将多张扫描图片一次性裁切整齐，图形效果如图 1-80 所示。

（处理前）

（处理后）

图 1-80 裁切扫描图像前后的效果对比

制作步骤

步骤 1 执行"文件>打开"命令，打开需要处理的照片原图"DVD\源文件\第 1 章\素材\12501.jpg"，如图 1-81 所示。执行"文件>自动>裁剪并修齐图片"命令，如图 1-82 所示。

图 1-81 打开照片

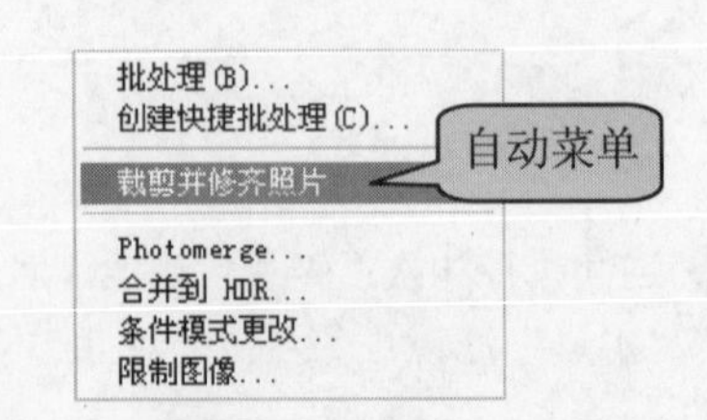

图 1-82 "裁剪并修齐图片"命令

> **提示** 为了获得最佳结果，用户应该在要扫描的图像之间保持 1/8 英寸的间距，而且背景（通常是扫描仪的台面）应该是没有什么杂色的均匀颜色。

步骤 2 执行效果如图 1-83 所示，可以看到照片被裁切成单个的照片。

图 1-83　执行效果

> **技巧** “裁剪并修齐照片”命令最适于外形轮廓十分清晰的图像。如果“裁剪并修齐照片”命令无法正确处理图像文件，请使用裁剪工具。

步骤 3 完成照片的裁切操作后，执行“文件>存储为”命令，将修正后的照片保存为 PSD 文件。

> **技巧** 如果“裁剪并修齐照片”命令对某一张图像进行的拆分不正确，可以围绕该图像和部分背景建立一个选区边界，然后在选取该命令时按住 Alt 键。此时只有一幅图像从背景中分离出来。

实例小结

本实例主要讲解了处理扫描图形的技巧。使用了“裁剪并修齐照片”命令，可以将扫描的多张照片一次裁切成为单个照片。从而大大节省了工作时间，提高了工作效率。在实际工作中是非常实用的。

Example 实例 26　制作照片镜像效果

案例文件	DVD1\源文件\第 1 章\1-26.psd
视频文件	DVD2\视频\第 1 章\1-26.avi
难易程度	★☆☆☆☆
视频时间	45 秒

步骤 1 打开原始人物照片，通过简单的图层蒙版操作将照片上的人物变为两个。

步骤 2 复制“背景”图层，并对该图层上的照片水平翻转。

步骤 3 为“背景 副本”图层添加图层蒙版，在蒙版上填充黑白渐变。

步骤 4 通过对图层蒙版填充黑白渐变的操作，将一张简单的单人照合成为双人照。

Example 实例 27 制作立体盒子效果

案例文件	DVD1\源文件\第 1 章\1-27.psd
视频文件	DVD2\视频\第 1 章\1-27.avi
难易程度	★★☆☆☆
视频时间	2 分 29 秒

步骤 1 打开要处理的照片，使用自动调整命令调整照片属性。

步骤 2 分别将 3 张照片复制到背景上，并调整大小位置。

步骤 3 执行“变换>透视”命令，依次制作 3 个图层上的照片。

步骤 4 新建图层，为各个照片层添加阴影效果，完成立体盒子效果制作。

Example 实例 28 图像批处理

案例文件	DVD1\源文件\第 1 章\1-28.psd
难易程度	★★☆☆☆
视频时间	2 分 32 秒
技术点睛	创建动作、使用批处理等

思路分析

需要对一系列照片进行相同的设置和调整，如果一张一张地进行处理和调整，效率会比较低，并且很浪费时间，在 Photoshop 中提供了“动作”和“批处理”功能，可以通过这两个功能，批量的对一系列图片进行相同的操作，本实例的最终效果如图 1-84 所示。

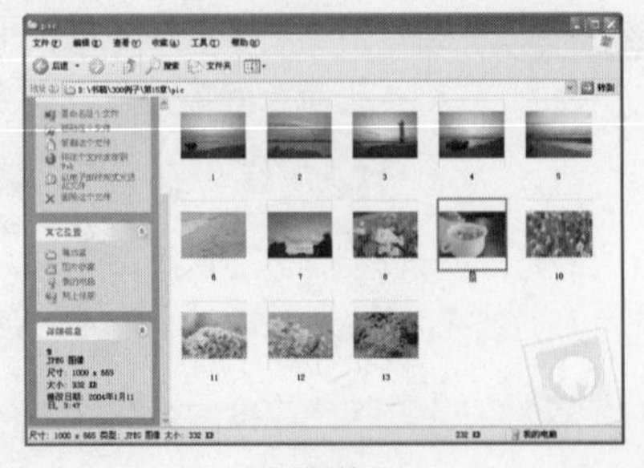

（处理前）

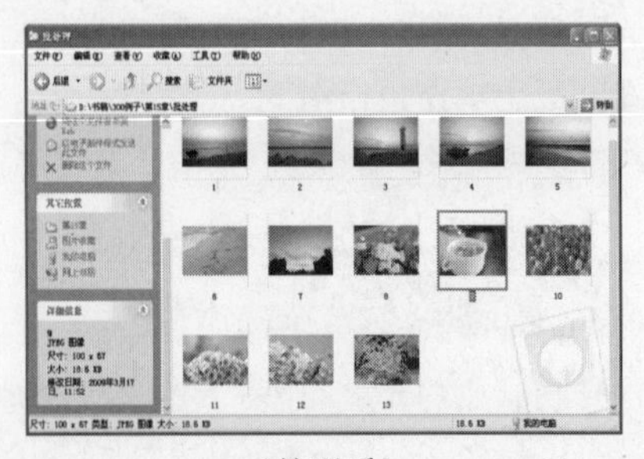

（处理后）

图 1-84　批处理图像前后的效果对比

制作步骤

步骤 1 执行“文件>打开”命令，打开需要处理的照片原图“DVD1\源文件\第 1 章\素材\pic\9.jpg”，如图 1-85 所示。执行“窗口>动画”命令，弹出动作面板如图 1-86 所示。

图 1-85　打开照片

图 1-86　“裁剪并修齐图片”命令

步骤 2 单击“动作”面板下的“创建新组”按钮，新建一个名称为“自定义”的组，如图 1-87 所示。单击“确定”按钮。单击“创建新动作”按钮，设置“新建动作”对话框，如图 1-88 所示。

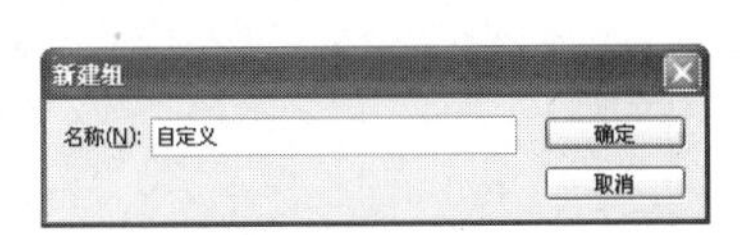

图 1-87　执行效果

图 1-88　创建动作

步骤 3 单击“确定”按钮，“动作”面板处于录制状态，如图 1-89 所示。依次执行“图像”菜单下的“自动色调”、“自动对比度”、“自动颜色”命令，照片效果如图 1-90 所示。

图 1-89　开始录制

图 1-90　制作效果

步骤 4 执行“图像>图像大小”命令，设置 “图像大小”对话框，如图 1-91 所示。单击“确定”按钮，“动作”面板如图 1-92 所示。

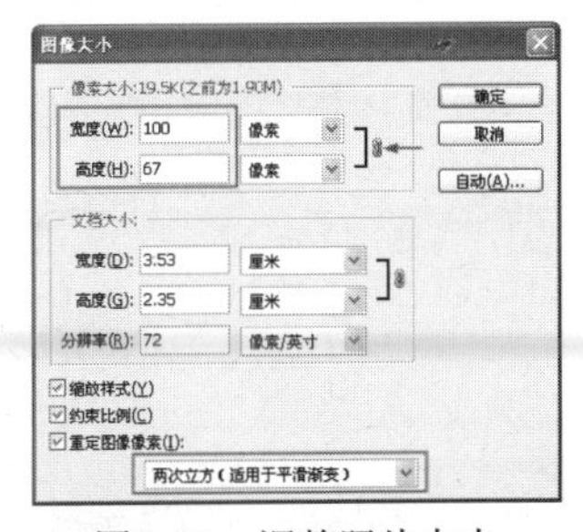

图 1-91　调整照片大小

图 1-92　录制面板

> **技巧**
> 用户可以记录用“选框”、“移动”、“多边形”、“套索”、“魔棒”、“裁剪”、“切片”、“魔术橡皮擦”、“渐变”、“油漆桶”、“文字”、“形状”、“注释”、“吸管”和“颜色取样器”工具执行的操作，也可以记录在“历史记录”、“色板”、“颜色”、“路径”、“通道”、“图层”、“样式”和“动作”面板中执行的操作。

步骤 5 单击“动作”面板中“停止播放/记录”按钮，完成动作的录制，“动作”面板如图 1-93 所示。执行“文件>存储为”命令，将处理后的照片保存为 PSD 文件。执行“文件>自动>批处理”命令，如图 1-94 所示。

图 1-93　动作面板

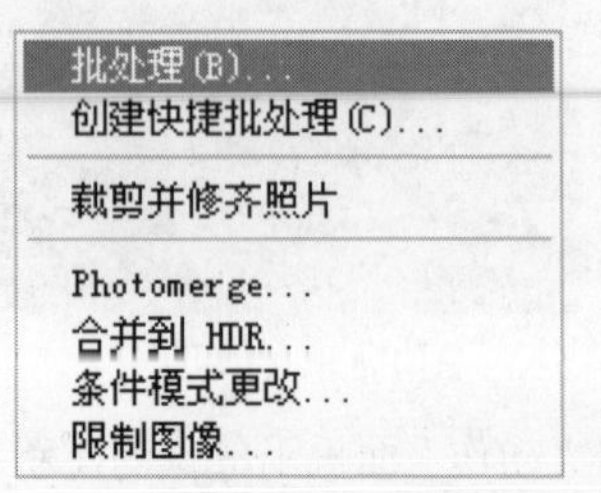

图 1-94　执行“批处理”命令

> **提示** 并不是在 Photoshop 中使用的所有命令都可以被记录。读者在实际操作中要注意这点，有选择地使用调整命令。

步骤 6 设置弹出的“批处理”对话框，如图 1-95 所示。单击“确定”按钮，Photoshop 自动开始对 pic 文件夹中的图片按照“调整照片”动作进行处理，完成效果如图 1-96 所示。

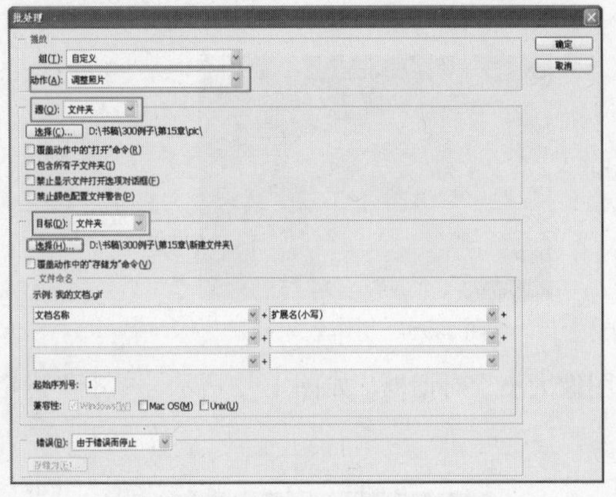

图 1-95　设置“批处理”对话框

图 1-96　执行效果

> **技巧** 由于每个人的电脑环境不同，所以读者在制作本实例时可以选择自己电脑上的图片文件夹进行使用，不用完全和教材一致。

> **提示** 由于制作“调整照片”动作时，没有录制存储的过程，所以在批处理过程中会弹出存储提示。可以通过录制存储过程解决这个问题。

实例小结

本实例主要讲解了实际工作中如何对大量图片执行相同的操作。处理的过程中使用了自定义动作功能将要对照片执行的操作定义成为动作文件，然后再配合批处理功能选择需要处理的照片文件夹，对照片应用定义好的动作，让电脑自动完成操作过程。

Example 实例 29 照片模糊处理

案例文件	DVD1\源文件\第 1 章\1-29.psd
视频文件	DVD2\视频\第 1 章\1-29.avi
难易程度	★☆☆☆☆
视频时间	1 分 16 秒

步骤 1 将要处理的照片打开，然后将背景图层进行复制。

步骤 2 使用“高斯模糊”滤镜将照片模糊。

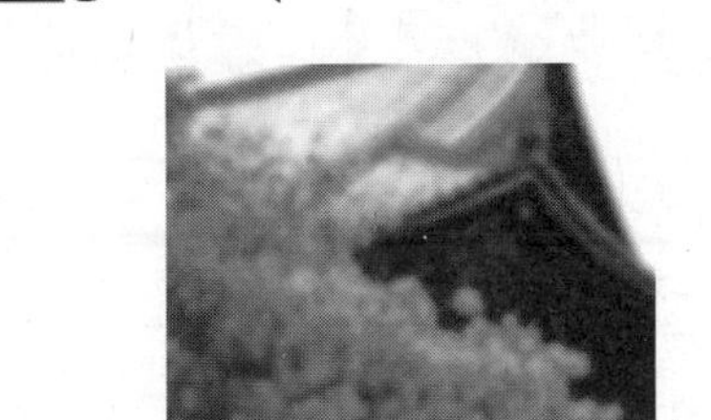

步骤 3 使用“色相/饱和度”命令将照片的色相和饱和度进行调整。

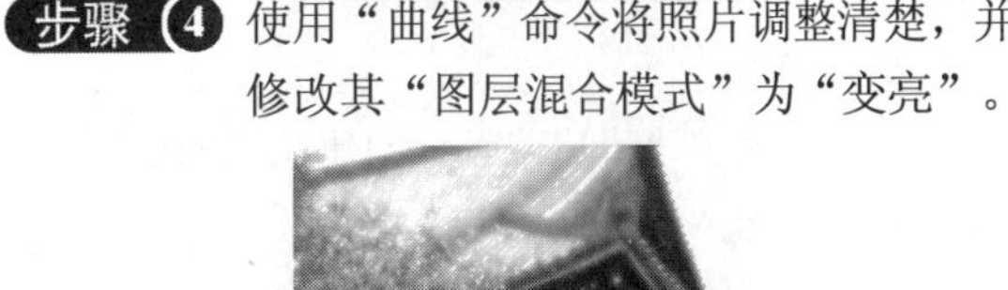

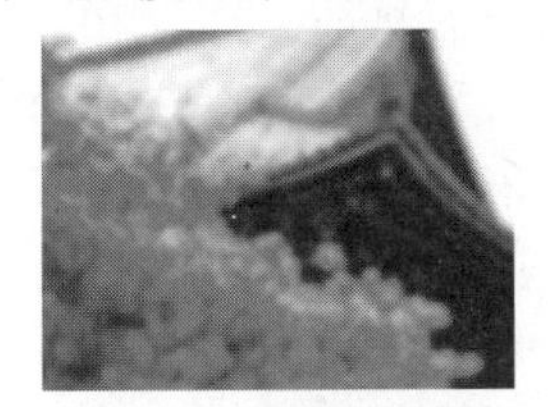

步骤 4 使用“曲线”命令将照片调整清楚，并修改其“图层混合模式”为“变亮”。

Example 实例 30 快速让照片更清晰

案例文件	DVD1\源文件\第 1 章\1-30.psd
视频文件	DVD2\视频\第 1 章\1-30.avi
难易程度	★☆☆☆☆
视频时间	2 分 2 秒

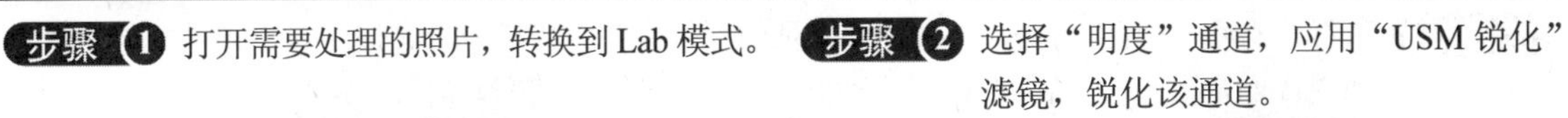

步骤 1 打开需要处理的照片，转换到 Lab 模式。

步骤 2 选择“明度”通道，应用“USM 锐化”滤镜，锐化该通道。

步骤 3 返回 RGB 通道，复制“绿”通道，在“蓝”通道中粘贴，返回复合图层，复制图层并设置混合模式，添加蒙版，将背景部分涂抹出来。

步骤 4 添加“亮度/对比度”调整图层，对“亮度/对比度”进行调整，完成对照片的处理。

第2章 照片基本修饰

本章主要讲解如何将照片中的背景进行突出化处理，如何将简单背景进行替换处理，如何利用USM锐化将照片中的人物进行清晰化处理，如何将照片进行微距调整。

Example 实例 31 虚化照片的背景

案例文件	DVD1\源文件\第2章\2-1.psd
难易程度	★☆☆☆☆
视频时间	1分5秒
技术点睛	利用“快速蒙版”功能创建选区，通过设置“高斯模糊”滤镜制作背景的模糊效果

思路分析

本实例通过“快速蒙版”创建花朵的选区，再通过“高斯模糊”滤镜的设置，制作出背景的模糊效果，效果如图2-1所示。

（修改前）

（修改后）

图2-1 虚化照片背景的前后效果对比

制作步骤

步骤1 执行“文件>打开”命令，打开需要处理的照片原图“DVD1\源文件\第2章\素材\2101.jpg”，如图2-2所示。将“背景”图层拖动到“创建新图层”按钮上，复制“背景”图层，得到“背景 副本”图层，如图2-3所示。

图2-2 打开照片

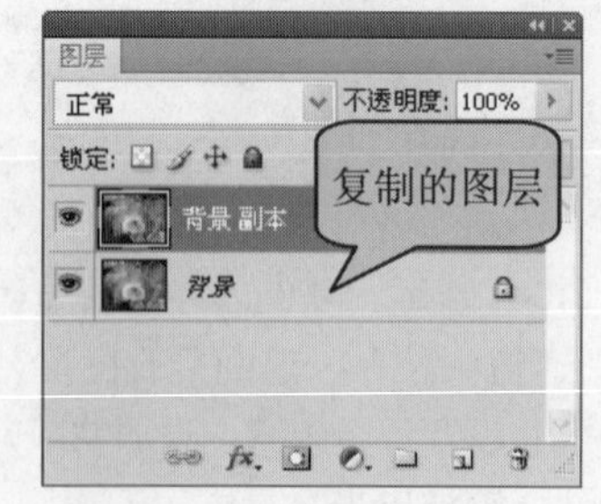

图2-3 “图层”面板

步骤2 按快捷键D将“前景色”和“背景色”恢复默认设置，单击工具箱中的“以快速蒙版模式编辑”按钮，进入快速蒙版编辑状态，单击工具箱中的“画笔工具”按钮，在照片上的叶子部分进行涂抹，如图2-4所示。用相同的制作方法，对照片背景进行涂抹操作，如图2-5所示。

图 2-4 涂抹效果

图 2-5 完成后的效果

提示 单击工具箱中的“以快速蒙版模式编辑”按钮，可以切换到快速蒙版的编辑状态；在输入法为英文状态时，按 Q 键也可以切换到快速蒙版的编辑状态。

步骤 3 单击工具箱中的“以标准模式编辑”按钮，返回标准编辑模式，得到新的选区，如图 2-6 所示。执行“图层>新建>通过拷贝的图层”命令，得到“图层 1”，“图层”面板如图 2-7 所示。

图 2-6 创建选区

图 2-7 “图层”面板

技巧 选区创建后，执行“图层>新建>通过拷贝的图层”命令，可以新建一个该选区内容的图层；在输入法为英文状态时，按快捷键 Ctrl+J，也可以新建一个该选区内容的图层。

步骤 4 选择“背景 副本”图层，执行“滤镜>模糊>高斯模糊”命令，打开“高斯模糊”对话框，参数设置如图 2-8 所示，单击“确定”按钮完成设置，照片效果如图 2-9 所示。

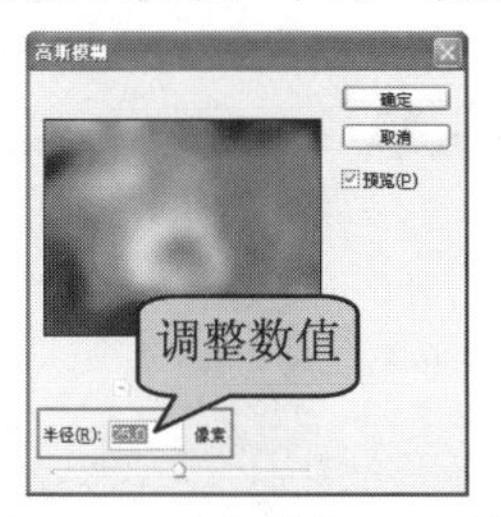

图 2-8 “高斯模糊”对话框

图 2-9 照片效果

步骤 5 虚化完照片的背景后，执行“文件>存储为”命令，将照片存储为 PSD 文件。

实例小结

本实例主要讲解如何利用“快速蒙版”创建花朵这样边缘复杂的选区，执行“图层>新建>通过拷贝的图层”命令，新建一个该选区内容的图层，再利用“高斯模糊”制作背景的模糊效果，从而实现虚化照片背景的效果。

Example 实例 32 变换照片背景的颜色

案例文件	DVD1\源文件\第 2 章\2-2.psd
视频文件	DVD2\视频\第 2 章\2-2.avi
难易程度	★☆☆☆☆
视频时间	58 秒

步骤 1 打开照片，将“背景”图层复制。

步骤 2 新建一个“色彩平衡”的调整图层对图像的中间调进行调整。

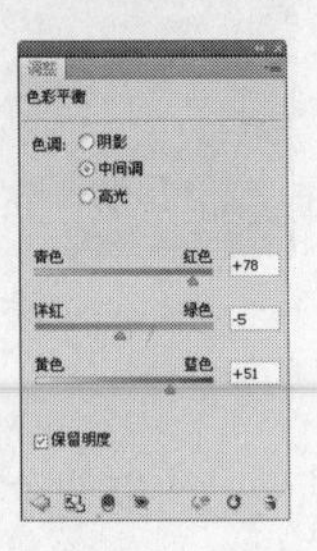

步骤 3 对图像的高光进行调整。

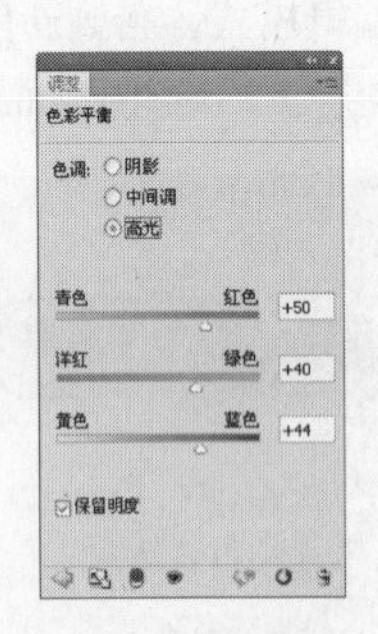

步骤 4 单击工具箱中的“橡皮擦工具”，设置前景色为白色，将人涂抹出来。

Example 实例 33 为照片打造简单的漫画风格背景

案例文件	DVD1\源文件\第 2 章\2-3.psd
视频文件	DVD2\视频\第 2 章\2-3.avi
难易程度	★☆☆☆☆
视频时间	2 分 8 秒

步骤 1 将照片打开，使用自动调整命令调整照片属性。

步骤 2 复制“背景”图层，将人物抠出，添加“投影”样式，再复制图层执行“特殊模糊”。

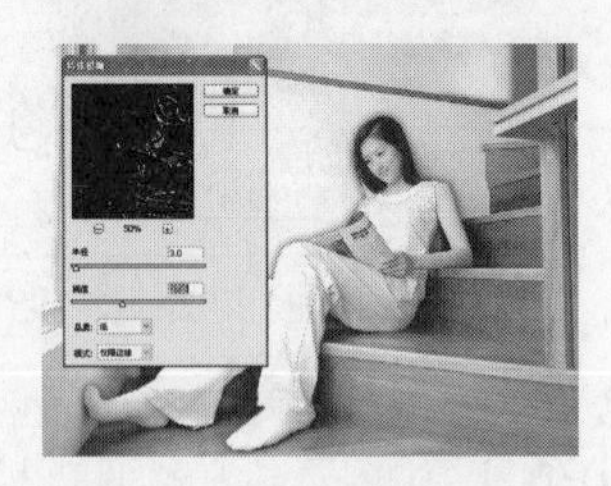

步骤 3 将人物图层的色彩饱和度进行调整。

步骤 4 修改图层的混合模式为“正片叠加”，底层为“颜色减淡”。

Example 实例 34 替换照片的背景

案例文件	DVD1\源文件\第 2 章\2-4.psd
难易程度	★★☆☆☆
视频时间	1 分 59 秒
技术点睛	利用“通道”面板创建小男孩的选区

思路分析

本实例是将小男孩在一个模糊场景骑单车的效果，修改为在宽敞的大马路上行驶的效果，如图 2-10 所示。

（修改前）

（修改后）

图 2-10 替换照片背景前后的效果对比

制作步骤

步骤 1 执行“文件>打开”命令，打开需要处理的照片原图“DVD1\源文件\第 2 章\素材\2401.jpg”，如图 2-11 所示。再次执行“文件>打开”命令，打开另一幅照片“DVD1\源文件\第 2 章\素材\2402.jpg”，如图 2-12 所示。

图 2-11 打开照片

图 2-12 打开照片

> **技巧** 执行“文件>打开”命令可以弹出“打开”对话框，按快捷键 Ctrl+O 也可以弹出“打开”对话框。

步骤 2 单击工具箱中的“移动工具”按钮，将照片 2401.jpg 拖入到照片 2402.jpg 中，如图 2-13 所示。执行“窗口>通道”命令，打开“通道”面板，选择“红”通道，将“红”通道拖到“创建新通道”按钮上，如图 2-14 所示，复制“红”通道，得到“红 副本”通道。

图 2-13　拖入照片

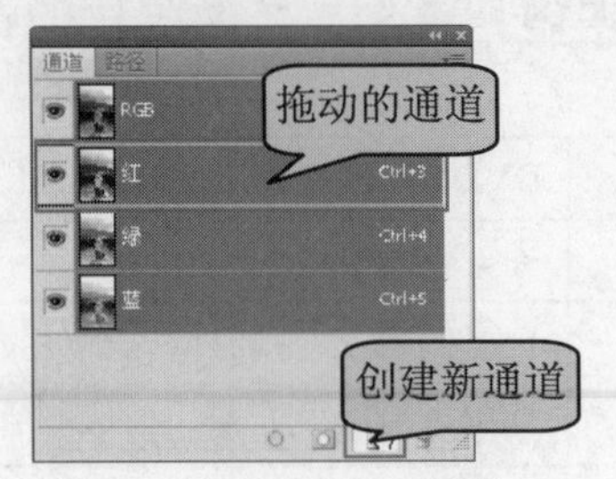

图 2-14　拖动复制“红”通道

步骤 3 选择“红 副本”通道，执行“图像>调整>色阶”命令，弹出“色阶”对话框，参数设置如图 2-15 所示，单击“确定”按钮完成设置，该通道中的照片效果如图 2-16 所示。

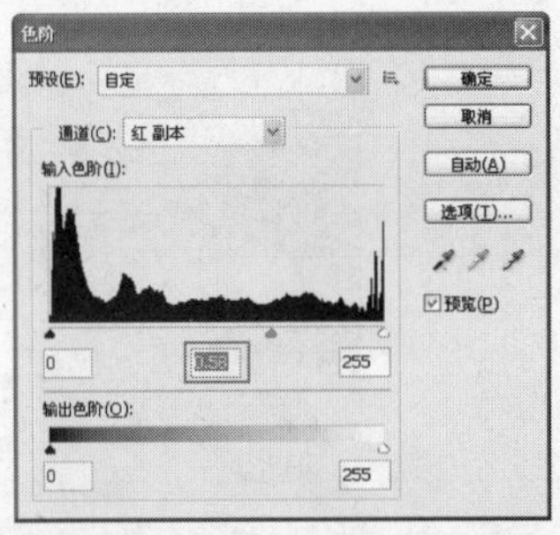

图 2-15　设置“色阶”对话框

图 2-16　照片效果

> **技巧**　执行“图像>调整>色阶”命令可以弹出“色阶”对话框，按快捷键 Ctrl+L 也可以弹出“色阶”对话框。

步骤 4 单击工具箱中的“画笔工具”按钮，在“选项”栏选择合适的笔触和笔触大小，设置“不透明度”为 100%，“流量”为 100%；按快捷键 D 将“前景色”和“背景色”恢复默认设置，在照片上的人物部分进行涂抹，如图 2-17 所示；按快捷键 X 切换前景色和背景色，在照片上的背景部分进行涂抹，如图 2-18 所示。

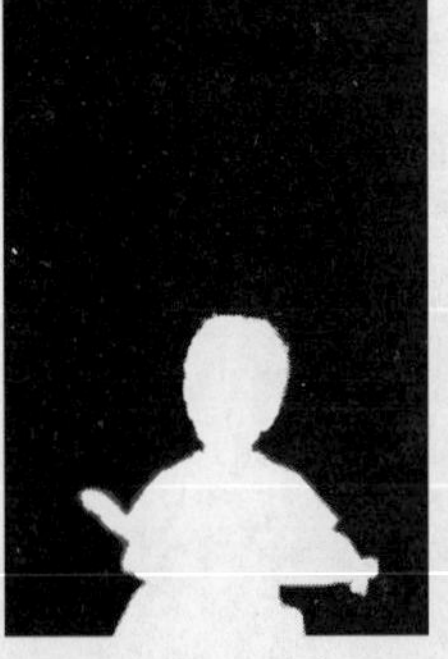

图 2-17　照片效果　　　　图 2-18　照片效果

> **提示**　在“通道”中创建选区时，白色表示要创建选区的部分，黑色表示不需要创建选区的部分。

步骤 5 执行“图像>调整>色阶”命令，打开“色阶”对话框，参数设置如图 2-19 所示。单击“确定”

按钮，完成设置，照片效果如图 2-20 所示。

图 2-19　设置“色阶”对话框

图 2-20　照片效果

步骤 6 按住 Ctrl 键的同时单击“红 副本”通道的通道缩览图，得到该通道选区，如图 2-21 所示，单击 RGB 通道，返回“图层”面板中选择“图层 1”，如图 2-22 所示。

图 2-21　创建选区

图 2-22　画布效果

步骤 7 单击“图层”面板上的“添加图层蒙版”按钮，为“图层 1”添加图层蒙版，如图 2-23 所示，照片效果如图 2-24 所示。

图 2-23　创建图层蒙版

图 2-24　照片效果

> **提示** 利用“通道”创建选区，往往不能达到很好的效果，此时利用“添加图层蒙版”将不需要显示的部分遮盖，进行细致化的处理。

步骤 8 单击工具箱中的“画笔工具”按钮，在“选项”栏上进行相应的设置，在工具箱中设置“前景色”值为 RGB（0，0，0），在小男孩的腋窝部位和其他有瑕疵的部分进行涂抹。替换完照片背景后，执行“文件>存储为”命令，将照片存储为 PSD 文件。

实例小结

本实例主要向读者讲解如何利用通道创建不规则选区，再通过创建的选区创建图层蒙版，完成本实例的处理后，读者应掌握如何利用通道创建选区，以及如何利用选区创建图层蒙版。

Example 实例 35 变换人物飞跃的背景

案例文件	DVD1\源文件\第 2 章\2-5.psd
视频文件	DVD2\视频\第 2 章\2-5.avi
难易程度	★☆☆☆☆
视频时间	1 分 36 秒

步骤 1 打开要处理的照片。

步骤 2 在“通道”面板中复制“蓝”通道，并进行处理。

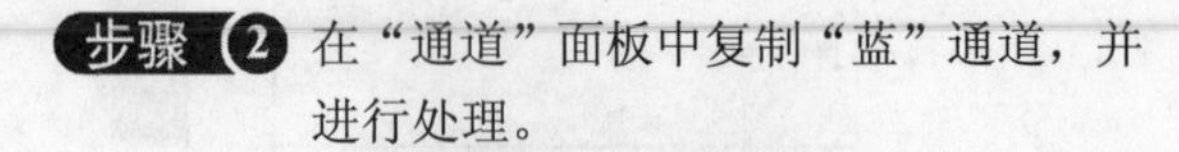

步骤 3 打开要合成的照片。

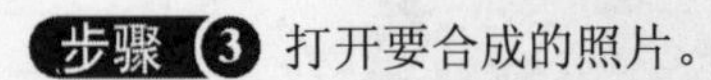

步骤 4 使用“移动工具”将人物拖入到要合成图像的照片中。

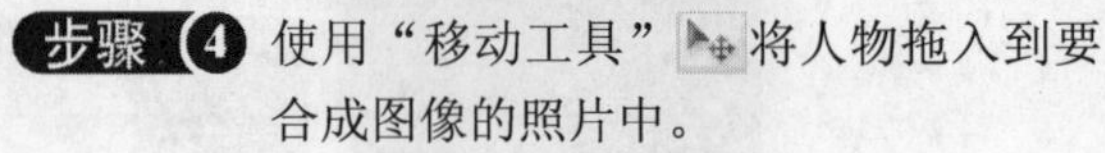

Example 实例 36 为照片制作幽默效果

案例文件	DVD1\源文件\第 2 章\2-6.psd
视频文件	DVD2\视频\第 2 章\2-6.avi
难易程度	★☆☆☆☆
视频时间	2 分 15 秒

步骤 1 打开要处理的照片。

步骤 2 将照片中的小兔子抠除掉。

步骤 3 打开素材照片，将穿红衣服的女士抠出来，并创建一个新图层。

步骤 4 使用“移动工具”将穿红衣服的女士拖入到小男孩照片中，并进行“色相/饱和度”的调整。

Example 实例 37　使焦点模糊的照片变清晰

案例文件	DVD1\源文件\第 2 章\2-7.psd
难易程度	★☆☆☆☆
视频时间	1 分 26 秒
技术点睛	利用“滤镜>其他>高反差保留”滤镜处理照片，再利用蒙版功能处理模糊的照片

思路分析

本实例主要使用“高反差保留”滤镜处理照片，再利用蒙版功能将不需要的照片进行遮盖，通过图层“混合模式”的设置，可以使模糊的照片处理的比较清晰，效果如图 2-25 所示。

（修复前）　　（修复后）

图 2-25　修复焦点模糊照片前后的效果对比

制作步骤

步骤 1 执行“文件>打开”命令，打开需要处理的照片原图“DVD1\源文件\第 2 章\素材\2701.jpg”，如图 2-26 所示。复制“背景”图层，得到“背景 副本”图层，执行“图像>调整>去色”命令，将照片进行去色，如图 2-27 所示。

图 2-26　打开照片

图 2-27　去色后的效果

步骤 2 选择“背景 副本”图层，执行“滤镜>其他>高反差保留”命令，弹出“高反差保留”对话框，参数设置如图 2-28 所示。单击“确定”按钮完成设置，照片效果如图 2-29 所示。

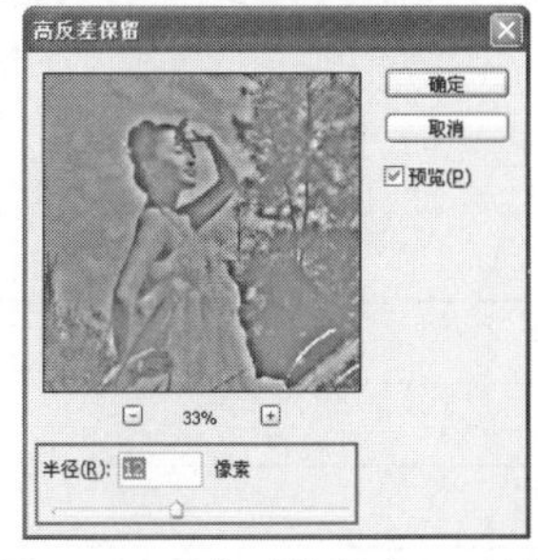

图 2-28　“高反差保留”对话框

图 2-29　照片效果

提示 滤镜创建以后，如果要再次进行相同滤镜的处理，只需要按快捷键 Ctrl+F，即可再次执行上次的滤镜效果。

步骤 3 选择“背景 副本”图层，单击“图层”面板上的“添加图层蒙版”按钮，为“背景 副本”图层添加图层蒙版，如图 2-30 所示。单击工具箱中的“画笔工具”按钮，在“选项”栏上进行相应设置，设置“前景色”值为 RGB（0，0，0），在照片上的背景处进行涂抹，如图 2-31 所示。

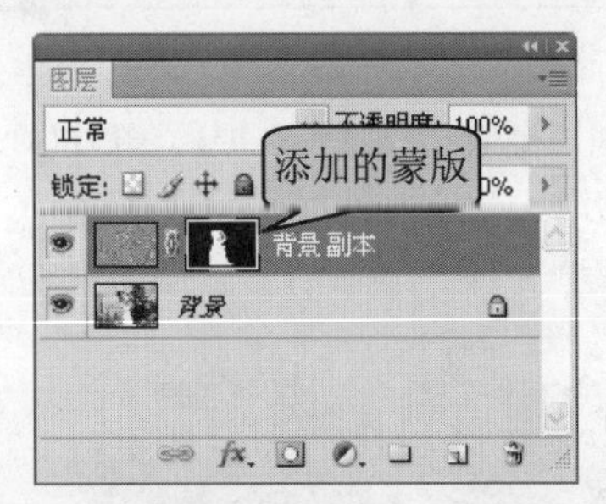

图 2-30 “图层”面板

图 2-31 照片效果

步骤 4 选择“背景 副本”图层，设置“混合模式”为“叠加”，“不透明度”为 50%，如图 2-32 所示，照片效果如图 2-33 所示。

图 2-32 “图层”面板

图 2-33 照片效果

技巧 执行“窗口>图层”命令，可以打开“图层”面板，按 F7 键也可以打开“图层”面板。

步骤 5 修复完焦点模糊的照片后，执行“文件>存储为”命令，将照片存储为 PSD 文件。

实例小结

通过本实例的学习，读者可以掌握如何综合运用“滤镜”效果和蒙版功能进行照片的处理，需要注意的是在处理照片时一定要作一个副本，否则如果进行了误操作，还原功能又不管用，照片就无法恢复到原始状态。

Example 实例 38 将模糊的照片变清晰

案例文件	DVD1\源文件\第 2 章\2-8.psd
视频文件	DVD2\视频\第 2 章\2-8.avi
难易程度	★☆☆☆☆
视频时间	50 秒

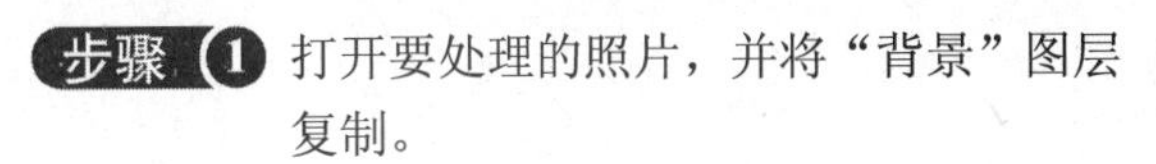

步骤 1 打开要处理的照片，并将“背景”图层复制。

步骤 2 选择“背景 副本”图层，执行“滤镜>其他>高反差保留”命令。

步骤 3 这是完成“高反差保留”滤镜设置后的照片效果。

步骤 4 选择“背景 副本”图层，设置“图层混合模式”为“叠加”，“不透明度”为 50%。

Example 实例 39 调整照片的色彩和饱和度

案例文件	DVD1\源文件\第 2 章\2-9.psd
视频文件	DVD2\视频\第 2 章\2-9.avi
难易程度	★☆☆☆☆
视频时间	1 分 8 秒

步骤 1 打开照片，复制背景图层。

步骤 2 使用“查找边缘”滤镜，制作照片的线框效果。

步骤 3 使用“反相”命令，将照片调整为夜晚。

步骤 4 使用“色阶”命令，将照片夜晚的效果调整得更细致，并更改图层混合模式为“颜色加深”。

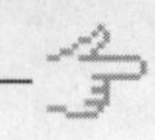

Example 实例 40 去除照片中的紫边

案例文件	DVD1\源文件\第 2 章\2-10.psd
难易程度	★☆☆☆☆
视频时间	2 分 14 秒
技术点睛	通过在“调整”面板中进行相应的参数设置，处理照片上出现的紫边

思路分析

在使用数码相机拍摄照片时，可能会产生紫边效果，可以利用 Photoshop 进行修复。照片中紫边处理前和处理后的效果如图 2-34 所示。

（处理前）

（处理后）

图 2-34 删除照片中的紫边前后的效果对比

制作步骤

步骤 1 执行“文件>打开”命令，打开需要处理的照片原图“DVD1\源文件\第 2 章\素材\21001.jpg”，如图 2-35 所示。复制“背景”图层，得到“背景 副本”图层，执行“窗口>调整”命令，打开“调整”面板，在“调整”面板上单击“创建新的色阶调整图层”按钮，在选项中进行相应的参数设置，如图 2-36 所示。

图 2-35 打开照片

图 2-36 设置“色阶”

> **提示**
> 在本步骤所执行的操作，也可以执行“图层>调整>色阶”命令，在弹出的“色阶”对话框中，也可进行色阶的设置。
> 本步骤之所以在“调整”面板中进行设置，好处在于可以随时修改各选项参数，而在“色阶”对话框中设置完成后是不可以再次编辑的。

步骤 2 选择“背景 副本”图层，单击工具箱中的“画笔工具”按钮，在“选项”栏上进行相应的设置，设置“前景色”值为 RGB（0，0，0），在照片上进行涂抹，如图 2-37 所示。在“调整”面板上单击“创建新的可选颜色调整图层”按钮，在选项中进行相应的参数设置，如

图 2-38 所示。

图 2-37 照片效果

图 2-38 设置“可选择颜色”

技巧 单击工具箱中的“画笔工具”按钮，可以切换到“画笔工具”的使用状态，在输入法为英文状态时，按 B 键也可以切换到“画笔工具”的使用状态。

步骤 3 再次在“调整”面板中设置，如图 2-39 所示，完成后的照片效果如图 2-40 所示。

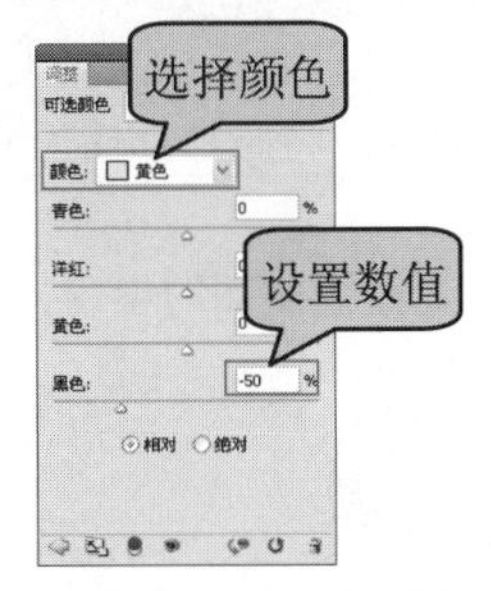

图 2-39 设置“可选择颜色”

图 2-40 照片效果

步骤 4 在“调整”面板中单击“创建新的色相/饱和度调整图层”按钮，在选项中进行相应的参数设置，如图 2-41 所示，再次在“调整”面板中设置，如图 2-42 所示。

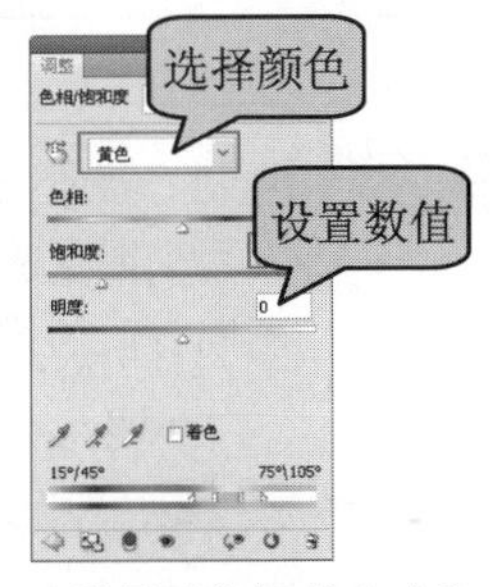

图 2-41 设置“色相/饱和度”

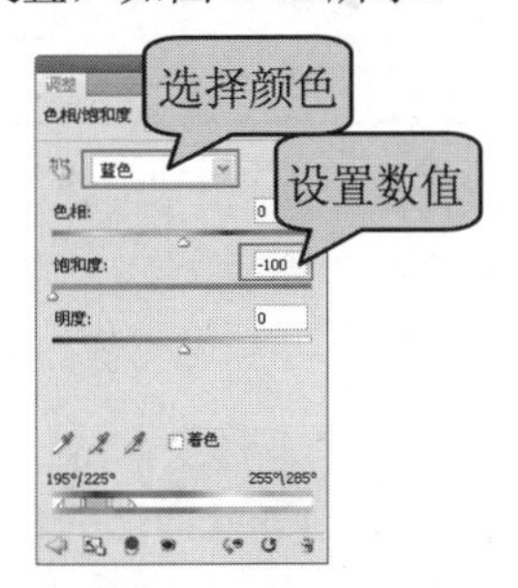

图 2-42 设置“色相/饱和度”

步骤 5 在“调整”面板中进行设置，如图 2-43 所示，完成后的照片效果如图 2-44 所示。

图 2-43 设置“色相/饱和度”

图 2-44 照片效果

步骤 6 在“图层”面板上分别单击“选取颜色 1”图层和“背景 副本”图层前的“指示图层可见性”按钮，隐藏这两个图层，如图 2-45 所示，去除了照片中的紫边，照片效果如图 2-46 所示。

图 2-45　隐藏图层

图 2-46　照片效果

> **提示** 如果不隐藏“选取颜色 1”图层和“背景副本”图层，则画布只显示“背景 副本”图层和调整的图层效果，“背景”图层的效果是看不到的。

步骤 7 去除了照片中的紫边后，执行“文件>存储为”命令，将照片存储为 PSD 文件。

实例小结

本实例主要向读者讲解如何将照片上的紫边进行处理，通过本实例的学习，读者也可以了解如何利用“调整”面板调整照片的色调。

Example 实例 41 制作照片中的点点星光效果

案例文件	DVD1\源文件\第 2 章\2-11.psd
视频文件	DVD2\视频\第 2 章\2-11.avi
难易程度	★★★☆☆
视频时间	2 分 18 秒

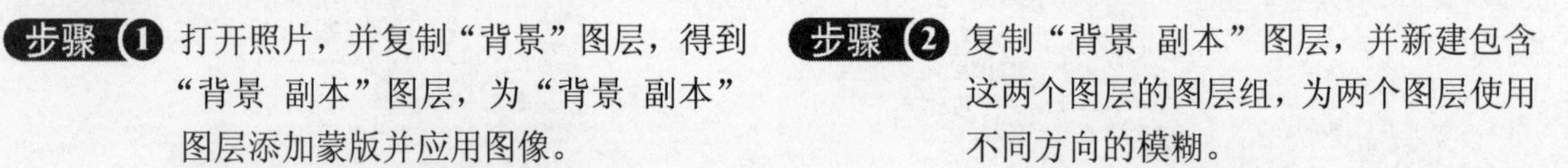

步骤 1 打开照片，并复制“背景”图层，得到“背景 副本”图层，为“背景 副本”图层添加蒙版并应用图像。

步骤 2 复制“背景 副本”图层，并新建包含这两个图层的图层组，为两个图层使用不同方向的模糊。

步骤 3 分别为两个图层使用 USM 锐化，使星光效果更回清晰。

步骤 4 为组添加蒙版，将人物擦出，即可完成照片效果。

Example 实例 42　去除地板上多余的物体

案例文件	DVD1\源文件\第 2 章\2-12.psd
视频文件	DVD2\视频\第 2 章\2-12.avi
难易程度	★★☆☆☆
视频时间	1 分 34 秒

步骤 1 打开要处理的照片，并将“背景”图层复制。

步骤 2 执行“滤镜>消失点”命令，在“消失点”对话框中进行相应的参数设置，并使用“图章工具”吸取图样。

步骤 3 在照片上反复的吸取图样，并在小提琴上点击。

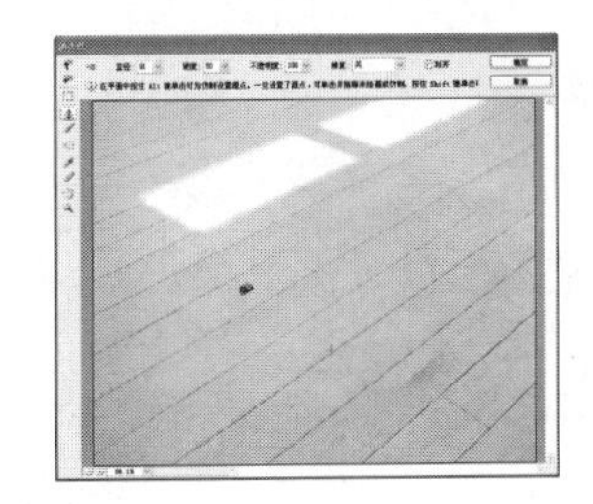

步骤 4 直至将小提琴全部都去除掉，单击“确定”按钮完成照片的处理。

Example 实例 43　去除噪点

案例文件	DVD1\源文件\第 2 章\2-13.psd
难易程度	★☆☆☆☆
视频时间	1 分 12 秒
技术点睛	通过“滤镜>杂色>去斑”滤镜，将照片上的颗粒去除，再进行“滤镜>锐化>USM 锐化”功能，将照片进行清晰化处理

思路分析

本实例主要是将照片上的噪点进行处理，使照片清晰，去除噪点前后效果如图 2-47 所示。

制作步骤

步骤 1 执行“文件>打开”命令，打开需要处理的照片原图“DVD1\源文件\第 2 章\素材\21301.jpg”，如图 2-48 所示。复制“背景”图层，得到“背景 副本”图层，如图 2-49 所示。

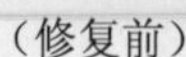
（修复前）

（修复后）

图 2-47　去除噪点前后的效果对比

图 2-48　打开照片

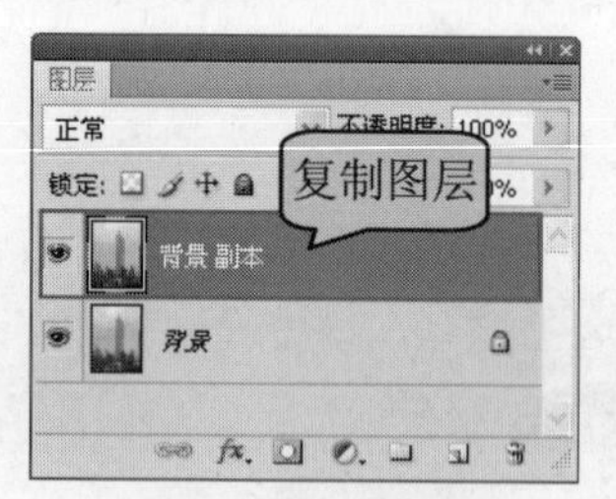

图 2-49　复制图层

步骤 2 执行 3 次“滤镜>杂色>去斑”命令，去除照片上的杂点，如图 2-50 所示。

图 2-50　照片效果

> **提示**　要扩大画布的显示，可以单击工具箱中的“缩放工具”按钮，在画布上单击，即可扩大画布的显示。如果要缩小画布的显示，按住 Alt 键当指针变成时，在画布上单击，可以缩小画布的显示。

步骤 3 在“图层”面板上单击“创建新的填充或调整图层”按钮，在菜单中选择“色阶”选项，参数设置如图 2-51 所示，照片效果如图 2-52 所示。

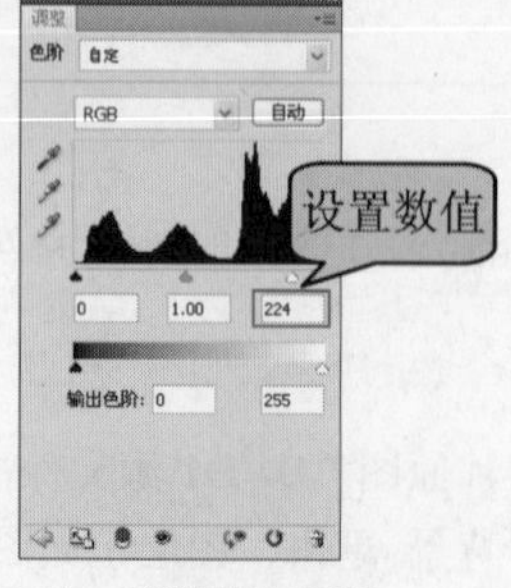

图 2-51　“调整”面板

图 2-52　照片效果

提示：在添加“色阶”效果时，不仅可以单击“图层”面板中的“创建新的填充或调整图层”按钮，在菜单中选择“色阶”选项。也可以在“调整”面板中单击“创建新的色阶调整图层”按钮，在打开的选项中进行相应的设置。

步骤 4 在“图层”面板中单击“创建新的填充或调整图层”按钮，在菜单中选择“可选颜色”选项，参数设置如图 2-53 所示，“图层”面板如图 2-54 所示，照片效果如图 2-55 所示。

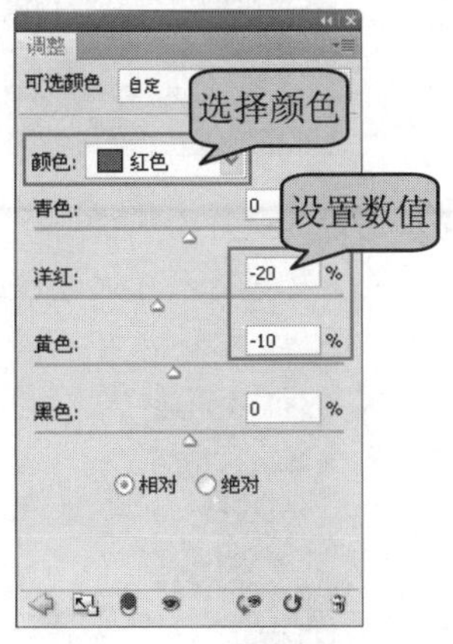

图 2-53　“调整”面板

图 2-54　“图层”面板

图 2-55　照片效果

步骤 5 去除完噪点，执行“文件>存储为”命令，将照片存储为 PSD 文件。

实例小结

通过本实例的学习，读者可以学习如何将噪点照片进行清晰化处理，并对“去斑”滤镜和“锐化”滤镜的效果有了初步掌握。

Example 实例 44　去除人物照片的噪点

案例文件	DVD1\源文件\第 2 章\2-14.psd
视频文件	DVD2\视频\第 2 章\2-14.avi
难易程度	★☆☆☆☆
视频学习	2 分 6 秒

步骤 1 打开要去除噪点的照片，并将“背景”图层进行复制。

步骤 2 使用“去斑”滤镜，将照片中的噪点进行处理。

步骤 3 为“背景 副本”图层设置“色阶”。

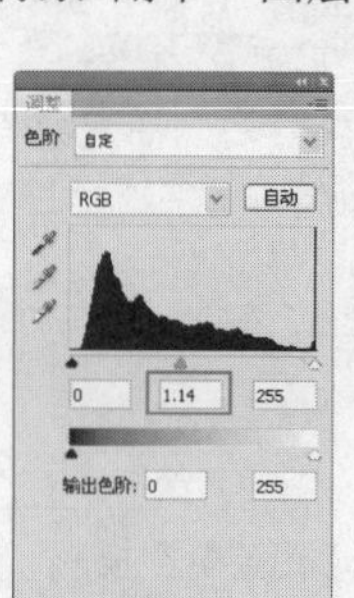

步骤 4 通过为照片添加“高反差保留”滤镜，将人物进行清晰化处理。

Example 实例 45 制作朦胧星球的效果

案例文件	DVD1\源文件\第 2 章\2-15.psd
视频文件	DVD2\视频\第 2 章\2-15.avi
难易程度	★☆☆☆☆
视频时间	1 分 32 秒

步骤 1 打开照片，使用自动调整命令调整照片属性。

步骤 2 将星球照片打开，并调整基本属性。

步骤 3 将照片拷贝到一起，并调整星球照片的大小和位置。

步骤 4 将“图层混合模式”设置为“叠加”。并使用蒙版功能调整照片效果。

Example 实例 46　制作照片翘角的效果

案例文件	DVD1\源文件\第 2 章\2-16.psd
难易程度	★☆☆☆☆
视频时间	3 分 15 秒
技术点睛	首先调整图像的“色相/饱和度”，对图像进行自由变换，用钢笔绘制路径，填充渐变颜色并结合“图层样式”的应用，使翘角产生立体感

思路分析

在计算机中看到的照片通常都是平面的，通过本实例学习使用渐变工具以及“图层样式”对话框中的投影选项使照片实现卷边的立体效果，如图 2-56 所示。

（处理前）

（处理后）

图 2-56　制作翘角效果前后的对比

制 作 步 骤

步骤 1 执行“文件>打开”命令，打开需要处理的照片“DVD1\源文件\第 2 章\素材\21601.jpg”，如图 2-57 所示。执行“文件>新建”命令，打开“新建”对话框，参数设置如图 2-58 所示。

图 2-57　“新建”对话框

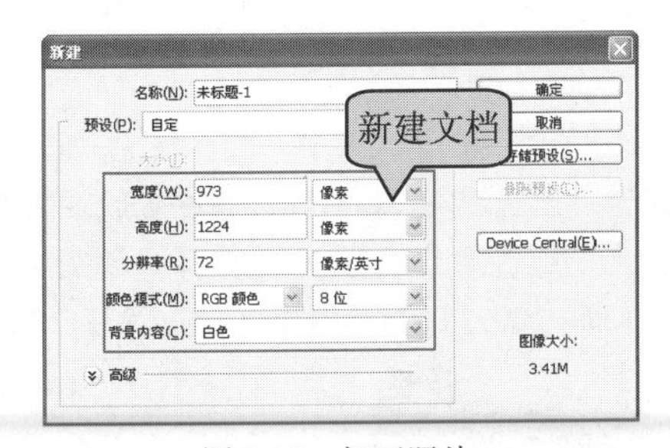

图 2-58　打开照片

步骤 2 单击工具箱中的“移动工具”按钮，将前面打开的照片拖至新建的文档中，“图层”面板如图 2-59 所示。执行“图像>调整>色相/饱和度”命令，打开“色相/饱和度”对话框，参数设置如图 2-60 所示。

步骤 3 单击“确定”按钮，调整色相/饱和度后的效果如图 2-61 所示。按快捷键 Ctrl+T 将图像进行自由变换，效果如图 2-62 所示。

步骤 4 双击图层面板中的“图层 1”，在打开的“图层样式”对话框中点选“投影”复选框，参数设置如图 2-63 所示。单击“确定”按钮完成设置，照片效果如图 2-64 所示。

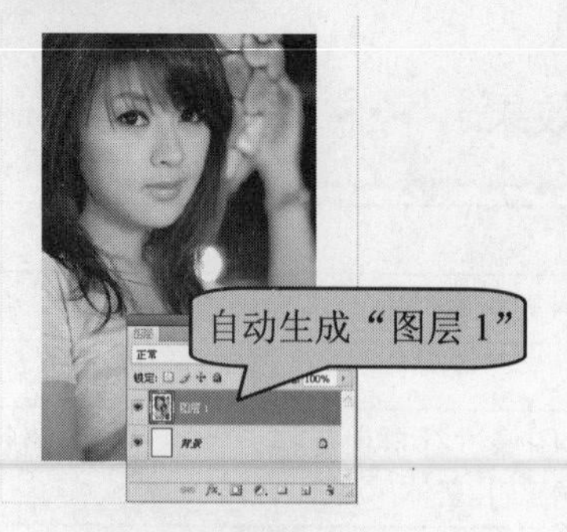

图 2-59 "图层"面板

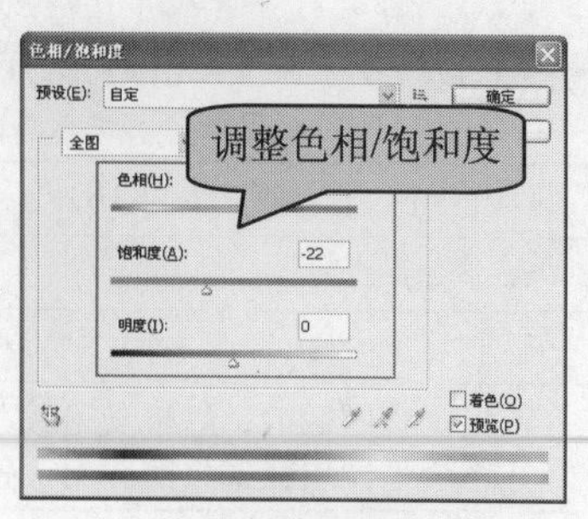

图 2-60 "色相/饱和度"对话框

图 2-61 照片效果

图 2-62 自由变换

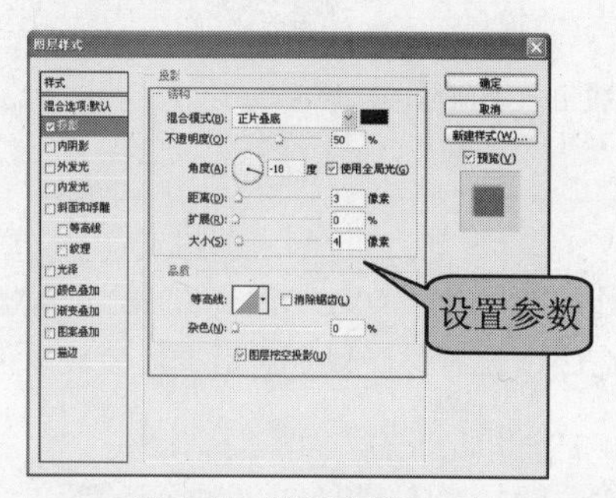

图 2-63 设置参数

图 2-64 照片效果

步骤 5 新建"图层 2"，单击工具箱中的"钢笔工具"按钮，在照片中绘制路径，如图 2-65 所示。绘制完毕再按快捷键 Ctrl+Enter 将路径转换为选区。单击工具箱中"渐变工具"按钮，在"选项"栏上单击"渐变预览条"，打开"渐变编辑器"对话框，从左向右分别设置渐变色标值为 RGB（137，130，119）、RGB（237，232，227）、RGB（137，130，119），如图 2-66 所示。

图 2-65 绘制路径

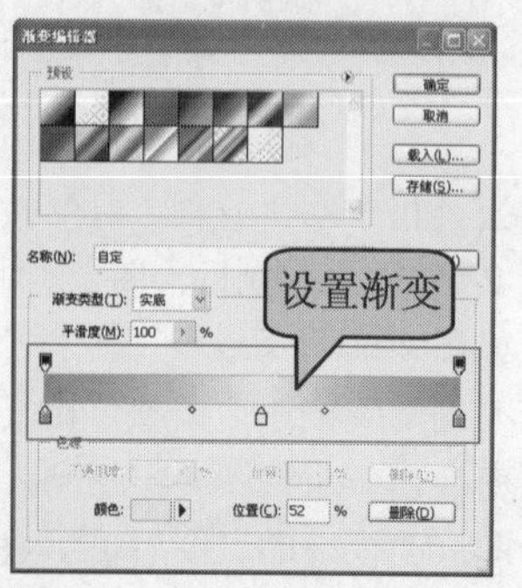

图 2-66 "渐变编辑器"对话框

步骤 6 单击“确定”按钮，在属性栏上选择“线性渐变”按钮，在选区中拖曳，应用渐变效果如图2-67所示。按快捷键Ctrl+Shift+I将选区反选，选择“图层1”，单击工具箱中“橡皮擦工具”，调整适当的画笔大小后对多余部分进行擦除，效果如图2-68所示。

图2-67　填充渐变色

图2-68　橡皮擦擦除效果

步骤 7 按快捷键Ctrl+D取消选区，然后双击“图层2”，在打开的“图层样式”对话框中点选“投影”复选框，参数设置如图2-69所示。单击“确定”按钮，设置投影后效果如图2-70所示。

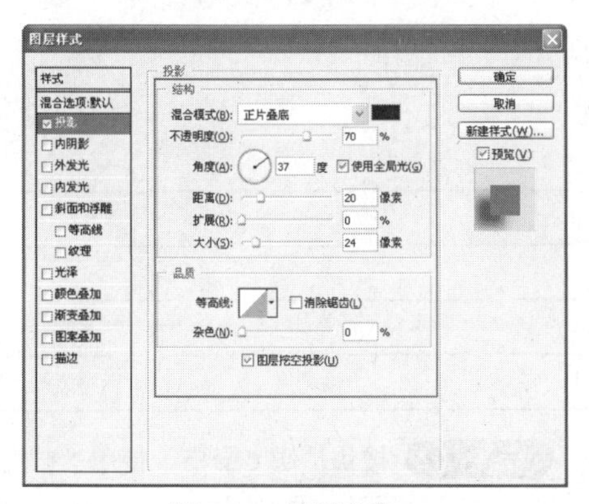

图2-69　设置参数

图2-70　照片效果

步骤 8 选择“图层1”，单击工具箱中的“加深工具”按钮，调整适当的画笔大小后在相应位置涂抹，为照片添加暗部效果。执行“文件>存储为”命令，将处理好的照片存储为PSD文件。

实例小结

通过实例的学习，读者可以更深入地了解渐变工具的功能，结合“图层样式”可以产生出立体的效果。

Example 实例 47　调整照片的构图

案例文件	DVD1\源文件\第2章\2-17.psd
视频文件	DVD2\视频\第2章\2-17.avi
难易程度	★★☆☆☆
视频时间	2分10秒

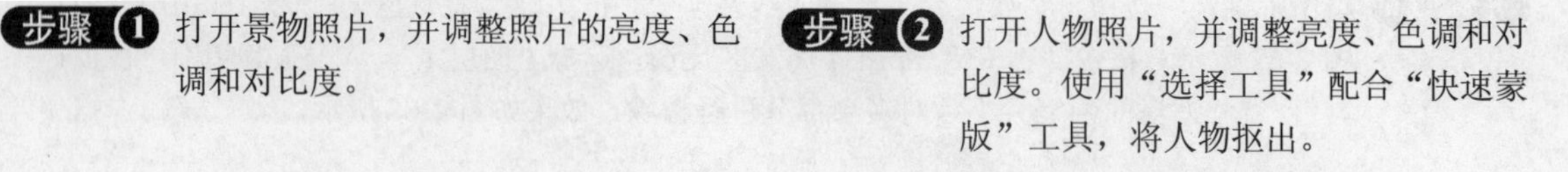

步骤 1 打开景物照片，并调整照片的亮度、色调和对比度。

步骤 2 打开人物照片，并调整亮度、色调和对比度。使用“选择工具”配合“快速蒙版”工具，将人物抠出。

步骤 3 将人物照片放置到背景照片中，并调整位置和大小。

步骤 4 复制人物图层，使用“自由变换”垂直翻转图片，使用图层蒙版制作渐隐的倒影效果。

Example 实例 48 突出照片的主体

案例文件	DVD1\源文件\第 2 章\2-18.psd
视频文件	DVD2\视频\第 2 章\2-18.avi
难易程度	★☆☆☆☆
视频时间	2 分 6 秒

步骤 1 打开需要处理的照片，在照片的主体部分创建矩形选区。

步骤 2 按快捷键 Ctrl+T，使用“自由变换”，对照片的主体部分进行旋转和缩放操作。

步骤 3 对照片主体图像添加“描边”和“投影”图层样式。

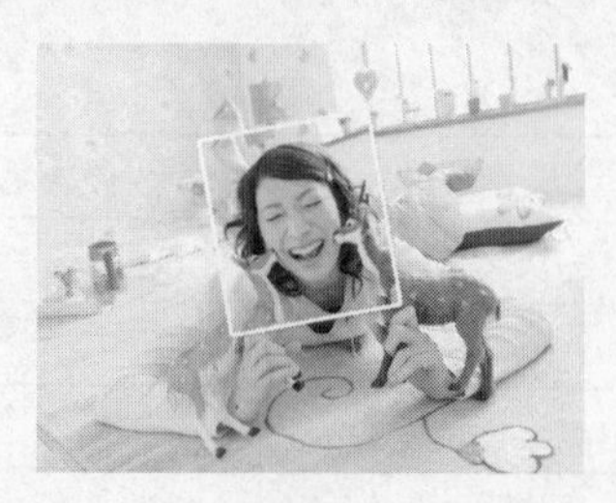

步骤 4 对照片的背景应用“径向模糊”滤镜，突出照片中心主体。

Example 实例 49　修饰照片中杂乱的背景

案例文件	DVD1\源文件\第 2 章\2-19.psd
难易程度	★☆☆☆☆
视频时间	1 分 52 秒
技术点睛	通过“多边形套索工具”创建不规则选区，再将一张背景比较简单照片贴入到选区中

思路分析

本实例中的人物背景比较杂乱，使照片缺少了应有的意境，使用 Photoshop 的一些功能可以将杂乱的背景进行替换处理，效果如图 2-71 所示。

（处理前）

（处理后）

图 2-71　修饰照片中杂乱背景前后的效果对比

制作步骤

步骤 1 执行“文件>打开”命令，打开需要处理的照片原图“DVD1\源文件\第 2 章\素材\21901.jpg”，如图 2-72 所示。新建“图层 1”，单击工具箱中的“多边形套索工具”按钮，在照片上创建选区，并填充颜色，如图 2-73 所示。

图 2-72　打开照片

图 2-73　创建选区并填充颜色

步骤 2 执行“文件>打开”命令，打开需要处理的照片原图“DVD1\源文件\第 2 章\素材\21902.jpg”，如图 2-74 所示。执行“选择>全部”命令，将照片全部选中，如图 2-75 所示，然后执行“编辑>拷贝”命令。

图 2-74　打开文件

图 2-75　将图像全部选中

技巧 执行“选择>全部”命令，可以将照片全部选中，按快捷键 Ctrl+A，也可以将照片全部选中。

步骤 3 返回到照片 21901.jpg 的编辑状态，执行“编辑>贴入”命令，将拷贝的照片贴入到选区中，如图 2-76 所示，“图层”面板如图 2-77 所示。

图 2-76 贴入照片后的效果

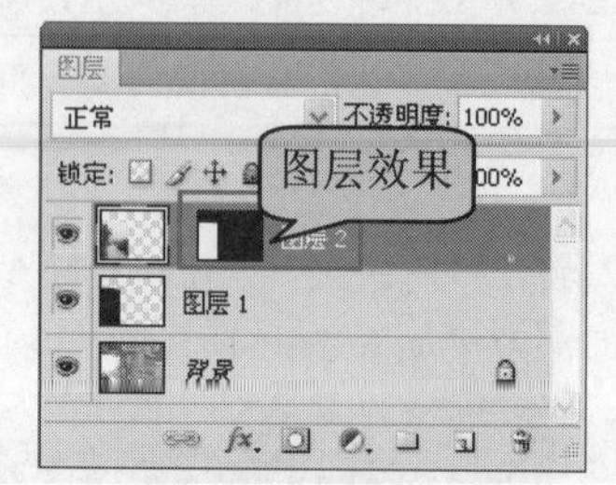

图 2-77 “图层”面板

提示 贴入后的照片会自动以蒙版的形式贴入到一个新的图层中，需要注意的是贴入后自动生成的蒙版是不可再编辑的。

步骤 4 单击工具箱中的“移动工具”按钮，将贴入的照片向左移动，如图 2-78 所示。在“图层”面板上按住 Ctrl 键的同时单击“图层 1”的图层缩览图，创建新的选区，如图 2-79 所示。

图 2-78 移动贴入照片

图 2-79 创建“图层 1”的选区

步骤 5 执行“窗口>调整”命令，在打开的“调整”面板中单击“创建新的色相/饱和度调整图层”按钮，打开“调整”对话框，参数设置如图 2-80 所示，照片最终效果如图 2-81 所示。

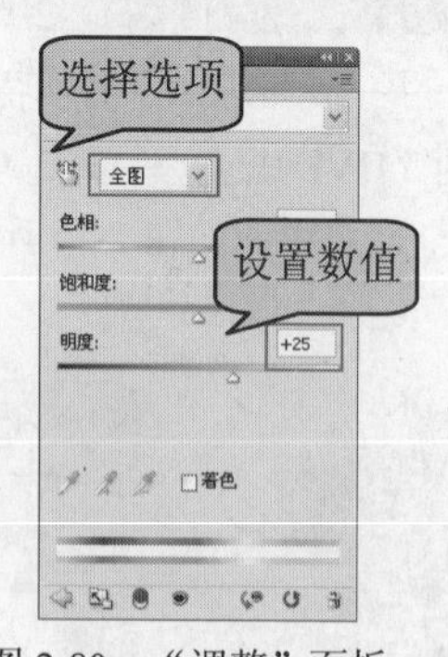

图 2-80 “调整”面板

图 2-81 照片效果

步骤 6 修饰完照片中的杂乱背景后，执行“文件>存储为”命令，将照片存储为 PSD 文件。

实例小结

通过本实例的学习，读者能够掌握将杂乱的背景进行替换的方法，并且能更多地了解在替换照片时用到的基本工具和功能。

Example 实例 50 合成轰炸效果

案例文件	DVD1\源文件\第 2 章\2-20.psd
视频文件	DVD2\视频\第 2 章\2-20.avi
难易程度	★☆☆☆☆
视频时间	1 分 3 秒

步骤 1 打开要合成的大炮照片。

步骤 2 打开要合成的飞机照片。

步骤 3 将飞机的照片拖入到大炮的照片中，并为飞机照片图层添加图层蒙版。

步骤 4 在添加图层蒙版的照片图层上使用“画笔工具”进行涂抹。

Example 实例 51 为眼镜添加反光效果

案例文件	DVD1\源文件\第 2 章\2-21.psd
视频文件	DVD2\视频\第 2 章\2-21.avi
难易程度	★☆☆☆☆
视频时间	1 分 19 秒

步骤 1 打开要制作的人物照片。

步骤 2 打开要合成的风景照片。

步骤 3 将风景照片拖入到人物照片中的合适位置，并“添加快速蒙版”。

步骤 4 为风景图层设置“混合模式”为“强光”，“不透明度”为 80%。

Example 实例 52 合成广角全景照片

案例文件	DVD1\源文件\第 2 章\2-22.psd
难易程度	★☆☆☆☆
视频时间	1 分 8 秒
技术点睛	通过 Photomerge 命令将拍摄好的多张全景照片拼合成一张整体照片

思路分析

在需要拍摄大场景的风景照片时，由于一般相机功能或镜头的限制，拍摄的照片不够完整。可以使用 Photoshop 的 Photomerge 功能将多张全景照片拼合成一张整体的照片，效果如图 2-82 所示。

（处理前）

（处理后）

图 2-82　合成广角全景照片前后的效果对比

制作步骤

步骤 1 执行“文件>自动>Photomerge”命令，弹出 Photomerge 对话框，如图 2-83 所示，单击“浏览(B)”按钮 浏览(B)... ，在打开的“打开”对话框中选择要处理的照片，如图 2-84 所示。

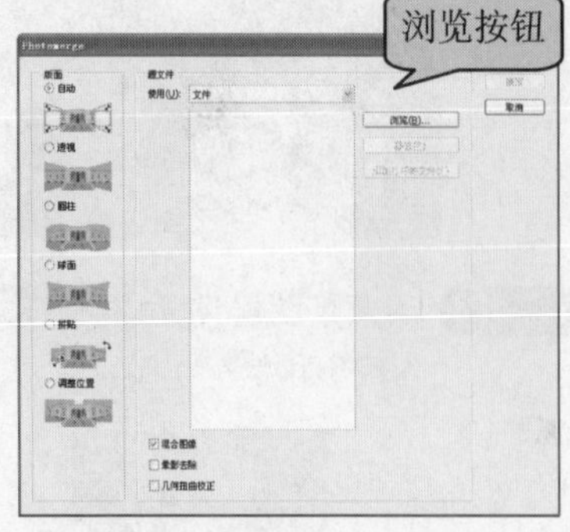

图 2-83　Photomerge 对话框

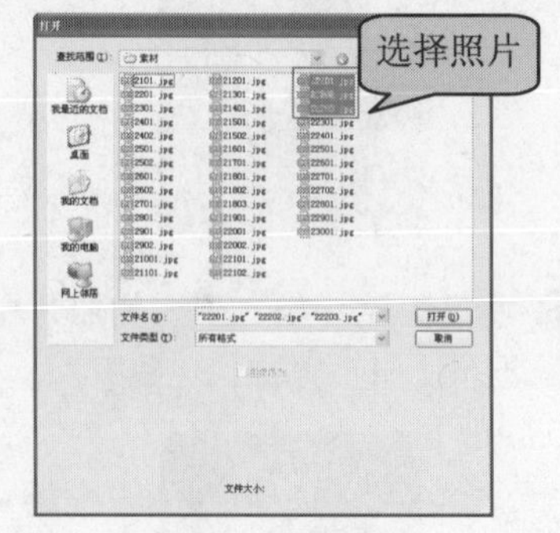

图 2-84　选择照片

步骤 2 单击“打开”按钮，回到 Photomerge 对话框，如图 2-85 所示，单击“确定”按钮，进行照片的处理，完成后自动生成一个新的文件，“图层”面板如图 2-86 所示，照片效果如图 2-87 所示。

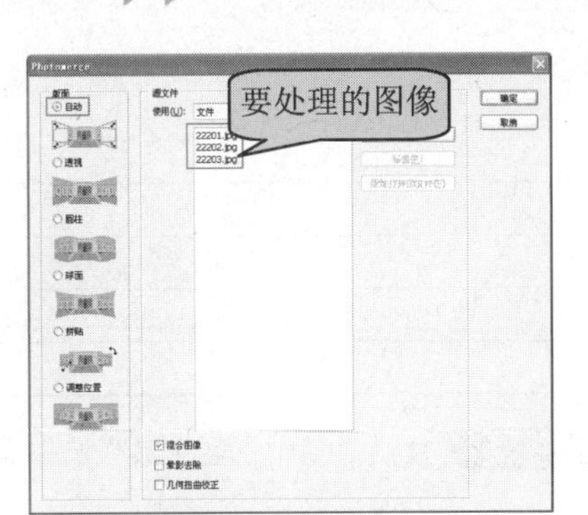

图 2-85　Photomerge 对话框

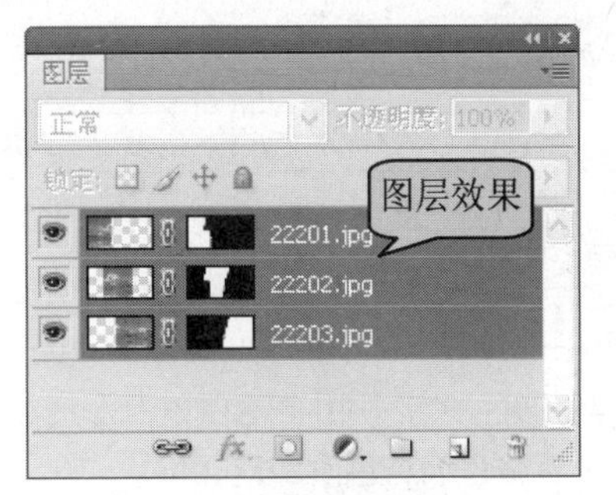

图 2-86　“图层”面板

图 2-87　照片效果

提示　通过使用 Photomerge 命令处理完成后的文件，会在 Photoshop 中自动生成新的文件，并且建立 3 个带有蒙版的图层。

步骤 3　单击工具箱中的“裁剪工具”按钮 ，在照片上创建裁剪区域，将照片进行裁剪，如图 2-88 所示。

图 2-88　照片效果

提示　图像拼合完成后，往往会出现一些留白，这时就要使用“裁剪工具” 进行图像大小的处理。

步骤 4　合成完广角全景照片，执行“文件>存储为”命令，将照片存储为 PSD 文件。

实例小结

本实例主要讲解如何将多张分图片合成处理成一张全景图片，通过本实例的学习，读者可以掌握 Photomerge 命令的使用。

Example 实例 53 制作哈哈镜的效果

案例文件	DVD1\源文件\第 2 章\2-23.psd
视频文件	DVD2\视频\第 2 章\2-23.avi
难易程度	★★☆☆☆
视频时间	1 分 37 秒

步骤 1 打开照片，使用自动调整命令调整照片整体色调、色阶和对比度。

步骤 2 使用“椭圆选区工具”选中需要处理的区域。

步骤 3 执行“滤镜>扭曲>挤压”命令，得到挤压效果。

步骤 4 选中人物的头发，执行“滤镜>扭曲>波纹”命令，得到哈哈镜效果。

Example 实例 54 制作简单的照片边框

案例文件	DVD1\源文件\第 2 章\2-24.psd
视频文件	DVD2\视频\第 2 章\2-24.avi
难易程度	★★☆☆☆
视频时间	2 分 41 秒

步骤 1 打开要制作的照片。

步骤 2 新建“图层 1”，填充颜色，并完成“色彩半调”和“自定义”的设置。

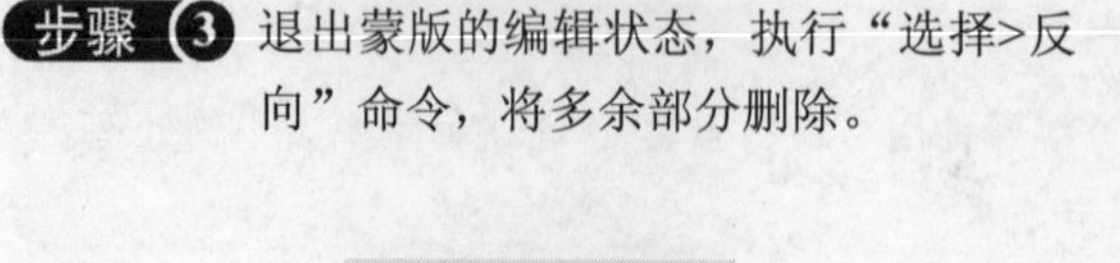

步骤 3 退出蒙版的编辑状态，执行“选择>反向”命令，将多余部分删除。

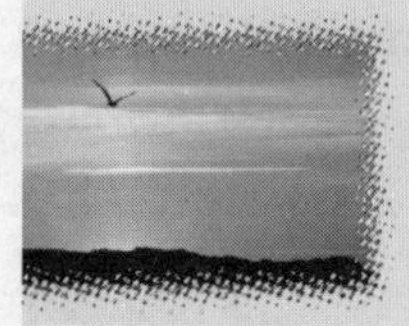

步骤 4 为选区添加描边，并使用“橡皮擦工具”将多余部分擦除，最终完成可爱相框的制作。

Example 实例 55 制作照片中的动感效果

案例文件	DVD1\源文件\第 2 章\2-25.psd
难易程度	★★☆☆☆
视频时间	1 分 42 秒
技术点睛	了解“高斯模糊”滤镜在实例中的应用

思路分析

本实例原照片过于普通平常，可以通过对照片进行“高斯模糊”处理，使照片具有动感效果，并能够突出照片中的主体人物，效果如图 2-89 所示。

（修复前）

（修复后）

图 2-89　制作照片中的动感效果前后的效果对比

制作步骤

步骤 1　执行“文件>打开”命令，打开需要处理的照片“DVD1\源文件\第 2 章\素材\22501.jpg”，如图 2-90 所示。拖动“背景”图层至“创建新图层”按钮上，复制得到“背景 副本”图层，如图 2-91 所示。

图 2-90　打开素材图像

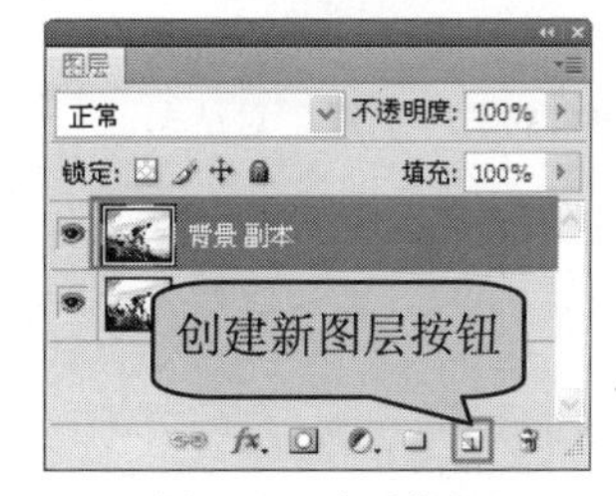

图 2-91　复制图层

> 提示　除了将“背景”图层拖动至“创建新图层”按钮上复制图层外，也可以按住 Alt 键，同时选中“背景”图层向上或向下拖动复制图层。

步骤 2　选择“背景 副本”图层，执行“滤镜>模糊>高斯模糊”命令，打开“高斯模糊”对话框，设置“半径”为 5，如图 2-92 所示，单击“确定”按钮完成设置，照片效果如图 2-93 所示。

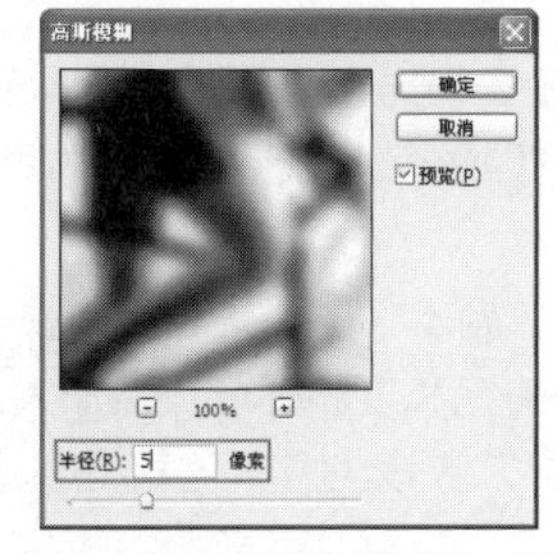

图 2-92　设置“高斯模糊”对话框

图 2-93　照片效果

步骤 3 执行“图像>调整>色相/饱和度”命令，打开“色相/饱和度”对话框，参数设置如图 2-94 所示，单击“确定”按钮完成设置，照片效果如图 2-95 所示。

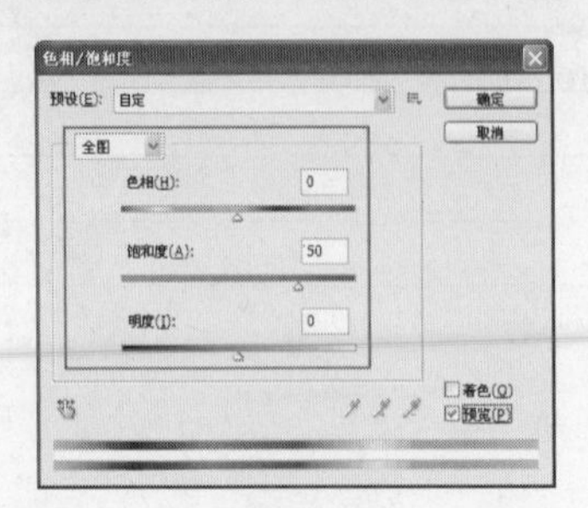

图 2-94 “色相/饱和度”对话框

图 2-95 照片效果

技巧

“色相/饱和度”中的“着色”选项是用来调整图像色调的。

步骤 4 执行“图像>调整>曲线”命令，打开“曲线”对话框，设置如图 2-96 所示，单击“确定”按钮完成设置，照片效果如图 2-97 所示。

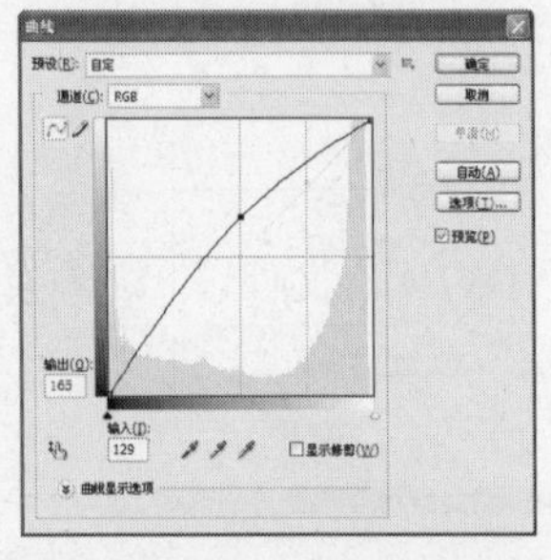

图 2-96 设置“曲线”对话框

图 2-97 照片效果

步骤 5 选中“背景 副本”图层，设置该图层的“混合模式”为“变亮”，如图 2-98 所示，照片效果如图 2-99 所示。

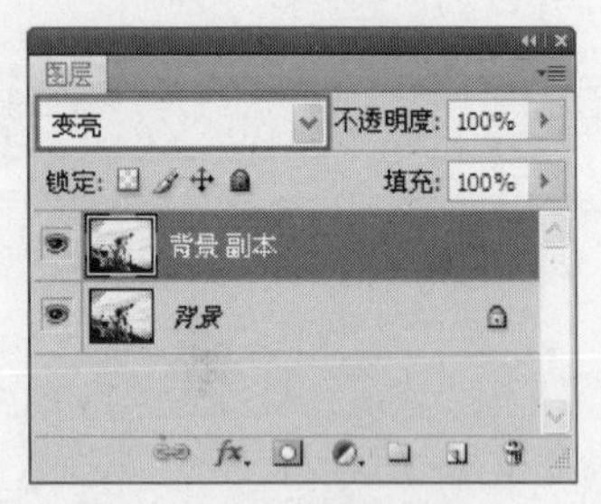

图 2-98 设置“混合模式”

图 2-99 照片效果

步骤 6 单击工具箱中的“橡皮擦工具”按钮，在“背景 副本”图层中将需要突出显示的人物部分擦出。处理完照片动感效果，执行“文件>存储”命令，将照片存储为 PSD 文件。

实例小结

本例首先对“背景”图层进行复制，对复制得到的“背景 副本”图层进行高斯模糊处理，再对“背景 副本”图层执行“色相/饱和度”和“曲线”命令，将照片的饱和度和亮度适当加大，最后再设置“背景 副本”图层的“混合模式”为“变亮”。读者在制作过程中，应该注意“色相/饱和度”和“曲线”的取值调整。

Example 实例 56　调整物体与背景的焦距

案例文件	DVD1\源文件\第 2 章\2-26.psd
视频文件	DVD2\视频\第 2 章\2-26.avi
难易程度	★☆☆☆☆
视频时间	1 分 16 秒

步骤 1　打开要调整焦距的照片，并将“背景”图层进行复制。

步骤 2　利用快速蒙版创建车的选区。

步骤 3　选择“背景 副本”图层，利用“高斯模糊”滤镜将照片进行模糊处理。

步骤 4　最终完成车与背景焦距的调整。

Example 实例 57　制作二次曝光的效果

案例文件	DVD1\源文件\第 2 章\2-27.psd
视频文件	DVD2\视频\第 2 章\2-27.avi
难易程度	★☆☆☆☆
视频时间	57 秒

步骤 1　打开照片，使用自动调整命令对照片属性进行调整。

步骤 2　打开另一张照片，调整照片大小与人物照片一致。

步骤 3　使用“应用图像”命令实现照片的混合效果。

步骤 4　完成照片二次曝光的效果。

Example 实例 58 巧用素材叠加制作精美照片

案例文件	DVD1\源文件\第 2 章\2-28.psd
难易程度	★★☆☆☆
视频时间	4 分 19 秒
技术点睛	将素材叠加，调整“图层的混合模式”，“马赛克”滤镜的应用，添加蒙版的操作

思路分析

首先将原有的照片调亮，其次通过素材图像的叠加使照片添加一些层次感，最后通过“马赛克”滤镜以及抽丝效果的应用，使原照片更显精美、别致，效果如图 2-100 所示。

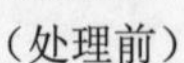

（处理前）　　（处理后）

图 2-100　使用素材叠加制作精美照片的前后效果对比

制作步骤

步骤 1 执行“文件>打开”命令，打开需要处理的照片原图“DVD1\源文件\第 2 章\素材\22801.jpg”，如图 2-101 所示。复制“背景”图层，得到“背景 副本”图层，如图 2-102 所示。

图 2-101　打开文件

图 2-102　“图层”面板

步骤 2 执行“图像>调整>色阶”，打开“色阶”对话框，参数设置如图 2-103 所示。

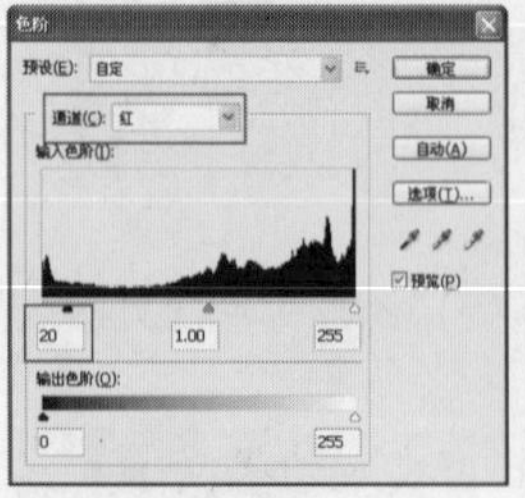

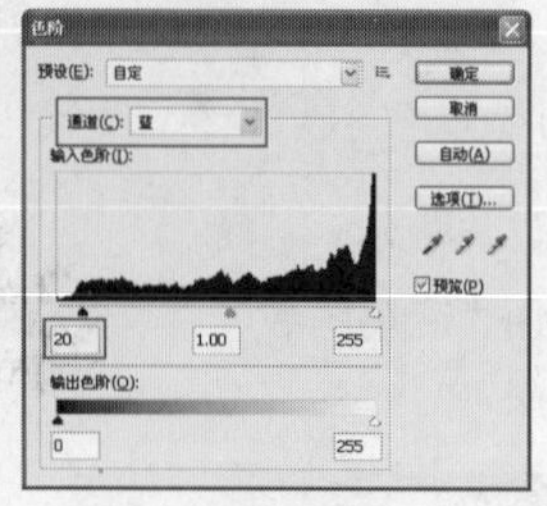

（红通道）　　（绿通道）　　（蓝通道）

图 2-103　“色阶”对话框

步骤 3 单击“确定”按钮完成设置，效果如图 2-104 所示。执行“文件>打开”命令，打开素材图像“DVD1\源文件\第 2 章\素材\22802.jpg”，如图 2-105 所示。

图 2-104　照片效果

图 2-105　素材图像

步骤 4 将素材图像拖入前面的照片中，自动生成“图层 1”，调整素材图像大小，设置“图层 1”的图层混合模式为“柔光”，如图 2-106 所示，照片效果如图 2-107 所示。

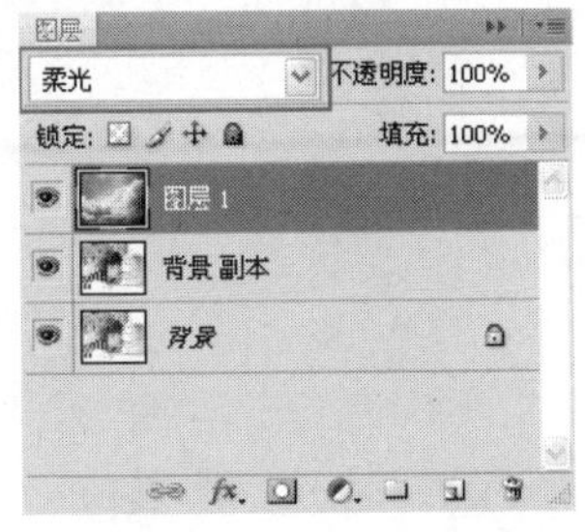

图 2-106　“图层”面板

图 2-107　照片效果

步骤 5 将“背景 副本”复制得到“背景 副本 2”，拖动“背景 副本 2”将其移至图层最上方，效果如图 2-108 所示。执行“滤镜>像素化>马赛克”命令，打开“马赛克”对话框，参数设置如图 2-109 所示。

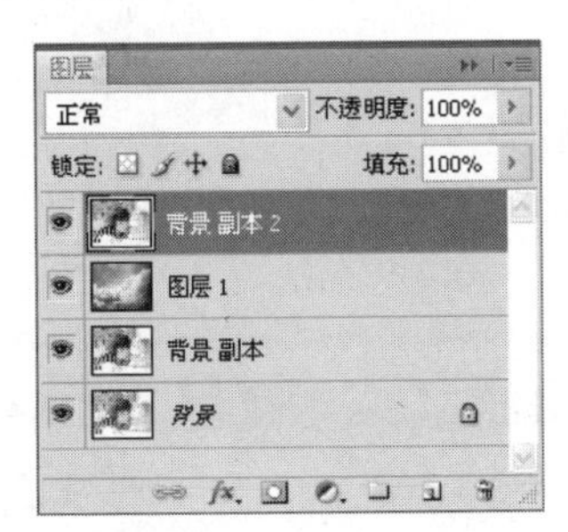

图 2-108　“图层”面板

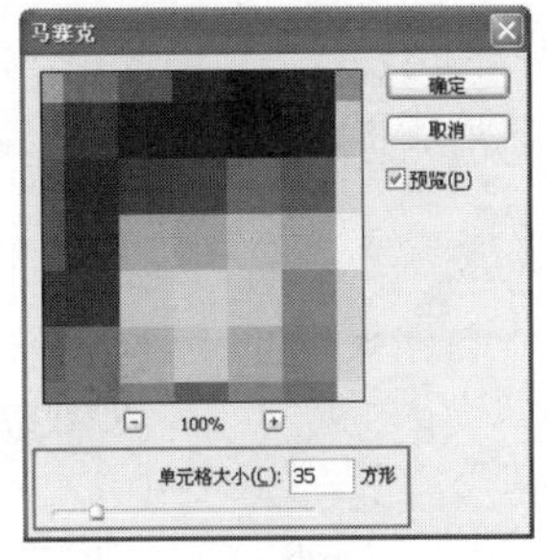

图 2-109　“马赛克”对话框

步骤 6 单击“确定”按钮完成设置，再将“背景 副本 2”的图层混合模式设为“叠加”，如图 2-110 所示，照片效果如图 2-111 所示。

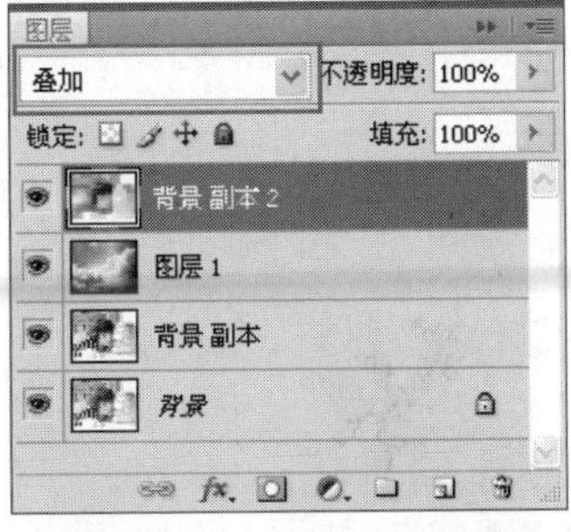

图 2-110　“图层”面板

图 2-111　照片效果

步骤 7 单击“图层”面板下的“为图层添加矢量蒙版”按钮，为“背景 副本 2”图层添加矢量蒙版，单击工具箱中的“画笔工具”，设置合适的大小，将人物部分的马赛克擦除，效果如图 2-112 所示，“图层”面板如图 2-113 所示。

图 2-112 照片效果

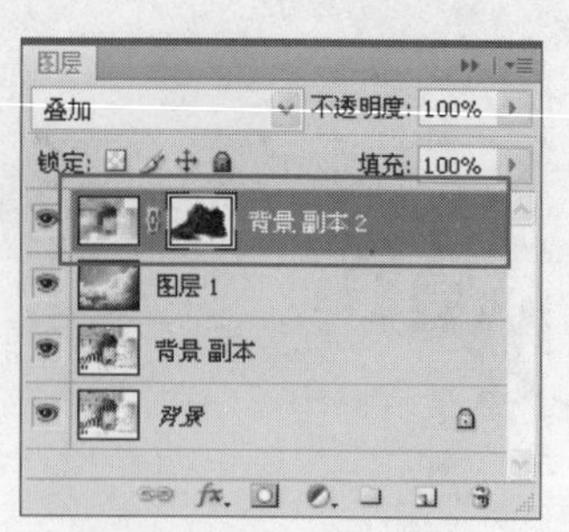

图 2-113 “图层”面板

步骤 8 执行“文件>新建”命令，打开“新建”对话框，参数设置如图 2-114 所示，单击“确定”按钮。使用放大工具将图像放大到 3200%，单击“矩形选框工具”按钮，在照片中绘制一个矩形选框，并填充白色，效果如图 2-115 所示。

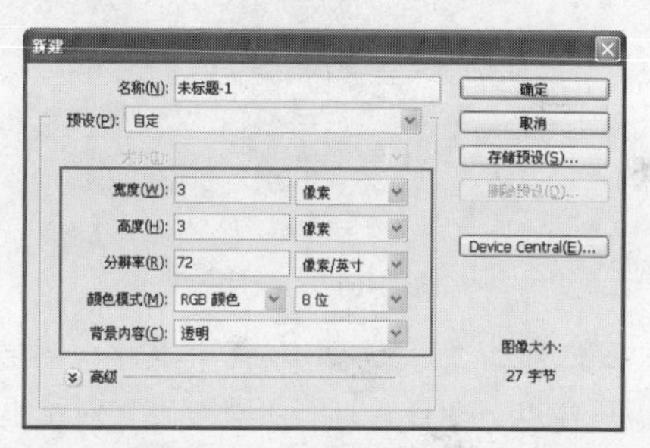

图 2-114 “新建”对话框

图 2-115 图像效果

步骤 9 用同样的方法，完成图像制作，如图 2-116 所示。执行“编辑>定义图案”命令，打开“定义图案”对话框，效果如图 2-117 所示，单击“确定”按钮。

图 2-116 图像效果

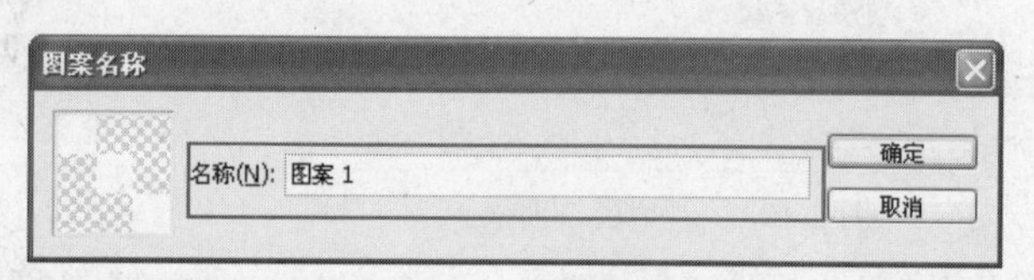

图 2-117 “定义图案”对话框

步骤 10 新建“图层 2”，执行“编辑>填充”命令，打开“填充”对话框，设置如图 2-118 所示，单击“确定”按钮，再使用相同方法将人物抽丝部分擦除，效果如图 2-119 所示。

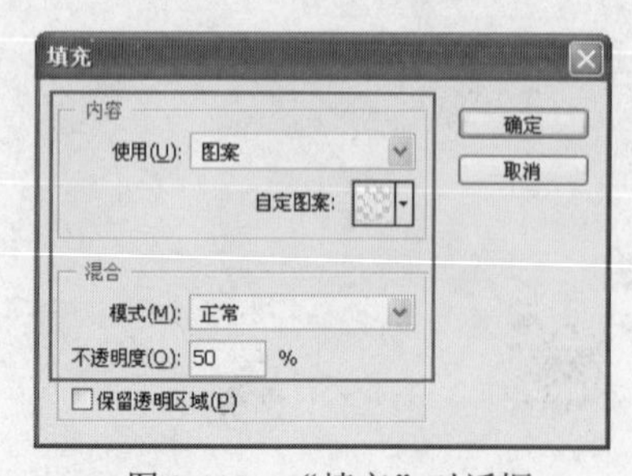

图 2-118 “填充”对话框

图 2-119 照片效果

步骤 11 新建“图层 3”，单击“矩形选框工具”按钮，在照片中绘制一个矩形选框，按快捷键 Ctrl+Shift+I 反选，填充黑色，效果如图 2-120 所示。按快捷键 Ctrl+D 取消选区，双击“图层 3”，打开“图层样式”对话框，参数设置如图 2-121 所示。

图 2-120　照片效果

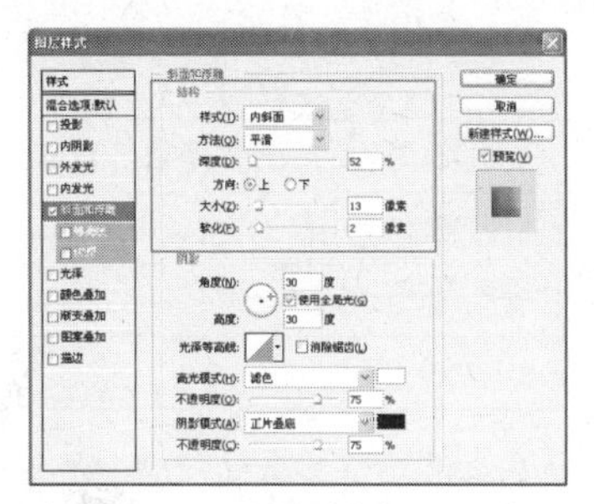

图 2-121　“图层样式”对话框

步骤 12 单击“确定”按钮完成照片的处理，执行“文件>存储”命令，将照片存储为 PSD 文件。

实例小结

本实例主要讲解如何将素材图像与照片叠加，并能更好地整合在一起，通过本实例的学习，读者可以充分掌握“图层混合模式”的应用以及抽丝效果的制作。

Example 实例 59 为照片添加水印效果

案例文件	DVD1\源文件\第 2 章\2-29.psd
视频文件	DVD2\视频\第 2 章\2-29.avi
难易程度	★★☆☆☆
视频时间	2 分 50 秒

步骤 1 打开要添加水印的照片，将“背景”图层转换为“图层 0”，单击“横排文字工具”按钮 T，在照片上输入文字。

步骤 2 新建一个尺寸为 2 像素×2 像素，背景为白色的文档，在画布上绘制，并定义为图案。

步骤 3 返回照片编辑，新建“图层 1”，以图案填充并选择刚刚定义的图案，将“混合模式”设置为“排除”。

步骤 4 将“图层 0”拖动到“图层 1”的上面，并设置“不透明度”为 90%，最终将照片另存为 JPG 文件。使用 IE 浏览器浏览 JPG 格式照片时可以看到方格的水印效果。

Example 实例 60 制作玻璃背景效果

案例文件	DVD1\源文件\第 2 章\2-30.psd
视频文件	DVD2\视频\第 2 章\2-30.avi
难易程度	★☆☆☆☆
视频时间	1 分 29 秒

步骤 1 打开要处理的照片，并将“背景”图层进行复制。

步骤 2 选择“背景 副本”图层，进行“波纹”滤镜处理照片。

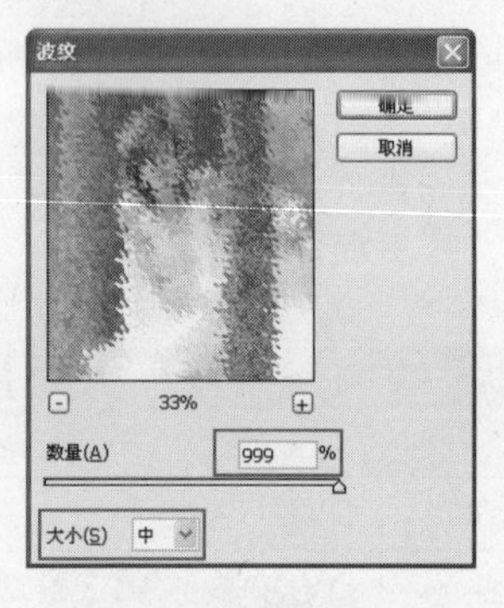

步骤 3 设置完成后单击“确定”按钮，完成波纹滤镜处理。

步骤 4 再为照片添加“扩散”、“高斯模糊”和“喷溅”滤镜，滤镜处理完成后，为“背景 副本”图层添加“图层蒙版”，将人物和一棵树进行蒙版处理。

第3章　修补照片

本章主要讲解照片的修补技术，使原本褪色或缺失的照片恢复昔日的光彩。通过本章的学习，读者可以更加深刻地体会 Photoshop 的强大修复功能，学习更多的照片处理知识，轻松修复问题照片。

Example 实例 61　去除照片上的污渍

案例文件	DVD1\源文件\第 3 章\3-1.psd
难易程度	★★☆☆☆
视频时间	2 分 26 秒
技术点睛	使用“仿制图章工具”对照片上的污渍、杂点进行修复

思路分析

本实例中的原照片是多年前的老照片，由于存放时间长，照片上出现了很多的污渍，可以通过调整来修复照片中的污渍，另外还可以进行一些艺术处理，使得老照片更具有纪念意义，效果如图 3-1 所示。

（处理前）

（处理后）

图 3-1　去除照片上的污渍前后的效果对比

制作步骤

步骤 1 执行“文件>打开”命令，打开需要处理的照片原图“DVD1\源文件\第 3 章\素材\3101.jpg”，如图 3-2 所示。在“图层”面板中拖动“背景”图层至“创建新图层”按钮上，复制图层，得到“背景 副本”图层，如图 3-3 所示。

图 3-2　照片效果

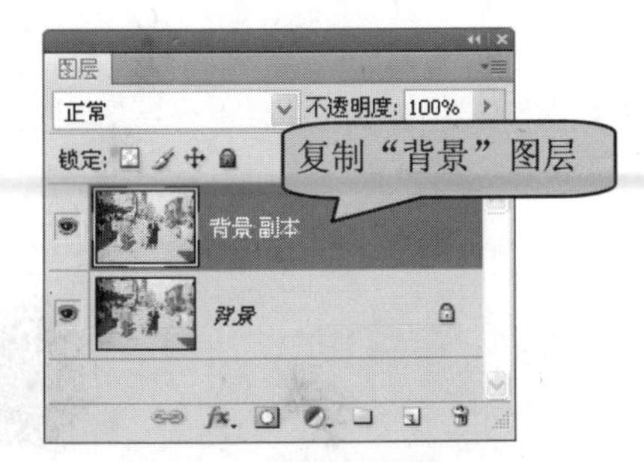

图 3-3　“图层”面板

步骤 2 单击工具箱中的“仿制图章工具”按钮，按住 Alt 键的同时，单击吸取图像中未受损的部分，松开 Alt 键，涂抹受损的部分，照片效果如图 3-4 所示。反复进行该操作，直至图片上所有的受损部分都得到修复，效果如图 3-5 所示。

图 3-4　照片效果

图 3-5　照片效果

技巧　在修复图像面积较大时，建议使用“仿制图章工具”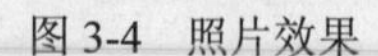，而面积较小的地方，可以结合使用“修补工具”。

步骤 3　选择“背景 副本”图层，执行“滤镜>杂色>减少杂色”命令，打开“减少杂色”对话框，参数设置如图 3-6 所示，单击“确定”按钮完成设置，照片效果如图 3-7 所示。

图 3-6　设置“减少杂色”对话框

图 3-7　照片效果

步骤 4　执行“图像>调整>亮度/对比度”命令，打开“亮度/对比度”对话框，参数设置如图 3-8 所示，单击“确定”按钮完成设置，照片效果如图 3-9 所示。

图 3-8　设置“亮度/对比度”对话框

图 3-9　照片效果

步骤 5　执行“图像>调整>曲线”命令，打开“曲线”对话框，参数设置如图 3-10 所示，单击“确定”按钮完成设置，照片效果如图 3-11 所示。

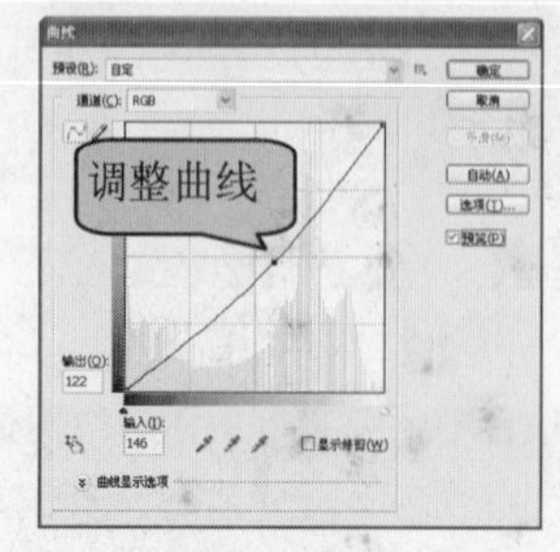

图 3-10　设置“曲线”对话框

图 3-11　照片效果

步骤 6 执行“图像>调整>色彩平衡”命令，打开“色彩平衡”对话框，参数设置如图 3-12 所示，单击“确定”按钮完成设置，照片效果如图 3-13 所示。

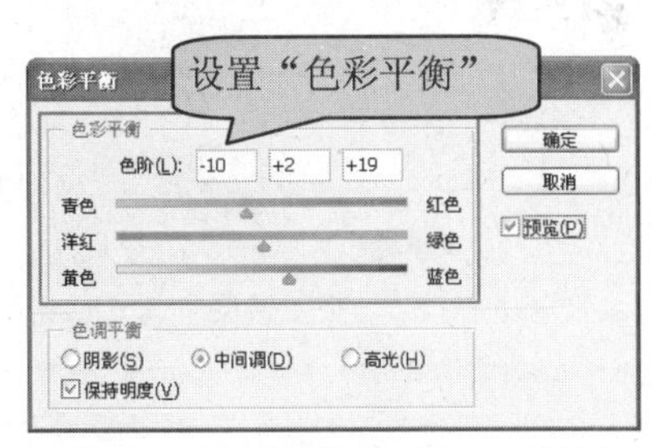

图 3-12　设置“色彩平衡”对话框

图 3-13　照片效果

步骤 7 执行“滤镜>锐化>USM 锐化”命令，打开“USM 锐化”对话框，参数设置如图 3-14 所示，单击“确定”按钮完成设置，照片效果如图 3-15 所示。

图 3-14　设置“USM 锐化”对话框

图 3-15　照片效果

> **提示** 将模糊的照片清晰化时，可以通过使用“USM 锐化”滤镜进行清晰化处理，但需要注意锐化的适当，如果锐化过度，会使照片的颗粒感变强。

步骤 8 去除完照片上的污渍后，执行“文件>存储为”命令，将照片保存为 PSD 文件。

实例小结

本实例主要讲解如何使用“仿制图章工具”和“修补工具”对照片上的污渍进行处理。在去除照片污渍的过程中，一定要耐心和细心。

Example 实例 62　去除照片上的划痕

案例文件	DVD1\源文件\第 3 章\3-2.psd
视频文件	DVD2\视频\第 3 章\3-2.avi
难易程度	★★☆☆☆
视频时间	1 分 18 秒

步骤 1 首先使用“裁切工具”将照片白边去除。

步骤 2 使用“仿制图章工具”去除明显污渍。

步骤 3 执行“滤镜>杂色>蒙尘与划痕”命令去除多余划痕。

步骤 4 执行“滤镜>杂色>去斑”命令去除照片上多余斑点。

Example 实例 63 调出瓜子脸

案例文件	DVD1\源文件\第 3 章\3-3.psd
视频文件	DVD2\视频\第 3 章\3-3.avi
难易程度	★★☆☆☆
视频时间	1 分 23 秒

步骤 1 执行“滤镜>液化”命令，打开“液化”对话框。

步骤 2 使用对话框中的“冻结蒙版工具”在照片上涂抹，将不需要处理的照片部分冻结。

步骤 3 使用“向前变形工具”对人物的面部进行变形操作。

步骤 4 执行“图像>调整”命令对图像的亮度、对比度和色调进行调整。

Example 实例 64 去除眼镜的反光

案例文件	DVD1\源文件\第 3 章\3-4.psd
难易程度	★★☆☆☆
视频时间	2 分 12 秒
技术点睛	使用“仿制图章工具”对眼镜反光区域进行修复

思路分析

本实例中人物的眼镜产生了反光的现象，影响了人物照片的效果，可以通过调整去除眼镜上的反光，从而美化照片中的图像，效果如图 3-16 所示。

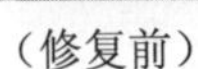

（修复前）　　　　（修复后）

图 3-16　去除眼镜反光前后的效果对比

制作步骤

步骤 1 执行“文件>打开”命令，打开需要处理的照片原图“DVD1\源文件\第 3 章\素材\3401.jpg”，如图 3-17 所示。在“图层”面板中拖动“背景”图层至“创建新图层”按钮上，复制图层，得到“背景 副本”图层，如图 3-18 所示。

图 3-17　打开图像

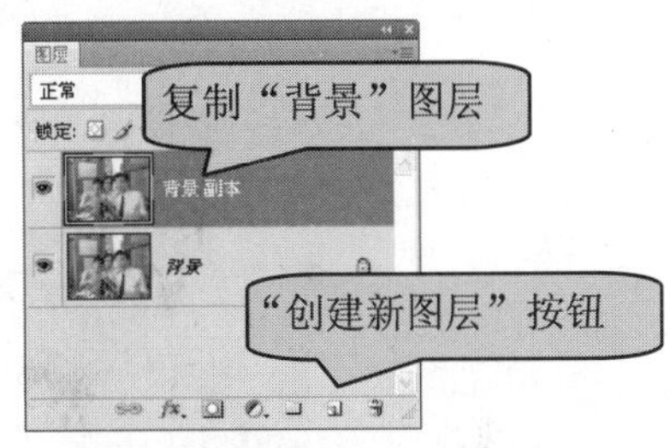

图 3-18　复制图层

步骤 2 将图像放大，选择“背景 副本”图层，单击工具箱中的“仿制图章工具”按钮，按住 Alt 键的同时单击吸取眼部周围正常的图样，松开 Alt 键，在眼镜反光部分进行涂抹来进行修复，如图 3-19 所示。反复使用相同的制作方法，可以完成眼镜上所有反光区域的修复，效果如图 3-20 所示。

图 3-19　对图像进行涂抹

图 3-20　涂抹后照片效果

> **提示** 修复的时候一定要注意吸取周围图像中颜色比较自然的部分，并耐心进行反复调整。在修复眼镜上的反光时，还需要注意眼睛的颜色。

步骤 3 选择“背景 副本”图层，单击工具箱中的“套索工具”按钮，在图像上圈选出右边较完整的眼球部分，如图 3-21 所示。按快捷键 Ctrl+J，复制选区并得到“图层 1”，如图 3-22 所示。

图 3-21　创建选区

图 3-22　复制图层

步骤 4 选择“图层 1”，单击工具箱中的“移动工具”按钮，将“图层 1”中的图形移至合适的位置，完善图像的效果，如图 3-23 所示。选择“背景 副本”图层，执行“图像>调整>色彩平衡”命令，打开“色彩平衡”对话框，参数设置如图 3-24 所示。

图 3-23 照片效果

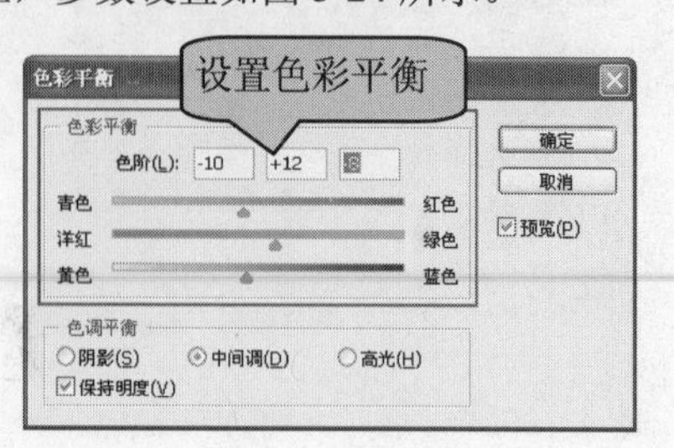

图 3-24 设置“色彩平衡”对话框

> **提示** 照片的色调偏红，所以需要对图像的颜色调整。还可以通过前面介绍的方法来调整图像的色调和颜色，使照片的效果更加完美。

步骤 5 单击“确定”按钮完成设置，最终效果如图 3-25 所示。

图 3-25 照片效果

步骤 6 去除完照片反光后，执行“文件>存储”命令将照片存储为 PSD 文件。

实例小结

本实例主要讲解了如何使用“仿制图章工具”对眼镜上的反光进行处理，在操作的过程中，还可以辅助使用“套索工具”、“移动工具”等工具进行操作。

Example 实例 65 为人物摘掉眼镜

案例文件	DVD1\源文件\第 3 章\3-5.psd
视频文件	DVD2\视频\第 3 章\3-5.avi
难易程度	★★☆☆☆
视频时间	1 分 49 秒

步骤 1 打开人物照片，仔细观察图片效果。

步骤 2 使用“仿制图章工具”和“修补工具”将人物面部的镜框去除。

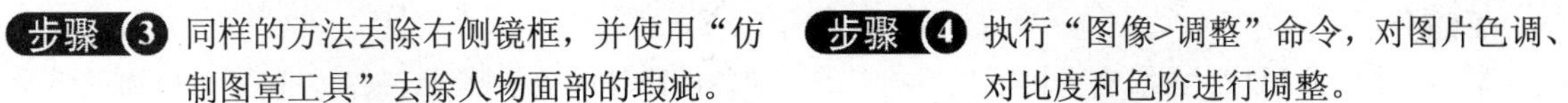

步骤 3 同样的方法去除右侧镜框，并使用“仿制图章工具”去除人物面部的瑕疵。

步骤 4 执行“图像>调整”命令，对图片色调、对比度和色阶进行调整。

Example 实例 66　去除衣服上的图案

案例文件	DVD1\源文件\第 3 章\3-6.psd
视频文件	DVD2\视频\第 3 章\3-6.avi
难易程度	★★☆☆☆
视频时间	1 分 43 秒

步骤 1 使用“修补工具”处理，这样即保留了衣服的折痕，又去除了图案。

步骤 2 使用“仿制图章工具”去除红色印记。

步骤 3 使用“模糊工具”、“变亮工具”和“海绵工具”去除图案。

步骤 4 执行“图像>调整”命令调整照片的色调、对比度和色阶。

Example 实例 67　修复照片的颜色

案例文件	DVD1\源文件\第 3 章\3-7.psd
难易程度	★★☆☆☆
视频时间	2 分 46 秒
技术点睛	执行“亮度/对比度”、“曲线”和“色彩平衡”命令对照片进行调整

思路分析

本实例中的原照片因为是在大树下进行拍摄的，照片的整体颜色不明显，照片灰暗，可以通过还原颜色调整图像并为照片添加相应的图案修饰，效果如图 3-26 所示。

（修复前）

（修复后）

图 3-26　修复照片颜色前后的效果对比

制作步骤

步骤 1 执行“文件>打开”命令，打开需要处理的照片原图“DVD1\源文件\第 3 章\素材\3701.jpg”，如图 3-27 所示。复制图层，得到“背景 副本”图层，执行“图像>调整>亮度/对比度”命令，打开“亮度/对比度”对话框，参数设置如图 3-28 所示。

图 3-27　打开图像

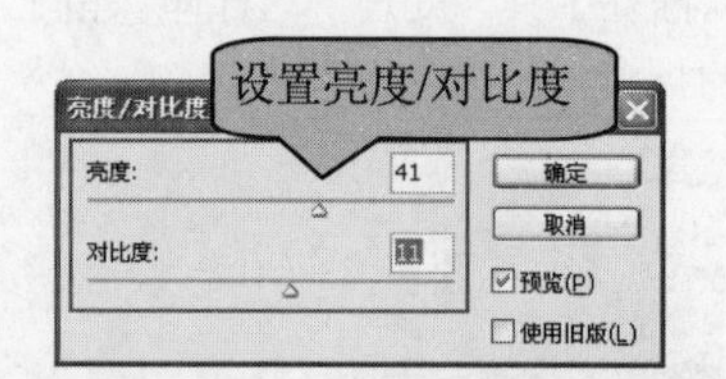

图 3-28　设置“亮度/对比度”对话框

步骤 2 单击“确定”按钮完成设置，照片效果如图 3-29 所示。执行“图像>调整>曲线”命令，打开“曲线”对话框，参数设置如图 3-30 所示。

图 3-29　照片效果

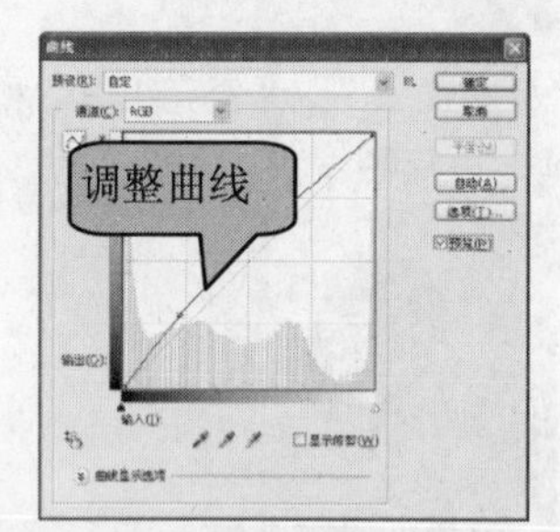

图 3-30　设置“曲线”对话框

步骤 3 单击“确定”按钮完成设置，照片效果如图 3-31 所示。执行“图像>调整>色彩平衡”命令，打开“色彩平衡”对话框，参数设置如图 3-32 所示。

图 3-31　照片效果

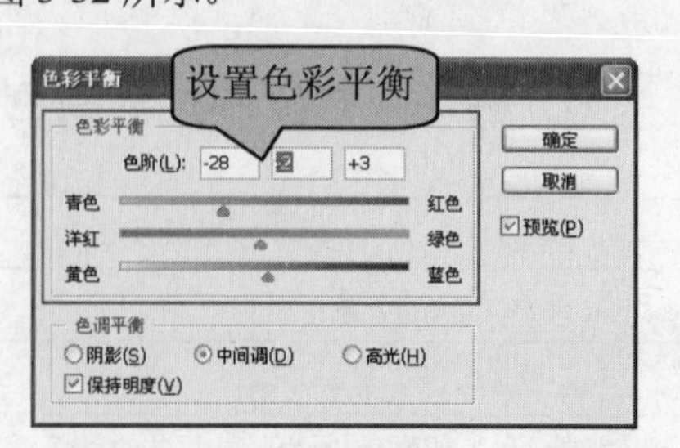

图 3-32　设置“色彩平衡”对话框

步骤 4 单击“确定”按钮完成设置，照片效果如图 3-33 所示。单击工具箱中的“快速选择工具”按钮，在图像中选取人物和树的部分，如图 3-34 所示。

图 3-33　创建人物选区

图 3-34　照片效果

步骤 5 按快捷键 Ctrl+J，复制选区中的图像并得到“图层 1”，如图 3-35 所示。选择“图层 1”，对该图层运用“曲线”和“色彩平衡”进行调整，照片效果如图 3-36 所示。

图 3-35　“图层”面板

图 3-36　照片效果

> **技巧** 除了可以按快捷键 Ctrl+J，复制图形并得到新图层外，还可以通过执行“图层>新建>通过拷贝的图层”命令，同样可以复制图形并得到新图层。

步骤 6 新建“图层 2”，单击工具箱中的“画笔工具”按钮，在“选项”栏上的“画笔”下拉列表中选择合适的画笔笔触，并设置相关属性，如图 3-37 所示。在图像上拖动鼠标，为图像添加修饰图案，效果如图 3-38 所示。

图 3-37　选择画笔笔触

图 3-38　照片效果

> **技巧** 在做最后的细节处理的时候，可以选择不同的画笔笔触效果为照片添加各种图案效果，增加照片的趣味性。

步骤 7 修复完照片的颜色后，执行“文件>存储为”命令，将照片保存为 PSD 文件。

实例小结

本实例主要讲解了如何综合使用各种图像调整命令，对照片的颜色进行修复，在修复照片颜色的过程中，需要根据实际情况选择合适的图像调整命令，灵活运用，调整出完美的照片效果。

Example 实例 68 为黑白照片上色

案例文件	DVD1\源文件\第 3 章\3-8.psd
视频文件	DVD2\视频\第 3 章\3-8.avi
难易程度	★★★★☆
视频时间	1 分 52 秒

步骤 1 复制背景图层，为图层创建脸部蒙版，使用画笔工具，设置“颜色”模式，填充脸色。

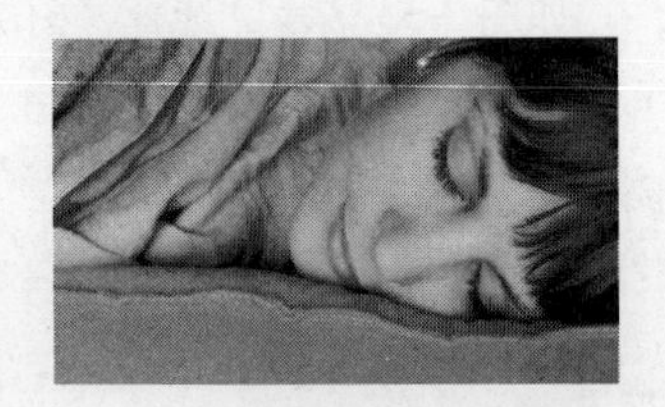

步骤 2 复制背景层，添加嘴部蒙版，为嘴唇添加颜色。

步骤 3 对脸部和嘴部细节进行调整。

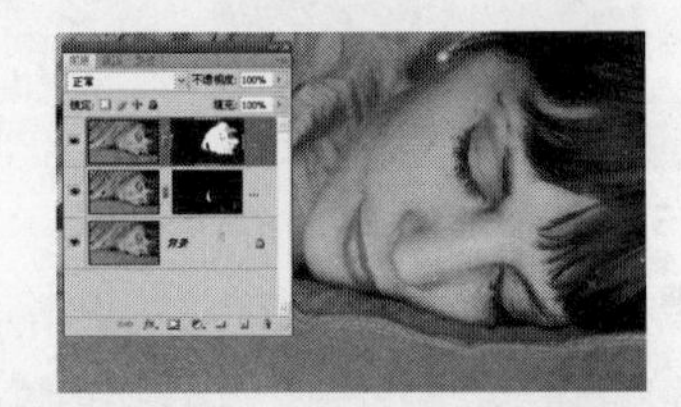

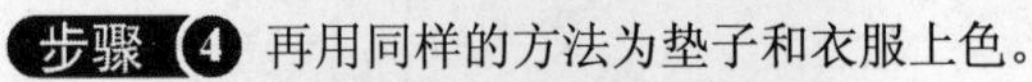

步骤 4 再用同样的方法为垫子和衣服上色。

Example 实例 69 修复颜色失真的照片

案例文件	DVD1\源文件\第 3 章\3-9.psd
视频文件	DVD2\视频\第 3 章\3-9.avi
难易程度	★★☆☆☆
视频时间	1 分 37 秒

步骤 1 复制背景图层，使用“可选颜色”图层调整照片。

步骤 2 创建“色彩平衡”图层调整照片中的蓝色和黑色。

步骤 3 使用“色彩平衡”调整照片的色彩参数。

步骤 4 使用“色阶”调整照片的亮度和对比度。

Example 实例 70　修复照片中局部的偏色

案例文件	DVD1\源文件\第 3 章\3-10.psd
难易程度	★★☆☆☆
视频时间	2 分 24 秒
技术点睛	使用“套索工具”选取偏色区域，使用“可选颜色”命令调整图像颜色

思路分析

在本实例中的原照片在色彩上出现了局部的偏差，可以对其进行局部色彩的调整来修复偏差，效果如图 3-39 所示。

（修复前）

（修复后）

图 3-39　局部偏色照片修复前后的效果对比

制作步骤

步骤 1 执行“文件>打开”命令，打开需要处理的照片原图“DVD1\源文件\第 3 章\素材\31001.jpg”，如图 3-40 所示。复制图层，得到“背景 副本”图层，单击工具箱中的“套索工具”按钮，圈选照片的偏色区域，如图 3-41 所示。

图 3-40　打开图像

图 3-41　圈选出偏色区域

步骤 2 执行“选择>修改>羽化”命令，打开“羽化”对话框，参数设置如图 3-42 所示，单击“确定”按钮羽化选区。执行“图像>调整>可选颜色”命令，打开“可选颜色”对话框，在“颜色”下拉列表中选择“红色”选项，参数设置如图 3-43 所示。

图 3-42　设置“羽化选区”对话框

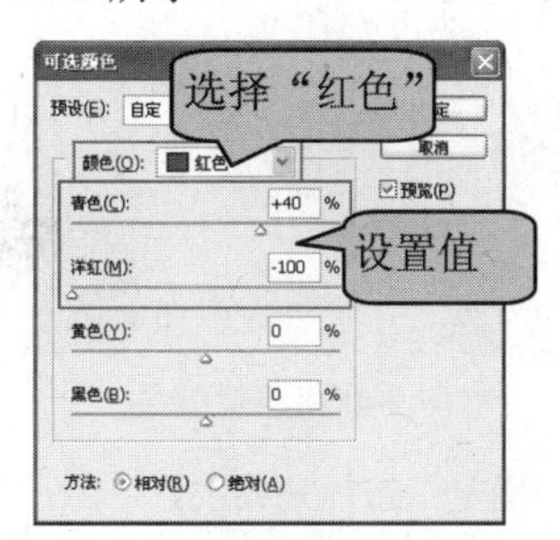

图 3-43　设置“可选颜色”对话框

提示 通过羽化选区的操作，可以使图像的边缘更加柔和。

步骤 3 在“可选颜色”对话框中的“颜色”下拉列表中选择“黄色”选项，参数设置如图3-44所示。在“颜色”下拉列表中选择“白色”选项，参数设置如图3-45所示。

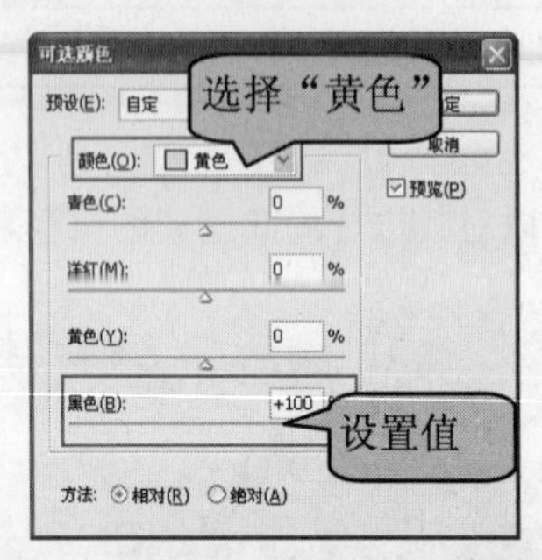

图3-44 设置“可选颜色”对话框

图3-45 设置“可选颜色”对话框

提示 全方位的色彩调整和统一也是修复照片偏色时必需的一步。

步骤 4 单击“确定”按钮完成设置，照片效果如图3-46所示。执行“图像>调整>亮度/对比度”命令，打开“亮度/对比度”对话框，参数设置如图3-47所示。

图3-46 照片效果

图3-47 设置“亮度/对比度”对话框

步骤 5 单击“确定”按钮完成设置，照片效果如图3-48所示。执行“图像>调整>色阶”命令，打开“色阶”对话框，参数设置如图3-49所示。

图3-48 照片效果

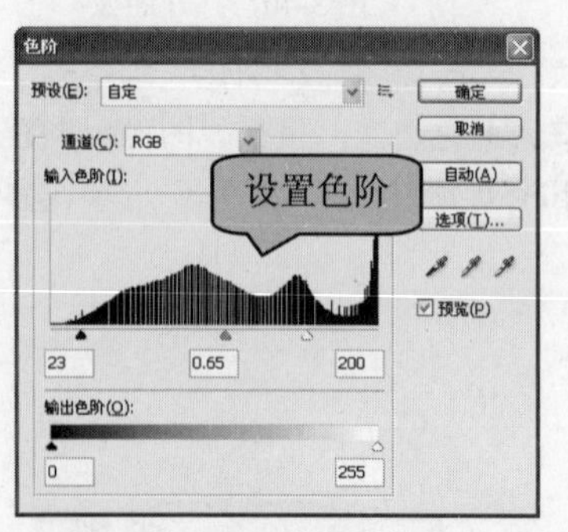

图3-49 设置“色阶”对话框

步骤 6 单击“确定”按钮完成设置，照片效果如图3-50所示。执行“图像>调整>可选颜色”命令，打开“可选颜色”对话框，在“颜色”下拉列表中选择“红色”选项，参数设置如图3-51所示。

图 3-50　照片效果

图 3-51　设置“可选颜色”对话框

步骤 7 在“可选颜色”对话框中的“颜色”下拉列表中选择“黄色”选项，参数设置如图 3-52 所示。在“可选颜色”对话框中的“颜色”下拉列表中选择“白色”选项，参数设置如图 3-53 所示。

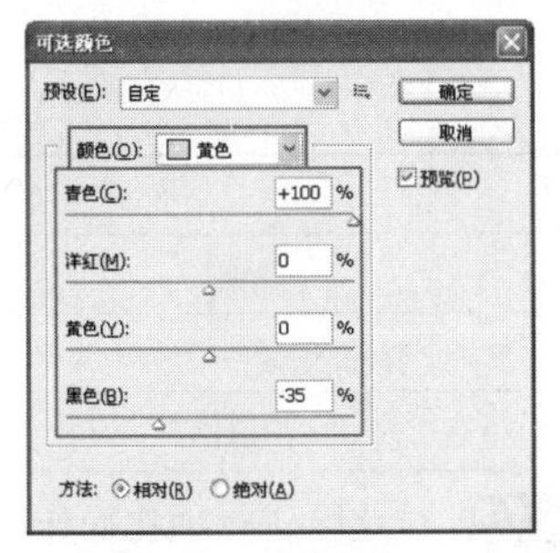

图 3-52　设置“可选颜色”对话框

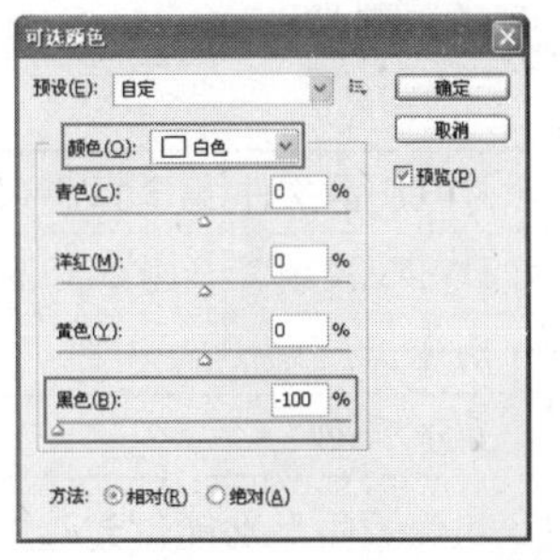

图 3-53　设置“可选颜色”对话框

步骤 8 单击“确定”按钮完成设置。修复完照片中局部的偏色后，执行“文件>存储为”命令，将照片保存为 PSD 文件。

实例小结

本实例主要讲解如何调整照片局部的偏色问题，在实际的操作过程中需要注意照片整体色彩的调整，尽可能保持照片的完整和美观。

Example 实例 71　去除阳光炫目的效果

案例文件	DVD1\源文件\第 3 章\3-11.psd
视频文件	DVD2\视频\第 3 章\3-11.avi
难易程度	★★☆☆☆
视频时间	1 分 33 秒

步骤 1 使用“套索工具”选择炫目区域。

步骤 2 执行“羽化”命令对选区进行羽化操作。

步骤 3 使用“应用颜色”分别对图片中的不同颜色进行调整，以获得正确的效果。

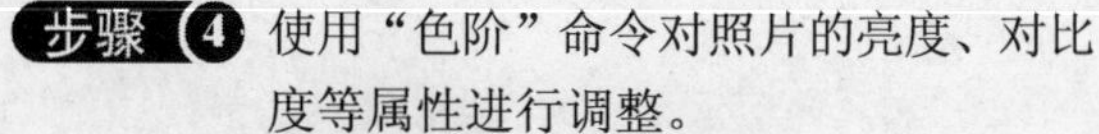

步骤 4 使用“色阶”命令对照片的亮度、对比度等属性进行调整。

Example 实例 72 调整玻璃效果

案例文件	DVD1\源文件\第 3 章\3-12.psd
视频文件	DVD2\视频\第 3 章\3-12.avi
难易程度	★★☆☆☆
视频时间	1 分 54 秒

步骤 1 使用“快速蒙版”功能创建选区范围。

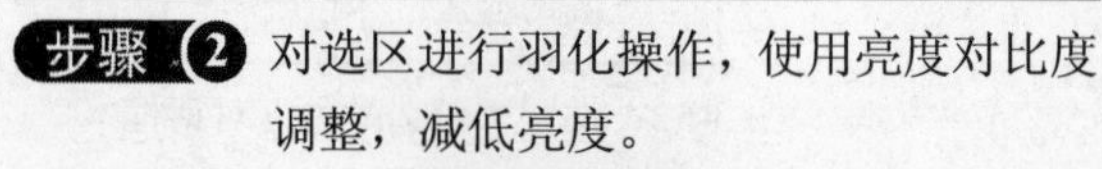

步骤 2 对选区进行羽化操作，使用亮度对比度调整，减低亮度。

步骤 3 选区反选，执行亮度对比度命令，提高人物的亮度和对比度。

步骤 4 执行图像调整命令将照片的亮度、对比度和色阶进行调整。

Example 实例 73 修补内容缺失的照片

案例文件	DVD1\源文件\第 3 章\3-13.psd
难易程度	★★☆☆☆
视频时间	1 分 47 秒
技术点睛	使用“仿制图章工具”对照片缺失部分进行修补，再通过“亮度/对比度”和“色相/饱和度”命令调整图像

思路分析

本实例中原照片的左下角有明显的被撕去的痕迹，残缺不全，可以通过处理还原照片破损的部分，使照片美观，效果如图 3-54 所示。

（修复前）　　（修复后）

图 3-54　修复照片缺失前后的效果对比

制作步骤

步骤 1 执行“文件>打开”命令，打开需要处理的照片原图“DVD1\源文件\第 3 章\素材\31301.jpg”，如图 3-55 所示。复制图层，得到“背景 副本”图层。单击工具箱中的“仿制图章工具”按钮，按住 Alt 键的同时单击吸取缺失部分周围正常的图样，松开 Alt 键，在照片缺失部分进行修补，如图 3-56 所示。

图 3-55　打开图像

图 3-56　修补图像

步骤 2 反复运用相同的制作方法，完成照片缺失部分的修补，效果如图 3-57 所示。单击工具箱中的“套索工具”按钮，在图像上圈选出刚刚修补的区域，如图 3-58 所示。

图 3-57　照片效果

图 3-58　创建选区

步骤 3 执行“滤镜>锐化>USM 锐化”命令，打开“USM 锐化”对话框，参数设置如图 3-59 所示，单击“确定”按钮完成设置，按快捷键 Ctrl+D，取消选区，照片效果如图 3-60 所示。

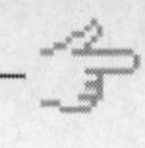

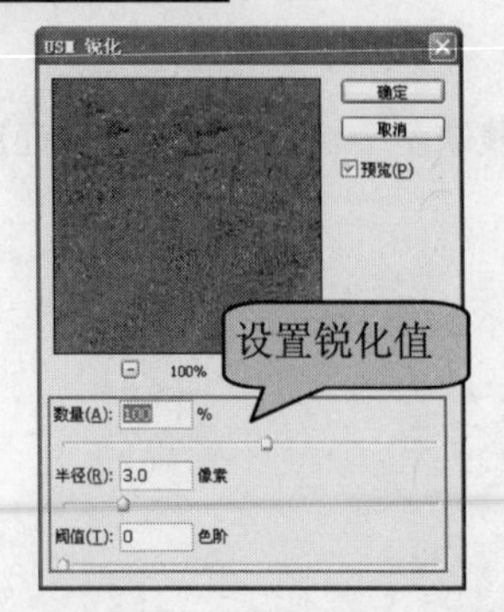

图 3-59　设置“USM 锐化”对话框

图 3-60　照片效果

提示　在对缺失内容的照片进行修补的过程中，注意随时调整笔触大小，在修补完成后，对修补部分适当地进行锐化处理，可以使修补部分更加自然。

步骤 4　执行“图像>调整>色相/饱和度”命令，打开“色相/饱和度”对话框，参数设置如图 3-61 所示，单击“确定”按钮，完成“色相/饱和度”对话框的设置，照片效果如图 3-62 所示。

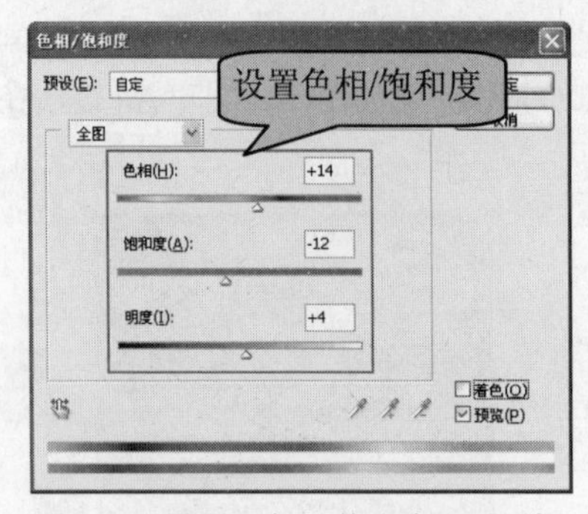

图 3-61　设置“色相/饱和度”对话框

图 3-62　照片效果

步骤 5　执行“图像>调整>亮度/对比度”命令，打开“亮度/对比度”对话框，参数设置如图 3-63 所示。单击“确定”按钮完成设置，照片效果如图 3-64 所示。

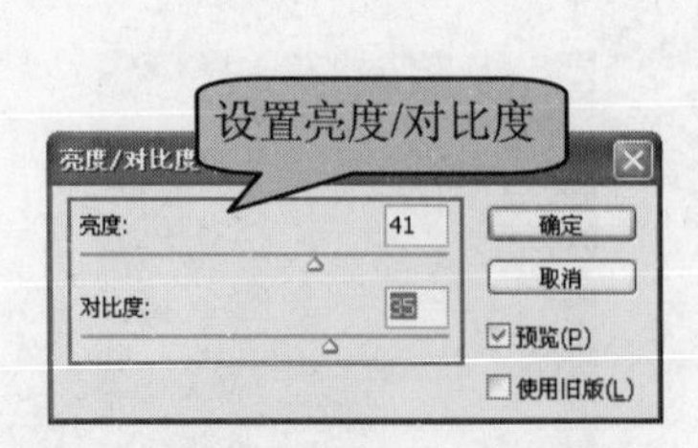

图 3-63　设置“亮度/对比度”对话框

图 3-64　照片效果

步骤 6　修复完照片的缺失部分后，执行“文件>存储为”命令，将照片保存为 PSD 文件。

实例小结

本实例主要讲解如何使用“仿制图章工具”对照片缺失的部分进行修补，在修补的过程中注意图像取样尽量连贯，与周围环境尽量融合，这样修补后的照片才会更加自然、美观。

Example 实例 74 制造破损效果

案例文件	DVD1\源文件\第 3 章\3-14.psd
视频文件	DVD2\视频\第 3 章\3-14.avi
难易程度	★★☆☆☆
视频时间	1 分 39 秒

步骤 1 打开照片，使用图像调整命令调整照片的亮度、对比度和色调。

步骤 2 将素材图片粘贴到照片上。

步骤 3 调整图层的“混合模式”为“变亮”，并调整图片的位置。

步骤 4 多次添加效果并调整不同图层的透明度，从而制造出木门的斑驳效果。

Example 实例 75 修复严重偏暗的照片

案例文件	DVD1\源文件\第 3 章\3-15.psd
视频文件	DVD2\视频\第 3 章\3-15.avi
难易程度	★★★☆☆
视频时间	2 分 37 秒

步骤 1 打开需要处理的照片。

步骤 2 复制图层，设置“滤色”混合模式并添加图层蒙版。盖印图层，相同的制作方法，使用蒙版和画笔，进行相应的擦除或显示。

步骤 3 使用“减淡工具” ，将照片中人物的高光部分变亮。

步骤 4 新建不同的“调整”层，进行相应的调整，完成最后的制作。

Example 实例 76 修复严重受损的照片

案例文件	DVD1\源文件\第 3 章\3-16.psd
难易程度	★★☆☆☆
视频时间	2 分 17 秒
技术点睛	使用“修补工具”、“仿制图章工具”、“涂抹工具”和“减淡加深”等命令，修补破损的照片

思路分析

本例中主要利用“修补工具” 和“仿制图章工具” ，对图像进行整体的修补，使破损的照片还原到原来的状态，本例的最终效果如图 3-65 所示。

（处理前）

（处理后）

图 3-65 修复严重受损照片前后的效果对比

制作步骤

步骤 1 执行“文件>打开”命令，打开需要处理的照片“DVD1\源文件\第 3 章\素材\31601.jpg”，效果如图 3-66 所示。复制“背景”图层，得到“背景 副本”图层，如图 3-67 所示。

图 3-66 打开文件

图 3-67 复制图层

步骤 2 执行“图像>模式>lab 颜色”命令，将图像模式更改为 lab，执行“窗口>通道”命令，打开“通道”面板，选中“明度”通道，如图 3-68 所示。使用“修补工具”，去除脸、衣服和背景上的斑点，如图 3-69 所示。

图 3-68　选择“明度”通道

图 3-69　照片效果

步骤 3 单击工具箱中的“仿制图章工具”按钮，设置“选项”栏上的“不透明度”为 30%，“流量”为 40%，如图 3-70 所示，修复脸上和身上的纹理，并对图像进行进一步修补，照片效果如图 3-71 所示。

图 3-70　设置“仿制图章工具”选项栏

图 3-71　照片效果

步骤 4 再次使用“修补工具”和“仿制图章工具”对图像的上部进行修补，效果如图 3-72 所示。单击工具箱中的“涂抹工具”按钮，设置“选项”栏上的“强度”为 50%，如图 3-73 所示。

图 3-72　照片效果

图 3-73　设置“涂抹工具”选项栏

步骤 5 在帽子部位进行涂抹，效果如图 3-74 所示。再次使用“仿制图章工具”，进行更进一步地修补，照片效果如图 3-75 所示。

图 3-74　照片效果

图 3-75　照片效果

提示

使用“涂抹工具”按照帽子的大小进行小心涂抹，将帽子缺损的地方修补完整。

步骤 6 单击“lab 通道”，返回到“图层”面板，效果如图 3-76 所示。使用“加深工具”和“减淡工具”进行最后的处理，效果如图 3-77 所示。

图 3-76　照片效果

图 3-77　照片效果

步骤 7 修复完严重受损的照片后，执行“文件>存储”命令，将照片存储为 PSD 文件。

实例小结

本实例主要讲解了如何使用“修补工具”和“仿制图章工具”等，对破损的照片进行修补，在实际操作中，注意要将图像放大后再进行仔细地取样和修补。

Example 实例 77 修复照片的折痕

案例文件	DVD1\源文件\第 3 章\3-17.psd
视频文件	DVD2\视频\第 3 章\3-17.avi
难易程度	★★★★☆
视频时间	2 分 40 秒

步骤 1 使用“仿制图章工具”将照片中较明显的折痕去除。

步骤 2 使用“修复画笔工具”将面部瑕疵去除。

步骤 3 使用“修补工具”对照片中人物的脸部和背景等大片图像进行修复。

步骤 4 使用“色阶”和“曲线”命令对照片的亮度、对比度进行调整。

Example 实例 78　去除照片上的污渍

案例文件	DVD1\源文件\第 3 章\3-18.psd
视频文件	DVD2\视频\第 3 章\3-18.avi
难易程度	★★☆☆☆
视频时间	1 分 25 秒

步骤 1 使用自动调整命令，对图像的颜色、对比度和色调进行调整。

步骤 2 使用“魔术棒工具”将照片中人物的脸部选中。

步骤 3 对选区执行“选择>修改>羽化”命令，羽化值设置为 2。

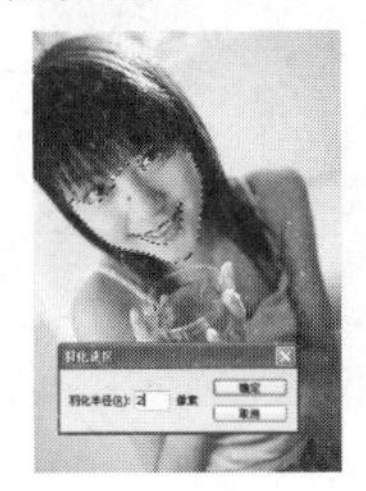

步骤 4 执行“滤镜>杂色>蒙尘与划痕”命令，调整照片中人物面部效果。

Example 实例 79　翻新黑白老照片

案例文件	DVD1\源文件\第 3 章\3-19.psd
难易程度	★★☆☆☆
视频时间	2 分 4 秒
技术点睛	使用“仿制图章工具”对老照片破损的部分进行修复，再通过对“亮度/对比度”、“色阶”和“曲线”的调整加强照片的清晰度

思路分析

本实例中的原照片是多年前的黑白老照片，由于存放时间过长导致照片的清晰度下降，可以通过调整来修复破损部分，还可以进行一些艺术处理，使得老照片更具有纪念意义，本实例的最终效果如图 3-78 所示。

（处理前）

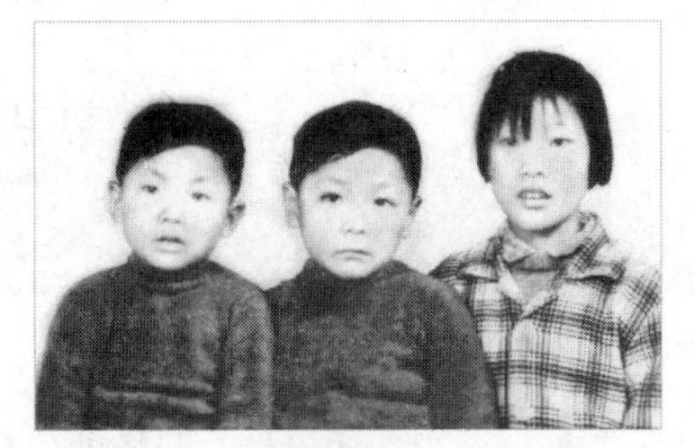

（处理后）

图 3-78　黑白照片翻新前后的效果对比

制作步骤

步骤 1 执行“文件>打开”命令，打开需要处理的照片原图“DVD1\源文件\第 3 章\素材\31901.jpg”，如图 3-79 所示。在“图层”面板中拖动“背景”图层至“创建新图层”按钮上，复制图层，得到“背景 副本”图层，如图 3-80 所示。

图 3-79 照片效果

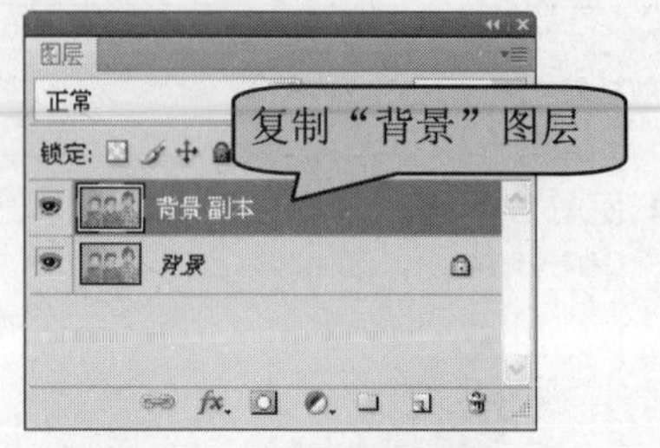

图 3-80 “图层”面板

步骤 2 单击工具箱中的“仿制图章工具”按钮，按住 Alt 键的同时，单击吸取图像中未受损的部分，松开 Alt 键，涂抹受损的部分，照片效果如图 3-81 所示。反复进行该操作，直至图片上所有的受损部分都得到修复，效果如图 3-82 所示。

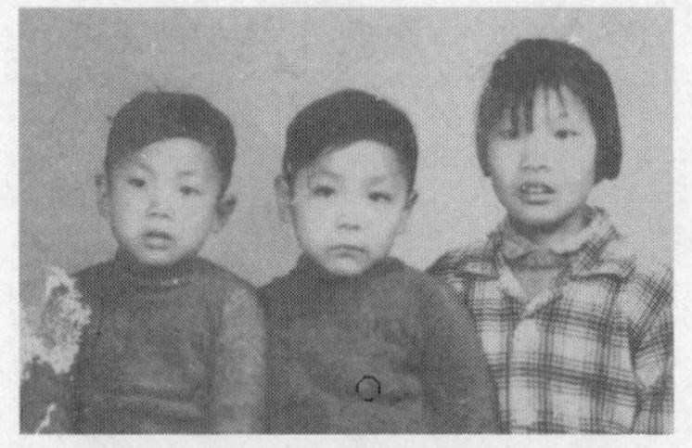
图 3-81 照片效果

图 3-82 照片效果

> **技巧** 在修复图像面积较大时，建议使用“仿制图章工具”，而面积较小的地方，可以结合使用“修补工具”。

步骤 3 配合“加深工具”和“减淡工具”对照片进行进一步修复，效果如图 3-83 所示。在“图层”面板上单击“创建新的填充或调整图层”按钮，在下拉菜单中选择“亮度/对比度”选项，参数设置如图 3-84 所示。

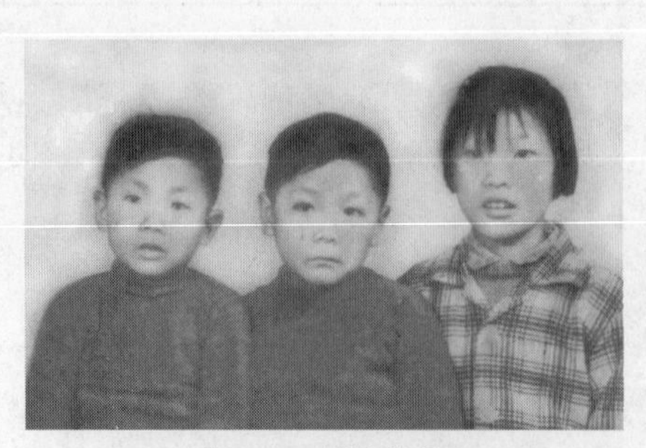
图 3-83 照片效果

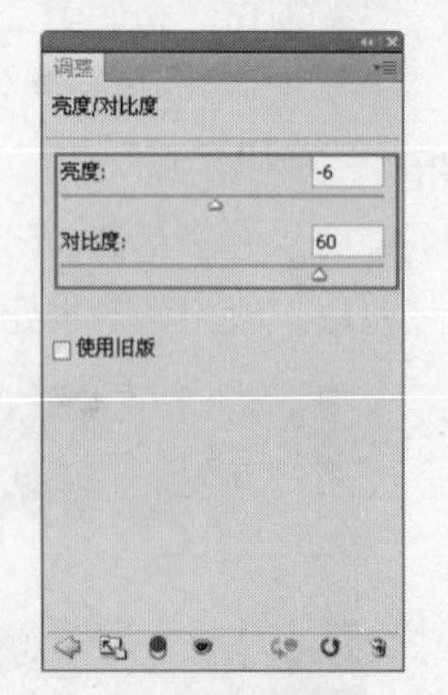

图 3-84 “亮度/对比度”设置

步骤 4 完成“亮度/对比度”的设置，图像效果如图 3-85 所示。再次单击“创建新的填充或调整图层”按钮，在下拉菜单中选择“色阶”选项，参数设置如图 3-86 所示。

图 3-85　照片效果

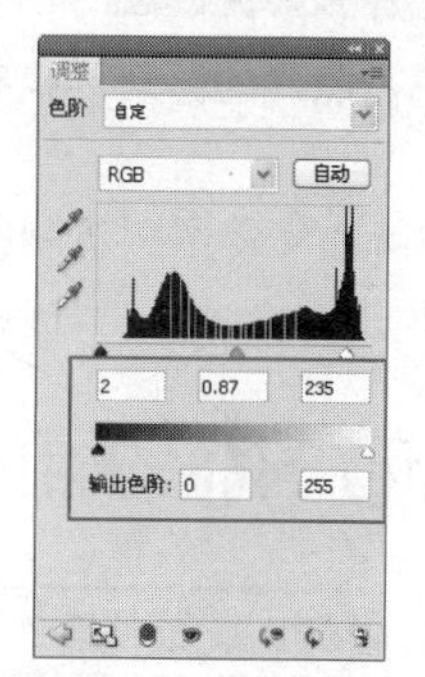

图 3-86　“色阶”设置

步骤 5 完成“色阶”的设置，图像效果如图 3-87 所示。再次单击“创建新的填充或调整图层”按钮 ，在下拉菜单中选择“曲线”选项，参数设置如图 3-88 所示。

图 3-87　照片效果

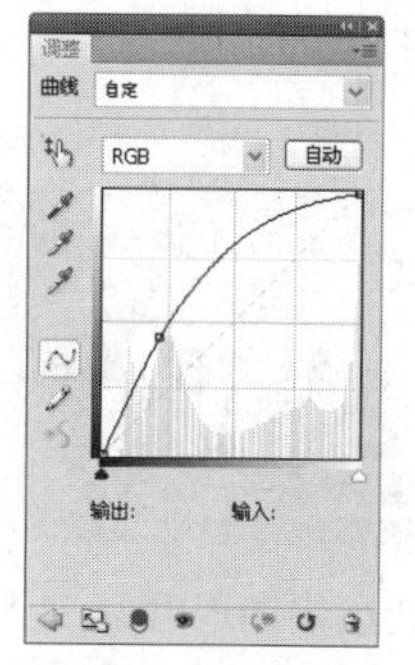

图 3-88　“曲线”设置

步骤 6 完成“曲线”的设置，图像效果如图 3-89 所示。按快捷键 Shift+Ctrl+Alt+E，盖印一个新的图层，“图层”面板如图 3-90 所示。

图 3-89　照片效果

图 3-90　“图层”面板

步骤 7 执行“滤镜>锐化>USM 锐化”命令，弹出“USM 锐化”对话框，参数设置如图 3-91 所示。单击“确定”按钮完成设置，照片效果如图 3-92 所示。

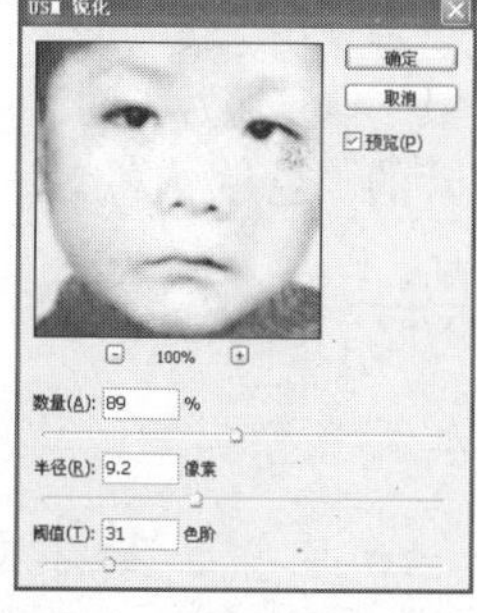

图 3-91　USM 锐化设置

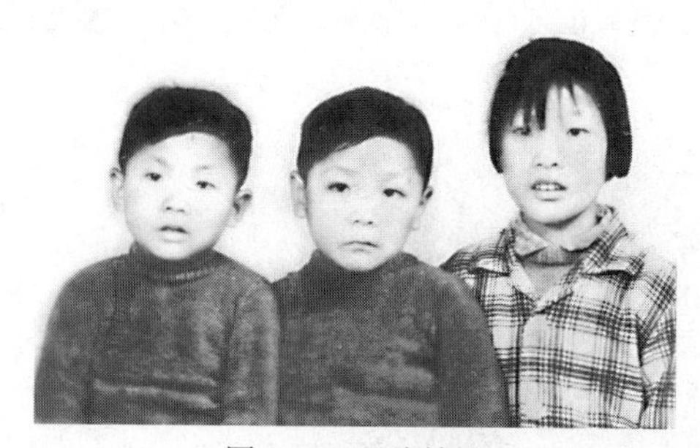

图 3-92　照片效果

步骤 8 完成黑白照片的翻新，执行“文件>存储为”命令，将照片保存为 PSD 文件。

实例小结

本实例主要讲解如何使用“仿制图章工具”对照片上的破损部分进行处理，再配合“加深工具”和“减淡工具”对照片进行修复。在对该类照片进行修复的过程中，一定要耐心和细心。

Example 实例 80 弥补毕业照人物不全的遗憾

案例文件	DVD1\源文件\第 3 章\3-20.psd
视频文件	DVD2\视频\第 3 章\3-20.avi
难易程度	★★☆☆☆
视频时间	2 分 16 秒

步骤 1 打开合影照片。

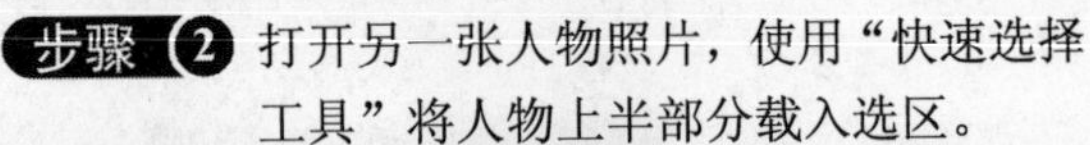

步骤 2 打开另一张人物照片，使用“快速选择工具”将人物上半部分载入选区。

步骤 3 将选区中的内容复制到合影照片中，自动生成“图层 1”，调整大小，并移动到合适的位置。

步骤 4 复制“背景”图层，移动到“图层 1”上方，添加“图层蒙版”，并为“图层 1”应用“曲线”和“去边”命令。

Example 实例 81 修复发黄的旧照片

案例文件	DVD1\源文件\第 3 章\3-21.psd
视频文件	DVD2\视频\第 3 章\3-21.avi
难易程度	★★☆☆☆
视频时间	2 分

步骤 1 打开照片，将“背景”图层复制。

步骤 2 结合使用“仿制图章工具”和“修补工具”修复照片上的污点及划痕，调整照片的“色相/饱和度”。

步骤 3 单击“创建填充或调整图层”按钮，执行“照片滤镜”、“亮度/对比度”及“色相/饱和度”调整图层。

步骤 4 最后，对照片应用“色阶”调整，使照片更加清晰。

Example 实例 82 修复照片天气

案例文件	DVD1\源文件\第 3 章\3-22.psd
难易程度	★★☆☆☆
视频时间	4 分 26 秒
技术点睛	使用“快速选择工具”和“套索工具”创建选区，使用“曲线”、“阴影/高光”、“亮度/对比度”和“照片滤镜”调整图像

思路分析

本实例主要讲解如何将一张阴天的照片变成晴天的照片，实际操作过程是将两张照片合成为一张照片，再对图像进行调整，本实例的最终效果如图 3-93 所示。

（修复前）

（修复后）

图 3-93 照片修复前后的效果对比

制作步骤

步骤 1 执行“文件>打开”命令，打开需要处理的照片原图“DVD1\源文件\第 3 章\素材\32201.jpg”，如图 3-94 所示。复制图层，得到“背景 副本”图层，单击工具箱中的“快速选择工具”按钮，在图像上拖动鼠标创建出天空的选区，如图 3-95 所示。

图 3-94 打开图像

图 3-95 创建选区

步骤 2 单击工具箱中的“套索工具”按钮，将图像放大，精确调整选区范围，如图 3-96 所示。执行“选择>修改>平滑”命令，打开“平滑选区”对话框，设置“取样半径”为 1 像素，单击“确定”按钮，平滑选区，按 Delete 键，删除选区中的图像，“图层”面板如图 3-97 所示。

图 3-96　调整选区

图 3-97　“图层”面板

技巧

使用“快速选择工具”可以快速创建所需要的选区，但该选区并不一定十分准确，如果需要准确的选区，还需要结合其他选区工具进行调整，例如使用“套索工具”，按住 Alt 键在图像上拖动鼠标，可以在现有选区的基础上减去相交的选区部分，按住 Shift 键在图像上拖动鼠标，可以在现有选区的基础上增加选区部分。

步骤 3 单击“背景”图层前的“指示图层可见性”按钮，隐藏“背景”图层，按快捷键 Ctrl+D，取消选区，照片效果如图 3-98 所示。执行“文件>打开”命令，打开另一张晴天的照片素材“DVD\源文件\第 3 章\素材\32202.jpg”，效果如图 3-99 所示。

图 3-98　照片效果

图 3-99　打开图像

步骤 4 单击工具箱中的“矩形选框工具”按钮，在 32202.jpg 图像上创建矩形选区，选取天空部分，如图 3-100 所示。按快捷键 Ctrl+C 复制选区中的图像，返回到 32201.jpg 中，按快捷键 Ctrl+V 粘贴图像，并调整到合适的位置，如图 3-101 所示。

图 3-100　创建选区

图 3-101　照片效果

提示 将图像复制到文件中时，Photoshop 将自动为复制的图像创建新的图层，例如在该步骤中复制进来的图像将自动创建“图层 1”。

步骤 5 在“图层”面板中拖动“图层 1”至“背景 副本”图层下方，如图 3-102 所示，照片效果如图 3-103 所示。

图 3-102 调整图层

图 3-103 照片效果

步骤 6 选择“背景 副本”图层，执行“图像>调整>曲线”命令，打开“曲线”对话框，参数设置如图 3-104 所示。单击“确定”按钮完成设置，照片效果如图 3-105 所示。

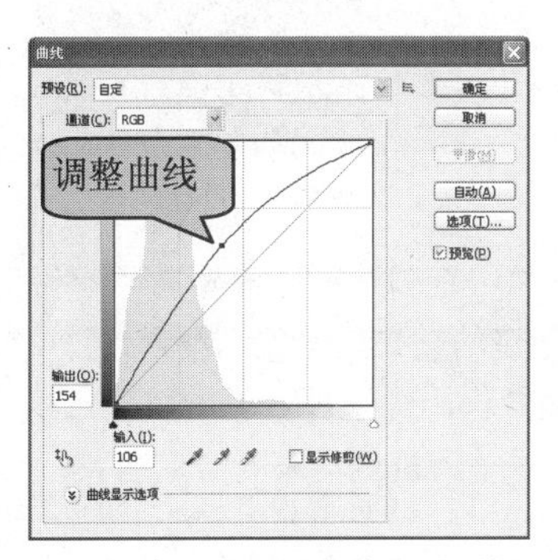

图 3-104 设置“曲线”对话框

图 3-105 照片效果

步骤 7 执行“图像>调整>阴影/高光”命令，打开“阴影/高光”对话框，参数设置如图 3-106 所示。单击“确定”按钮完成设置，照片效果如图 3-107 所示。

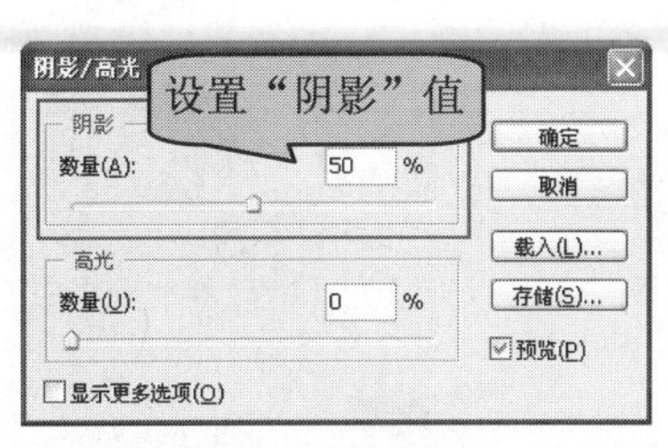

图 3-106 设置“阴影/高光”对话框

图 3-107 照片效果

步骤 8 执行“图像>调整>亮度/对比度”命令，打开“亮度/对比度”对话框，参数设置如图 3-108 所示。单击“确定”按钮完成设置，照片效果如图 3-109 所示。

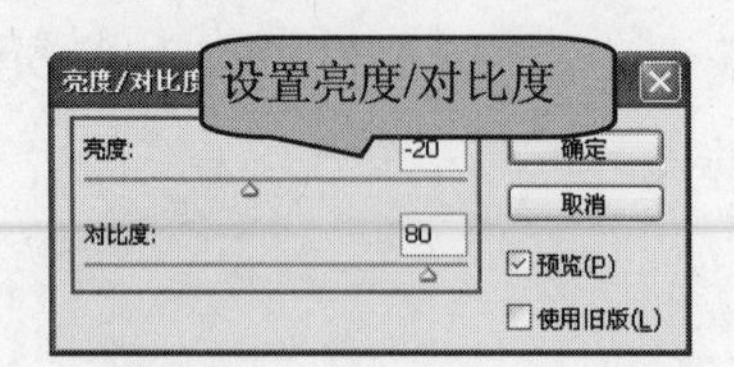

图 3-108　设置“亮度/对比度”对话框

图 3-109　照片效果

步骤 9 执行“图像>调整>照片滤镜”命令，打开“照片滤镜”对话框，参数设置如图 3-110 所示。单击“确定”按钮完成设置，照片效果如图 3-111 所示。

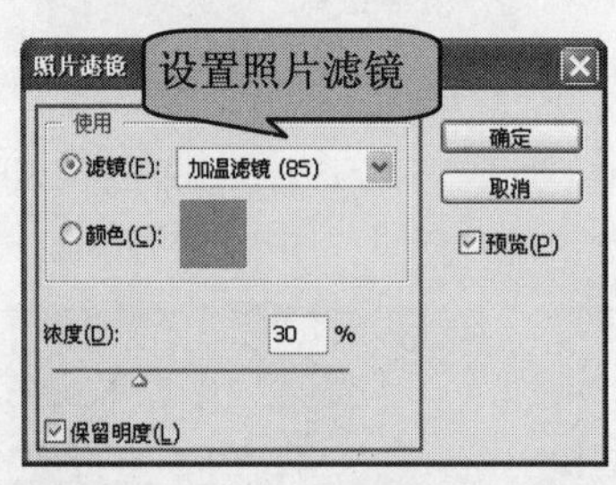

图 3-110　设置“照片滤镜”对话框

图 3-111　照片效果

提示

“照片滤镜”命令是模仿在相机镜头前面加彩色滤镜的效果，以便调整通过镜头传输的光的色彩平衡和色温，使胶片曝光。“照片滤镜”命令还允许用户选择预设的颜色，以便向图像应用色相调整，如果希望应用自定义颜色调整，用户可以使用拾色器来指定颜色。

步骤 10 选择“背景 副本”图层，单击“图层”面板上的“添加图层蒙版”按钮，为“背景 副本”图层添加图层蒙版，单击工具箱中的“画笔工具”按钮，设置“前景色”为 RGB（0，0，0），将图像放大，对图像边缘进行修整，如图 3-112 所示，“图层”面板如图 3-113 所示。

图 3-112　照片效果

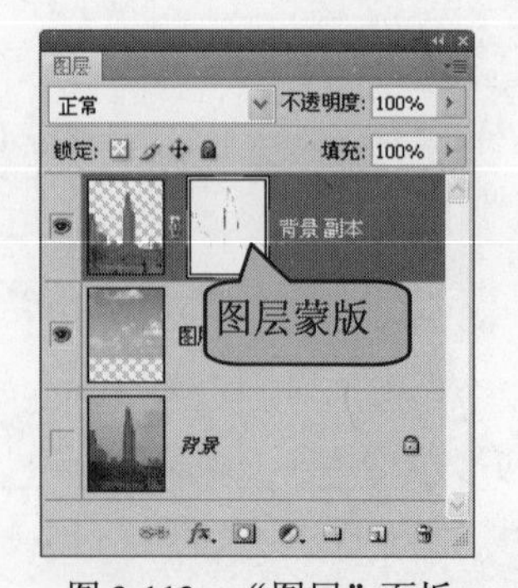

图 3-113　“图层”面板

步骤 11 完成制作后，执行“文件>存储为”命令，将照片保存为 PSD 文件。

实例小结

本实例讲解如何修复照片的天气，主要讲解照片的合成技术，通过该实例的讲解，读者还可以为照片进行替换背景等操作，在操作的过程中注意选区的创建以及照片整体色调的把握。

Example 实例 83　让粗糙的照片变细腻

案例文件	DVD1\源文件\第 3 章\3-23.psd
视频文件	DVD2\视频\第 3 章\3-23.avi
难易程度	★★☆☆☆
视频时间	1 分 54 秒

步骤 1　使用“仿制图章工具”去除照片上明显的瑕疵。

步骤 2　复制图层，执行“滤镜>高斯模糊”命令，将照片模糊处理。

步骤 3　将复制图层的“图层混合”模式修改成“变亮”模式。

步骤 4　双击进入“图层样式”对话框，调整“混合颜色”的红色和绿色通道。

Example 实例 84　修复灰暗的照片

案例文件	DVD1\源文件\第 3 章\3-24.psd
视频文件	DVD2\视频\第 3 章\3-24.avi
难易程度	★★☆☆☆
视频时间	1 分 33 秒

步骤 1　打开需要处理的原始照片。

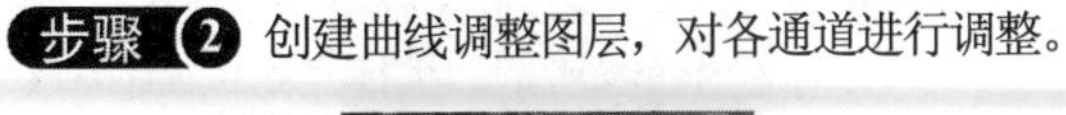

步骤 2　创建曲线调整图层，对各通道进行调整。

步骤 3 创建通道混合器调整图层，对各个颜色进行调整。

步骤 4 按快捷键 Ctrl + Alt + Shift + E 盖印图层，执行“滤镜>杂色>减少杂色”命令，完成照片处理。

Example 实例 85 修复透视图像

案例文件	DVD1\源文件\第 3 章\3-25.psd
难易程度	★★☆☆☆
视频时间	1 分 22 秒
技术点睛	消失点工具等

思路分析

本实例中原照片中的地面是具有透视效果的木地板，在将图片上的书去除时常常很难控制透视的效果。本实例将使用一个非常实用的“消失点”命令将具有透视效果的图像修复；去除多余部分，效果如图 3-114 所示。

（处理前）

（处理后）

图 3-114　修复透视图像前后的效果对比

制作步骤

步骤 1 执行“文件>打开”命令，打开需要处理的照片原图“DVD1\源文件\第 3 章\素材\32501.jpg”，如图 3-115 所示。执行“滤镜>消失点”命令，打开“消失点”对话框如图 3-116 所示。

图 3-115　打开图像

图 3-116　消失点对话框

提示　在使用“消失点”功能之前，也可以首先选中要操作的区域，然后再为图像添加透视平面。

步骤 2　单击“消失点”对话框面板上的“创建平面工具”按钮，在场景中创建透视平面，如图 3-117 所示。并设置“网格大小”为 320，如图 3-118 所示。

图 3-117　创建平面

图 3-118　设置网格大小

技巧　复制图像时要根据复制对象随时调整工具的直径大小，以便实现更真实的复制效果。设置网格的大小会影响最后的效果。

步骤 3　单击对话框中的“图章工具”按钮，设置“直径”为 500。按下 Alt 键在图像中取样，然后松开 Alt 键，在如图 3-119 所示的位置单击。重复以上操作，效果如图 3-120 所示。

图 3-119　设置“应用图像”对话框

图 3-120　图像效果

步骤 4　单击“确定”按钮，完成照片的透视效果处理，执行“文件>存储为”命令，将照片保存为 PSD 文件。

实例小结

本实例主要讲解了如何对具有透视效果的图像进行修复处理。使用了“消失点”命令，绘制一个需要的透视效果平面，然后使用“图章工具”进行操作。注意在制作过程中，要根据图片的实际情况随时调整工具属性来配合制作。

Example 实例 86　快速修复照片背景

案例文件	DVD1\源文件\第 3 章\3-26.psd
视频文件	DVD2\视频\第 3 章\3-26.avi
难易程度	★★☆☆☆
视频时间	1 分 27 秒

步骤 1 执行“文件>脚本>将文件载入堆栈”命令，选择需要载入图像堆栈的照片。

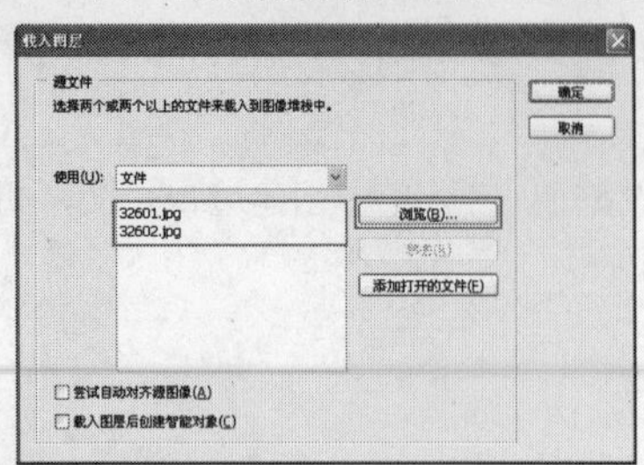

步骤 2 对话框设置完成后，将照片载入到图像堆栈中。

步骤 3 执行“编辑>自动对齐图层”命令，自动对齐图层。

步骤 4 为需要去除多余人物的照片图层添加图层蒙版，完成照片的处理。

Example 实例 87 修复严重受损的老照片

案例文件	DVD1\源文件\第 3 章\3-27.psd
视频文件	DVD2\视频\第 3 章\3-27.avi
难易程度	★★★☆☆
视频时间	6 分 25 秒

步骤 1 打开需要修复的照片，进行复制，然后分别执行两次“应用图像”命令。

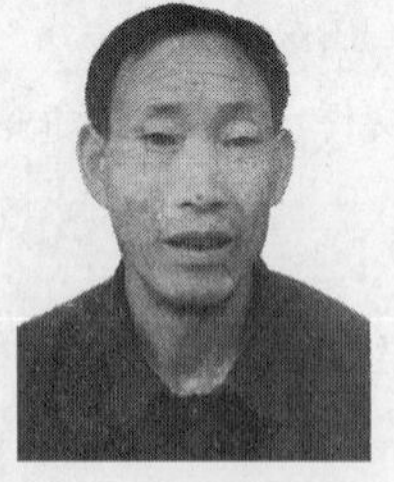

步骤 2 盖印图层，执行“高斯模糊”命令，利用“图层蒙版”和“画笔工具”，将人物脸部及身体的色块隐藏。

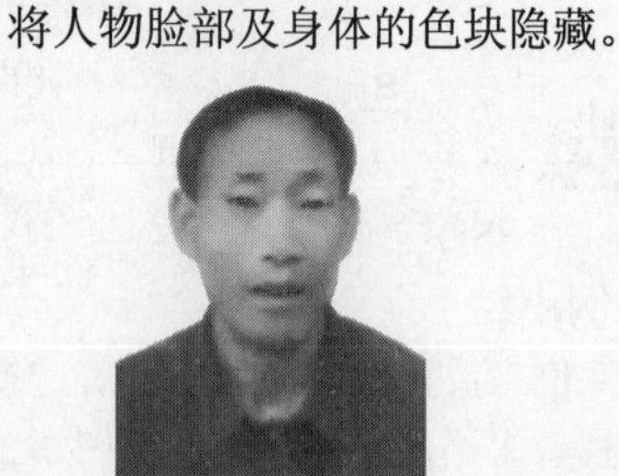

步骤 3 盖印图层，并设置相应的图层模式。

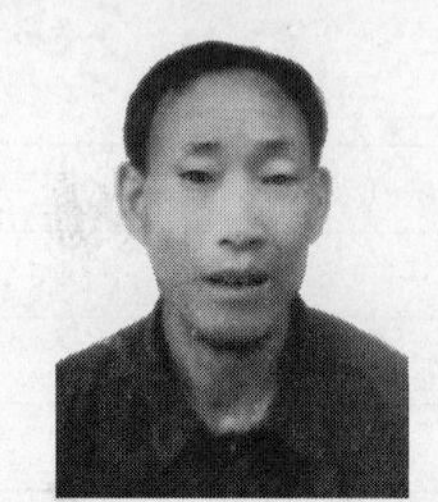

步骤 4 使用“模糊工具”、“加深工具”、“减淡工具”和“涂抹工具”，完成后面细节的修饰。

第 4 章　调整照片的色调

本章主要讲解如何调整在日常拍摄中经常出现的一些色彩偏差问题，比如颜色失真、对比失调、色彩不和谐、照片过灰、色彩偏色等。通过使用“图像>调整”命令，使原来暗淡无光的照片变得生动起来。

Example 实例 88　调整照片色调

案例文件	DVD1\源文件\第 4 章\4-1.psd
难易程度	★★☆☆☆
视频时间	1 分 12 秒
技术点睛	利用“曲线”和“可选颜色”命令，调整色调

思路分析

本实例中的原始照片偏红，利用“曲线”和“可选颜色”命令修正颜色的失真问题，使照片显得更自然，效果如图 4-1 所示。

（处理前）

（处理后）

图 4-1　调整照片色调前后的效果对比

制作步骤

步骤 1 执行“文件>打开”命令，将照片“DVD1\源文件\第 4 章\素材\5101.jpg”打开，如图 4-2 所示。将“背景”图层拖动到“创建新图层”按钮上，复制“背景”图层，得到“背景副本”图层，如图 4-3 所示。

图 4-2　打开文件

图 4-3　复制“背景”图层

> **提示** 复制图像是为了保留原始图像，以备必要时需要使用原始图像。

步骤 2 选中“背景副本”图层，单击“创建新的填充或调整图层”按钮，在弹出菜单中选择“曲线”命令，在打开的“调整”面板中参数设置如图 4-4 所示，照片效果如图 4-5 所示。

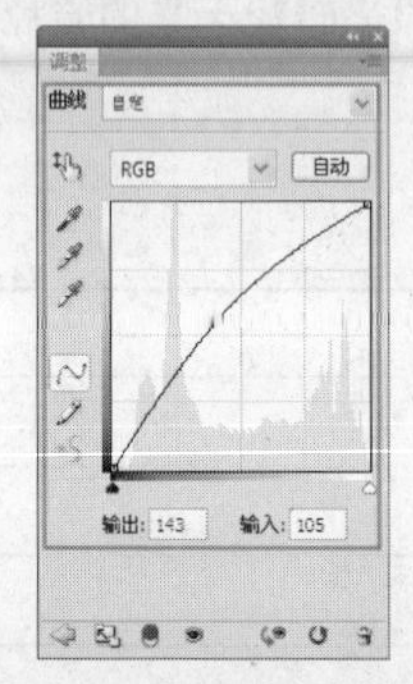

图 4-4 设置“曲线”

图 4-5 照片效果

步骤 3 选中“背景副本”图层，单击“创建新的填充或调整图层”按钮，选择“可选颜色”命令，打开“调整”面板，在“颜色”下拉列表中分别设置“红色”、“黄色”、“白色”，如图 4-6 所示。

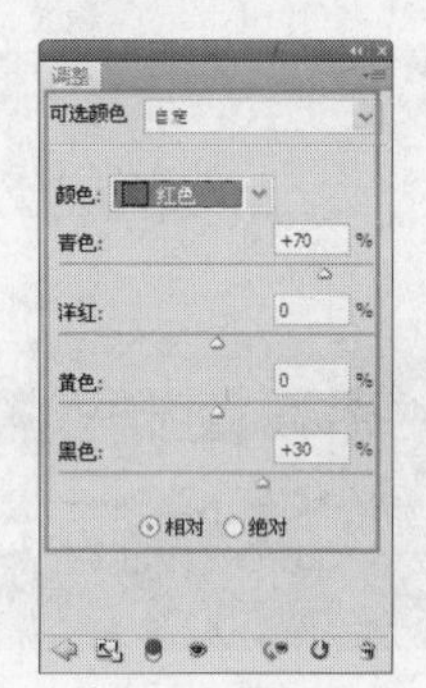

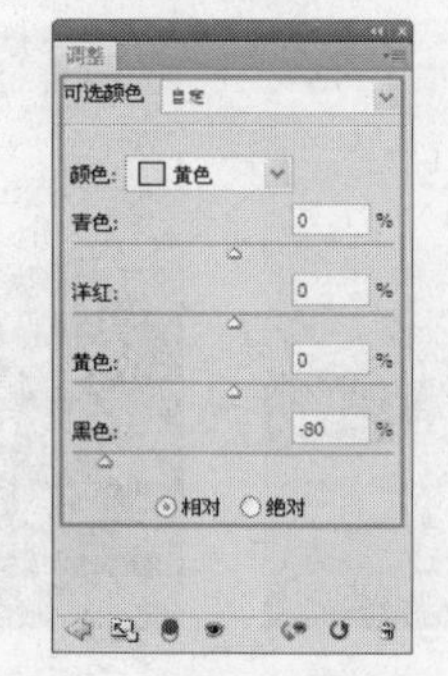

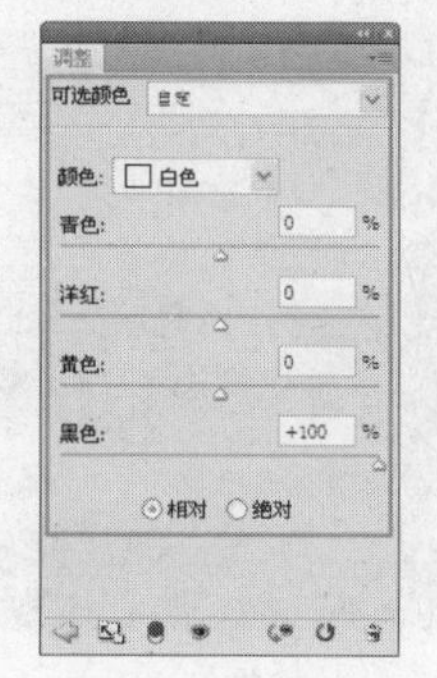

图 4-6 设置“可选颜色”

> **技巧** 在设置“可选颜色”时，根据图像的颜色来选择所要调整的颜色值。

步骤 4 完成“调整”面板中“可选颜色”的设置后，执行“文件>存储为”命令，将照片存储为 PSD 文件。

实例小结

本实例主要利用“曲线”和“可选颜色”命令，调整照片整体色调，在操作时要灵活地应用颜色调整命令，以便恢复照片的真实颜色。

Example 实例 89 将照片处理为非主流蓝色效果

案例文件	DVD1\源文件\第 4 章\4-2.psd
视频文件	DVD2\视频\第 4 章\4-2.avi
难易程度	★★☆☆☆
视频时间	1 分 19 秒

步骤 1 打开需要处理的照片，复制“背景”图层。

步骤 2 对“背景 副本”图层应用“高斯模糊”滤镜，并设置“混合模式”为“柔光”。

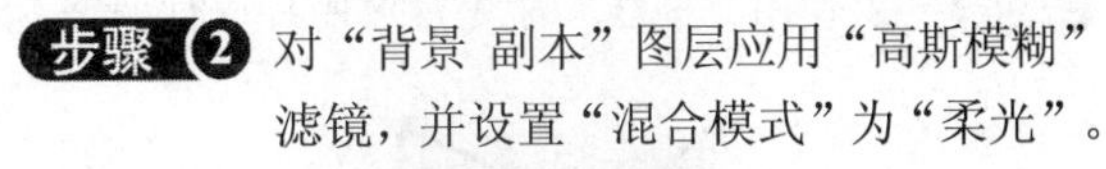

步骤 3 再次复制图层，并对图层执行“亮度/饱和度”调整，将照片调整为蓝色调。

步骤 4 最后对照片进行锐化处理，完成非主流蓝色效果的制作。

Example 实例 90 调出照片的素雅风格

案例文件	DVD1\源文件\第 4 章\4-3.psd
视频文件	DVD2\视频\第 4 章\4-3.avi
难易程度	★★☆☆☆
视频时间	2 分 1 秒

步骤 1 打开需要处理的照片，并复制“背景”图层，得到“图层副本”图层。

步骤 2 为“图层副本”应用“高斯模糊”滤镜，并设置“图层副本”的图层混合模式为“强光”，打开“通道”面板，使用“色阶”命令，分别对红、绿、蓝通道进行调整。

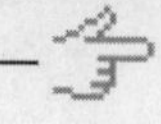

步骤 3 使用“曲线”命令，对照片进行调整。

步骤 4 填充“前景色”，设置图层混合模式为“柔光”。

Example 实例 91 还原颜色失真的照片

案例文件	DVD1\源文件\第 4 章\4-4.psd
难易程度	★★☆☆☆
视频时间	1 分 10 秒
技术点睛	通过利用“色阶”、“亮度/对比度”和“色相/饱和度”命令使照片由暗变明

思路分析

本实例中的照片比较灰暗，通过利用“色阶”、“亮度/对比度”和“色相/饱和度”命令调整照片的明暗度，使照片由暗变明。在操作过程中，读者要注意调节亮度时的取值，效果如图 4-7 所示。

（处理前）

（处理后）

图 4-7 还原颜色失真前后的效果对比

制作步骤

步骤 1 执行“文件>打开”命令，将照片“DVD1\源文件\第 4 章\素材\5401.jpg”打开，如图 4-8 所示。复制“背景”图层，得到“背景副本”图层，选择“背景副本”图层，执行“图像>调整>色阶”命令，打开“色阶”对话框，参数设置如图 4-9 所示。

图 4-8 打开文件

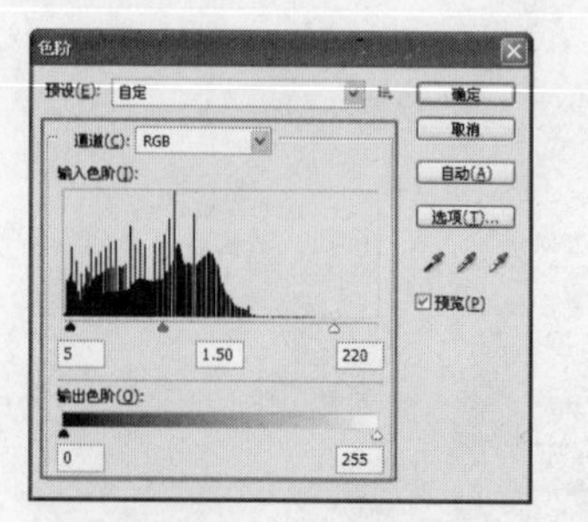

图 4-9 设置“色阶”对话框

技巧

“色阶”主要是通过调整图像的阴影、中间调和高光的强度级别，从而校正图像的色调范围和色彩平衡，“色阶”只有三个调整（白场、黑场、灰度系数），如图 4-10 所示。

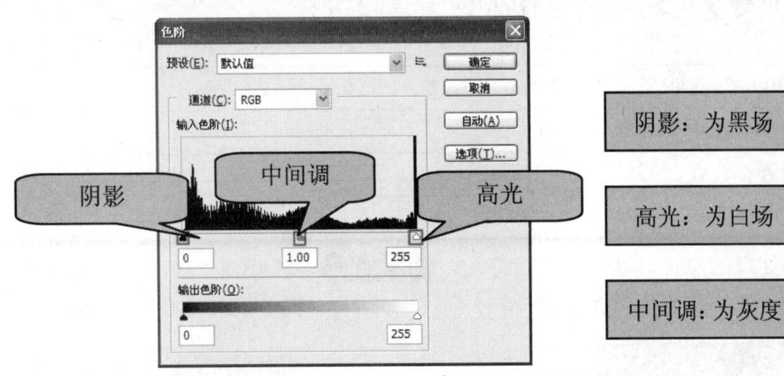

图 4-10　“色阶”对话框

步骤 2 单击“确定”按钮完成设置，照片效果如图 4-11 所示。单击“创建新的填充或调整图层”按钮 ，在弹出菜单中选择“亮度/对比度”命令，打开“调整”面板，参数设置如图 4-12 所示。

图 4-11　照片效果

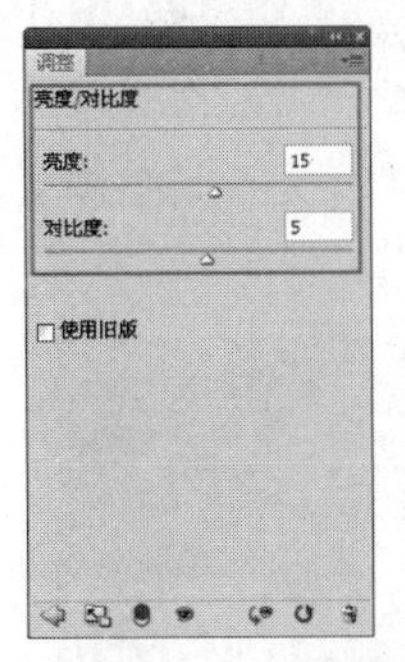

图 4-12　设置“亮度/对比度”

提示

在所添加的调整图层上双击鼠标左键，可以打开“调整”面板，对调整图层设置的进行修改。

步骤 3 完成“调整”面板的设置，照片效果如图 4-13 所示。再次单击“创建新的填充或调整图层”按钮 ，选择“色相/饱和度”命令，在打开的“调整”面板中参数设置如图 4-14 所示。完成“调整”面板的设置，照片效果如图 4-15 所示。

图 4-13　照片效果

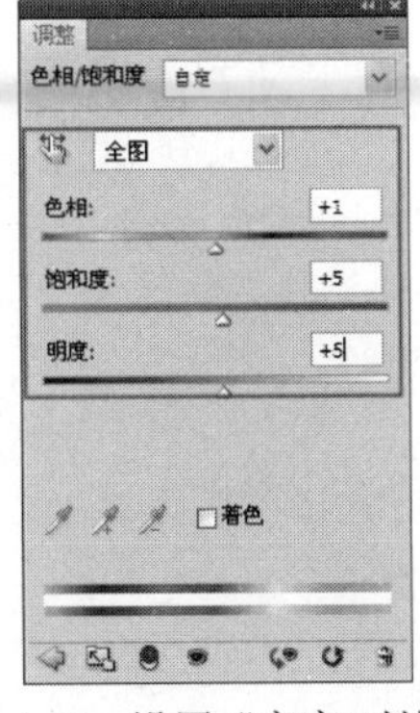

图 4-14　设置“亮度/对比度”

图 4-15　照片效果

步骤 4 完成照片的调整后，执行“文件>存储”命令，将照片存储为PSD文件。

实例小结

本实例主要讲解照片由暗到明色调的调整，应多注意调整前后的照片色值，以免照片失真。

Example 实例 92 将照片色调处理为青绿古朴

案例文件	DVD1\源文件\第4章\4-5.psd
视频文件	DVD2\视频\第4章\4-5.avi
难易程度	★★☆☆☆
视频时间	1分56秒

步骤 1 打开需要处理的照片，复制图层，将人物选出，反选，将照片背景调暗一些。

步骤 2 复制图层，应用“高斯模糊”滤镜，设置“不透明度”为40%。

步骤 3 创建“可选颜色”调整图层，调整照片颜色。

步骤 4 使用“加深工具”对照片四周边角进行加深处理。

Example 实例 93 将照片处理为杂志色调效果

案例文件	DVD1\源文件\第4章\4-6.psd
视频文件	DVD2\视频\第4章\4-6.avi
难易程度	★★☆☆☆
视频时间	1分35秒

步骤 1 打开需要处理的照片，复制“背景”图层，得到“背景 副本”图层。

步骤 2 对“背景 副本”图层执行“去色”操作，并设置“混合模式”和“不透明度”。

步骤 3 新建图层，填充纯色，并设置图层“混合模式”。

步骤 4 对照片应用“曲线”整调，使照片的明暗对比强烈。

Example 实例 94 调整照片的色彩对比

案例文件	DVD1\源文件\第 4 章\4-7.psd
难易程度	★★☆☆☆
视频时间	1 分 16 秒
技术点睛	利用“色阶”、“色彩平衡”、“可选颜色”等命令，恢复照片的色彩

思路分析

本实例中的原始照片比较灰暗，没有突出照片的主题，需要通过调整恢复照片的色彩。在操作过程中应注意，明暗调的调整，最终效果如图 4-16 所示。

（处理前）

（处理后）

图 4-16　处理前后的效果对比

制作步骤

步骤 1 执行“文件>打开”命令，将照片“DVD1\源文件\第 4 章\素材\5701.jpg”打开，如图 4-17 所示，复制“背景”图层，得到“背景副本”图层，如图 4-18 所示。

图 4-17　打开文件

图 4-18　复制“背景”图层

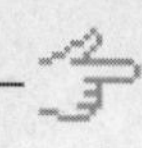

步骤 2 执行“图像>调整>色阶”命令，打开“色阶”对话框，参数设置如图 4-19 所示，单击“确定”按钮，完成对话框的设置，照片效果如图 4-20 所示。

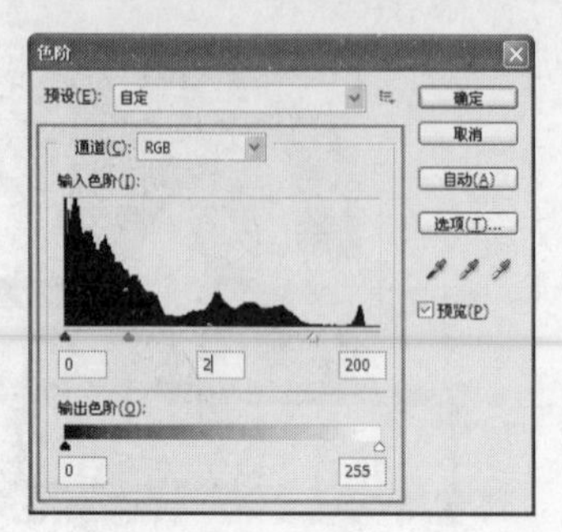

图 4-19 设置“色阶”对话框

图 4-20 照片效果

步骤 3 选中“背景副本”图层，执行“图像>调整>色彩平衡”命令，打开“色彩平衡”对话框，设置如图 4-21 所示，单击“确定”按钮，完成对话框的设置，照片效果如图 4-22 所示。

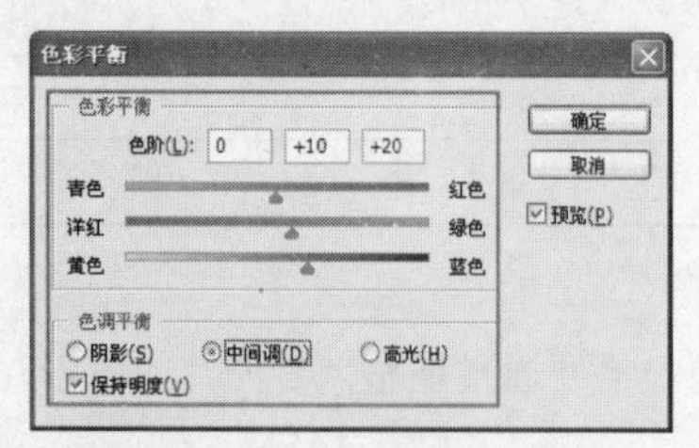

图 4-21 “色彩平衡”对话框

图 4-22 照片效果

> **技巧** 在“色彩平衡”对话框中，勾选“保持亮度”复选框，可以在调节的过程中保持原图像的亮度。

步骤 4 选中“背景副本 2”图层，执行“图像>调整>可选颜色”命令，打开“可选颜色”对话框，参数设置如图 4-23 所示，单击“确定”按钮，完成对话框的设置，照片效果如图 4-24 所示。

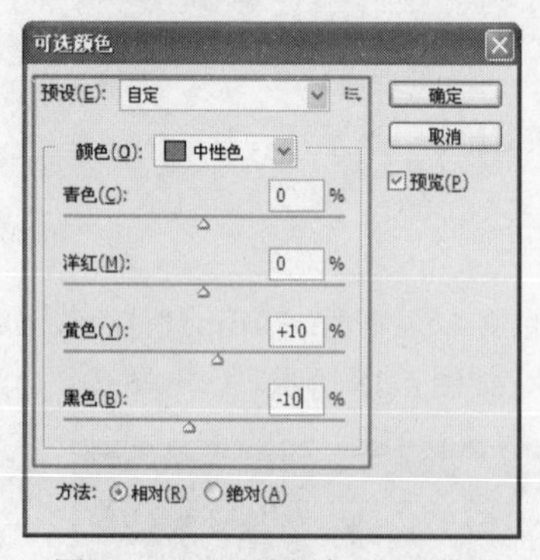

图 4-23 “可选颜色”对话框

图 4-24 照片效果

步骤 5 完成照片的调整后，将文件存储为 PSD 文件。

实例小结

本实例主要利用“色阶”、“色彩平衡”、等命令，将照片的整体恢复色彩，在操作时人物的色彩要与背景色调协调，以免使照片色彩对比度过强。

Example 实例 95 调整照片为个性黑白效果

案例文件	DVD1\源文件\第 4 章\4-8.psd
视频文件	DVD2\视频\第 4 章\4-8.avi
难易程度	★★☆☆☆
视频时间	2 分 2 秒

步骤 1 打开需要调整的彩色照片，复制“背景”图层。

步骤 2 对复制得到的图层应用“去色”和“色阶”调整，使照片的黑白对比更强烈。

步骤 3 应用“添加杂色”和“动感模糊”滤镜制出斜纹背景。

步骤 4 添加蒙版，涂抹出人物，完成个性黑白照片。

Example 实例 96 使风景照片颜色更加鲜艳

案例文件	DVD1\源文件\第 4 章\4-9.psd
视频文件	DVD2\视频\第 4 章\4-9.avi
难易程度	★★☆☆☆
视频时间	2 分 28 秒

步骤 1 打开需要处理的照片，创建“色相/饱和度”调整图层，调整照片。

步骤 2 创建新图层，填充径向渐变，创建新图层，应用“云彩”滤镜，并设置“混合模式”为“滤色”。

步骤 3 创建天空的选区，为制作的天空云彩添加图层蒙版。

步骤 4 完成照片颜色的鲜艳度的调整。

Examplo 实例 97 调整照片色彩的层次

案例文件	DVD1\源文件\第 4 章\4-10.psd
难易程度	★★★☆☆
视频时间	2 分 25 秒
技术点睛	使用“可选颜色”、“色彩平衡”和“色阶”命令调整照片

思路分析

本实例中原始照片的色彩较为平淡，可以通过对人物和背景进行色调调整来增加照片的色彩层次。在实例应用中需要注意人物亮度和阴影的调节，从而使照片效果更为柔和，本实例的最终效果如图 4-25 所示。

（处理前）

（处理后）

图 4-25　处理前后的效果对比

制作步骤

步骤 1 执行“文件>打开”命令，打开需要处理的照片“DVD1\源文件\第 4 章\素材\51001.jpg”，效果如图 4-26 所示。复制“背景”图层，得到“背景副本”图层，单击“创建新的填充或调整图层”按钮，在弹出菜单中选择“可选颜色”命令，在打开的“调整”面板中的“颜色”下拉列表中选择“蓝色”，参数设置如图 4-27 所示。

图 4-26　打开照片

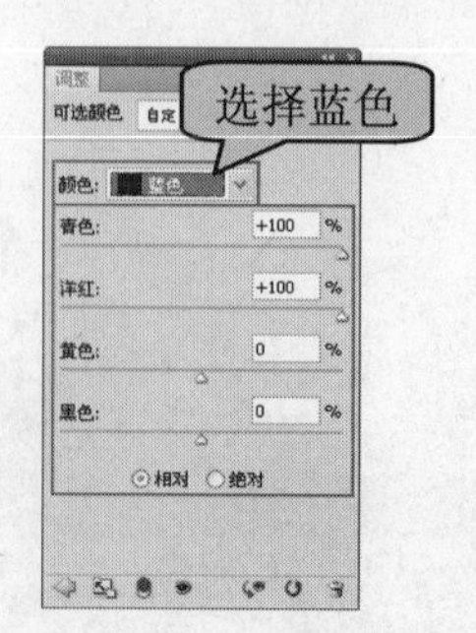

图 4-27　设置“可选颜色”

步骤 2 完成“调整”面板设置，照片效果如图 4-28 所示。在“调整”面板上的“颜色”下拉列表中选择“黑色”选项，设置如图 4-29 所示。

图 4-28　照片效果

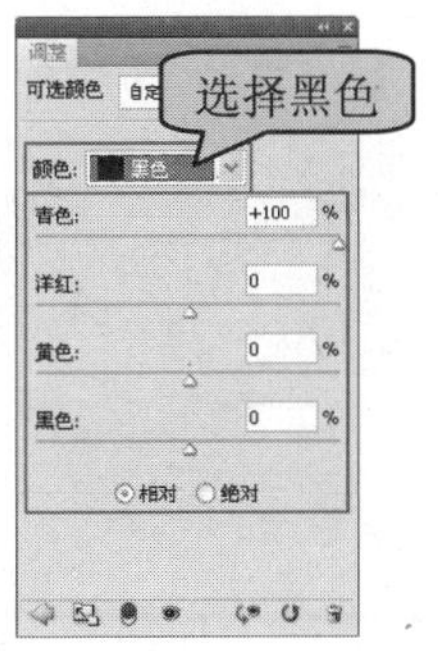

图 4-29　设置“可选颜色”

步骤 3 完成“调整”面板设置，照片效果如图 4-30 所示。单击“创建新的填充或调整图层”按钮，在弹出菜单中选择“色彩平衡”命令，在打开的“调整”面板中对“色彩平衡”的相关参数进行设置，如图 4-31 所示。

图 4-30　照片效果

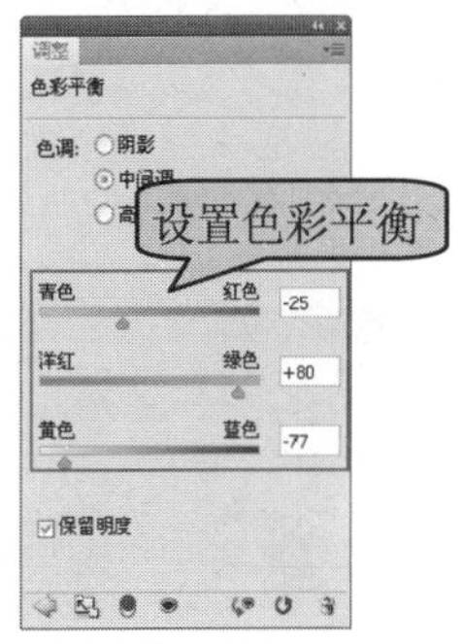

图 4-31　设置“色彩平衡”

步骤 4 完成“调整”面板设置，照片效果如图 4-32 所示。选择“色彩平衡 1”图层，单击工具箱中的“画笔工具”按钮，设置“前景色”为黑色，在照片上涂抹出天空和人物等部分图形，如图 4-33 所示。

图 4-32　照片效果

图 4-33　照片效果

> **提示**
> 在“画笔”面板中，画笔预设是在使用“画笔工具”时最基本的调整选项，可以通过调整距离、画笔形状、角度等来改变画笔的状态。
> 画笔预设主要显示画笔的尺寸、距离、材质等，勾选各个复选框，可以对笔刷进行相应的设置。

步骤 5 选择“背景副本”图层，使用工具箱中的“快速选择工具”和“套索工具”，在照片上拖选出人物部分，创建人物选区，如图 4-34 所示。按快捷键 Ctrl+J，复制选区，得到“图层 1”，将“图层 1”拖至图层顶部，如图 4-35 所示。

图 4-34　创建选区

图 4-35　“图层”面板

技巧

在人物选区的创建过程中，可以先创建出人物的大致的选区，再将图像放大，对局部细节进行调整。如果图像上存在选区，使用“套索工具”时，按住键盘上的 Shift 键不放，可以增加选区，按住键盘上的 Alt 键不放，可以减去选区。

步骤 6 选择“图层 1”，执行“图像>调整>色阶”命令，打开“色阶”对话框，参数设置如图 4-36 所示。单击“确定”按钮，完成“色阶”对话框的设置，照片效果如图 4-37 所示。

图 4-36　设置“色阶”对话框

图 4-37　照片效果

提示

在“色阶”对话框中，选择“设置黑场”吸管工具，可以改变图像的整体效果。单击该按钮后，在图像上单击某一点，会把这一点作为黑色，而其他的色阶随之发生变化，使在图像上比那一点暗的图像变为黑色。利用“设置黑场”吸管工具，可以增强整体图像的暗度。

步骤 7 选择“背景副本”图层，执行“滤镜>锐化>USM 锐化”命令，打开“USM 锐化”对话框，设置如图 4-38 所示。单击“确定”按钮，完成“USM 锐化”对话框的设置，照片效果如图 4-39 所示。

图 4-38　设置“USM 锐化”对话框

图 4-39　照片效果

步骤 8 双击“色彩平衡 1”图层，打开“调整”面板，对设置的“色彩平衡”的相关选项进行修改，如图 4-40 所示。完成“调整”面板的设置，照片效果如图 4-41 所示。

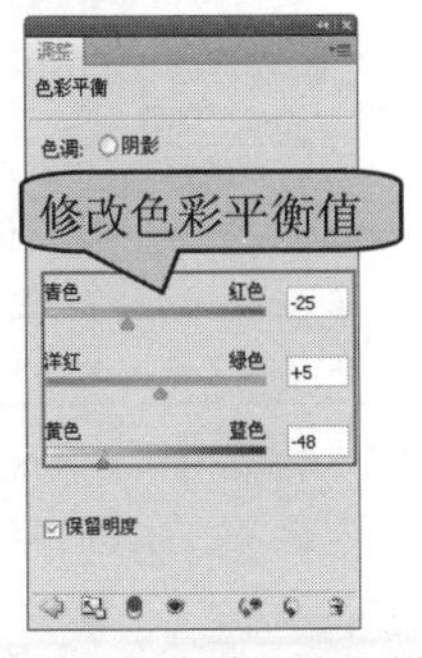

图 4-40　修改“色彩平衡”设置

图 4-41　照片效果

步骤 9 完成照片色彩层次的调整后，执行“文件>存储为”命令，将照片保存为 PSD 文件。

实例小结

本实例主要是对照片的色彩层次进行调整，在该实例的制作过程中，通过“可选颜色”、“色彩平衡”和“色阶”命令对照片进行调整，在实例的操作过程中，注意针对不同的照片应用不同的方法。

Example 实例 98 修复暗调色彩照片

案例文件	DVD1\源文件\第 4 章\4-11.psd
视频文件	DVD2\视频\第 4 章\4-11.avi
难易程度	★★☆☆☆
视频时间	1 分 25 秒

步骤 1 将需要处理的照片打开。

步骤 2 新建“曲线”调整图层，进行相应调整。

步骤 3 新建“图层 1”，复制“背景”层，并拖动到“图层 1”下，为“图层 1”添加图层蒙版。

步骤 4 新建“曲线”调整图层，进行相应调整。完成照片色彩的处理。

Example 实例 99 调整照片为浪漫蓝色调

案例文件	DVD1\源文件\第 4 章\4-12.psd
视频文件	DVD2\视频\第 4 章\4-12.avi
难易程度	★★☆☆☆
视频时间	2 分 51 秒

步骤 1 打开需要调整的照片，复制“背景”图层。

步骤 2 对“背景 副本”图层应用“色相/饱和度”调整，并对图层蒙版进行操作。

步骤 3 盖印图层，复制图层，执行“亮度/对比度”调整，设置“混合模式”。

步骤 4 加上文字，将照片调整为浪漫蓝色调。

Example 实例 100 将彩色照片变成单色照片

案例文件	DVD1\源文件\第 4 章\4-13.psd
难易程度	★★☆☆☆
视频时间	1 分 28 秒
技术点睛	利用“渐变映射”、“通道混合器”、“USM 锐化”和“色阶”等命令，将照片变为单色

思路分析

本例中通过“调整”将照片变为单色照片，将照片的整体风格改变，在实际操作时，应注意色调的偏差，以免影响整体效果，本例的最终效果如图 4-42 所示。

（处理前）

（处理后）

图 4-42 处理前后的效果对比

制作步骤

步骤 1 执行“文件>打开”命令，将照片“DVD1\源文件\第 4 章\素材\51301.jpg”打开，如图 4-43 所示。复制“背景”图层，得到“背景副本”图层，按键盘上的 D 键，恢复前景色和背景色的默认设置，单击“创建新的填充或调整图层”按钮，在弹出菜单中选择“渐变映射”命令，在打开的“调整”面板中设置前景色到背景色渐变效果，如图 4-44 所示。

图 4-43　打开文件

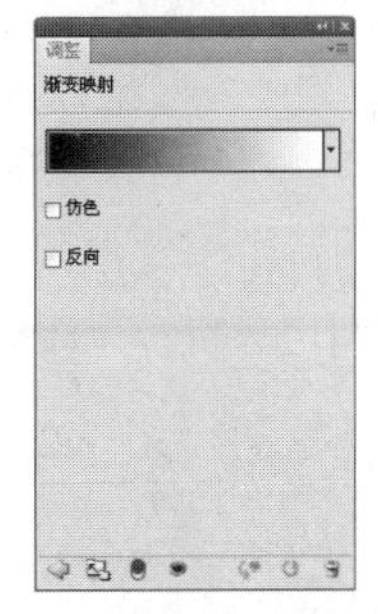

图 4-44　设置“渐变映射”

> **提示** “渐变映射”效果不仅能调整照片的黑白色调，也可以调出多种色彩的渐变效果，实际操作时多注意颜色的搭配。

步骤 2 完成“调整”面板的设置，照片效果如图 4-45 所示。单击“创建新的填充或调整图层”按钮，在弹出菜单中选择“通道混合器”命令，设置如图 4-46 所示。

图 4-45　照片效果

图 4-46　设置“通道混合器”

步骤 3 完成“调整”面板的设置，照片效果如图 4-47 所示。在“图层”面板中双击“通道混合器 1”图层缩略图，在打开的“调整”面板中设置“绿色”通道的参数，如图 4-48 所示。

图 4-47　照片效果

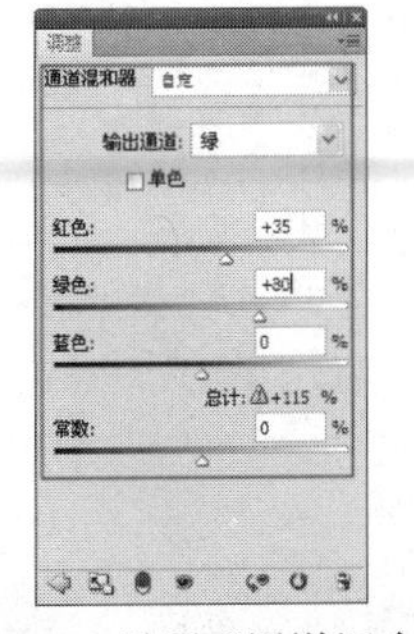

图 4-48　设置“通道混合器”

步骤 4 完成“调整”面板的设置，照片效果如图 4-49 所示。选择“背景”图层，执行“滤镜>锐化>USM 锐化”命令，打开“USM 锐化”对话框，参数设置如图 4-50 所示。

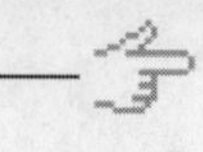

图 4-49　照片效果

图 4-50　设置“USM 锐化”对话框

步骤 5 单击“确定”按钮，完成“USM 锐化”对话框的设置，照片效果如图 4-51 所示。选择“背景”图层，执行“图像>调整>色阶”命令，打开“色阶”对话框，参数设置如图 4-52 所示。

图 4-51　照片效果

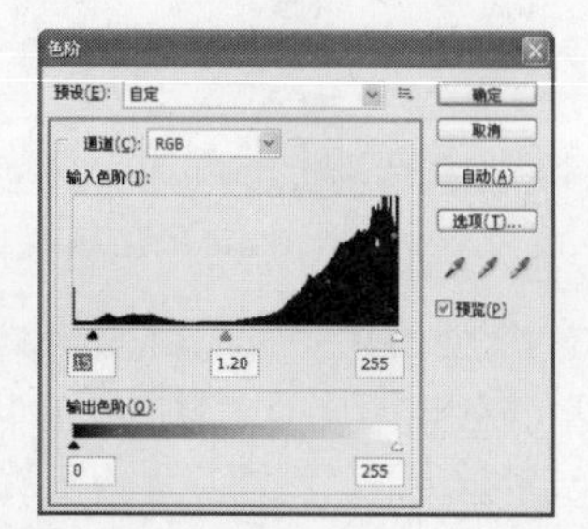

图 4-52　设置“色阶”对话框

步骤 6 单击“确定”按钮完成设置后，执行“文件>存储为”命令，将照片存储为 PSD 文件。

> **技巧** 把彩色照片变成单色照片的方法有很多，通过“图像>调整>去色”命令，对彩色照片进行去色，在适当运用色阶命令，调整照片的黑白灰关系，最后在运用“色相/饱和度”中的“着色”命令，对照片进行上色处理即可。

实例小结

本实例主要利用“渐变映射”和“通道混合器”等命令，将照片整体色调变得单一，使照片从彩色变为单色。

Example 实例 101　单色照片效果

案例文件	DVD1\源文件\第 4 章\4-14.psd
视频文件	DVD2\视频\第 4 章\4-14.avi
难易程度	★★☆☆☆
视频时间	1 分 3 秒

步骤 1 首先将需要处理的照片打开，并复制“背景”图层，得到“图层副本”图层。

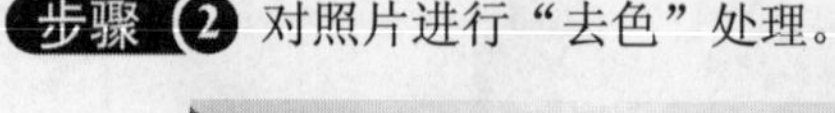

步骤 2 对照片进行“去色”处理。

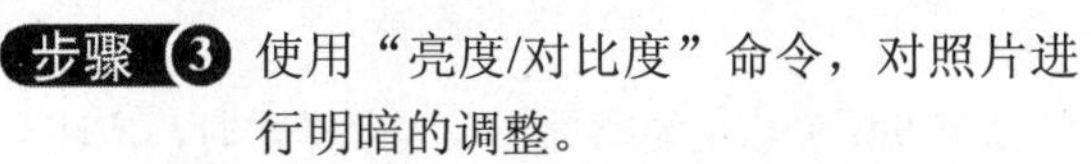

步骤 3 使用“亮度/对比度”命令，对照片进行明暗的调整。

步骤 4 使用“色相/饱和度”命令，对照片进行“着色”调整。

Example 实例 102 保留照片的局部色彩

案例文件	DVD1\源文件\第 4 章\4-15.psd
视频文件	DVD2\视频\第 4 章\4-15.avi
难易程度	★★☆☆☆
视频时间	1 分 15 秒

步骤 1 首先将需要处理的照片打开，并复制“背景”图层，得到“背景副本”图层。

步骤 2 调出“通道”面板将“绿”通道载入选区，返回到图层面板，选择“图层副本”图层，创建图层蒙版。

步骤 3 使用“色相/饱和度”命令，对照片进行调整。

步骤 4 使用“曲线”命令，对照片进行调整。

Example 实例 103 修复灰蒙蒙的照片

案例文件	DVD1\源文件\第 4 章\4-16.psd
难易程度	★★☆☆☆
视频时间	1 分 1 秒
技术点睛	利用“图层混合模式”和“色阶”等命令，实现恢复灰蒙蒙的照片

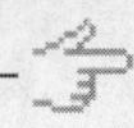

思路分析

本例中通过“图层混合模式”和“色阶”等命令，去除照片灰蒙蒙的感觉，在实际操作时，应注意颜色调和的偏差，以免影响整体效果，本实例的最终效果如图 4-53 所示。

（处理前）

（处理后）

图 4-53 修复前后的效果对比

制作步骤

步骤 1 执行“文件>打开”命令，将照片“DVD1\源文件\第 4 章\素材\51601.jpg”打开，如图 4-54 所示。复制“背景”图层，得到“背景副本”图层，如图 4-55 所示。

图 4-54 照片效果

图 4-55 复制图层

步骤 2 在“图层”面板上设置“背景副本”图层的“混合模式”为“叠加”，如图 4-56 所示。复制“背景副本”图层，得到“背景副本 2”图层，并设置“背景副本 2”图层的“混合模式”为“叠加”，如图 4-57 所示。将“背景副本”和“背景副本 2”图层合并为“背景副本”图层。

图 4-56 设置图层“混合模式”

图 4-57 设置图层“混合模式”

提示 “叠加”混合模式，为颜色进行正片叠底或过滤，具体取决于基色。图案或颜色在现有像素上叠加，同时保留基色的明暗对比。不替换基色，但基色与混合色相混以反映原色的亮度或暗度。

步骤 3 复制“背景副本”图层，得到“背景副本 2”图层，并设置“背景副本 2”图层的“混合模式”

为“滤色”，如图 4-58 所示。选择“图层 副本 2”图层，执行“图像>调整>色阶”命令，弹出的“色阶”对话框，设置如图 4-59 所示。

图 4-58　复制图层

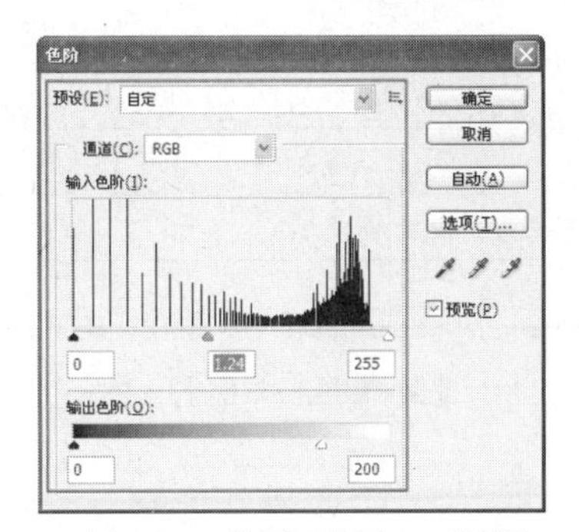

图 4-59　设置“色阶”对话框

步骤 4 单击“确定”按钮完成设置后，执行“文件>存储为”命令，将照片保存为 PSD 文件。

实例小结

本实例通过复制图层并修改图层的“混合模式”使照片更加清晰，在实际的操作中应注意明暗度之间的取值。

Example 实例 104　使照片更清晰

案例文件	DVD1\源文件\第 4 章\4-17.psd
视频文件	DVD2\视频\第 4 章\4-17.avi
难易程度	★☆☆☆☆
视频时间	1 分 5 秒

步骤 1 打开需要调整的风景照片，原始照片灰蒙蒙。

步骤 2 复制“背景”图层，并设置复制图层“混合模式”为“叠加”。

步骤 3 合并复制出的图层，设置“叠加”混合模式。接着复制图层，设置“混合模式”为“滤色”。

步骤 4 完成风景照片清晰度的调整。

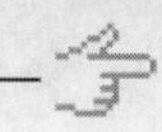

Example 实例 105 调整照片为淡淡怀旧色调

案例文件	DVD1\源文件\第 4 章\4-18.psd
视频文件	DVD2\视频\第 4 章\4-18.avi
难易程度	★★★☆☆
视频时间	3 分 58 秒

步骤 1 打开需要处理的原始照片。

步骤 2 新建"选取颜色"调整图层，调整照片颜色，新建图层，填充颜色，添加蒙版，在人物皮肤上涂抹。

步骤 3 盖印图层，应用"高斯模糊"滤镜，添加图层蒙版，将人物部分涂抹出。

步骤 4 添加"色彩平衡"、"色阶"调整图层，调整照片，输入文字，完成照片效果的调整。

Example 实例 106 修复照片的偏色

案例文件	DVD1\源文件\第 4 章\4-19.psd
难易程度	★★★☆☆
视频时间	2 分 14 秒
技术点睛	利用"色彩平衡"、"色相/饱和度""曲线"和"蒙版"等命令修正照片的色调

思路分析

本实例中的照片在拍摄时由于光线不足，影响了照片的色调，使照片整体发黄，需要调整色调来恢复照片原色，照片效果如图 4-60 所示。

（处理前）

（处理后）

图 4-60　照片修复前后的效果对比

制作步骤

步骤 1 执行“文件>打开”命令，将照片“DVD1\源文件\第 4 章\素材\51901.jpg”打开，如图 4-61 所示，复制“背景”图层，得到“背景副本”图层，如图 4-62 所示。

图 4-61　打开文件

图 4-62　复制“背景”图层

步骤 2 执行“图像>调整>色彩平衡”命令，在打开的“色彩平衡”对话框中分别设置“阴影”、“中间调”和“高光”的相应参数，如图 4-63 所示。单击“确定”按钮，完成对话框的设置，照片效果如图 4-64 所示。

步骤 3

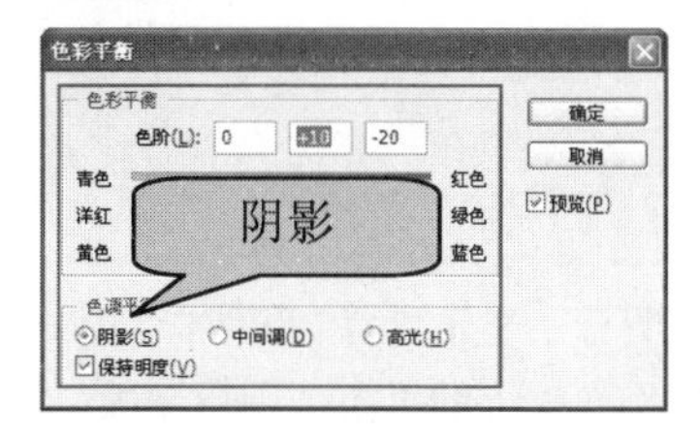

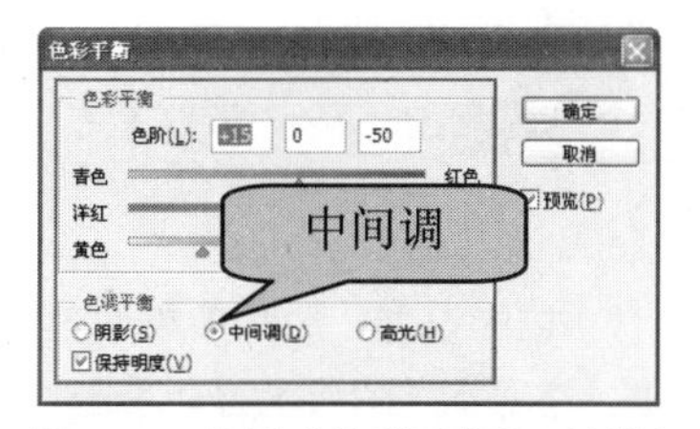

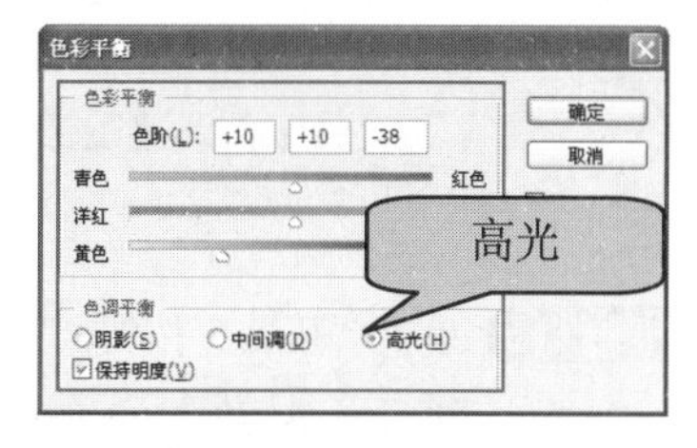

图 4-63　设置“色彩平衡”对话框

图 4-64　照片效果

> **技巧** 色彩平衡中的“阴影”选项主要用于调整图像的暗部颜色；“中间调”选项用于调整图像的中间调颜色；“高光”用于调整图像的亮部的颜色。

步骤 4 选择“图层副本”，执行“图像>调整>色相/饱和度”命令，打开“色相/饱和度”对话框，参数设置如图 4-65 所示。单击“确定”按钮，完成对话框的设置，照片效果如图 4-66 所示。

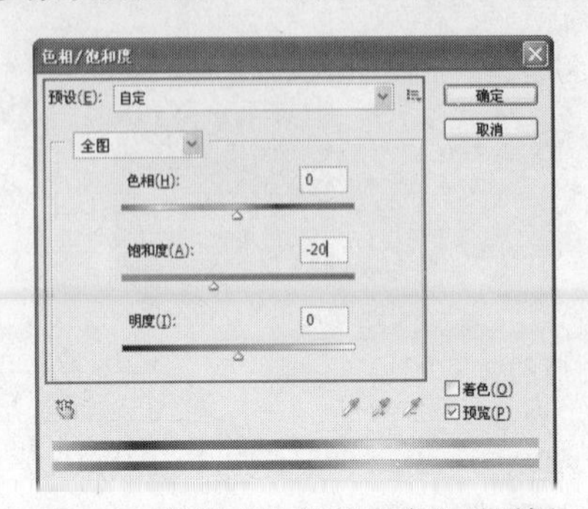

图 4-65 设置“色相/饱和度”对话框

图 4-66 照片效果

步骤 5 复制“背景 副本”图层，得到“背景 副本 2”图层，并将其拖动到“背景 副本”图层下方，单击“背景副本”图层上的“指示图层可见性”按钮，将“背景副本”图层隐藏，如图 4-67 所示，选择“背景副本 2”图层，执行“图像>调整>曲线”命令，打开“曲线”对话框，参数设置如图 4-68 所示。

图 4-67 照片效果

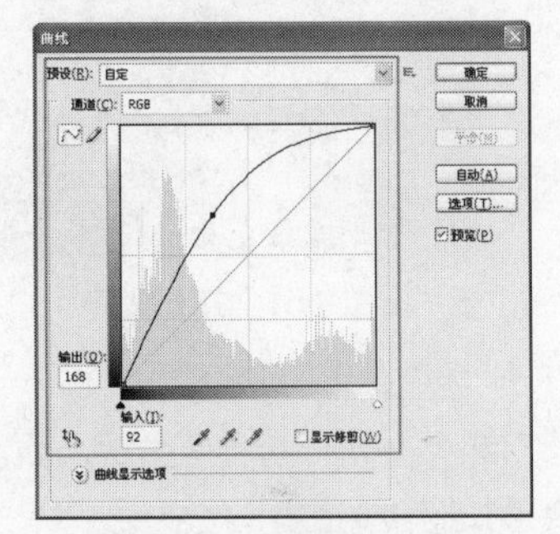

图 4-68 “曲线”对话框

提示 “曲线”主要用于调整图像的整个色调范围（从阴影到高光）。

步骤 6 单击“确定”按钮，完成对话框的设置，照片效果如图 4-69 所示。显示“背景 副本”图层，将“背景 副本2”拖至“背景 副本”图层上方，单击“图层”面板上的“添加图层蒙版”按钮，为“背景 副本 2”图层添加图层蒙版，使用“画笔工具”，在画布中涂抹照片人物部分，涂抹后的效果如图 4-70 所示。

图 4-69 照片效果

图 4-70 照片效果

步骤 7 完成照片偏色的修复后，执行“文件>存储为”命令，将照片存储为 PSD 文件。

实例小结

本实例主要利用“色彩平衡”、“色相/饱和度”、“曲线”等命令来修正照片的色调。在实际操作时应注意人物与背景结合的部分。

Example 实例 107　校正色温偏低的照片

案例文件	DVD1\源文件\第 4 章\4-20.psd
视频文件	DVD2\视频\第 4 章\4-20.avi
难易程度	★☆☆☆☆
视频时间	1 分 4 秒

步骤 1 打开需要处理的照片，因为是在阴天拍摄的，所以色温较低。

步骤 2 使用“照片滤镜”降低照片的色温。

步骤 3 添加“亮度/对比度”调整图层，适当调整照片的亮度和对比度。

步骤 4 完成照片色温的调整。

Example 实例 108　调整照片为漂亮的柔色调

案例文件	DVD1\源文件\第 4 章\4-21.psd
视频文件	DVD2\视频\第 4 章\4-21.avi
难易程度	★★★☆☆
视频时间	2 分 28 秒

步骤 1 打开需要处理的照片，复制“背景”图层两次。

步骤 2 为“背景 副本”图层应用“高斯模糊”滤镜，并设置“混合模式”和“不透明度”。设置“背景 副本 2”图层的“混合模式”，添加“渐变映射”调整图层。

步骤 3 添加“亮度/对比度”调整图层，盖印图层。

步骤 4 添加“色阶”和“选取颜色”调整图层，调整照片效果。

Example 实例 109 模拟反转胶片效果

案例文件	DVD1\源文件\第 4 章\4-22.psd
难易程度	★★☆☆☆
视频时间	2 分 4 秒
技术点睛	利用“通道”、“应用图像”、“色阶”和“色相/饱和度”等命令，使照片产生一种反转胶片的效果

思路分析

本实例中的原始照片清晰但过于普通，通过使用通道和调整命令，为其添加一些特殊的视觉效果，使照片产生一种反转的效果，实例的最终效果如图 4-71 所示。

（处理前）

（处理后）

图 4-71　照片处理前后的效果对比

制作步骤

步骤 1 执行“文件>打开”命令，将照片“DVD1\源文件\第 4 章\素材\52201.jpg”打开，如图 4-72 所示。复制“背景”图层，得到“背景副本”图层，如图 4-73 所示。

图 4-72　打开文件

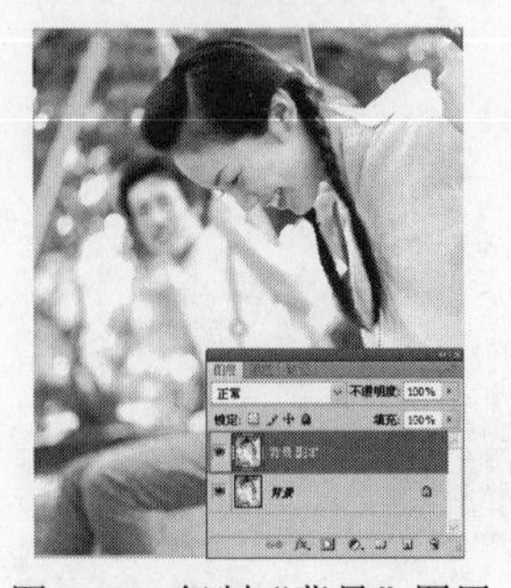

图 4-73　复制“背景”图层

步骤 2 执行“窗口>通道”命令，打开“通道”面板，单击“通道”面板中“蓝”通道，执行“图像>应用图像”命令，打开“应用图像”对话框，参数设置如图4-74所示。单击“确定”按钮，完成“应用图像”对话框的设置，照片效果如图4-75所示。

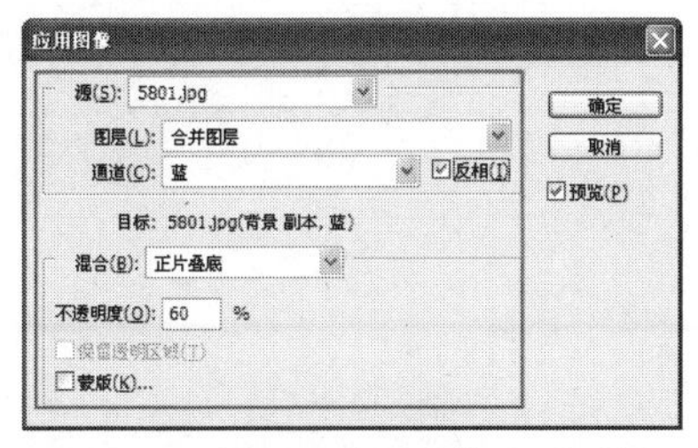

图4-74　设置“应用图像”对话框

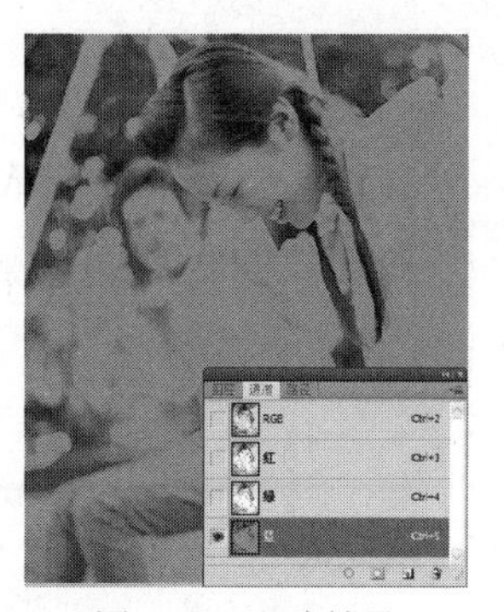

图4-75　照片效果

> **技巧** 选择“蓝”通道后，可单击RGB通道“指示通道可见性”按钮，从而观察图像的色彩变化。

步骤 3 单击“通道”面板中“绿”通道，执行“图像>应用图像”命令，打开“应用图像”对话框，参数设置如图4-76所示，单击“确定”按钮，完成“应用图像”对话框的设置，照片效果如图4-77所示。

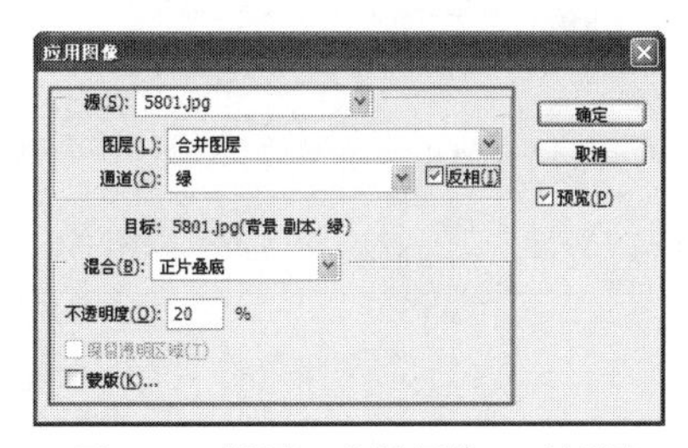

图4-76　设置“应用图像”对话框

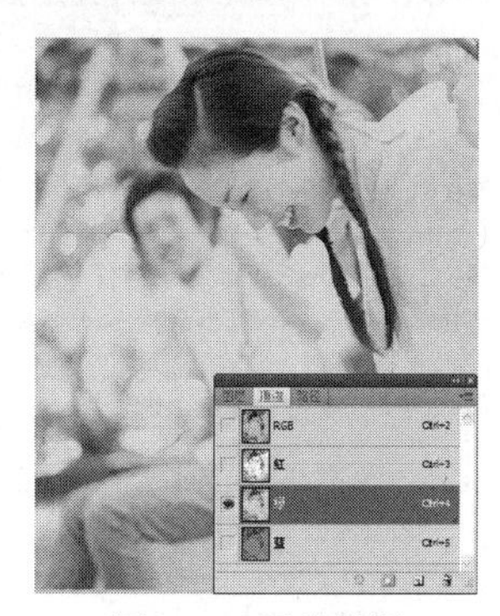

图4-77　照片效果

步骤 4 单击“通道”面板中“红”通道，执行“图像>应用图像”命令，打开“应用图像”对话框，参数设置如图4-78所示。单击“确定”按钮，完成“应用图像”对话框的设置，照片效果如图4-79所示。

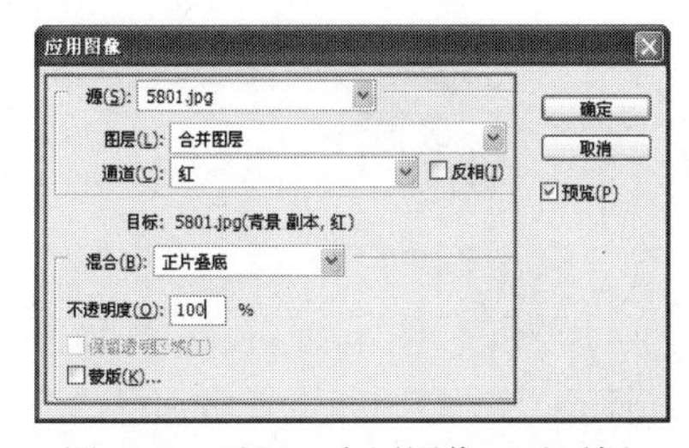

图4-78　设置“应用图像”对话框

图4-79　照片效果

提示 在“应用图像”对话框中“图层”下拉列表中可以选择不同的图层，来对不同图层的图像进行相应的调整。

步骤 5 选择“蓝”通道，执行“图像>调整>色阶”命令，打开“色阶”对话框，参数设置如图 4-80 所示。单击“确定”按钮，完成“色阶”对话框的设置，照片效果如图 4-81 所示。

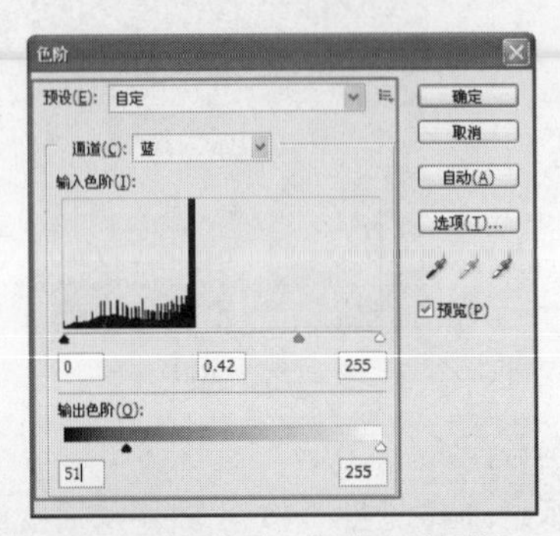

图 4-80　设置“色阶”对话框

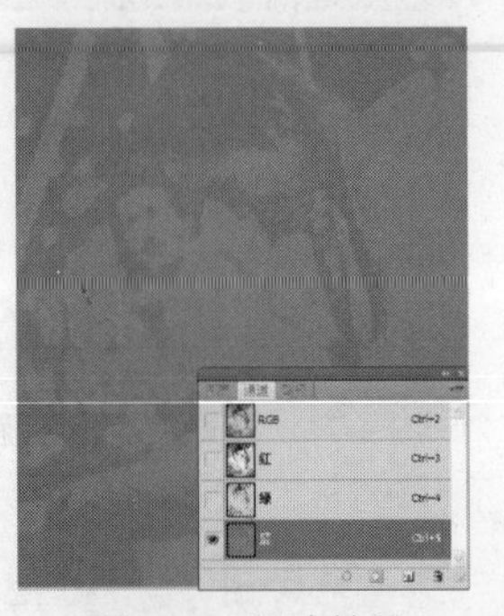

图 4-81　照片效果

步骤 6 选择“绿”通道，执行“图像>调整>色阶”命令，打开“色阶”对话框，参数设置如图 4-82 所示。单击“确定”按钮，完成“色阶”对话框的设置，照片效果如图 4-83 所示。

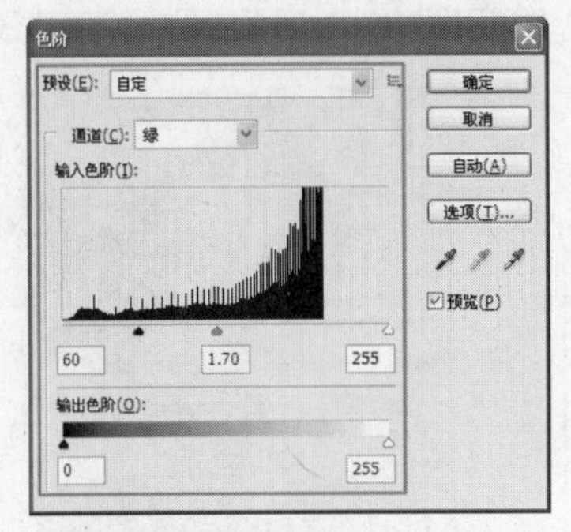

图 4-82　设置“色阶”对话框

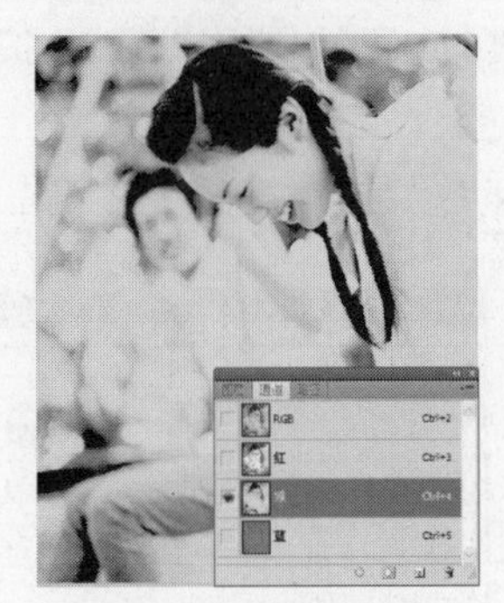

图 4-83　照片效果

步骤 7 选择“红”通道，执行“图像>调整>色阶”命令，打开“色阶”对话框，参数设置如图 4-84 所示。单击“确定”按钮，完成“色阶”对话框的设置，照片效果如图 4-85 所示。

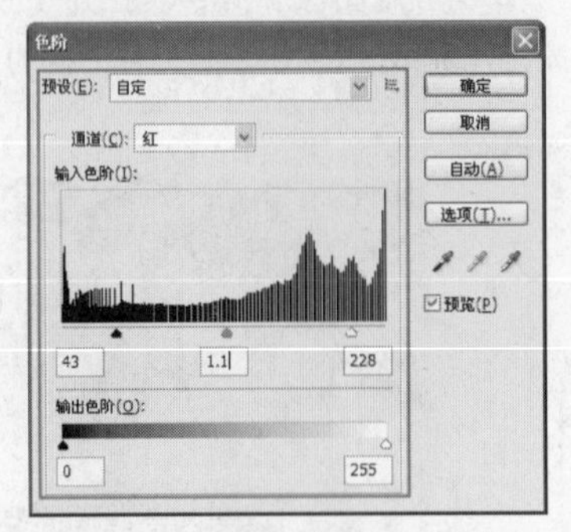

图 4-84　设置“色阶”对话框

图 4-85　照片效果

步骤 8 单击 RGB 通道，返回到“图层”面板，照片效果如图 4-86 所示。选择“背景副本”图层，执行“图像>调整>色相/饱和度”命令，打开“色相/饱和度”对话框，参数设置如图 4-87 所示。

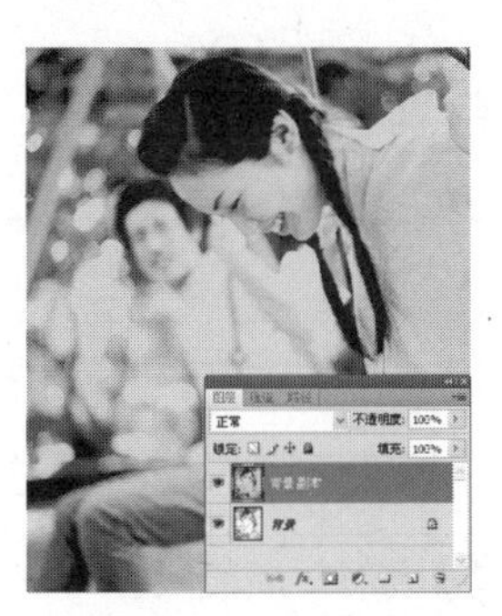

图 4-86　照片效果

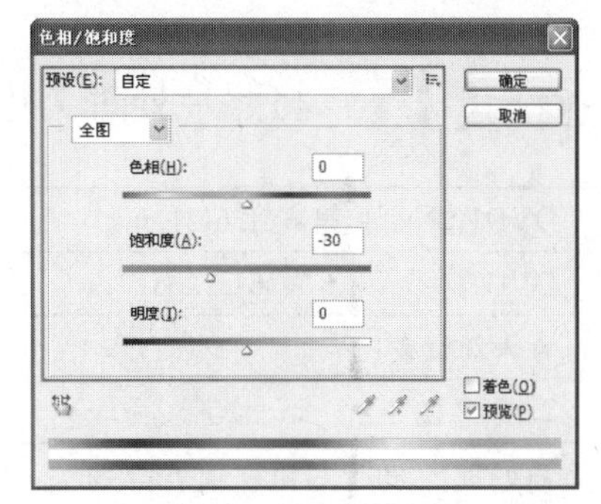

图 4-87　设置“色相/饱和度”对话框

步骤 9 单击“确定”按钮完成设置后，执行“文件>存储为”命令，将照片存储为 PSD 文件。

实例小结

本实例主要通过调整不同的通道，使其达到反转胶片的效果，在实际操作时，调整的参数值非常重要，不同通道设置的参数值直接影响该通道的色彩在照片中的应用比例。

Example 实例 110 处理照片清晰色调

案例文件	DVD1\源文件\第 4 章\4-23.psd
视频文件	DVD2\视频\第 4 章\4-23.avi
难易程度	★★☆☆☆
视频时间	2 分 2 秒

步骤 1 打开照片素材，复制“背景”图层。

步骤 2 在“图层”面板中为照片添加“曲线”和“色彩平衡”调整图层。

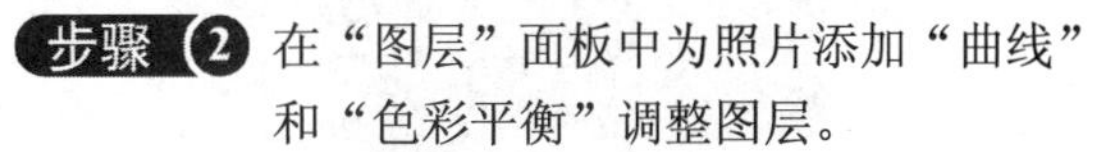

步骤 3 在“图层”面板中为照片添加“色阶”、“色彩平衡”和“色阶”调整图层。

步骤 4 完成照片的调整，可以看到调整后的照片效果。

Example 实例 111 将照片处理为中性灰色调

案例文件	DVD1\源文件\第 6 章\6-21.psd
视频文件	DVD2\视频\第 6 章\6-21.avi
难易程度	★★☆☆☆
视频时间	2 分 12 秒

步骤 1 打开需要处理的照片，并复制“背景”图层。

步骤 2 添加“渐变映射”调整图层，并设置“混合模式”为“色相”，“填充”为 60%。

步骤 3 添加“选取颜色”和“色彩平衡”调整图层，并盖印图层，应用“光照效果”滤镜。

步骤 4 添加“亮度/对比度”调整图层，盖印图层，得到照片的最终效果。

Example 实例 112 修正偏白的照片

案例文件	DVD1\源文件\第 4 章\4-25.psd
难易程度	★★☆☆☆
视频时间	1 分 32 秒
技术点睛	利用“色相/饱和度”、“曲线”、“色阶”、“色彩平衡”和“亮度/对比度”等命令为照片添加更鲜艳的色彩

思路分析

本实例中的照片由于曝光和光线的问题，导致照片整体偏白，可通过调整来改变偏白的照片，赋予照片鲜艳的色彩，最终效果如图 4-88 所示。

（处理前）

（处理后）

图 4-88 修正前后的效果对比

制作步骤

步骤 1 执行“文件>打开”命令，将照片“DVD1\源文件\第 4 章\素材\52501.jpg”打开，如图 4-89 所示。复制“背景”图层，得到“背景副本”图层，如图 4-90 所示。

步骤 2 选择“背景副本”图层，单击“创建新的填充或调整图层”按钮，在打开的菜单中选择“色相/饱和度”命令，打开“调整”面板，设置如图 4-91 所示，完成“调整”面板的设置，照片效果如图 4-92 所示。

图 4-89　打开文件

图 4-90　复制“背景”图层

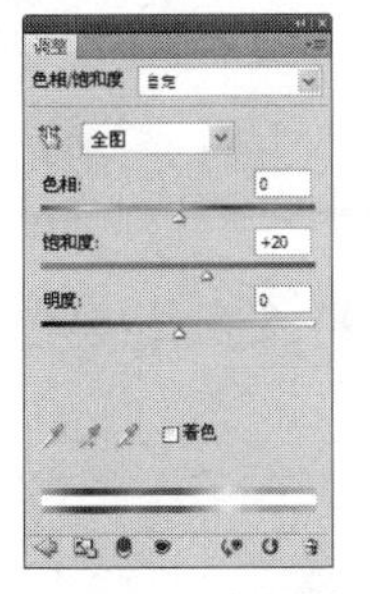

图 4-91　设置“色相/饱和度”

图 4-92　照片效果

步骤 3 单击“创建新的填充或调整图层”按钮，在打开的菜单中选择“曲线”命令，打开“调整”面板，设置如图 4-93 所示，完成“调整”面板的设置，照片效果如图 4-94 所示。

步骤 4 单击“创建新的填充或调整图层”按钮，在打开的菜单中选择“色阶”命令，打开“调整”面板，设置如图 4-95 所示，完成“调整”对话框的设置，照片效果如图 4-96 所示。

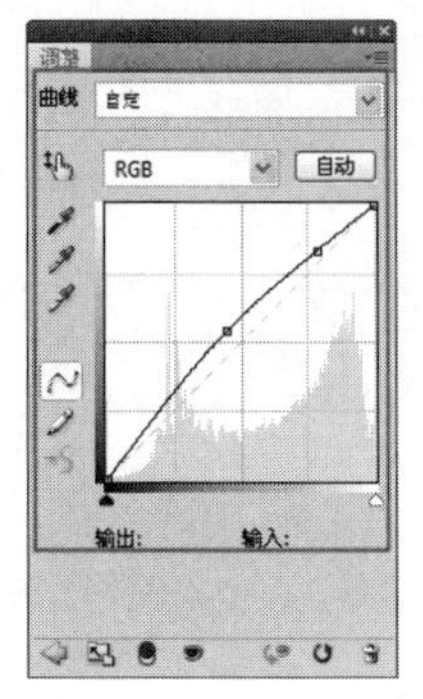

图 4-93　设置“曲线”

图 4-94　照片效果

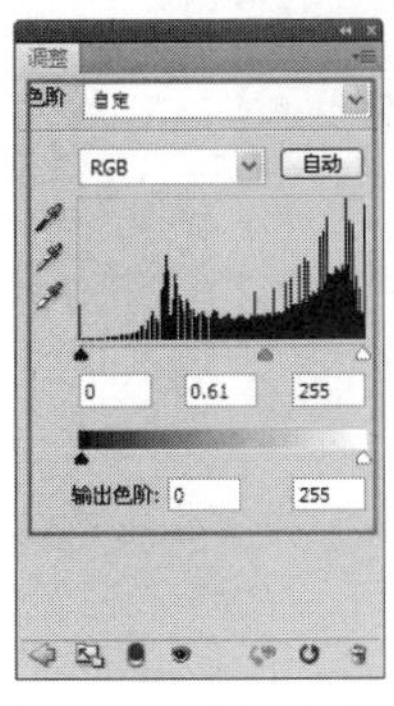

图 4-95　设置“色阶”

图 4-96　照片效果

步骤 5 单击“创建新的填充或调整图层”按钮，在打开的菜单中选择“色彩平衡”命令，打开“调整”面板，设置如图 4-97 所示，完成“调整”面板的设置，照片效果如图 4-98 所示。

步骤 6 单击“创建新的填充或调整图层”按钮，在打开的菜单中选择“亮度/对比度”命令，打开“调整”面板，设置如图 4-99 所示，完成“调整”对话框的设置，照片效果如图 4-100 所示。

> **技巧** 除了单击“图层”面板中的“创建新的填充或调整图层”按钮外，也可以执行“窗口>调整”命令，在弹出“调整”对话框中选择需要应用的命令。

步骤 7 完成照片偏白的修复后，执行“文件>存储为”命令，将照片存储为 PSD 文件。

实例小结

本实例主要利用调整图层中的命令为照片添加更鲜艳的色彩。在实际操作时应注意照片的亮部与暗部的调整。

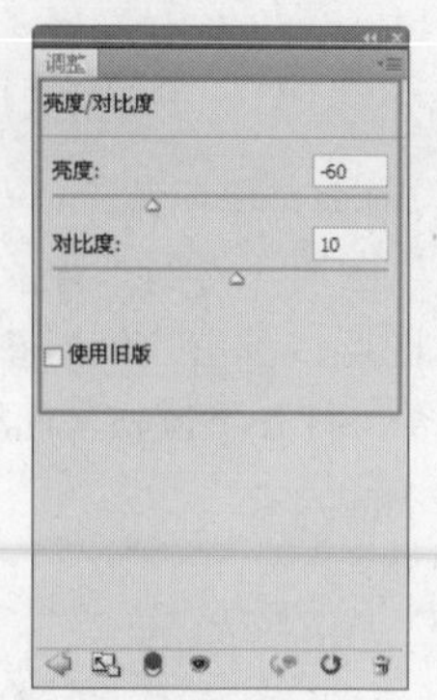

图 4-97　设置“色彩平衡”　　图 4-98　照片效果　　图 4-99　设置“亮度/对比度”　　图 4-100　照片效果

Example 实例 113 修复白平衡错误的照片

案例文件	DVD1\源文件\第 4 章\4-26.psd
视频文件	DVD2\视频\第 4 章\4-26.avi
难易程度	★★☆☆☆
视频时间	1 分 13 秒

步骤 1 打开需要处理的照片。

步骤 2 新建“亮度/对比度”调整图层，进行相应调整。

步骤 3 新建“曲线”调整图层，进行相应调整。

步骤 4 新建“色相/饱和度”和“色彩平衡”调整图层，进行相应调整。完成白平衡调整。

Example 实例 114 增强照片中的局部色彩

案例文件	DVD1\源文件\第 4 章\4-27.psd
视频文件	DVD2\视频\第 4 章\4-27.avi
难易程度	★★☆☆☆
视频时间	1 分 48 秒

步骤 1 打开需要处理的照片。

步骤 2 复制“背景”图层，将其图层混合模式设置为“叠加”，“不透明度”为 40%。

步骤 3 新建“调整”图层，进行相应设置，并盖印图层。

步骤 4 复制“背景”图层，将其移至图层顶部，并添加“图层蒙版”。完成增强照片局部色彩的制作。

Example 实例 115 使照片颜色更加鲜艳

案例文件	DVD1\源文件\第 4 章\4-28.psd
难易程度	★★☆☆☆
视频时间	1 分 45 秒
技术点睛	利用“亮度/对比度”、“色相/饱和度”、“色阶”、“曲线”和“蒙版”等命令将照片颜色调整的更鲜艳

思路分析

本实例中的照片拍摄时由于光线不足，使照片整体色调较为阴暗，需要对其进行整体的调整和处理，增加照片的亮度和色彩，效果如图 4-101 所示。

（处理前）

（处理后）

图 4-101　处理前后的效果对比

制作步骤

步骤 1 执行“文件>打开”命令，将照片“DVD1\源文件\第 4 章\素材\52801.jpg”打开，如图 4-102

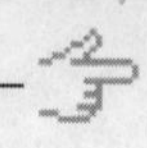

所示，复制“背景”图层，得到“背景 副本”图层，如图 4-103 所示。

图 4-102　打开文件

图 4-103　复制“背景”图层

步骤 2 单击“创建新的填充或调整图层”按钮，在打开的菜单中选择“亮度/对比度”命令，打开“调整”面板，参数设置如图 4-104 所示，完成“调整”面板的设置，照片效果如图 4-105 所示。

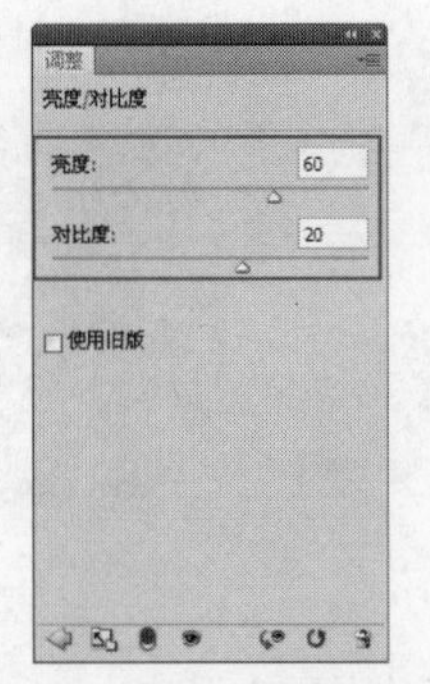

图 4-104　设置“亮度/对比度”

图 4-105　照片效果

步骤 3 单击“创建新的填充或调整图层”按钮，在打开的菜单中选择“色相/饱和度”命令，打开“调整”面板，参数设置如图 4-106 所示，完成“调整”面板的设置，照片效果如图 4-107 所示。

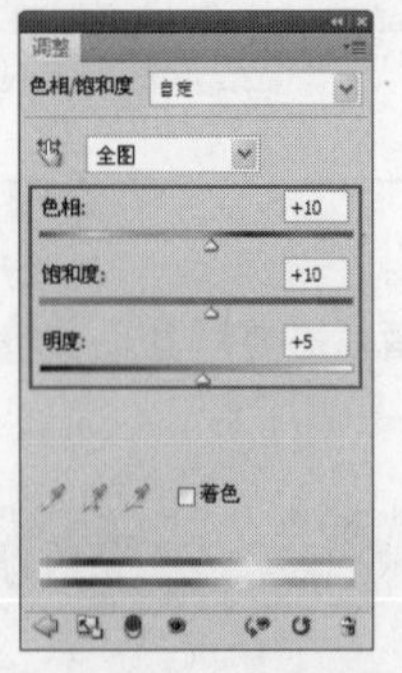

图 4-106　设置“色相/饱和度”

图 4-107　照片效果

步骤 4 选择“背景 副本”图层，单击工具箱中的“以快速蒙版模式编辑”按钮，使用“毛笔工具”对背光和阴影较重的区域进行涂抹，再单击“以标准模式编辑”按钮，退出蒙版模式，效果如图 4-108 所示，执行“图像>调整>色阶”命令，在打开的“色阶”对话框中进行相应的设置，如图 4-109 所示。

技巧　在蒙版中使用画笔工具时，注意调节画笔的不透明度，以免在需要使用历史记录画笔工具时过渡不理想。

图 4-108 照片效果

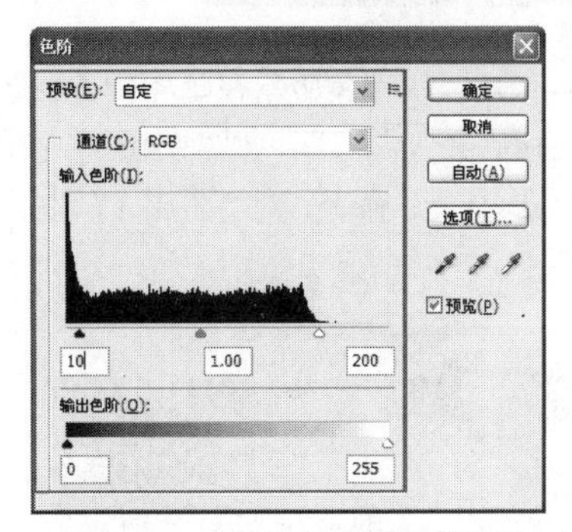

图 4-109 设置“色阶”对话框

步骤 5 单击“确定”按钮，完成对话框的设置，照片效果如图 4-110 所示。按快捷键 Ctrl+D，取消选区，执行“图像>调整>曲线”命令，在打开的“曲线”对话框中进行相应的设置，如图 4-111 所示。

图 4-110 照片效果

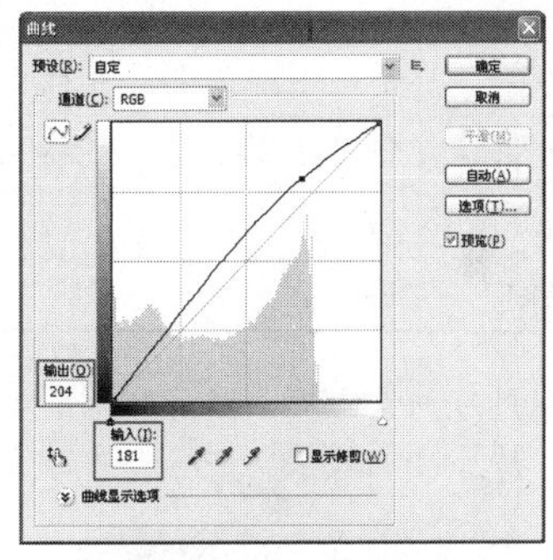

图 4-111 “曲线”对话框

步骤 6 单击“确定”按钮完成设置后，执行“文件>存储为”命令，将照片存储为 PSD 文件。

实例小结

本实例主要利用“亮度/对比度”、“曲线”和“蒙版”等命令，增加照片整体的亮度和色彩，使照片整体变得色彩鲜艳。在实际操作时应注意在蒙版中画笔的应用。

Example 实例 116 调整照片的明暗度

案例文件	DVD1\源文件\第 4 章\4-29.psd
视频文件	DVD2\视频\第 4 章\4-29.avi
难易程度	★☆☆☆☆
视频时间	1 分 55 秒

步骤 1 打开需要处理的照片。

步骤 2 对照片进行“亮度/对比度”调整。

步骤 3 使用“快速蒙版”在画布中涂抹创建选区，并复制选区，到“图层 1”使用“阴影/高光”命令，对“图层 1”进行调整。

步骤 4 使用“图层蒙版”进行调整，完成制作。

Example 实例 117 将照片处理为温馨色调

案例文件	DVD1\源文件\第 4 章\4-30.psd
视频文件	DVD2\视频\第 4 章\4-30.avi
难易程度	★★☆☆☆
视频时间	2 分 44 秒

步骤 1 打开需要处理的照片原图，可以看到照片原图的效果。

步骤 2 新建图层并填充浅黄色，设置图层“混合模式”和“不透明度”值。

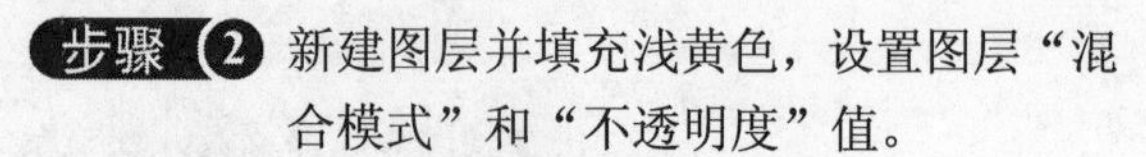

步骤 3 新建“色相/饱和度”和“亮度/对比度”调整图层，调整照片。

步骤 4 复制“背景”图层，通过图层蒙版的方式，对照片进行调整。

第5章　调整照片的影调

在本章中主要介绍照片的影调调整，在日常拍摄照片的过程中，常常会受到一些光影的影响，如正面强光、侧光、背光等。这时，很容易造成照片的缺陷，影响照片的质量和使用。通过对本章内容的学习，可以轻松对照片影调进行调整，同时也能更多的了解 Photoshop 中相关工具的使用。

Example 实例 118 校正边角失光的照片

案例文件	DVD1\源文件\第 5 章\5-1.psd
难易程度	★★☆☆☆
视频时间	1 分 39 秒
技术点睛	快速蒙版编辑模式、画笔工具等

思路分析

本实例中的原照片是在中午的公园中拍摄的，由于光照强，凉亭中出现了很多阴影。可以通过使用快速蒙版模式将照片中失光的部分选取出来并进行修复，本实例最终效果如图 5-1 所示。

（处理前）

（处理后）

图 5-1　照片处理前后的效果对比

制作步骤

步骤 1 执行“文件>打开”命令，打开需要处理的照片原图“DVD1\源文件\第 5 章\素材\6101.jpg”，如图 5-2 所示。在“图层”面板中拖动“背景”图层至“创建新图层”按钮上，复制图层，得到“背景 副本”图层，如图 5-3 所示。

> **提示** 通常在对照片进行修饰处理前，都需要进行复制“背景”图层的操作，这样做主要是为了保护原始照片，也为了方便对比处理后的照片效果与原始照片效果。

步骤 2 选中“背景 副本”图层，单击工具箱中的“以快速蒙版模式编辑”按钮，进入快速蒙版编辑状态，单击工具箱中的“画笔工具”按钮，对照片右上角需要进行调整的部分进行涂抹，如图 5-4 所示。单击工具箱中“以标准模式编辑”按钮，返回以标准模式编辑状态，

涂抹的区域以外将自动创建为选区，如图 5-5 所示。

图 5-2 打开照片

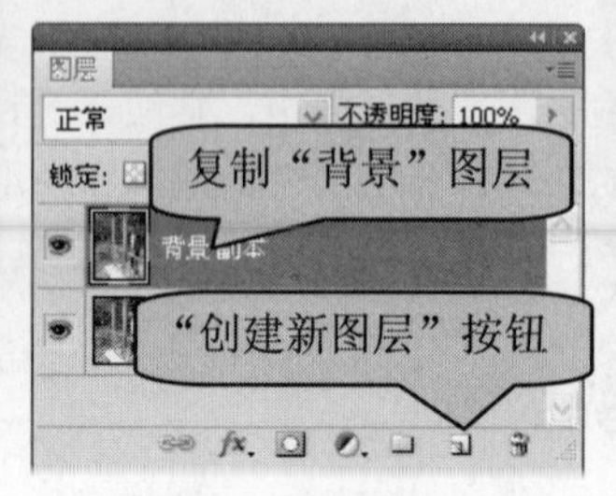

图 5-3 复制图层

图 5-4 涂抹区域

图 5-5 得到选区

技巧 使用“画笔工具”在照片上进行涂抹时，可以在“选项”栏中随时对画笔的属性进行修改，调整画笔的形状、大小、不透明度等。

步骤 3 按快捷键 Ctrl+Shift+I，反向选择选区，执行“图像>调整>曲线”命令，打开“曲线”对话框，参数设置如图 5-6 所示。单击“确定”按钮，完成“曲线”对话框的设置，照片效果如图 5-7 所示。

步骤 4 按快捷键 Ctrl+D，取消选区，执行“图像>调整>色阶”命令，打开“色阶”对话框，参数设置如图 5-8 所示，单击“确定”按钮完成设置，照片效果如图 5-9 所示。

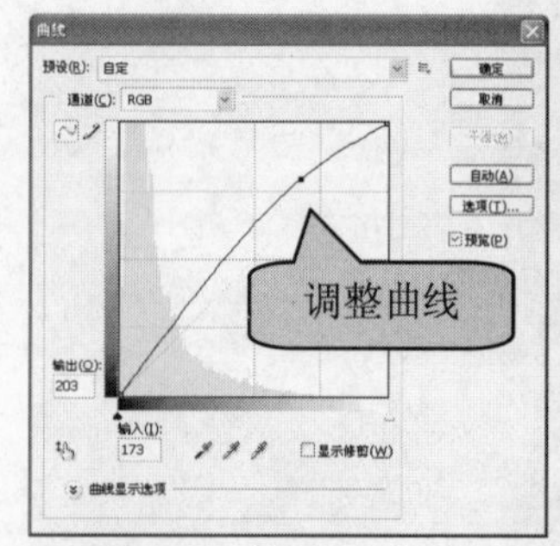

图 5-6 设置“曲线”对话框

图 5-7 照片效果

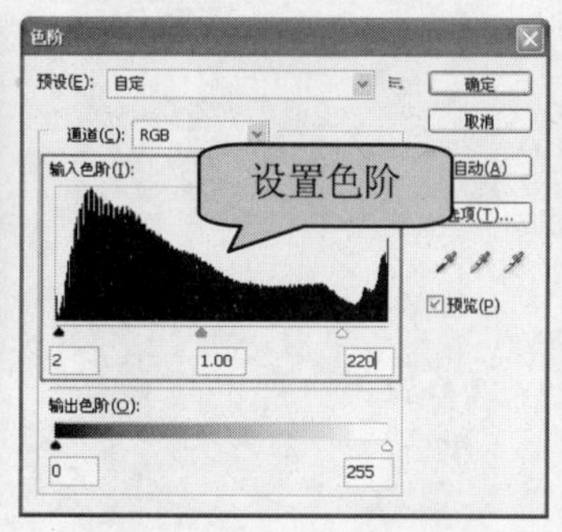

图 5-8 设置“色阶”对话框

图 5-9 照片效果

步骤 5 完成照片边角失光的校正后，执行“文件>存储为”命令，将照片保存为 PSD 文件。

实例小结

本实例主要讲解如何处理边角失光的照片，在此类照片的处理过程中，主要是通过在快速蒙版编辑状态下创建出不规则的、需要调整的选区，再对该选区进行调整和修饰，在处理的过程中，需要注意创建选区的准确性。

Example 实例 119 艺术柔化处理

案例文件	DVD1\源文件\第 5 章\5-2.psd
视频文件	DVD2\视频\第 5 章\5-2.avi
难易程度	★★☆☆☆
视频时间	2 分 13 秒

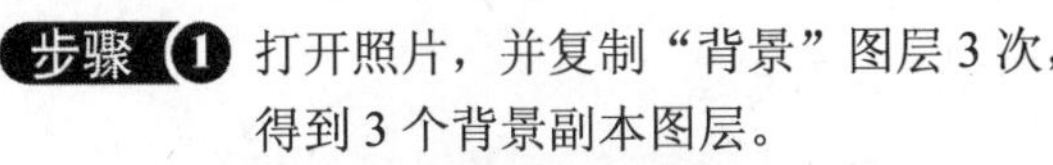

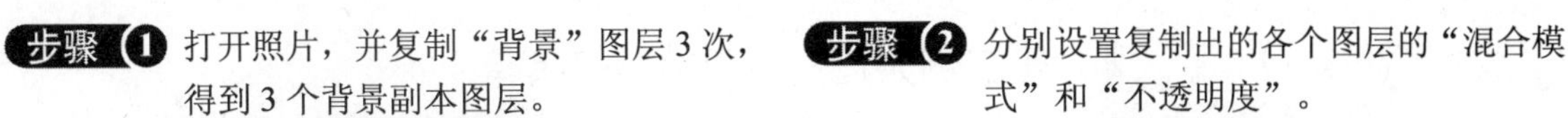

步骤 1　打开照片，并复制“背景”图层 3 次，得到 3 个背景副本图层。

步骤 2　分别设置复制出的各个图层的“混合模式”和“不透明度”。

步骤 3　创建 3 个纯色调整图层，并分别设置这 3 个图层的“混合模式”。

步骤 4　完成照片效果的处理。

Example 实例 120　增强照片的色彩和光线

案例文件	DVD1\源文件\第 5 章\5-29.psd
视频文件	DVD2\视频\第 5 章\5-29.avi
难易程度	★★☆☆☆
视频时间	3 分 10 秒

步骤 1　打开需要处理的照片，复制“背景”图层，复制 4 个。

步骤 2　对“背景 副本”图层执行“曲线”命令调整，设置该图层“混合模式”为“叠加”。

步骤 3　对“背景 副本 2”图层执行“曝光度”命令进行调整，图层“混合模式”为“柔光”，“不透明度”为 50%。

步骤 4　接着对其他两个图层分别进行调整，完成照片调整的操作。

Example 实例 121 修正侧光造成的面部局部阴暗

案例文件	DVD1\源文件\第 5 章\5-4.psd
难易程度	★★☆☆☆
视频时间	2 分 17 秒
技术点睛	主要使用“色阶”、“色彩平衡”和“色相/饱和度”等图像调整命令

思路分析

本实例中的原照片是在侧光的情况下拍摄的，造成了人物脸部明暗对比明显，影响整体效果。可以通过各种图像调整命令，使人物照片更加清晰、自然，本实例最终效果如图 5-10 所示。

（处理前）

（处理后）

图 5-10　照片处理前后的效果对比

制作步骤

步骤 1 执行“文件>打开”命令，打开需要处理的照片原图“DVD1\源文件\第 5 章\素材\6401.jpg”，如图 5-11 所示。拖动“背景”图层至“创建新图层”按钮上，复制“背景”图层得到“背景 副本”图层，如图 5-12 所示。

步骤 2 选中“背景 副本”图层，执行“图像>调整>色阶”命令，打开“色阶”对话框，参数设置如图 5-13 所示，单击“确定”按钮完成设置，照片效果如图 5-14 所示。

图 5-11　打开照片

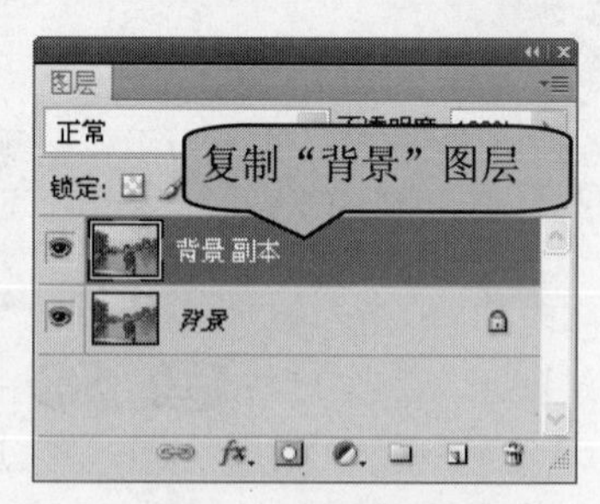

图 5-12　复制图层

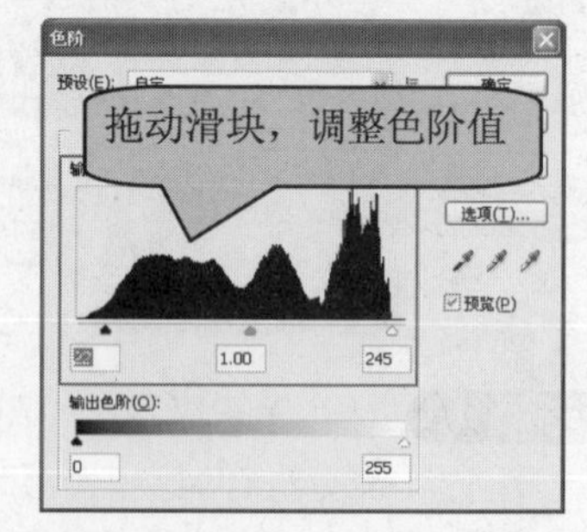

图 5-13　设置“色阶”对话框

步骤 3 执行“图像>调整>色相/饱和度”命令，打开“色相/饱和度”对话框，设置如图 5-15 所示，单击“确定”按钮完成设置，照片效果如图 5-16 所示。

步骤 4 单击工具箱中的“套索工具”按钮，在照片上选取树木部分，如图 5-17 所示。执行“图像>调整>色彩平衡”命令，打开“色彩平衡”对话框，设置如图 5-18 所示。

步骤 5 单击“确定”按钮完成设置，照片效果如图 5-19 所示。相同的制作方法，对照片上其他的树木、水面分别应用“色彩平衡”调整，照片效果如图 5-20 所示。

图 5-14　照片效果

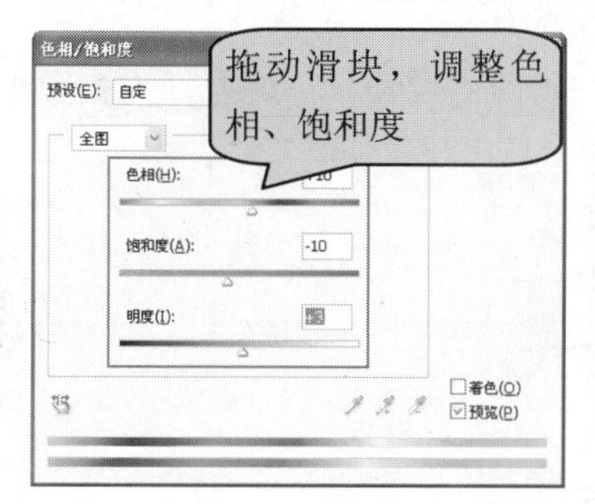

图 5-15　设置“色相/饱和度”对话框

图 5-16　照片效果

图 5-17　创建选区

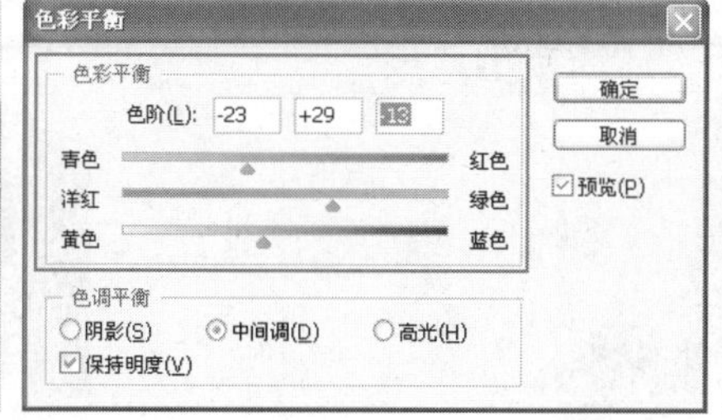

图 5-18　设置“色彩平衡”对话框

图 5-19　照片效果

步骤 6 按快捷键 Ctrl++，将照片放大，单击工具箱中的“套索工具”按钮，在人物脸部阴影位置创建选区，如图 5-21 所示。执行“选择>修改>羽化”命令，打开“羽化选区”对话框，设置“羽化半径”为 2 像素，单击“确定”按钮羽化选区，执行“图像>调整>色阶”命令，打开“色阶”对话框，参数设置如图 5-22 所示。

图 5-20　调整照片

图 5-21　创建选区

图 5-22　设置“色阶”对话框

步骤 7 单击“确定”按钮完成设置。同样的方法，为人物其他阴影部分进行调整，最终完成对照片的修正，执行“文件>存储为”命令，将照片保存为 PSD 文件。

实例小结

本实例主要是通过各种图像调整命令，修正人物照片因为侧光造成的面部局部阴暗，在调整的过程中需要注意调整的部分要和人物的肤色相一致。

Example 实例 122　制作照片暗角效果

案例文件	DVD1\源文件\第 5 章\5-5.psd
视频文件	DVD2\视频\第 5 章\5-5.avi
难易程度	★★☆☆☆
视频时间	2 分 22 秒

步骤 1 打开需要制作暗角效果的照片。

步骤 2 新建图层，填充径向渐变颜色，并设置该图层“混合模式”为“线性光”。

步骤 3 新建图层，填充线性紫橙色渐变，并设置该图层“混合模式”为“亮光”，“填充”为35%。

步骤 4 最后在照片上输入相应的文字内容。

Example 实例 123 为照片添加浪漫心形

案例文件	DVD1\源文件\第 5 章\5-5.psd
视频文件	DVD2\视频\第 5 章\5-5.avi
难易程度	★★★☆☆
视频时间	5 分 3 秒

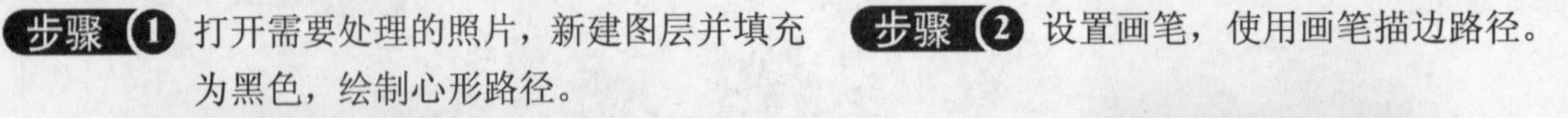

步骤 1 打开需要处理的照片，新建图层并填充为黑色，绘制心形路径。

步骤 2 设置画笔，使用画笔描边路径。

步骤 3 用不同颜色填充心形，能过复制选区得到彩色的心形。

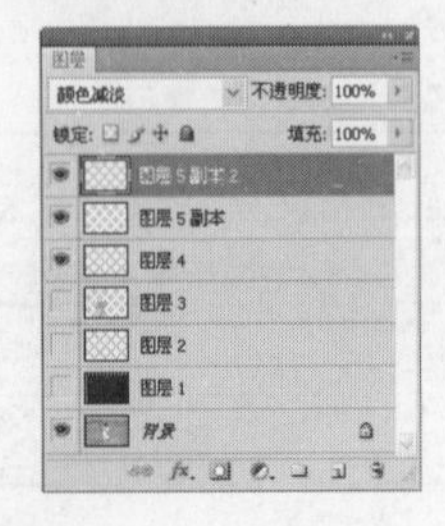

步骤 4 复制两个心形图形，并分别设置“混合模式”，完成照片效果的制作。

Example 实例 124 修正闪光灯造成的人物局部过亮

案例文件	DVD1\源文件\第 5 章\5-7.psd
难易程度	★★☆☆☆
视频时间	2 分 1 秒
技术点睛	主要使用“色阶”和“色相/饱和度”命令调整图像

思路分析

本实例中原照片是在室内拍摄的，由于受环境光和闪光灯的影响，人物的脸部出现了局部过亮的现象，可以通过适当的调整，使照片效果更加自然，本实例的最终效果如图 5-23 所示。

（处理前）

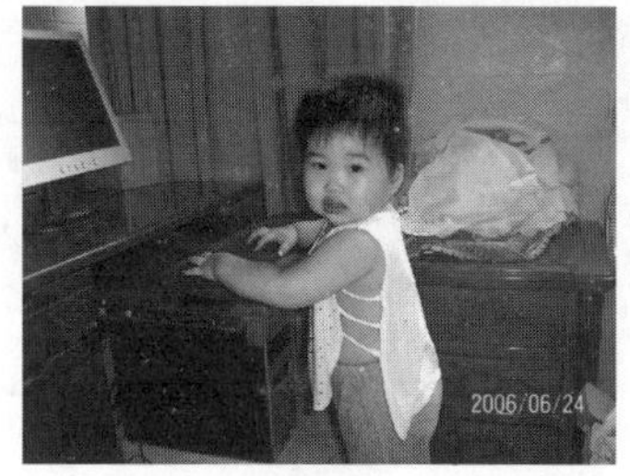

（处理后）

图 5-23 照片处理前后的效果对比

制作步骤

步骤 1 执行“文件>打开”命令，打开需要处理的照片原图“DVD1\源文件\第 5 章\素材\6701.jpg”，如图 5-24 所示。复制“背景”图层，得到“背景 副本”图层，执行“图像>调整>亮度/对比度”命令，打开“亮度/对比度”对话框，参数设置如图 5-25 所示。

图 5-24 打开照片

步骤 2 单击“确定”按钮完成设置，照片效果如图 5-26 所示。单击工具箱中的“套索工具”按钮，在照片中圈选出人物，如图 5-27 所示。

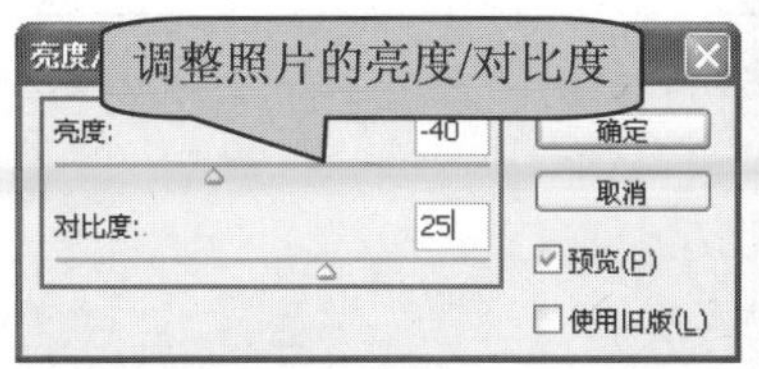

图 5-25 设置“亮度/对比度”对话框

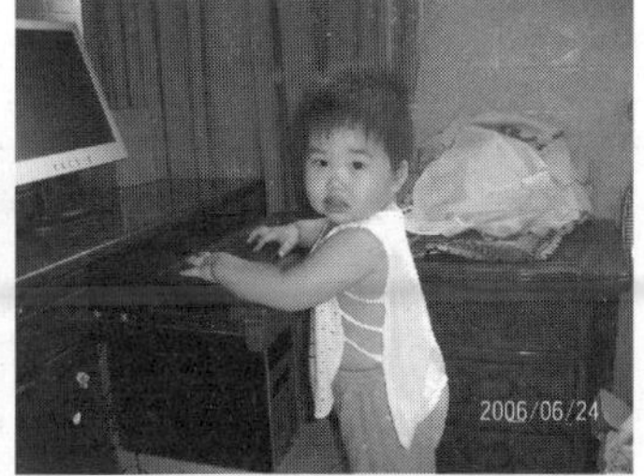

图 5-26 照片效果

图 5-27 创建人物选区

步骤 3 执行“选择>修改>羽化”命令，打开“羽化选区”对话框，设置“羽化半径”为 3 像素，单击“确定”按钮羽化选区。执行“图像>调整>色阶”命令，打开“色阶”对话框，参数设置如图 5-28 所示，单击“确定”按钮完成设置，照片效果如图 5-29 所示。

步骤 4 执行“图像>调整>色相/饱和度”命令，打开“色相/饱和度”对话框，参数如图 5-30 所示，单击“确定”按钮完成设置，照片效果如图 5-31 所示。

步骤 5 执行“图像>调整>色彩平衡”命令，打开“色彩平衡”对话框，参数设置如图5-32所示，单击“确定”按钮完成设置，照片效果如图5-33所示。

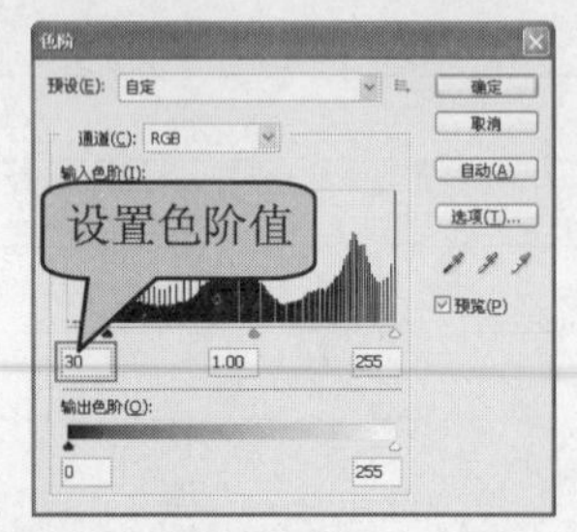

图5-28 设置“色阶”对话框

图5-29 照片效果

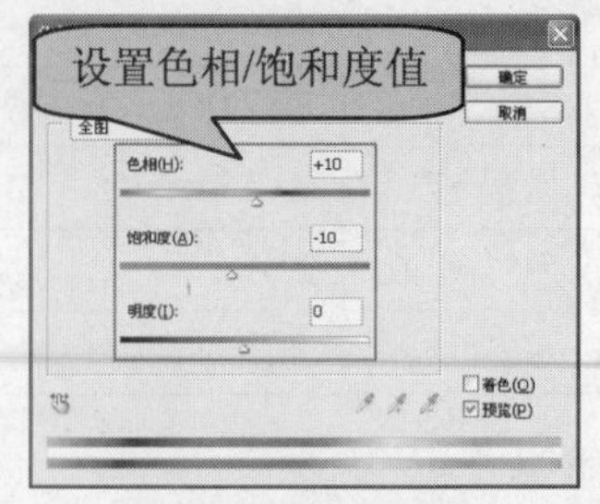

图5-30 设置“色相/饱和度”对话框

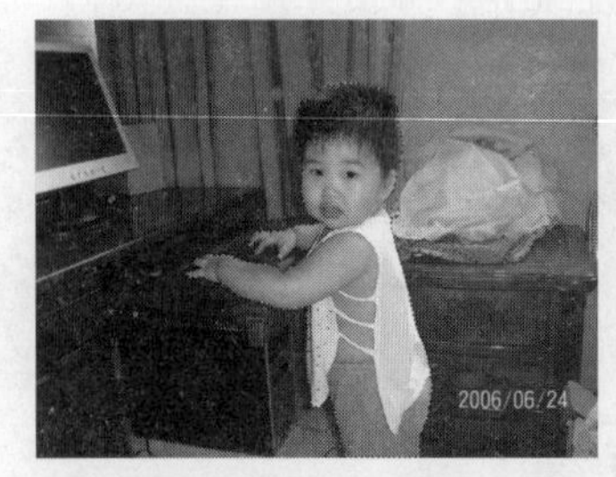

图5-31 照片效果

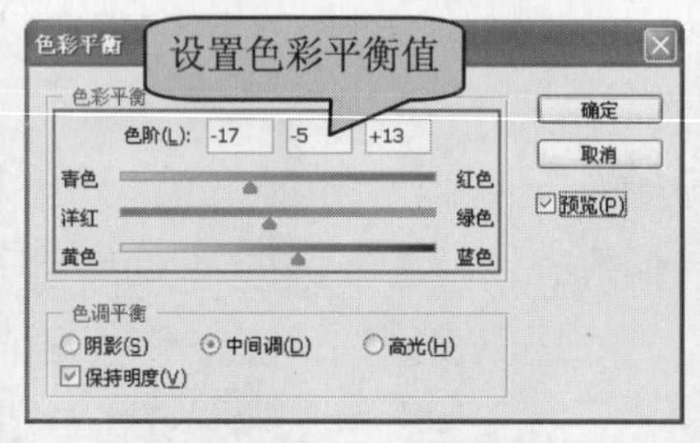

图5-32 设置“色彩平衡”对话框

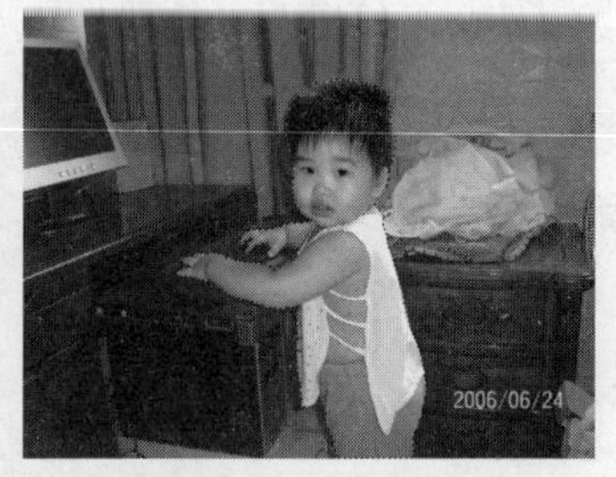

图5-33 照片效果

技巧 在对选区中的人物图像进行调整时，可以根据照片本身的实际情况应用“色阶”、“色相/饱和度”和“色彩平衡”命令调整，并不是所有人物局部过亮的照片都需要经过这3步的调整。

步骤 6 按快捷键Ctrl+D取消选区，完成修复操作，执行“文件>存储为”命令，将照片保存为PSD文件。

实例小结

本实例通过多个图像调整命令对照片进行调整，修正照片由于闪光灯造成的人物局部过亮现象，使得照片更加自然，在照片的调整过程中，应该根据照片的实例效果选择合适的图像调整命令和方法。

Example 实例 125 添加背景光效果

案例文件	DVD1\源文件\第5章\5-8.psd
视频文件	DVD2\视频\第5章\5-8.avi
难易程度	★★☆☆☆
视频时间	2分15秒

步骤 1 打开需要处理的照片，使用“钢笔工具”，将人物抠出并拷贝一层。

步骤 2 选择背景层，设置相应的“色相/饱和度”和“色彩平衡”。

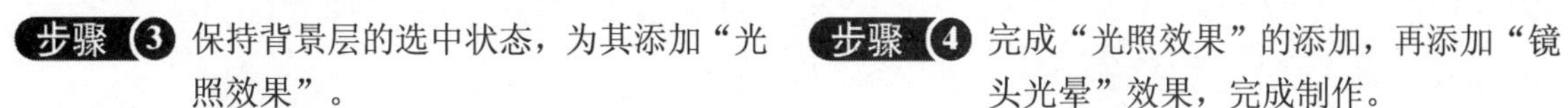

步骤 3 保持背景层的选中状态，为其添加“光照效果”。

步骤 4 完成“光照效果”的添加，再添加“镜头光晕”效果，完成制作。

Example 实例 126 制作强光效果

案例文件	DVD1\源文件\第 5 章\5-9.psd
视频文件	DVD2\视频\第 5 章\5-9.avi
难易程度	★★☆☆☆
视频时间	1 分 13 秒

步骤 1 打开照片，并复制“背景”图层，得到“背景 副本”图层。

步骤 2 对“背景 副本”图层应用“动感模糊”，新建图层，填充白色，设置透明度和图层混合模式。

步骤 3 为“背景”图层应用“光照效果”滤镜。

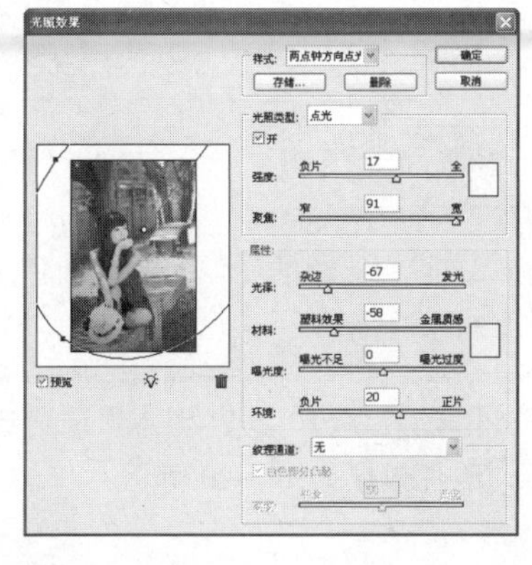

步骤 4 完成照片效果的处理。

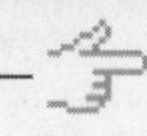

Example 实例 127 修正逆光照片

案例文件	DVD1\源文件\第 5 章\5-10.psd
难易程度	★★☆☆☆
视频时间	1 分 50 秒
技术点睛	主要使用“通道”、“图层蒙版”、“曲线”、“快速选择工具”和“色阶”等命令

思路分析

本实例中原照片是在人物处于逆光状态下拍摄的，导致人物整体，尤其是五官过于灰暗，需要通过调整来提亮照片中的人物，本实例的最终效果如图 5-34 所示。

（处理前）

（处理后）

图 5-34　照片处理前后的效果对比

制作步骤

步骤 1 执行“文件>打开”命令，打开需要处理的照片原图“DVD1\源文件\第 5 章\素材\61001.jpg”，如图 5-35 所示。执行“窗口>通道”命令，打开“通道”面板，如图 5-36 所示。

步骤 2 单击选中“蓝”通道，将“蓝”通道拖至“创建新通道”按钮上，复制“蓝”通道，得到“蓝 副本”通道，如图 5-37 所示。选中“蓝 副本”通道，按快捷键 Ctrl+I，对“蓝 副本”通道进行反相，效果如图 5-38 所示。

图 5-35　打开照片

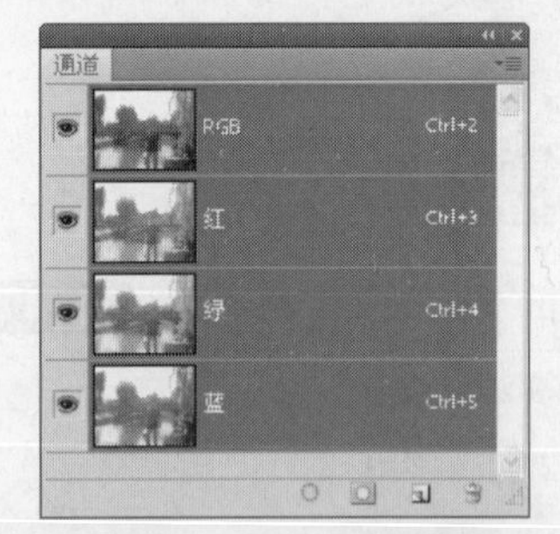

图 5-36　打开“通道”面板

图 5-37　复制“蓝”通道

> **技巧** 对通道进行反相处理是确定选区的好方法，可以清楚地确定需要保留的图像范围。白色是需要的图像范围，黑色是不需要的，这样就能很好地控制图像的选区范围。

步骤 3 单击“通道”面板上的“将通道作为选区载入”按钮，载入“蓝 副本”通道选区，如图 5-39 所示。单击 RGB 通道，返回“图层”面板，照片效果如图 5-40 所示。

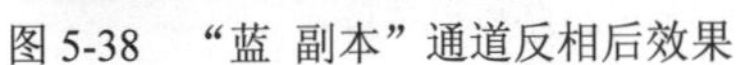

图5-38 “蓝 副本”通道反相后效果　　图5-39 将通道作为选区载入　　图5-40 照片效果

> **技巧** 载入通道选区，不仅可以单击“通道”面板上的“将通道作为选区载入”按钮，还可以按住Ctrl键，单击需要载入的通道缩览图。

步骤 4 复制“背景”图层，得到“背景 副本”图层，单击“添加图层蒙版”按钮，为“背景 副本”图层添加图层蒙版，此时图层自动生成选区形状的图层蒙版，在“混合模式”下拉列表中选择“滤色”选项，如图5-41所示，照片效果如图5-42所示。

步骤 5 选中“背景 副本”图层，单击工具箱中的“快速选择工具”按钮，在照片上选取人物暗部，如图5-43所示。按快捷键Ctrl+J复制选区得到“图层1”，如图5-44所示。

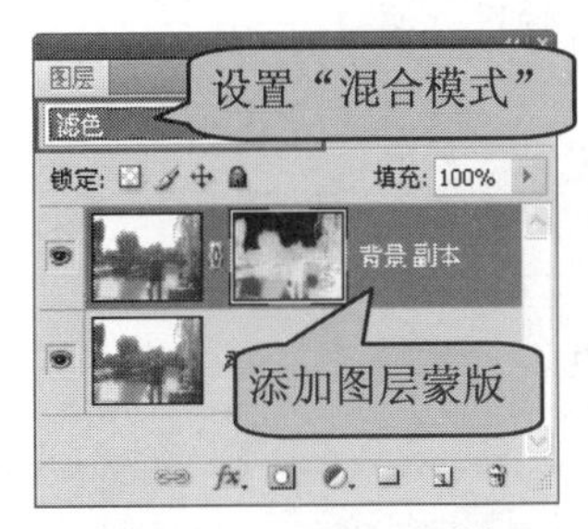

图5-41 “图层”面板

图5-42 照片效果

图5-43 创建人物暗部选区

步骤 6 照片效果如图5-45所示。单击“背景 副本”图层，执行“图像>调整>曲线”命令，打开“曲线”对话框，参数设置如图5-46所示。

图5-44 “图层”面板

图5-45 照片效果

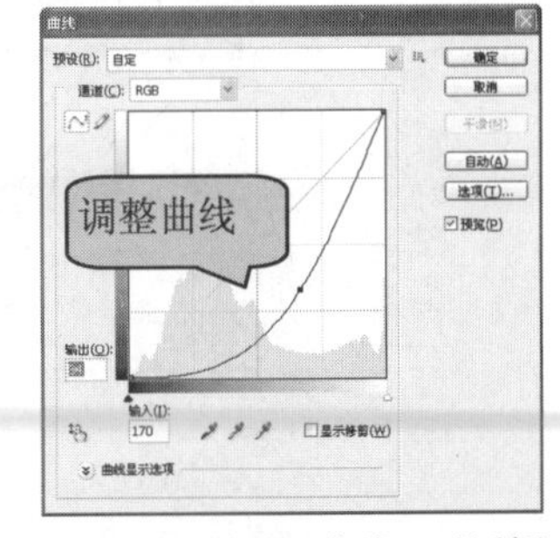

图5-46 设置“曲线”对话框

步骤 7 单击“确定”按钮完成设置，照片效果如图5-47所示。选择“图层1”，执行“图像>调整>色阶”命令，打开“色阶”对话框，参数设置如图5-48所示。

步骤 8 单击“确定”按钮完成设置，执行“文件>存储为”命令，将照片保存为PSD文件。

实例小结

本实例主要是讲解如何修正逆光的照片，在实例的操作过程中需要注意的是，在选择通道时，选择一个黑白度反差比较大的通道来进行调整，以达到最佳效果。

图 5-47　照片效果

图 5-48　设置“色阶”对话框

Example 实例 128 修复偏黄的照片

案例文件	DVD1\源文件\第 5 章\5-11.psd
视频文件	DVD2\视频\第 5 章\5-11.avi
难易程度	★★☆☆☆
视频时间	1 分 53 秒

步骤 1 打开需要处理的偏黄的照片。

步骤 2 在“图层”面板中新建“色相/饱和度”、“色彩平衡”和“亮度/对比度”调整图层，对照片进行调整。

步骤 3 按快捷键 Ctrl+Alt+Shift+E，盖印图层，得到“图层 1”，对“图层 1”应用“高斯模糊”滤镜，并设置“混合模式”为柔光。

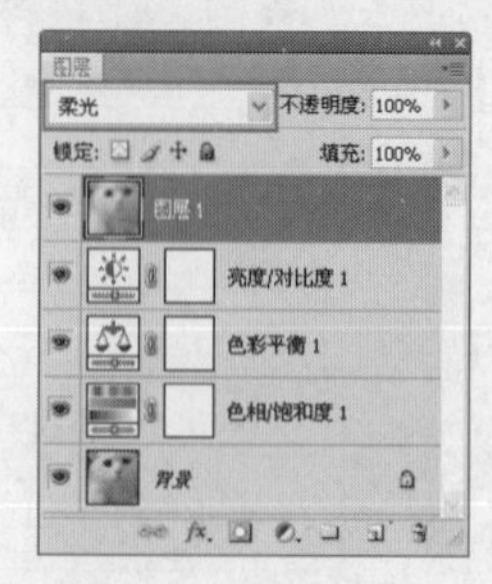

步骤 4 完成偏黄照片的修复。

Example 实例 129 增加照片的聚光灯效果

案例文件	DVD1\源文件\第 5 章\5-12.psd
视频文件	DVD2\视频\第 5 章\5-12.avi
难易程度	★★☆☆☆
视频时间	4 分 49 秒

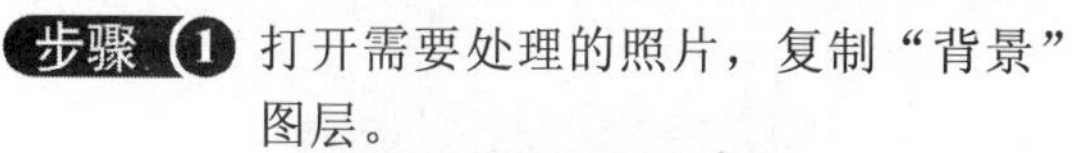

步骤 1 打开需要处理的照片，复制“背景”图层。

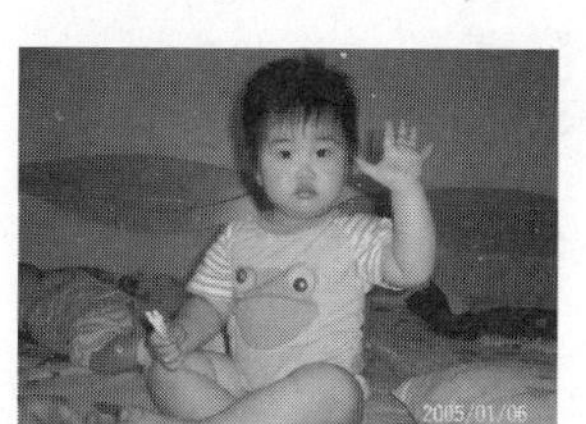

步骤 2 对“背景 副本”图层应用“光照效果”滤镜。

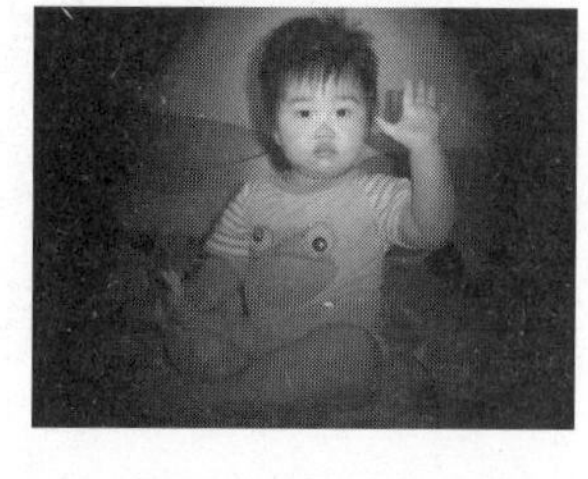

步骤 3 新建“图层 1”，使用“画笔工具”，在画布中添加星形的图案修饰。

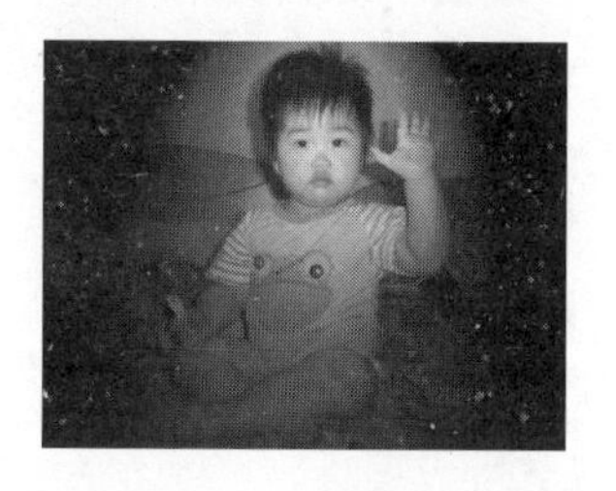

步骤 4 对“背景 副本”图层，进行“亮度/对比度”和“色阶”的调整，完成操作。

Example 实例 130 为照片增加局部光源

案例文件	DVD1\源文件\第 5 章\5-13.psd
难易程度	★★★☆☆
视频时间	4 分 7 秒
技术点睛	使用“光照效果”和“镜头光晕”滤镜为照片添加光晕效果，再通过“图层蒙版”、“色阶”和“色彩平衡”命令对照片进行调整

思路分析

本实例中原照片是在一种平光源的情况下拍摄影的，由于没有主光源，导致照片中人物的色彩非常黯淡，缺乏生气。需要通过增加局部光源，提高照片的整体和人物的亮度，本实例的最终效果如图 5-49 所示。

（处理前）

（处理后）

图 5-49　照片处理前后的效果对比

制作步骤

步骤 1 执行“文件>打开”命令，打开需要处理的照片原图“DVD1\源文件\第 5 章\素材\61301.jpg”，如图 5-50 所示。复制“背景”图层，得到“背景 副本”图层，执行“滤镜>渲染>光照效果”命令，打开“光照效果”对话框，参数设置如图 5-51 所示。

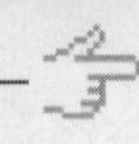

图 5-50　打开照片

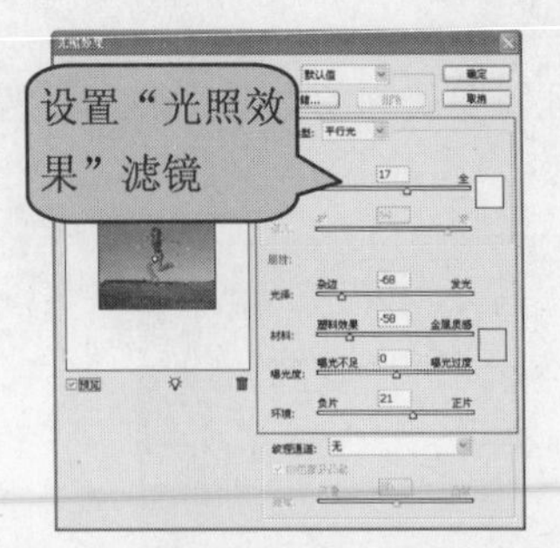

图 5-51　设置“光照效果”对话框

提示　在运用“光照效果”和“镜头光晕”命令时，应该注意光源的方向及范围的正确使用。

步骤 2　单击“确定”按钮完成设置，照片效果如图 5-52 所示。执行“滤镜>渲染>镜头光晕”命令，打开“镜头光晕”对话框，参数设置如图 5-53 所示。

图 5-52　照片效果

图 5-53　设置“镜头光晕”对话框

技巧　使用“镜头光晕”滤镜可以制作一些特殊的光晕效果，例如模拟电影镜头、太阳光晕和光斑效果等，作为一种辅助的增色手段，适当地运用，可以使图像的效果更好。

步骤 3　单击“确定”按钮完成设置，照片效果如图 5-54 所示。单击工具箱中的“快速选择工具”按钮，在照片上选取出人物，如图 5-55 所示。

图 5-54　照片效果

图 5-55　创建人物选区

技巧　使用“快速选择工具”在需要选取的图像上进行拖动，可以快速的创建选区，然后可以结合“套索工具”进行细节的调整和细化。

步骤 4　按快捷键 Ctrl+J，复制选区中的图像并得到“图层 1”，如图 5-56 所示。按住 Ctrl 键单击“图层 1”缩览图，载入图层 1 中图像选区，再选择“背景 副本”图层，按快捷键 Ctrl+Shift+I，反向选择选区，如图 5-57 所示。

步骤 5 按快捷键 Ctrl+J，复制选区中的图像并得到“图层 2”，如图 5-58 所示。选择“图层 1”，执行“图像>调整>色阶”命令，打开“色阶”对话框，参数设置如图 5-59 所示。

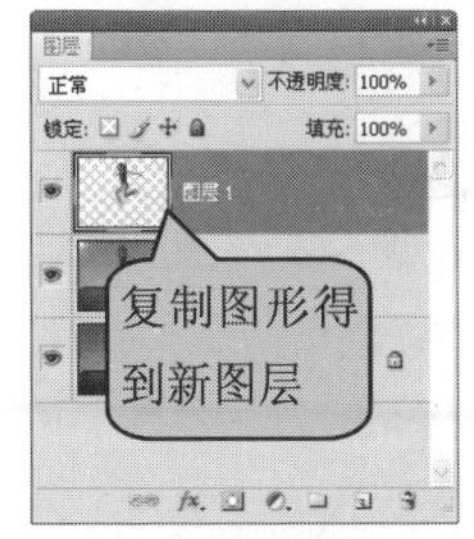

图 5-56　复制选区中的图像

图 5-57　反向选择选区

图 5-58　复制选区中的图像

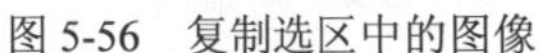

步骤 6 单击“确定”按钮完成设置后，照片效果如图 5-60 所示。执行“图像>调整>色彩平衡”命令，打开“色彩平衡”对话框，参数设置如图 5-61 所示。

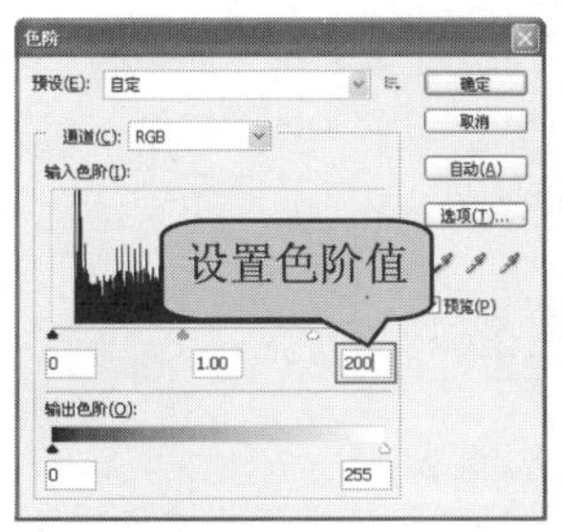

图 5-59　设置“色阶”对话框

图 5-60　照片效果

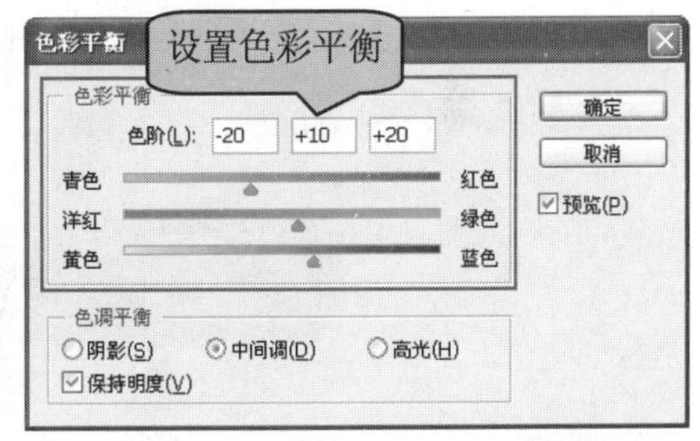

图 5-61　设置“色彩平衡”对话框

步骤 7 单击“确定”按钮完成设置。单击工具箱中的“仿制图章工具”按钮，对人物脏乱部分进行修正，效果如图 5-62 所示。选择“图层 2”，执行“图像>调整>亮度/对比度”命令，打开“亮度/对比度”对话框，参数设置如图 5-63 所示。

> **提示**　因为在前面的步骤中运用了“镜头光晕”滤镜，人物上会出现一些小光斑，影响整体的效果。所以需要使用“仿制图章工具”对人物进行修复。

步骤 8 单击“确定”按钮完成设置，照片效果如图 5-64 所示。执行“图像>调整>色彩平衡”命令，打开“色彩平衡”对话框，参数设置如图 5-65 所示。

图 5-62　照片效果

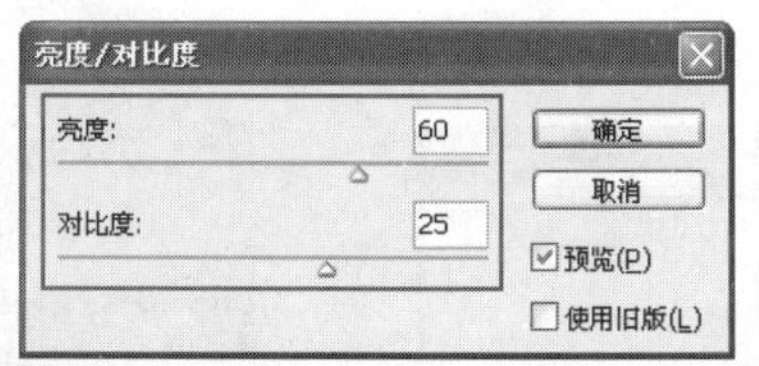

图 5-63　设置“亮度/对比度”对话框

图 5-64　照片效果

步骤 9 单击“确定”按钮完成设置，照片效果如图 5-66 所示。执行“滤镜>锐化>USM 锐化”命令，打开“USM 锐化”对话框，参数设置如图 5-67 所示。

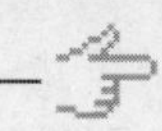

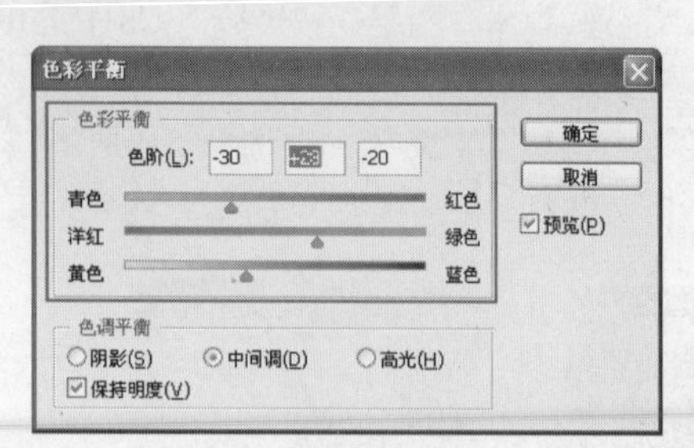

图 5-65 “色彩平衡”对话框

图 5-66 照片效果

图 5-67 设置“USM 锐化”对话框

> **提示** 在“USM 锐化”对话框中的“阈值”选项主要用于调整图像边缘像素，利用色阶的原理，确定锐化的强度，当“阈值”为 0 像素时，锐化所有像素。

步骤 10 单击“确定”按钮完成设置，照片效果如图 5-68 所示。单击“图层”面板上的“添加图层蒙版”按钮，为“图层 2”添加图层蒙版，效果如图 5-69 所示。

图 5-68 照片效果

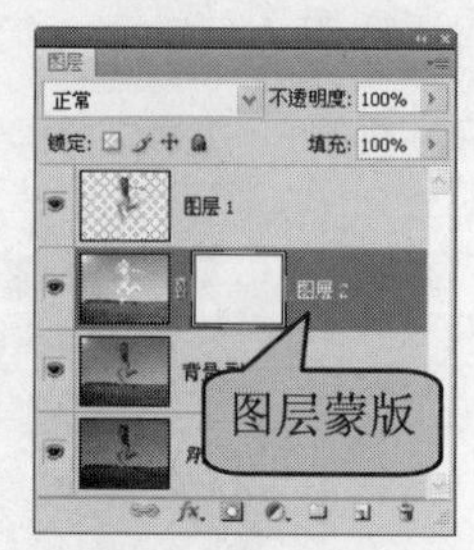

图 5-69 添加图层蒙版

步骤 11 单击工具箱中的“渐变工具”按钮，设置从黑色到白色的线性渐变颜色，在刚刚添加的图层蒙版上拖动鼠标填充渐变颜色，“图层”面板如图 5-70 所示，照片效果如图 5-71 所示。

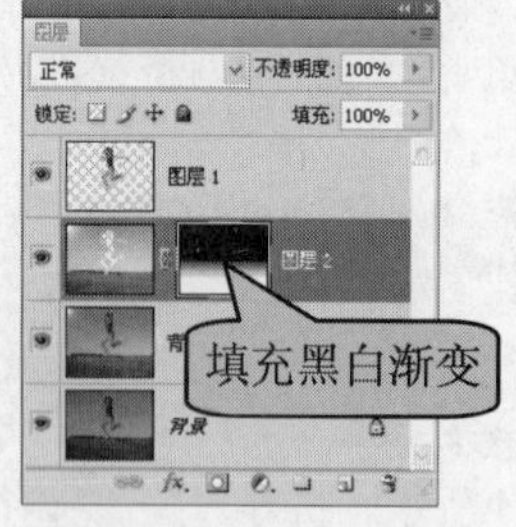

图 5-70 “图层”面板

图 5-71 照片效果

步骤 12 选中“背景 副本”图层，执行“图像>调整>亮度/对比度”命令，打开“亮度/对比度”对话框，参数设置如图 5-72 所示，单击“确定”按钮完成设置，照片效果如图 5-73 所示。

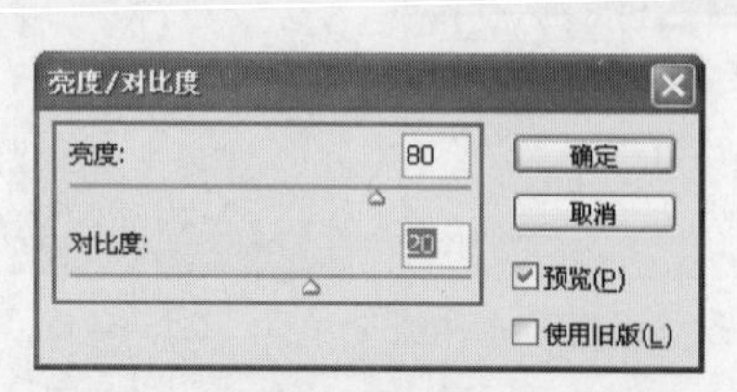

图 5-72 设置“亮度/对比度”面板

图 5-73 照片效果

步骤 13 完成为照片增加局部光源的操作后，执行“文件>存储为”命令，将照片保存为 PSD 文件。

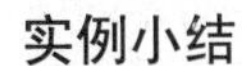

实例小结

本实例主要是通过为照片增加局部光源将没有生气的照片调整的更具有活力和生气，在实际的操作过程中需要注意的是，修正时应该注意人物的处理，避免出现失真的现象。

Example 实例 131 制作人物发光效果

案例文件	DVD1\源文件\第 5 章\5-14.psd
视频文件	DVD2\视频\第 5 章\5-14.avi
难易程度	★★☆☆☆
视频时间	2 分 22 秒

步骤 1 打开需要处理的照片。

步骤 2 复制“背景”图层，得到“背景 副本”图层，创建出人物选区，按快捷键 Ctrl+J，复制选区并得到新图层。

步骤 3 为人物图层添加“描边”和“外发光”图层样式，并添加“色相/饱和度”调整图层。

步骤 4 对背景进行模糊处理，完成照片效果的制作。

Example 实例 132 为照片添加绚丽背景

案例文件	DVD1\源文件\第 5 章\5-15.psd
视频文件	DVD2\视频\第 5 章\5-15.avi
难易程度	★★☆☆☆
视频时间	3 分 10 秒

步骤 1 打开需要处理的照片复制“背景”图层，对照片的背景进行涂抹处理。

步骤 2 应用“点状化”滤镜，产生绚丽的背景，并通过图层蒙版显示出人物。

步骤 3 应用“云彩”滤镜，并显示出人物效果。

步骤 4 对照片进行“锐化”、“色彩平衡”、“高斯模糊”处理，完成照片效果的制作。

Example 实例 133 修正曝光不足的照片

案例文件	DVD1\源文件\第 5 章\5-15.psd
难易程度	★★★☆☆
视频时间	2 分 15 秒
技术点睛	使用“通道”和图层蒙版调整图像，再使用“色相/饱和度”和“可选颜色”命令对图像进行调整

思路分析

本实例中照片由于是在清晨拍摄的，因此导致照片整体黯淡，色彩单一且模糊不清。可以通过调整，增加照片的亮度，最终效果如图 5-74 所示。

（处理前）

（处理后）

图 5-74 照片处理前后的效果对比

制作步骤

步骤 1 执行“文件>打开”命令，打开需要处理的照片原图“DVD1\源文件\第 5 章\素材\61601.jpg”，如图 5-75 所示。打开“通道”面板，单击“绿”通道，复制“绿”通道，得到“绿 副本”通道，如图 5-76 所示。

图 5-75 打开照片

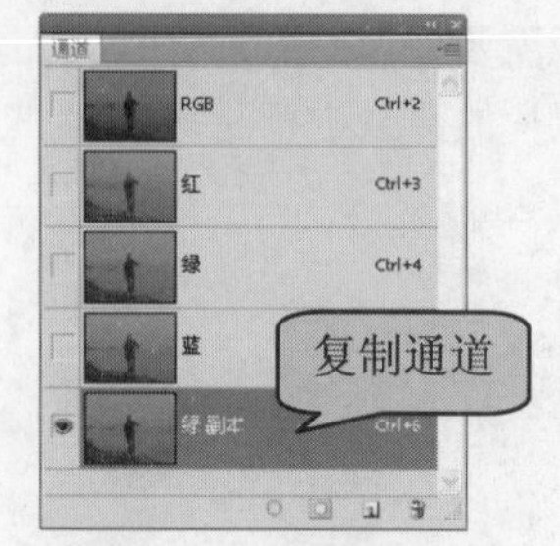

图 5-76 复制“绿”通道

步骤 2 按快捷键 Ctrl+I 对“绿 副本”通道反相，效果如图 5-77 所示。单击“将通道作为选区载入”按钮，载入“绿 副本”通道选区。单击 RGB 通道，返回“图层”面板，复制“背景”图层，得到“背景 副本”图层，照片效果如图 5-78 所示。

图 5-77　“绿 副本”通道效果

图 5-78　照片效果

> **技巧** 在此处载入选区的时候，如果选区范围不够准确，可以通过辅助“色阶”命令来调整白色和黑色的对比效果。但需要注意的是“色阶”命令也不能过度使用，以免选区的边缘不够准确。

步骤 3 选择“背景 副本”图层，单击“添加图层蒙版”按钮，为“背景 副本”图层添加图层蒙版，此时图层自动生成选区形状的图层蒙版，在“混合模式”下拉列表中选择“滤色”选项，如图 5-79 所示，照片效果如图 5-80 所示。

> **提示** “滤色”图层混合模式是将混合色的互补色与基色进行正片叠底。其效果类似于多个摄影幻灯片叠加投影的效果。

步骤 4 复制“背景 副本”图层，得到“背景 副本 2”图层，如图 5-81 所示，照片效果如图 5-82 所示。

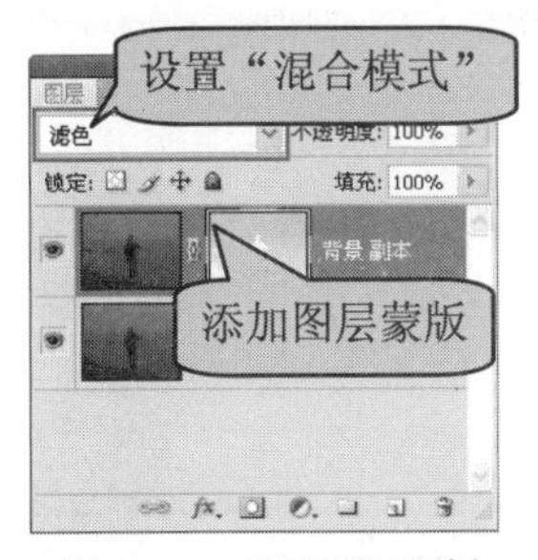

图 5-79　“图层”面板

图 5-80　照片效果

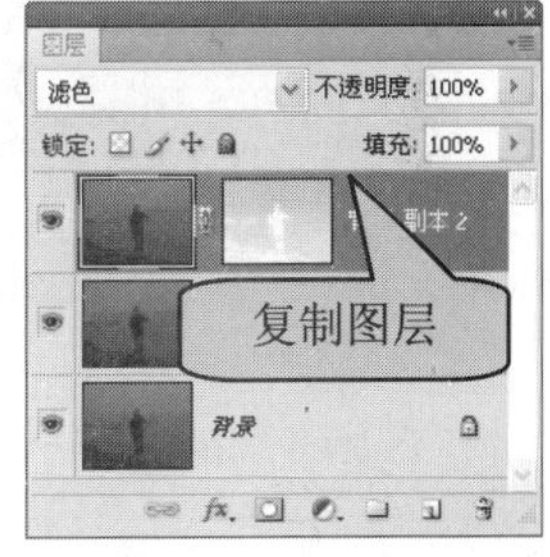

图 5-81　“图层”面板

步骤 5 选中“背景 副本 2”图层，单击“图层”面板上的“创建新的填充或调整图层”按钮，在弹出菜单中选择“可选颜色”选项，弹出“调整”面板，参数设置如图 5-83 所示，照片效果如图 5-84 所示。

图 5-82　照片效果

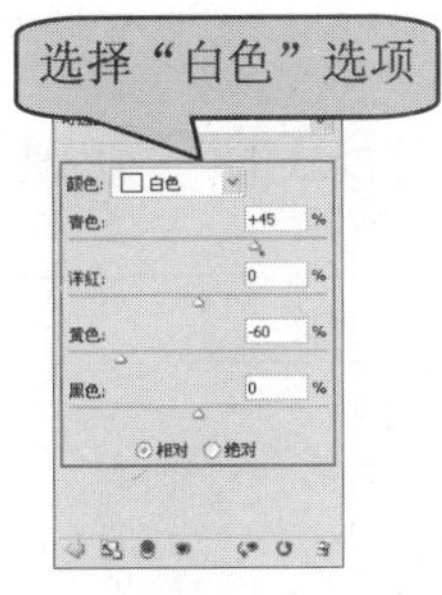

图 5-83　设置“调整”面板

图 5-84　照片效果

步骤 6 在“调整”面板上的“颜色”下拉列表中选择“黑色”选项，设置如图 5-85 所示，照片效果如图 5-86 所示。

步骤 7 选择“背景 副本 2”图层，单击工具箱中的“套索工具”按钮，创建出人物的选区，如图 5-87 所示。按快捷键 Ctrl+J 复制选区中的图形得到“图层 1”，如图 5-88 所示。

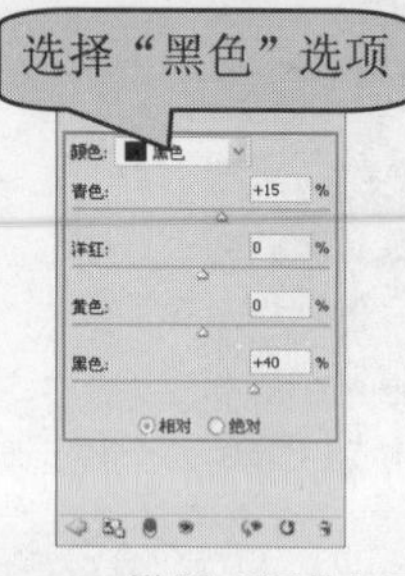

图 5-85 设置“调整”面板

图 5-86 照片效果

图 5-87 创建人物选区

步骤 8 在“图层”面板上拖动“图层 1”至图层最上方，照片效果如图 5-89 所示。选择“背景 副本 2”图层，执行“图像>调整>色相/饱和度”命令，打开“色相/饱和度”对话框，参数设置如图 5-90 所示。

图 5-88 “图层”面板

图 5-89 照片效果

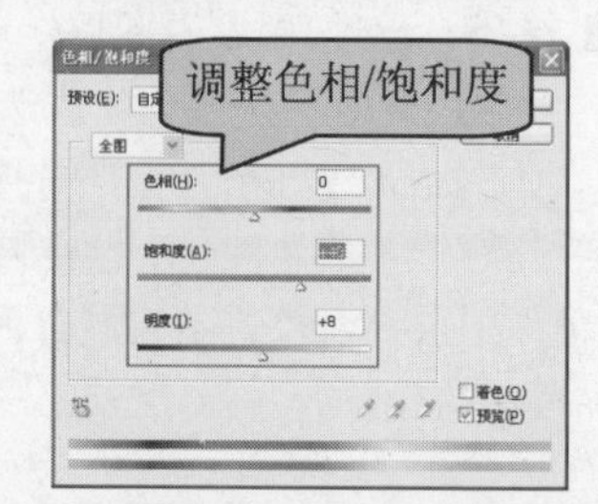

图 5-90 设置“色相/饱和度”对话框

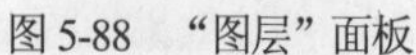

技巧

选择“图层 1”，按快捷键 Ctrl+Shift+]，也可以将“图层 1”置于“图层”面板中的最顶层。

提示

“色相/饱和度”命令在照片的处理中主要用来调整饱和度和色相，不同的色相和饱和度会产生不同的色彩效果。在该对话框中的“编辑”下拉列表中可以选择需要调整的颜色。

步骤 9 单击“确定”按钮，完成曝光不足照片的修复，执行“文件>存储为”命令，将照片保存为 PSD 文件。

实例小结

本实例主要讲解如何调整曝光不足的照片，在实际操作的过程中需要注意的是，在调整亮度时，调整的效果要和照片的整体相协调。

Example 实例 134 巧用 HDR 命令处理曝光不足的照片

案例文件	DVD1\源文件\第 5 章\5-17.psd
视频文件	DVD2\视频\第 5 章\5-17.avi
难易程度	★★☆☆☆
视频时间	1 分 51 秒

步骤 1 执行“文件>自动>合并到 HDR”命令，选择需要合并到 HDR 的两张不同曝光度的照片。

步骤 2 默认设置后自动处理图像，得到处理后的照片效果。

步骤 3 复制图层，使用“阴影/高光”命令调整图像。

步骤 4 复制图层，设置“混合模式”为“柔光”，完成曝光不足照片的处理。

Example 实例 135 修复曝光不足的照片

案例文件	DVD1\源文件\第 5 章\5-18.psd
视频文件	DVD2\视频\第 5 章\5-18.avi
难易程度	★★☆☆☆
视频时间	1 分 15 秒

步骤 1 打开需要处理的照片。

步骤 2 创建“曲线”调整图层，接受默认设置，并设置该图层“混合模式”为“滤色”。

步骤 3 复制“曲线”调整图层，如果出现曝光过度的现象，可以降低最上层曲线的不透明度，并使用软画笔，在图层蒙版上进行操作。

步骤 4 通过“曲线”调整图层的操作，简单快速的完成照片的修复。

Example 实例 136 修正曝光过度的照片

案例文件	DVD1\源文件\第 5 章\5-19.psd
难易程度	★★★☆☆
视频时间	2 分 28 秒
技术点睛	使用“色阶”和“色彩平衡”命令调整图像，再使用“套索工具”和“仿制图章工具”对照片部分进行修饰

思路分析

本实例中原照片由于曝光过度，导致照片中的景物和人物都有些发白，明暗对比弱，色彩也不够饱和。需要通过调整，增加照片的色彩饱和度和对比度，使人物更加突出，本实例的最终效果如图 5-91 所示。

（处理前）

（处理后）

图 5-91　最终效果

制作步骤

步骤 1 执行“文件>打开”命令，打开需要处理的照片原图“DVD1\源文件\第 5 章\素材\61901.jpg”，如图 5-92 所示。复制“背景”图层，得到“背景 副本”图层，单击工具箱中的“套索工具”按钮，沿人物边缘创建选区，如图 5-93 所示。

图 5-92　打开照片

图 5-93　创建人物选区

步骤 2 执行“选择>修改>羽化”命令，打开“羽化选区”对话框，设置“羽化半径”为 5 像素，单击“确定”按钮羽化选区。执行“图像>调整>色阶”命令，打开“色阶”对话框，参数设置如图 5-94 所示。单击“确定”按钮完成设置，照片效果如图 5-95 所示。

图 5-94　设置“色阶”对话框

图 5-95　照片效果

步骤 3 执行“图像>调整>色彩平衡”命令，打开“色彩平衡”对话框，参数设置如图 5-96 所示。单击“确定”按钮完成设置，按快捷键 Ctrl+D，取消选区，照片效果如图 5-97 所示。

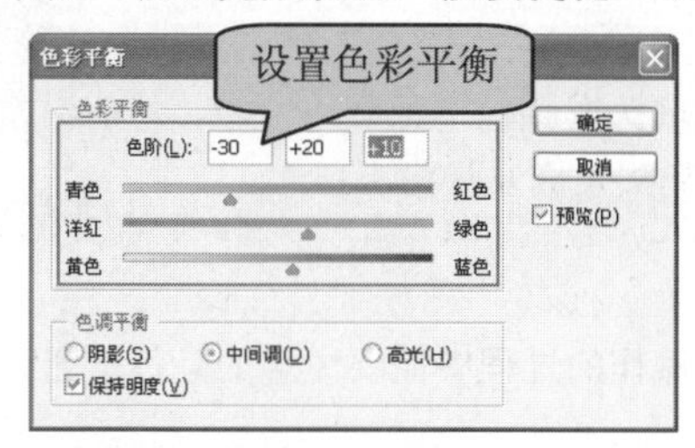

图 5-96　设置“色彩平衡”对话框

图 5-97　照片效果

提示

这里为人物进行“色彩平衡”调整，可以使人物的颜色更加自然。

步骤 4 拖动“背景 副本”图层至“创建新图层”按钮上，复制“背景 副本”图层，得到“背景 副本 2”图层，如图 5-98 所示。单击工具箱中的“套索工具”按钮，对曝光过度的头发区域进行选取，如图 5-99 所示。

图 5-98　复制图层

图 5-99　创建选区

步骤 5 执行“选择>修改>羽化”命令，打开“羽化选区”对话框，设置“羽化半径”为 3 像素，单击“确定”按钮羽化选区。执行“图像>调整>亮度/对比度”命令，打开“亮度/对比度”对话框，参数设置如图 5-100 所示，单击“确定”按钮完成设置，照片效果如图 5-101 所示。

图 5-100　设置“亮度/对比度”对话框

图 5-101　照片效果

步骤 6 执行“图像>调整>曲线”命令，打开“曲线”对话框，参数设置如图 5-102 所示，单击“确定”按钮完成设置，按快捷键 Ctrl+D 取消选区，照片效果如图 5-103 所示。

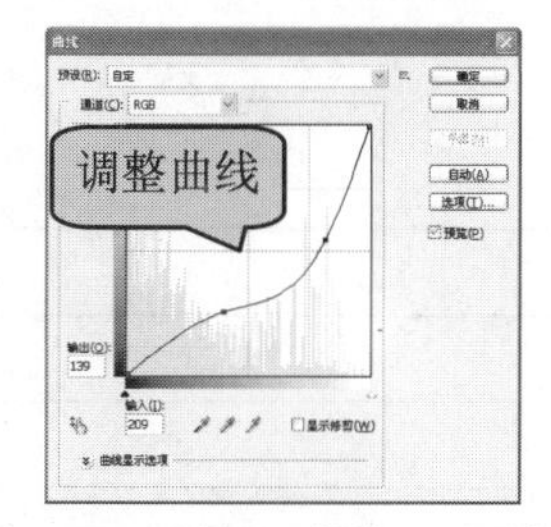

图 5-102　设置“曲线”对话框

图 5-103　照片效果

步骤 7 单击工具箱中的“仿制图章工具”按钮，对曝光过度的头发区域进行简单的修饰，完成对曝光过度的照片的修复，执行“文件>存储为”命令，将照片保存为PSD文件。

> 技巧　在这里对头发进行修复时需要注意，首先吸取头发颜色中正确的区域，然后沿着发丝的方向进行拖动修复，不要用单击的方式来修复，以免头发成块状而不自然。

实例小结

本实例主要讲解如何修复曝光过度的照片，在操作的过程中需要注意的是，抠图时人物边缘的细致处理，以免照片失真。

Example 实例 137 修复局部曝光过度照片

案例文件	DVD1\源文件\第 5 章\5-20.psd
视频文件	DVD2\视频\第 5 章\5-20.avi
难易程度	★★☆☆☆
视频时间	1 分 4 秒

步骤 1 打开需要处理的局部曝光过度照片。

步骤 2 使用“套过工具”创建出局部曝光过度区域的选区。

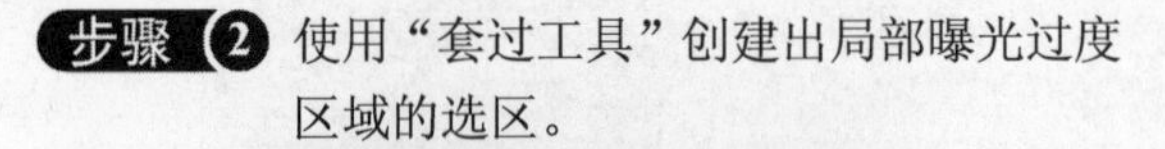

步骤 3 添加“通道混合器”调整图层，对“红”通道颜色进行调整。

步骤 4 对修复的曝光过度区域进行修饰，完成局部曝光过度照片的修复。

Example 实例 138 去除照片中的投影

案例文件	DVD1\源文件\第 5 章\5-21.psd
视频文件	DVD2\视频\第 5 章\5-21.avi
难易程度	★☆☆☆☆
视频时间	1 分 28 秒

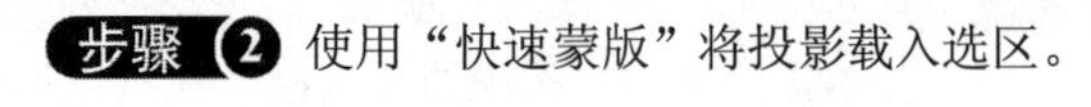

步骤 1 打开需要处理的照片，并复制“背景”图层。

步骤 2 使用“快速蒙版”将投影载入选区。

步骤 3 使用“色阶”命令，进行相应调整。

步骤 4 在使用“仿制图章工具”进行相应调整，完成最终效果。

Example 实例 139 修正光源散乱的照片

案例文件	DVD1\源文件\第 5 章\5-22.psd
难易程度	★★☆☆☆
视频时间	1 分 39 秒
技术点睛	使用“套索工具”和“修补工具”对散乱光源进行修复

思路分析

本实例中原照片中人物脸部的光源比较散乱，并且脸部五官不清晰，需要通过调整修复脸部散乱的光源，突出照片中的人物，本实例的最终效果如图 5-104 所示。

（处理前）

（处理后）

图 5-104　照片处理前后的效果对比

制 作 步 骤

步骤 1 执行“文件>打开”命令，打开需要处理的照片原图“DVD1\源文件\第 5 章\素材\62201.jpg”，如图 5-105 所示。复制“背景”图层，得到“背景 副本”图层，单击工具箱中的“套索工具”按钮，沿着人物脸部较暗的区域创建选区，如图 5-106 所示。

步骤 2 执行“选择>修改>羽化”命令，打开“羽化选区”对话框，设置“羽化半径”为 3 像素，单击“确定”按钮羽化选区。执行“图像>调整>色阶”命令，打开“色阶”对话框，参数设置如图 5-107 所示，单击“确定”按钮完成设置，按快捷键 Ctrl+D，取消选区，照片效果如图 5-108 所示。

图 5-105　打开图像

图 5-106　创建人物选区

图 5-107　设置“色阶”对话框

步骤 3 相同的制作方法，可以将人物脸部其他需要修复的区域进行修复，效果如图 5-109 所示。单击工具箱中的“修补工具”按钮，对人物脸部光线分界线比较明显的部分进行修复，照片效果如图 5-110 所示。

图 5-108　照片效果

图 5-109　设置“色阶”对话框

图 5-110　照片效果

> **技巧**
> 人物脸部的光线分界线比较明显，使用“修补工具”来进行修补比较适合，“修补工具”可以保留原图像的亮度，使修复的效果更加自然。本实例在修复时还可以辅助使用“模糊工具”对人物脸部的边缘进行处理，使皮肤显得光滑，人物更自然。

步骤 4 完成对散乱光源照片的修复后，执行“文件>存储为”命令，将照片保存为 PSD 文件。

实例小结

本实例主要讲解如何修复光源比较散乱的照片，主要是通过使用“套索工具”选出光源比较暗的区域，对该区域使用“色阶”命令调整，再使用“修补工具”进行修补，在实例的操作过程中，需要注意选区的精确。

Example 实例 140 修复光斑

案例文件	DVD1\源文件\第 5 章\5-23.psd
视频文件	DVD2\视频\第 5 章\5-23.avi
难易程度	★★☆☆☆
视频时间	1 分 8 秒

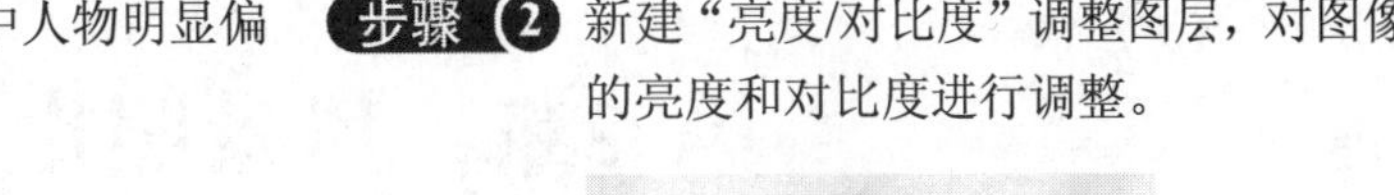

步骤 1 打开原始照片，原始照片中人物明显偏亮，并且脸部出现光斑。

步骤 2 新建“亮度/对比度”调整图层，对图像的亮度和对比度进行调整。

步骤 3 复制“背景”层，得到“背景 副本”图层，使用“修补工具”对人物脸部光斑进行修复。

步骤 4 相同的方法，对人物颈部光斑进行修复。

Example 实例 141 将照片处理为神秘梦幻效果

案例文件	DVD1\源文件\第 5 章\5-24.psd
视频文件	DVD2\视频\第 5 章\5-24.avi
难易程度	★★☆☆☆
视频时间	3 分 14 秒

步骤 1 打开需要处理的风景照片，使用“应用图像”方法，将照片压暗。

步骤 2 添加“色相/饱和度”、“亮度/对比度”和“可选颜色”调整图层，调整照片。

步骤 3 盖印图层，并应用“高斯模糊”处理，添加蒙版擦出需要亮的区域。

步骤 4 盖印图层，并添加“光照效果”滤镜，得到最终效果。

第 6 章　风景照片处理

本章主要讲解对风景照片进行色彩的调整，并添加一些特效来强化照片的意境和气氛。通过本章的学习，可以轻松的地处理有缺陷的风景照片，让风景照片变得更加生动。

Example 实例 142 改变风景照片的季节

案例文件	DVD1\源文件\第 6 章\6-1.psd
难易程度	★☆☆☆☆
视频时间	48 秒
技术点睛	利用“通道混合器”命令使照片产生季节变化的效果

思路分析

本实例中的原始照片为春季，通过使用“通道混合器”命令变换照片的色调，从而使照片产生季节变化的效果。最终效果如图 6-1 所示。

（处理前）

（处理后）

图 6-1　照片处理前后的效果对比

制作步骤

步骤 1 执行“文件>打开”命令，将照片“DVD\源文件\第 6 章\素材\7101.jpg”，照片效果如图 6-2 所示。单击“图层”面板中的“创建新的填充或调整图层”按钮 ，在弹出菜单中选择“通道混合器”选项，如图 6-3 所示。

> **提示** 通过“通道混合器”命令，可以从每个颜色通道中选取它所占的百分比来创建高品质的灰度图像。此外，还可以创建高品质的棕褐色调或其他色调的图像。

图 6-2　打开素材图像

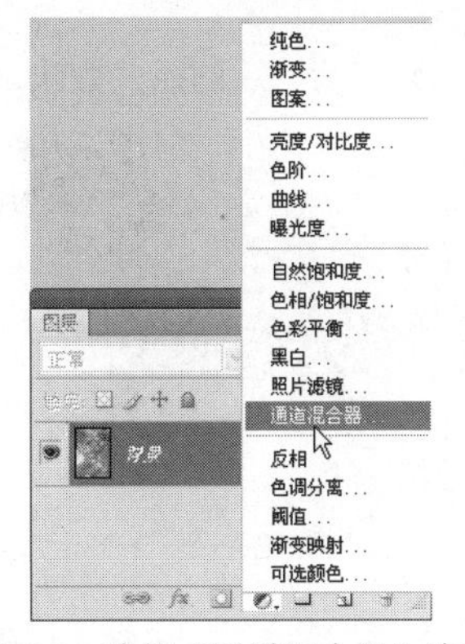

图 6-3　选择“通道混合器”选项

步骤 2 打开“调整”面板，在该面板中进行相应的设置如图 6-4 所示，完成“调整”面板的设置，照片效果如图 6-5 所示。

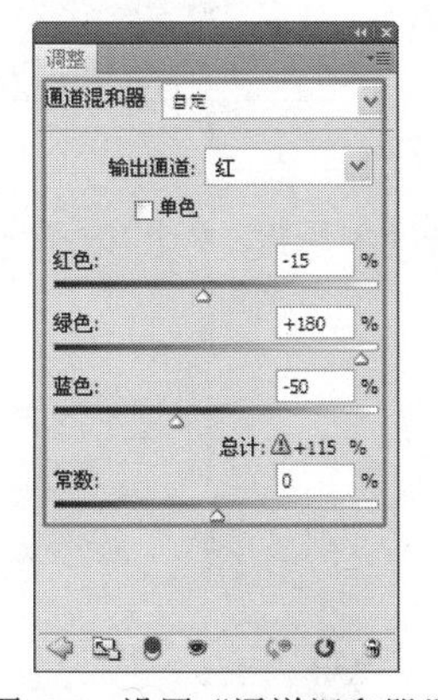

图 6-4　设置“通道混和器”

图 6-5　照片效果

步骤 3 完成照片的处理，执行“文件>存储为”命令，将处理完成后的照片存储为 PSD 文件。

实例小结

本实例通过对照片设置“通道混合器”调整图层，使原来的绿色调变成了黄色调。在制作过程中，应注意色调的取值。

Example 实例 143　调整风景照片的色彩和饱和度

案例文件	DVD1\源文件\第 6 章\6-2.psd
视频文件	DVD2\视频\第 6 章\6-2.avi
难易程度	★☆☆☆☆
视频时间	1 分 5 秒

步骤 1 首先将 7201.jpg 照片打开。

步骤 2 对图像应用色彩平衡命令。

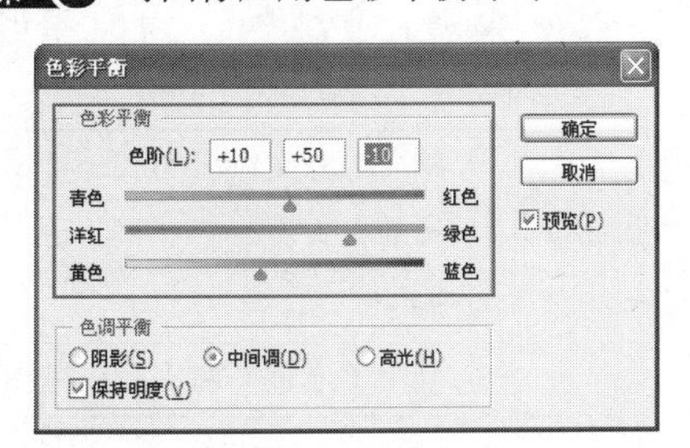

步骤 3 设置“色彩平衡”后的照片效果。

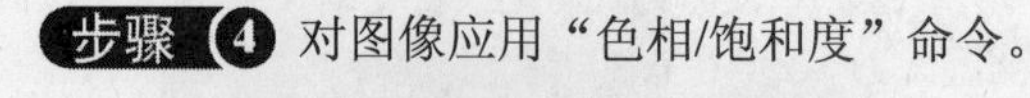
步骤 4 对图像应用“色相/饱和度”命令。

Example 实例 144 调整风景照片的冷暖色

案例文件	DVD1\源文件\第 6 章\6-3.psd
视频文件	DVD2\视频\第 6 章\6-3.avi
难易程度	★★☆☆☆
视频时间	4 分 6 秒

步骤 1 首先将 7301.jpg 照片打开。

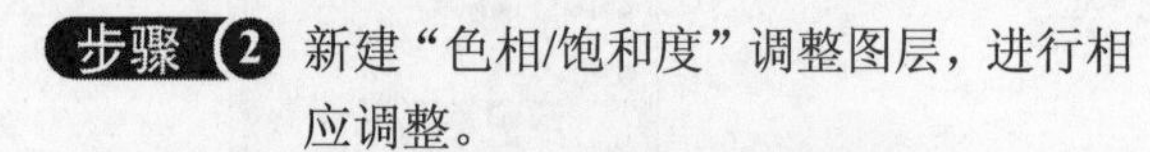
步骤 2 新建“色相/饱和度”调整图层，进行相应调整。

步骤 3 新建“渐变映射”调整图层，进行相应调整。盖印图层，应用“模糊”滤镜，并添加“图层”蒙版。

步骤 4 调整整体色彩，再应用“锐化”滤镜，完成制作。

Example 实例 145 为风景照片添加阳光

案例文件	DVD1\源文件\第 6 章\6-4.psd
难易程度	★★★☆☆
视频时间	59 秒
技术点睛	利用“通道”和“径向模糊”滤镜等命令，制作出阳光穿透树林的效果

思路分析

本实例中的照片阳光没有穿透树林，通过使用“通道”和“径向模糊”滤镜等命令产生阳光穿透树林效果，最终效果如图 6-6 所示。

（处理前）

（处理后）

图 6-6　照片处理前后的效果对比

制作步骤

步骤 1 执行“文件>打开”命令，将照片“DVD1\源文件\第 6 章\素材\7401.jpg”，照片效果如图 6-7 所示。执行“窗口>通道”命令，打开“通道”面板，单击 RGB 通道，按住键盘上的 Ctrl 键不放，单击“红”通道缩览图，加载“红”通道选区，如图 6-8 所示。

图 6-7　打开素材图像

图 6-8　载入“红”通道选区

> **提示** 在“通道”面板中观察哪个通道的黑白颜色反差较大，在该幅照片中，红色通道的反差较大。

步骤 2 返回“图层”面板，执行“图层>新建>通过拷贝的图层”命令，将刚刚选区的内容复制到自动创建的“图层 1”图层中，如图 6-9 所示。在“图层”面板中选中“图层 1”图层，执行“滤镜>模糊>径向模糊”命令，打开“径向模糊”对话框，参数设置如图 6-10 所示，单击“确定”按钮完成设置，照片效果如图 6-11 所示。

图 6-9　通过拷贝图层

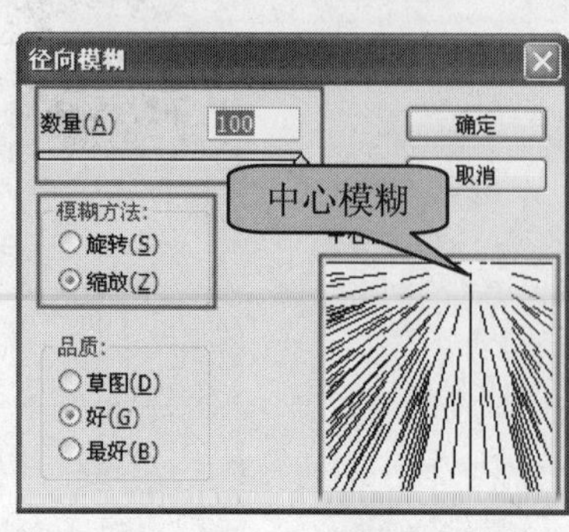

图 6-10　设置“径向模糊”对话框

图 6-11　照片效果

提示

拷贝图层时，按键盘上的 Ctrl+J 键，也可以拷贝。

步骤 3 完成照片的调整，执行“文件>存储为”命令，将处理完成的照片存储为 PSD 文件。

实例小结

本实例通过通道载入相应的选区，将选区内容复制为一个新的图层，执行“径向模糊”滤镜轻松的制作出树林中阳光的效果。读者在使用“径向模糊”时，应注意“中心模糊”位置的调整。

Example 实例 146 制作风景照片抽丝效果

案例文件	DVD1\源文件\第 6 章\6-5.psd
视频文件	DVD2\视频\第 6 章\6-5.avi
难易程度	★★☆☆☆
视频时间	2 分 17 秒

步骤 1 首先将 7501.jpg 照片打开。

步骤 2 新建 5X5px 文件，绘制选区填充颜色，并定义成图案。

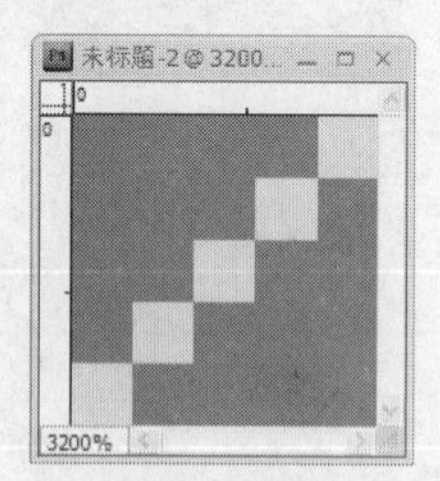

步骤 3 新建“图层 1”执行“编辑>填充”命令，将“图层 1”图案填充。

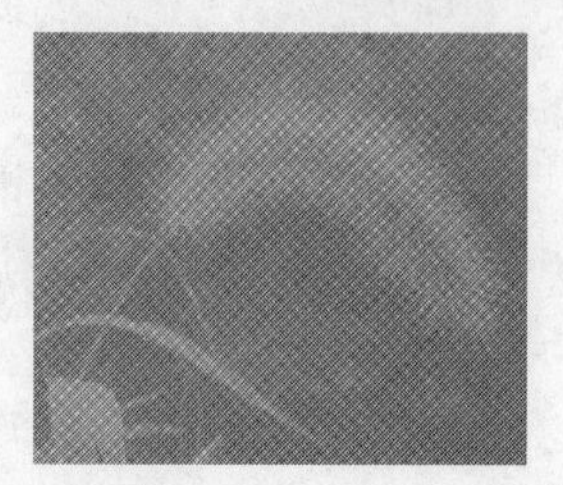

步骤 4 设置图层面板上的混合模式为“柔光”。

Example 实例 147 打造风景照片落日余辉效果

案例文件	DVD1\源文件\第 6 章\6-6.psd
视频文件	DVD2\视频\第 6 章\6-6.avi
难易程度	★★☆☆☆
视频时间	2 分 48 秒

步骤 1 打开需要处理的照片，复制“背景”图层。

步骤 2 复制“蓝”通道，并对“蓝 副本”通道应用“曲线”调整，再将建筑物涂抹黑色，得到天空选区。

步骤 3 新建图层，对天空添加“渐变映射”调整。

步骤 4 对“背景 副本”图层执行“曲线”调整，完成照片效果的制作。

Example 实例 148 增加水景照片的霞光效果

案例文件	DVD1\源文件\第 6 章\6-7.psd
难易程度	★★★☆☆
视频时间	1 分 22 秒
技术点睛	利用“羽化”、“色彩平衡”和“色阶”等命令，制作出照片的光照效果

思路分析

本实例中的原始照片较为平淡，利用“羽化”、“色彩平衡”和“色阶”等命令，可以添加落日的光照效果。最终效果如图 6-12 所示。

（处理前）

（处理后）

图 6-12　照片处理前后的效果对比

制作步骤

步骤 1 执行“文件>打开”命令，将照片“DVD1\源文件\第 6 章\素材\7701.jpg”打开，如图 6-13 所示，将“背景”图层拖动到“创建新图层”按钮 上，复制“背景”图层，得到“背景 副本”图层，如图 6-14 所示。

步骤 2 选择“背景 副本”图层，单击工具箱中的“椭圆选框工具”按钮，设置“属性栏”中的“羽化”值为 50，在画布中绘制椭圆选区，设置如图 6-15 所示，执行“图层>新建>通过拷贝的图层”命令，复制选区得到“图层 1”图层，将其“混合模式”设置为“滤色”，照片效果如图 6-16 所示。

图 6-13　打开文件

图 6-14　复制“背景”图层

图 6-15　绘制椭圆选区

提示 滤色：是查看每个通道的颜色信息，并将混合色的互补色与基色进行正片叠底。结果色总是较亮的颜色。用黑色过滤时颜色保持不变。用白色过滤将产生白色。此效果类似于多个摄影幻灯片叠加投影。

步骤 3 选中“图层 1”图层，“执行图像>调整>色彩平衡”命令，打开“色彩平衡”对话框，参数设置如图 6-17 所示，单击“确定”按钮完成设置，照片效果如图 6-18 所示。

图 6-16　照片效果

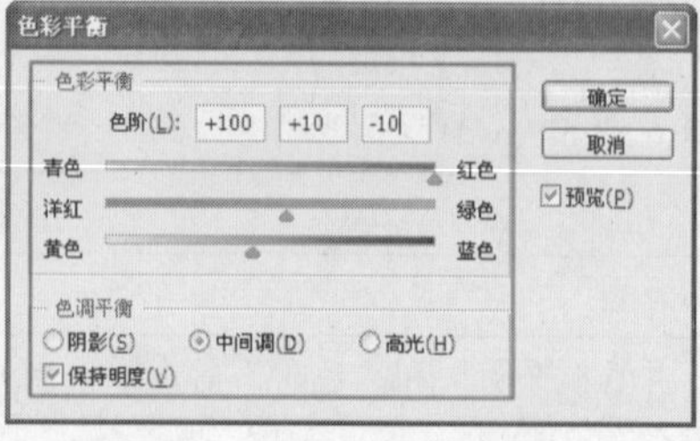

图 6-17　“色彩平衡”对话框

图 6-18　照片效果

步骤 4 选中“图层 1”图层，执行“图像>调整>色阶”命令，打开“色阶”对话框，参数设置如图 6-19 所示，单击“确定”按钮完成设置，照片效果如图 6-20 所示。

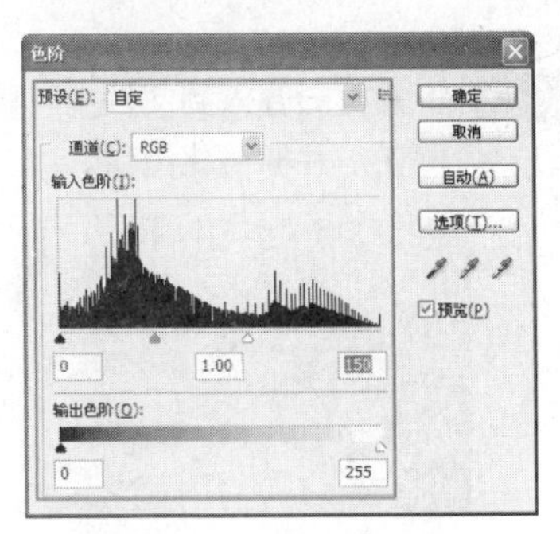

图 6-19　“色阶”对话框

图 6-20　照片效果

步骤 5 完成照片的调整后，执行“文件>存储为”命令，将处理完成的照片的霞光存储为 PSD 文件。

实例小结

本实例主要讲解如何利用“羽化”、“色彩平衡”和“色阶”等命令，为照片添加落日的光照效果。在操作过程中应注意颜色的调整。

Example 实例 149 制作海面波光粼粼的效果

案例文件	DVD1\源文件\第 6 章\6-8.psd
视频文件	DVD2\视频\第 6 章\6-8.avi
难易程度	★★☆☆☆
视频时间	2 分 8 秒

步骤 1 首先将 7801.jpg 照片打开。

步骤 2 打开“通道”面板将绿通道载入选区，返回到图层面板，复制选区。

步骤 3 执行“色阶”命令进行调整，再执行“USM 锐化”滤镜，制作波光粼粼的效果。

步骤 4 使用“图层蒙版”进一步调整，完成制作。

Example 实例 150 制作水中倒影效果

案例文件	DVD1\源文件\第 6 章\6-9.psd
视频文件	DVD2\视频\第 6 章\6-9.avi
难易程度	★★☆☆☆
视频时间	1 分 28 秒

步骤 1 首先新建宽为 1024 像素，高为 800 像素的文档。

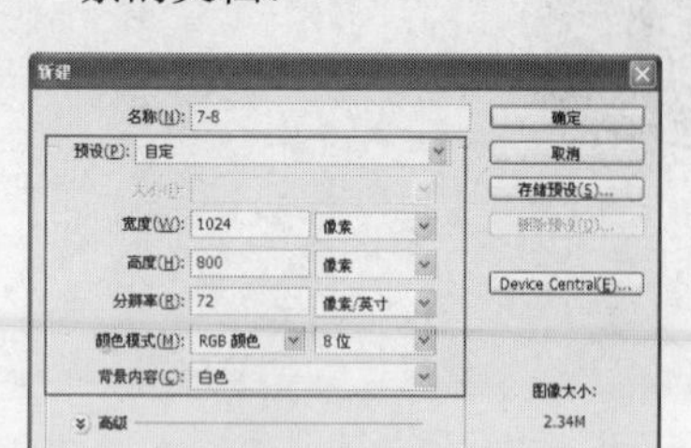

步骤 2 将素材图置入到文档中，移动到合适的位置，并栅格化图像。

步骤 3 在画布中绘制选区，复制选区，使用“自由变换”命令，将图像垂直翻转，调整到合适位置。

步骤 4 使用“动感模糊”滤镜做出水面效果。

Example 实例 151 增加花卉风景照片的逆光效果

案例文件	DVD1\源文件\第 6 章\6-10.psd
难易程度	★★☆☆☆
视频时间	1 分 27 秒
技术点睛	利用“动感模糊”、图层“混合模式”等命令增加超片的逆光效果

思路分析

本实例中的原始照片色彩暗淡，利用“动感模糊”、图层“混合模式”等命令可以为照片增加逆光效果。最终效果如图 6-21 所示。

（处理前）

（处理后）

图 6-21　照片处理前后的效果对比

制 作 步 骤

步骤 1 执行“文件>打开”命令，将照片“DVD1\源文件\第 6 章\素材\71001.jpg”打开，如图 6-22 所示，复制“背景”图层，得到“背景 副本”图层，如图 6-23 所示。

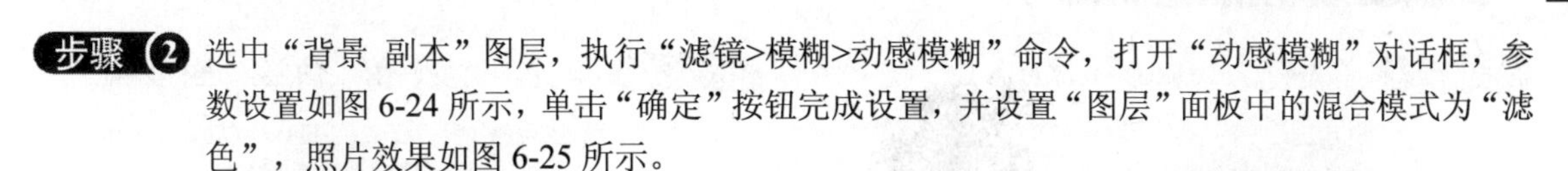

步骤 2 选中“背景 副本”图层，执行“滤镜>模糊>动感模糊”命令，打开“动感模糊”对话框，参数设置如图 6-24 所示，单击“确定”按钮完成设置，并设置“图层”面板中的混合模式为“滤色”，照片效果如图 6-25 所示。

图 6-22　打开文件

图 6-23　复制“背景”图层

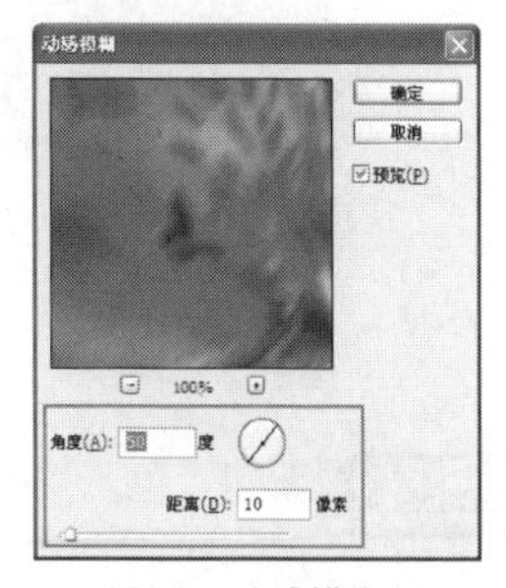

图 6-24　设置“动感模糊”对话框

步骤 3 复制“图层 副本”得到“图层 副本 2”图层，选中“图层 副本 2”设置“图层”面板中的混合模式为“柔光”，照片效果如图 6-26 所示。单击“图层”面板中的“创建新图层”按钮，新建“图层 1”，单击工具箱中的“渐变工具”按钮，在“选项”栏上单击“渐变预览条”，弹出“渐变编辑器”对话框，从左向右分别设置渐变色标的颜色值为 RGB（179，233，255）到 RGB（255，255，255），单击“确定”按钮，在图层中拖曳，应用渐变填充，并设置“图层 1”的“不透明度”为 10%。效果如图 6-27 所示。

图 6-25　照片效果

图 6-26　照片效果

图 6-27　照片效果

> **提示**
> 柔光：是使颜色变暗或变亮，具体取决于混合色。此效果与发散的聚光灯照在图像上相似。如果混合色（光源）比 50%灰色亮，则照片变亮，就像被减淡了一样。如果混合色（光源）比 50%灰色暗，则照片变暗，就像被加深了一样。绘画使用纯黑或纯白色绘画会产生明显变暗或变亮的区域，但不会出现纯黑或纯白色。

步骤 4 完成照片的调整，执行“文件>存储为”命令，将处理完成的照片存储为 PSD 文件。

实例小结

本实例主要使用“动感模糊”、图层“混合模式”等命令为照片增加逆光效果，从视觉上产生特殊的效果，在实际操作时，应注意混合模式的应用。

Example 实例 152　调出风景照片的淡色调

案例文件	DVD1\源文件\第 6 章\6-11.psd
视频文件	DVD2\视频\第 6 章\6-11.avi
难易程度	★★★☆☆
视频时间	2 分 44 秒

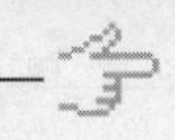

步骤 1 首先将 71101.jpg 照片打开。

步骤 2 新建“渐变映射”图层，进行调整。

步骤 3 新建“色彩平衡”和“色相/饱和度”图层，进行调整。

步骤 4 盖印可见图层，并复制，应用“高斯模糊”滤镜，并设置“不透明度”为 25%，完成制作。

Example 实例 153 突出照片中景物的质感

案例文件	DVD1\源文件\第 6 章\6-12.psd
视频文件	DVD2\视频\第 6 章\6-12.avi
难易程度	★★☆☆☆
视频时间	1 分 46 秒

步骤 1 首先将 71201.jpg 照片打开。并复制“背景”图层，得到“背景 副本”图层。

步骤 2 使用“高斯模糊”滤镜，并设置图层混合模式为“柔光”。

步骤 3 使用“光照效果”滤镜和“曲线”命令，进行调整。

步骤 4 使用图层蒙版，将多余的部分涂抹掉，完成制作。

Example 实例 154 制作风景照片朦胧效果

案例文件	DVD1\源文件\第 6\6-13psd
难易程度	★★☆☆☆
视频时间	1 分 11 秒
技术点睛	利用“色彩平衡”、“高斯模糊滤镜”、“色相/饱和度”和“图层混合模式”等命令，制作出照片朦胧的效果

思路分析

本例中原始照片色彩平淡，可以利用“色彩平衡”和“高斯模糊滤镜”等命令，将照片的整体风格改变，制作出朦胧的效果。本例的最终效果如图 6-28 所示。

（处理前）

（处理后）

图 6-28　照片处理前后的效果对比

制作步骤

步骤 1 执行“文件>打开”命令，将照片“DVD1\源文件\第 6 章\素材\71301.jpg”打开，如图 6-29 所示，复制“背景”图层，得到“背景 副本”图层，如图 6-30 所示。

图 6-29　打开文件

图 6-30　复制图层

步骤 2 选中“背景副本”图层，执行“图像>调整>色彩平衡”命令，在打开的“色彩平衡”对话框中，分别设置“中间调”和“高光”的参数，如图 6-31 所示，单击“确定”按钮完成设置，照片效果如图 6-32 所示。

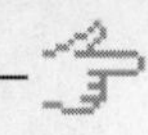

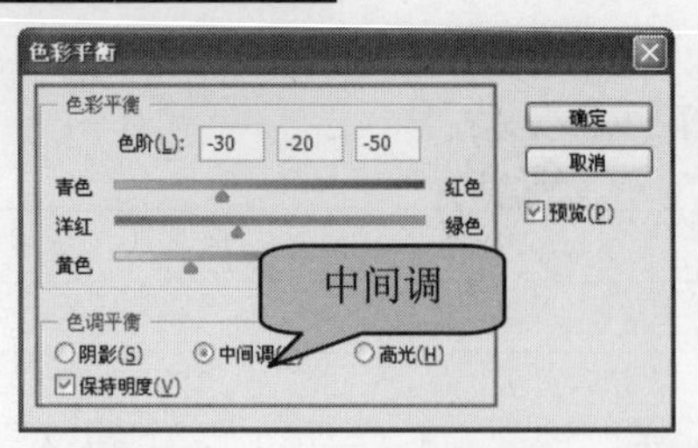

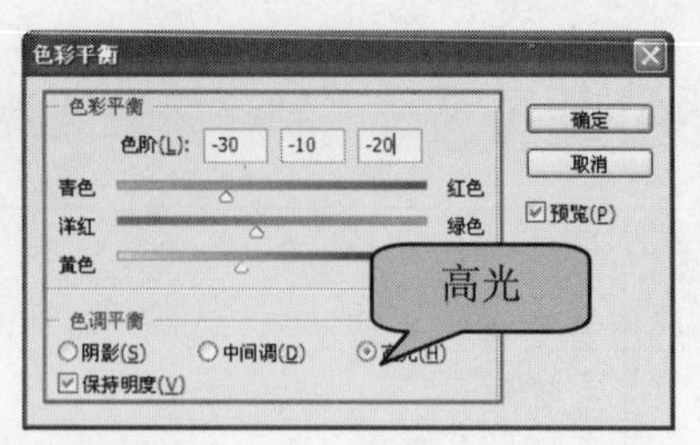

图 6-31　设置“色彩平衡”

步骤 3 选中“背景副本”图层，执行“滤镜>模糊>高斯模糊”命令，打开“动感模糊”对话框，参数设置如图 6-33 所示，单击“确定”按钮完成设置，照片效果如图 6-34 所示。

图 6-32　照片效果

图 6-33　设置“高斯模糊”

图 6-34　照片效果

步骤 4 选中“背景副本”图层，执行“图像>调整>色相/饱和度”命令，参数“色相/饱和度”对话框，参数设置如图 6-35 所示，单击“确定”按钮完成设置，并设置“图层”面板中的混合模式为“变亮”，照片效果如图 6-36 所示。

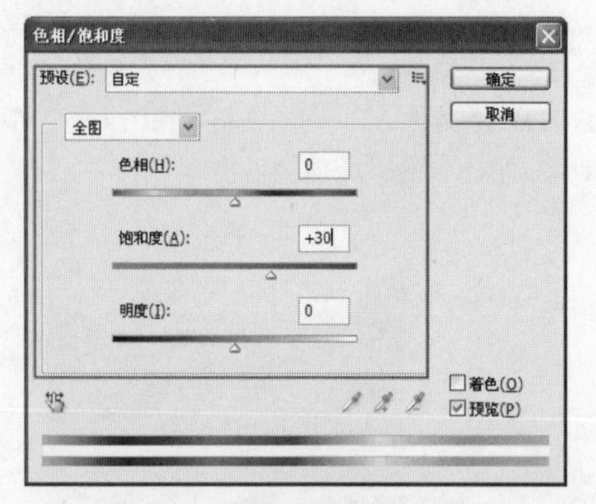

图 6-35　设置“色相/饱和度”

图 6-36　照片效果

> **提示** 变亮：是查看每个通道中的颜色信息，并选择基色或混合色中较亮的颜色作为结果色。比混合色暗的像素被替换，比混合色亮的像素保持不变。

步骤 5 完成照片的调整后，执行“文件>存储为”命令，将处理完成的照片存储为 PSD 文件。

实例小结

本实例主要利用“高斯模糊滤镜”和“图层混合模式”等命令，将照片整体风格变成朦胧的效果，在实际操作中可根据需要对图像进行调整，并设置不同的参数，来得到更多不同的效果。

Example 实例 155 为风景照片添加云雾效果

案例文件	DVD1\源文件\第 6 章\6-14.psd
视频文件	DVD2\视频\第 6 章\6-14.avi
难易程度	★★☆☆☆
视频时间	1 分 24 秒

步骤 1 首先将 71401.jpg 照片打开。

步骤 2 再将素材 71402.jpg 置入到画布中，调整到合适位置并栅格化图层。

步骤 3 设置 71402 图层的不透明度为 80%。

步骤 4 为 71402 图层添加图层蒙版，并对蒙版应用渐变填充。

Example 实例 156 调出风景照片灰暗的艺术效果

案例文件	DVD1\源文件\第 6 章\6-15.psd
视频文件	DVD2\视频\第 6 章\6-15.avi
难易程度	★★☆☆☆
视频时间	2 分 33 秒

步骤 1 首先复制“背景”图层，得到“背景副本”图层。

步骤 2 新建“色相/饱和度”和“色彩平衡”调整图层，进行相应调整。

步骤 3 盖印可见图层，去色和反相，并应用“模糊”滤镜，设置图层混合模式为“柔光”，“不透明度”为75%。

步骤 4 盖印可见图层，使用“USM锐化”滤镜。完成制作。

Example 实例 157 调出风景照片阳光直射效果

案例文件	DVD1\源文件\第 6\6-6psd
难易程度	★★☆☆☆
视频时间	1 分
技术点睛	利用“色阶”和“镜头光晕”等命令，实现照片的逆光剪影效果

思路分析

本例是一张远景照片，可以使用“色阶”和“镜头光晕”等命令，来实现照片的逆光剪影效果。本例的最终效果如图6-37所示。

（处理前）

（处理后）

图6-37　照片处理前后的效果对比

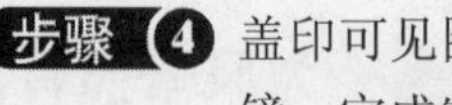

步骤 1 执行“文件>打开”命令，将照片“DVD1\源文件\第 6 章\素材\71601.jpg”打开，如图 6-38所示，复制“背景”图层，得到“背景 副本”图层，如图6-39所示。

步骤 2 选择“图层 副本”图层，执行“图像>调整>色阶”命令，打开的“色阶”对话框，参数设置如图6-40所示，单击“确定”按钮完成设置，照片效果如图6-41所示。

图6-38　照片效果

图6-39　复制图层

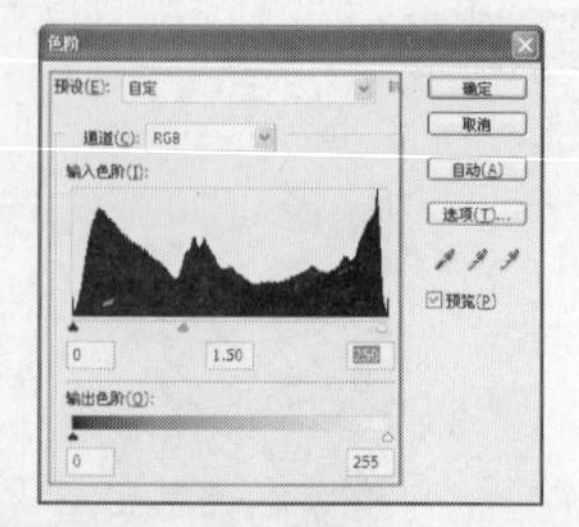

图6-40　设置“色阶”对话框

步骤 3 选择“图层 副本”图层，执行“滤镜>渲染>镜头光晕”命令，打开的“镜头光晕”对话框，参数设置如图 6-42 所示，单击“确定”按钮完成设置，照片效果如图 6-43 所示。

图 6-41　照片效果

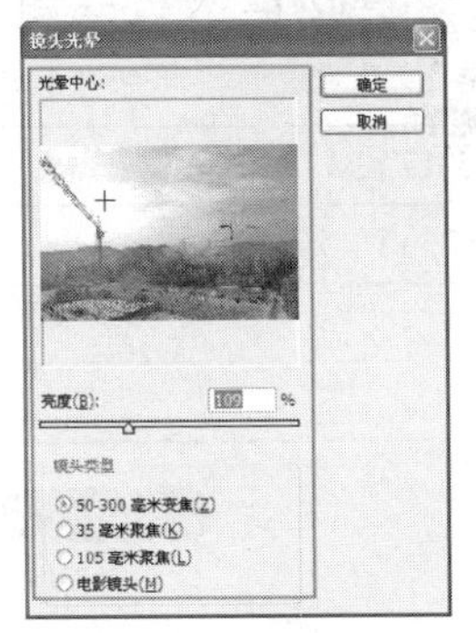

图 6-42　“镜头光晕”对话框

图 6-43　添加图层蒙版

提示　镜头光晕：为模拟亮光照射到像机镜头所产生的折射。通过单击图像缩览图的任一位置或拖动其十字线，指定光晕中心的位置。

步骤 4　完成照片的调整后，执行“文件>存储为”命令，将照片存储为 PSD 文件。

实例小结

本实例利用“色阶”和“镜头光晕”等命令，为照片添加逆光剪影的效果，在实际操作时，应注意光晕的角度。

Example 实例 158　制作风景照片晚霞效果

案例文件	DVD1\源文件\第 6 章\6-17.psd
视频文件	DVD2\视频\第 6 章\6-17.avi
难易程度	★★☆☆☆
视频时间	2 分 41 秒

步骤 1　首先复制“背景”图层，得到“背景 副本”层。

步骤 2　执行“图像>调整>曲线”命令，进行相应调整。

步骤 3　隐藏“背景 副本”图层，选择“背景”图层，执行“图像>调整>色阶”命令，进行相应调整。

步骤 4　显示“背景 副本”图层，添加图层蒙版，并对蒙版应用渐变填充，设置图层混合模式为“正片叠底”。

Example 实例 159 制作风景照片落日效果

案例文件	DVD1\源文件\第 6 章\6-17.psd
视频文件	DVD2\视频\第 6 章\6-17.avi
难易程度	★★☆☆☆
视频时间	3 分 14 秒

步骤 1 首先将 71801.jpg 照片打开。

步骤 2 使用“椭圆工具”绘制正圆形，并栅格化图层，再应用“高斯模糊”滤镜，讲行调整。

步骤 3 使用“画笔工具”，在“选项”栏中设置“不透明度”20%，在正圆形位置涂抹。

步骤 4 使用“镜头光晕”滤镜，制作出光束效果，再使用“图层蒙版”进行调整，完成制作。

Example 实例 160 打造风景照片的双色调效果

案例文件	DVD1\源文件\第 6 章\6-19.psd
难易程度	★★☆☆☆
视频时间	1 分 6 秒
技术点睛	利用“色彩平衡”、“色相/饱和度”和“图层混合模式”等命令制作出照片的双色调效果

思路分析

本实例中的原始照片使用了远角拍摄方法，照片中的背景与火车融合的非常有意境，可以利用“色彩平衡”和“色相/饱和度”等命令，进行调整使照片主题更加突出，图像最终效果如图 6-44 所示。

（处理前）

（处理后）

图 6-44　照片处理前后的效果对比

步骤 1 执行“文件>打开”命令，将照片“DVD1\源文件\第 6 章\素材\71901.jpg”打开，如图 6-45 所示，复制“背景”图层，得到“背景 副本”图层，如图 6-46 所示。

步骤 2 执行“图像>调整>色彩平衡”命令，在打开的“色彩平衡”对话框中设置“中间调”的相应参数，如图 6-47 所示，单击“确定”按钮完成设置，照片效果如图 6-48 所示。

图 6-45　打开文件

图 6-46　复制“背景”图层

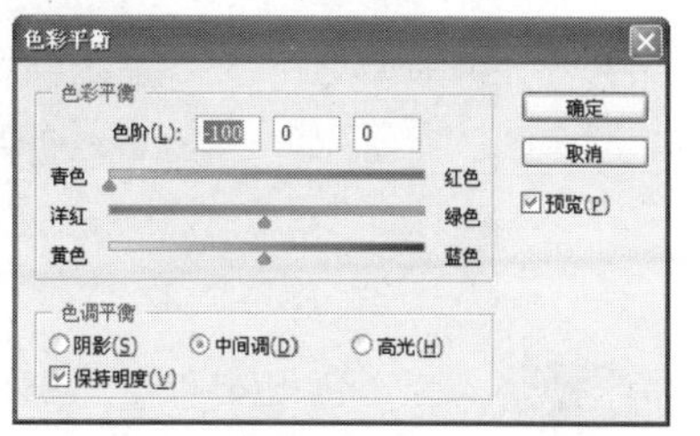

图 6-47　设置“色彩平衡”对话框

技巧 执行“图像>调整>色彩平衡”命令，这个方法直接对图像图层进行调整并扔掉图像信息。

步骤 3 选择“图层 副本”，执行“图像>调整>色相/饱和度”命令，打开的“色相/饱和度”对话框，参数设置如图 6-49 所示，单击“确定”按钮完成设置，并设置图层混合模式为“叠加”，照片效果如图 6-50 所示。

图 6-48　照片效果

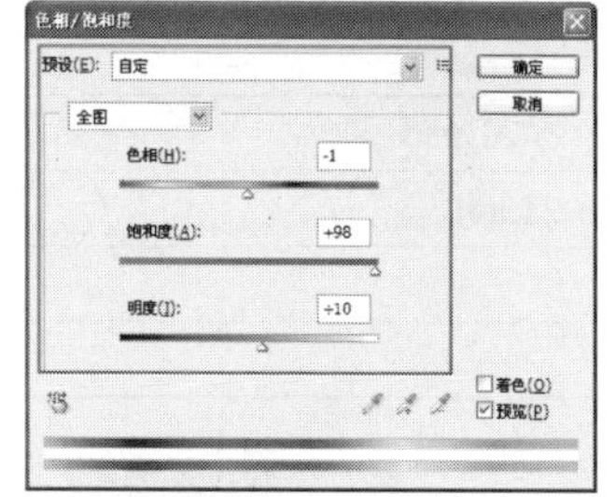

图 6-49　设置“色相/饱和度”对话框

图 6-50　照片效果

步骤 4 使用“横排文字工具” T，选择合适的“字体”、“字体大小”、“字体颜色”在画布中输入文字，完成照片的调整。执行“文件>存储为”命令，将处理完成的照片存储为 PSD 文件。

实例小结

本实例主要利用“色彩平衡”、“色相/饱和度”等命令将照片的色调稍作修饰，使照片风格更加有意境，在实际操作时应同色系和补色系的搭配。

Example 实例 161　制作神秘的原始森林效果

案例文件	DVD1\源文件\第 6 章\6-20.psd
视频文件	DVD2\视频\第 6 章\6-20.avi
难易程度	★☆☆☆☆
视频时间	2 分 47 秒

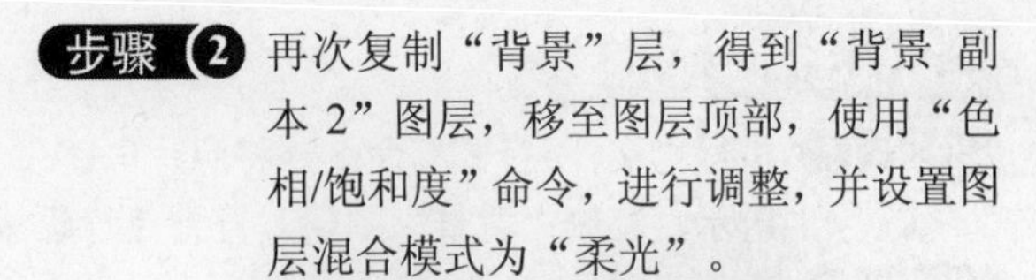

步骤 1 复制“背景”层，得到“背景 副本”图层，并设置图层混合模式为“强光”。

步骤 2 再次复制“背景”层，得到“背景 副本 2”图层，移至图层顶部，使用“色相/饱和度”命令，进行调整，并设置图层混合模式为“柔光”。

步骤 3 新建“色相/饱和度”调整图层，进行相应调整。

步骤 4 为照片添加“纤维”滤镜效果，完成制作。

Example 实例 162 制作梦幻建筑风景效果

案例文件	DVD1\源文件\第 6 章\6-21.psd
视频文件	DVD2\视频\第 6 章\6-21.avi
难易程度	★☆☆☆☆
视频时间	2 分 33 秒

步骤 1 首先将照片 72101.jpg 打开。

步骤 2 复制“背景”层，得到“背景 副本”图层，使用“映射渐变”命令，进行调整。

步骤 3 使用“映射渐变”命令，进行调整。

步骤 4 再次使用“映射渐变”命令，进行调整。完成制作。

Example 实例 163 为秀丽山川照片调色

案例文件	DVD1\源文件\第 6 章\6-22.psd
难易程度	★★☆☆☆
视频时间	1 分 21 秒
技术点睛	利用“曲线”、“色阶”、“可选颜色”等命令，为山川照片调色

思路分析

本实例中的原始照片风景迷人，但由于光线的原因导致色彩不明确，为其添加一些特殊的视觉效果，使照片恢复艳丽的色彩，最终如图 6-51 所示。

（处理前）

（处理后）

图 6-51 照片处理前后的效果对比

制作步骤

步骤 1 执行“文件>打开”命令，将照片“DVD1\源文件\第 6 章\素材\72201.jpg”打开，如图 6-52 所示，复制“背景”图层，得到“背景 副本”图层，如图 6-53 所示。

步骤 2 选择“图层 副本”，执行“图像>调整>曲线”命令，打开的“曲线”对话框，设置如图 6-54 所示，单击“确定”按钮完成设置，照片效果如图 6-55 所示。

图 6-52 打开文件

图 6-53 复制“背景”图层

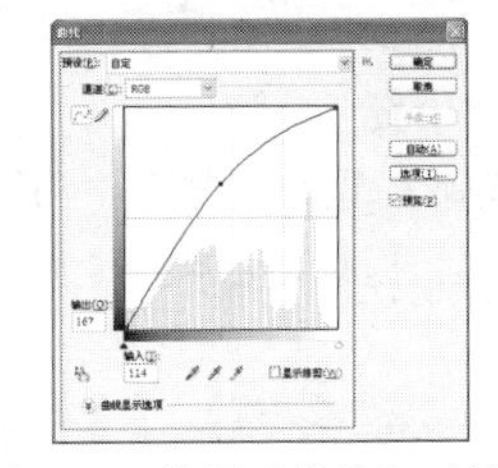

图 6-54 设置“曲线”对话框

技巧 执行“图像>调整>色彩平衡”命令，也可按键盘上的 Ctrl+B 键。

步骤 3 选择“图层 副本”，执行“图像>调整>色阶”命令，打开的“色阶”对话框，设置如图 6-56 所示，单击“确定”按钮完成设置，照片效果如图 6-57 所示。

图 6-55 照片效果

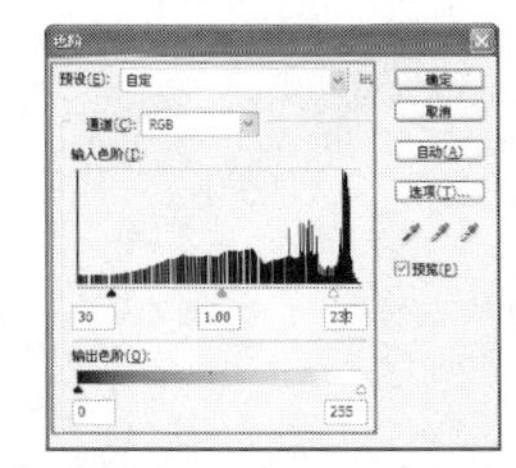

图 6-56 设置“色阶”对话框

图 6-57 照片效果

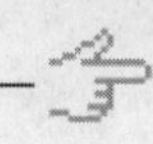

步骤 4 选择“图层 副本”，执行“图像>调整>可选颜色”命令，在弹出的“可选颜色”对话框中分别设置“绿色”、“青色”和“蓝色”选项，如图 6-58 所示，单击“确定”按钮完成设置，照片效果如图 6-59 所示。

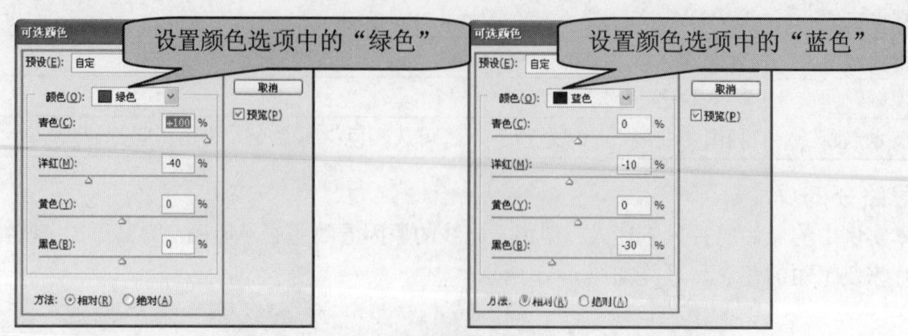

图 6-58 设置“可选颜色”对话框

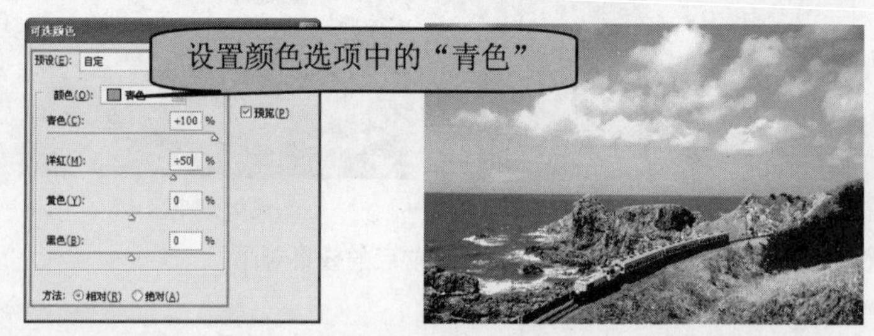

图 6-59 照片效果

步骤 5 完成照片的调整后，执行“文件>存储为”命令，将处理完成的照片存储为 PSD 文件。

> 提示
> 本例还可以根据自己的喜好调整为傍晚时晚霞映海面的效果。

实例小结

本实例主要通过利用“曲线”和“色阶”等命令，调整不同的色调，使照片的色彩更加艳丽。在实际操作中，应注意在调色时各种颜色的保留。

Example 实例 164 让照片真实的风景颜色更加鲜艳

案例文件	DVD1\源文件\第 6 章\6-23.psd
视频文件	DVD2\视频\第 6 章\6-23.avi
难易程度	★★☆☆☆
视频时间	1 分 41 秒

步骤 1 首先将 72301.jpg 照片打开。并复制“背景”图层，得到“背景 副本”图层。

步骤 2 使用“曲线”命令，对照片进行调整，调整后的效果。

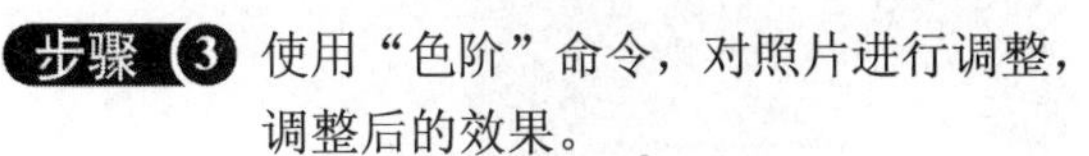

步骤 3 使用“色阶”命令，对照片进行调整，调整后的效果。

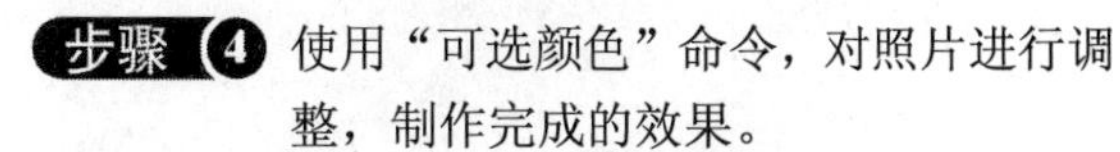

步骤 4 使用“可选颜色”命令，对照片进行调整，制作完成的效果。

Example 实例 165 调出照片漂亮的天空

案例文件	DVD1\源文件\第 6 章\6-24.psd
视频文件	DVD2\视频\第 6 章\6-24.avi
难易程度	★★☆☆☆
视频时间	2 分 44 秒

步骤 1 打开需要处理的照片，首先复制“背景”图层，得到“背景 副本”层。

步骤 2 新建“曲线”调整图层，进行相应调整。

步骤 3 新建“选取颜色”调整图层，进行相应调整。

步骤 4 新建“渐变映射”调整图层，进行相应调整，完成制作。

Example 实例 166 为清澈的溪流照片调色

案例文件	DVD1\源文件\第 6 章\6-25.psd
难易程度	★★☆☆☆
视频时间	56 秒
技术点睛	利用“色阶”、“色相/饱和度”和“亮度/对比度”等命令，为溪流照片增添鲜艳的色彩

思路分析

本实例中的照片由于拍摄问题导致色彩暗淡，可通过调整来改变照片色彩，赋予照片优美的意境。最终效果如图 6-60 所示。

（处理前）

（处理后）

图 6-60　照片处理前后的效果对比

制作步骤

步骤 1 执行“文件>打开”命令，将照片“DVD1\源文件\第 6 章\素材\72501.jpg”打开，如图 6-61 所示，复制“背景”图层，得到“背景 副本”图层，如图 6-62 所示。

步骤 2 选择“背景 副本”图层单击“创建新的填充或调整图层”按钮，选择“色阶”命令，打开“调整”面板设置如图 6-63 所示，完成“调整”面板的设置，照片效果如图 6-64 所示。

图 6-61　打开文件

图 6-62　复制“背景”图层

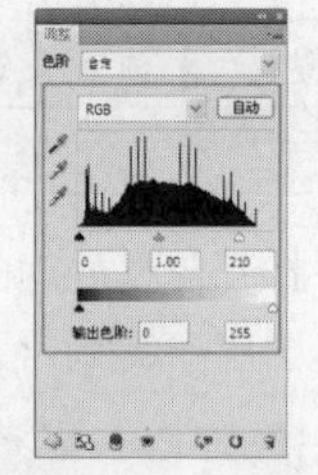

图 6-63　设置“色阶”

步骤 3 单击“创建新的填充或调整图层”按钮，选择“色相/饱和度”命令，打开“调整”面板设置如图 6-65 所示，完成“调整”面板的设置，照片效果如图 6-66 所示。

图 6-64　照片效果

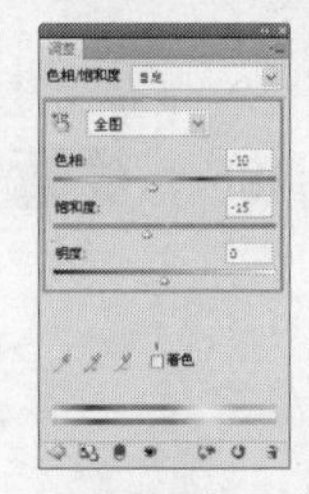

图 6-65　设置“色相/饱和度”

图 6-66　照片效果

步骤 4 单击“创建新的填充或调整图层”按钮，选择“亮度/对比度”命令，打开“调整”面板设置如图 6-67 所示，完成“调整”面板的设置，照片效果如图 6-68 所示。

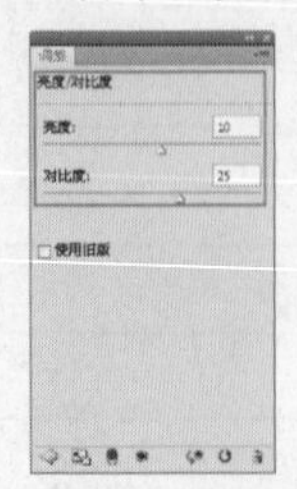

图 6-67　设置“亮度/对比度”

图 6-68　照片效果

技巧 在调整时，注意“色阶”、“色相/饱和度”和“亮度/对比度”的综合运用，最好不要仅使用一种功能来进行调整。

步骤 5 完成照片的调整后，执行“文件>存储为”命令，将处理完成的照片存储为 PSD 文件。

实例小结

本实例主要利用“色阶”、“色相/饱和度”和“亮度/对比度”等命令，为照片添加更鲜艳的色彩。在实际操作时应注意色彩强弱的调整，以保持照片效果的真实性。

Example 实例 167 打造风景照片冷色调的视觉冲击力效果

案例文件	DVD1\源文件\第 6 章\6-26.psd
视频文件	DVD2\视频\第 6 章\6-26.avi
难易程度	★★☆☆☆
视频时间	1 分 47 秒

步骤 1 首先将 72601.jpg 照片打开。并复制“背景”图层，得到“背景 副本”图层。

步骤 2 使用“色相/饱和度”和“曲线”命令，对“图层 副本”进行调整。

步骤 3 新建“图层 2”使用“云彩”滤镜，进行调整。并设置图层混合模式为“柔光”。

步骤 4 新建“图层 3”，盖印可见图层，设置图层混合模式为“叠加”，完成制作。

Example 实例 168 打造精致的草原风光效果

案例文件	DVD1\源文件\第 6 章\6-27.psd
视频文件	DVD2\视频\第 6 章\6-27.avi
难易程度	★★★☆☆
视频时间	4 分 7 秒

步骤 1 使用“图层蒙版”和“图层混合模式”进行相应调整，并盖印图层。

步骤 2 为图层添加图层蒙版，在上面进行涂抹，设置图层的“混合模式”为“线性减淡”，并盖印图层。

步骤 3 使用“图层蒙版”和“图层混合模式”进行相应调整，盖印图层，并应用“光照效果”滤镜。

步骤 4 盖印图层，并应用“去除杂色”滤镜，进行调整，完成制作。

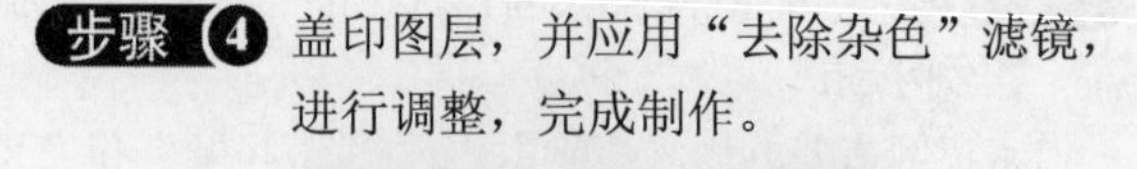

Example 实例 169 使用 Lab 通道调整风景照片的色彩

案例文件	DVD1\源文件\第 6 章\6-28.psd
难易程度	★★☆☆☆
视频时间	3 分 40 秒
技术点睛	利用“调整图层”和“Lab 模式”等命令调整照片的色彩

思路分析

本实例中主要使用了“调整图层”和“Lab 模式”等命令对照片进行简单的调整，实现照片色彩的变换。最终效果如图 6-69 所示。

（处理前）

（处理后）

图 6-69 照片处理前后的效果对比

制作步骤

步骤 1 执行“文件>打开”命令，将照片“DVD1\源文件\第 6 章\素材\72801.jpg”打开，如图 6-70 所示。单击“图层”面板上的“创建新的填充或调整图层”按钮，选择“通道混合器”命令，打开“调整”面板设置如图 6-71 所示。

步骤 2 完成“调整”面板的设置，照片效果如图 6-72 所示。单击“图层”面板“添加图层样式”按钮 fx，在弹出的菜单中选择“混合选项”命令，打开“图层样式”对话框，参数设置如图 6-73 所示。

图 6-70 打开文件

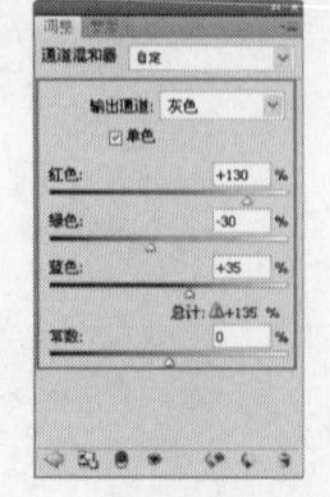

图 6-71 设置“通道混合器”

图 6-72 照片效果

步骤 3 设置完成后，单击“确定”按钮，效果如图 6-74 所示。单击“创建新的填充或调整图层”按钮，选择“可选颜色”命令，打开“调整”面板设置如图 6-75 所示。

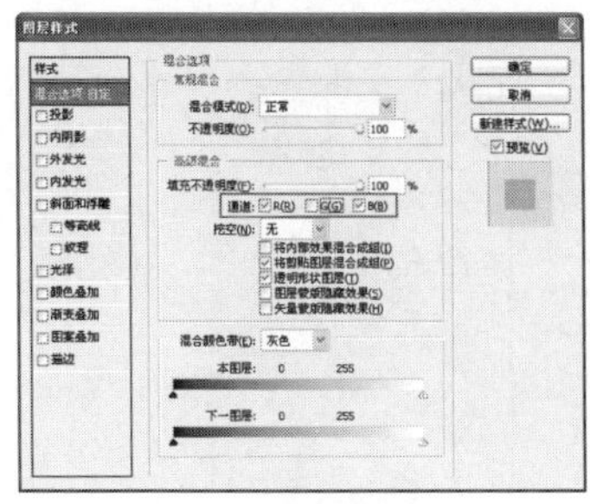

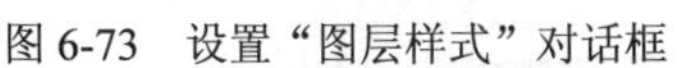

图 6-73　设置“图层样式”对话框

图 6-74　照片效果

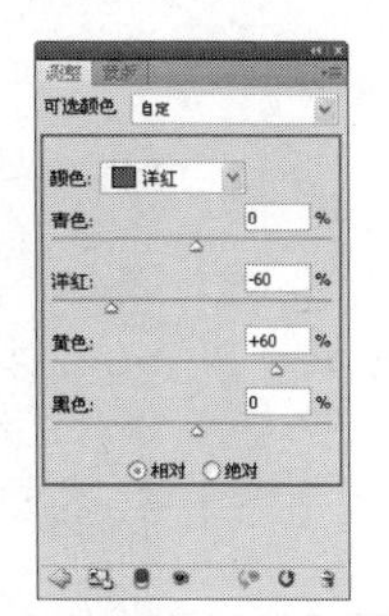

图 6-75　设置“可选颜色”

步骤 4 完成“调整”面板的设置，照片效果如图 6-76 所示。单击“创建新的填充或调整图层”按钮，选择“照片滤镜”命令，打开“调整”面板设置如图 6-77 所示。

图 6-76　照片效果

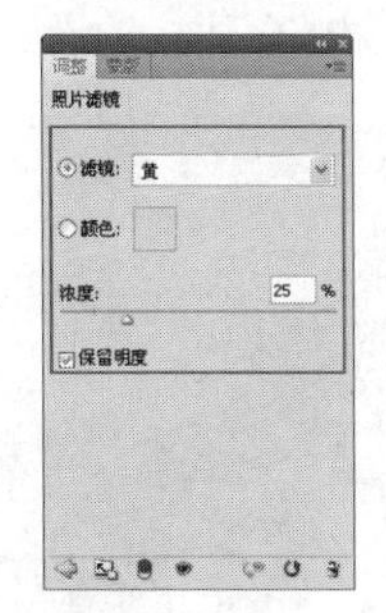

图 6-77　设置“照片滤镜”

步骤 5 完成“调整”面板的设置，照片效果如图 6-78 所示。按 Ctrl+Shift+ E 键，合并所有图层，执行“图像>模式>Lab”命令，将照片转换为 Lab 模式，切换到“通道”面板，选择 a 通道，按 Ctrl+A 键全选，如图 6-79 所示。

图 6-78　照片效果

图 6-79　全选 a 通道

步骤 6 按 Ctrl+C 键复制选区，单击 b 通道，如图 6-80 所示，按 Ctrl+V 键粘贴，如图 6-81 所示。

图 6-80　照片效果

图 6-81　全选 a 通道

步骤 7 粘贴完成后，单击 Lab 通道，效果如图 6-82 所示，返回到“图层”面板，单击“创建新的填充或调整图层”按钮 ，选择“亮度/对比度”命令，打开“调整”面板设置如图 6-83 所示。

图 6-82 照片效果

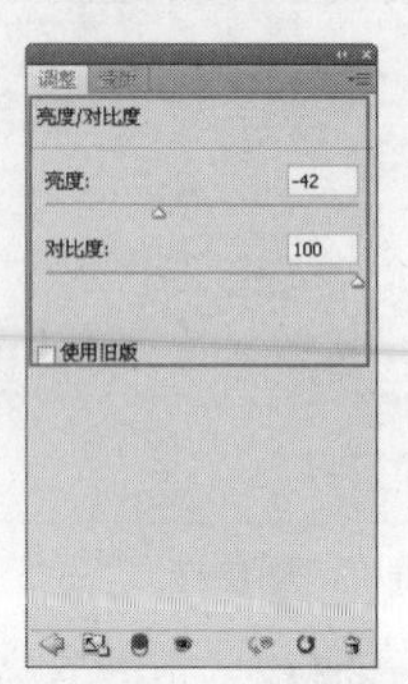

图 6-83 设置“亮度/对比度”

步骤 8 完成“调整”面板的设置，照片效果如图 6-84 所示，“图层”面板如图 6-85 所示。

图 6-84 照片效果

图 6-85 “图层”面板

步骤 9 完成照片的调整后，执行“文件>存储为”命令，将照片存储为 PSD 文件。

实例小结

本实例通过将模式转换为 Lab，然后通过对 a 通道和 b 通道的操作，来变换照片的整体色彩。

Example 实例 170 使风景照片的天空更美

案例文件	DVD1\源文件\第 6 章\6-29.psd
视频文件	DVD2\视频\第 6 章\6-29.avi
难易程度	★★☆☆☆
视频时间	2 分 40 秒

步骤 1 首先将 72901.jpg 照片打开。

步骤 2 再将素材 72902.jpg 置入到画布中，调整到合适的位置，并栅格化图层。

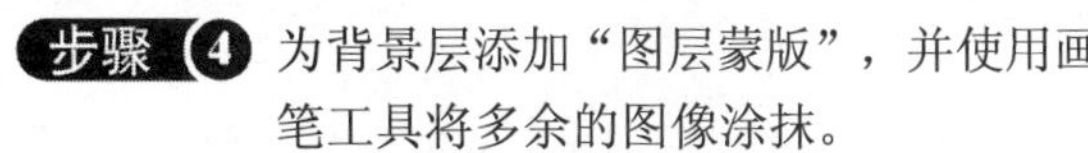

步骤 3　将“背景”图层解锁，再将 72902 图层移至“背景”层下。

步骤 4　为背景层添加“图层蒙版”，并使用画笔工具将多余的图像涂抹。

Example 实例 171　制作窗外的风景效果

案例文件	DVD1\源文件\第 6 章\6-30.psd
视频文件	DVD2\视频\第 6 章\6-30.avi
难易程度	★★☆☆☆
视频时间	3 分 45 秒

步骤 1　打开需要处理的照片，并在合适的位置绘制矩形。

步骤 2　打开“通道”面板，复制“红”通道，并对“红副本”通道使用“色阶”命令调整，返回到“图层”面板，将素材置入到画布中，并栅格化图层。

步骤 3　打开“通道”面板，将“红 副本”载入选区。

步骤 4　返回到“图层”面板，删除“形状 1”图层，选择 73002 图层，创建图层蒙版，并使用“画笔工具”进行调整。

第 7 章 人物照片处理

本章主要针对人物照片中出现的一些瑕疵进行修复和美化。日常拍摄多是以人物照片为主，但拍摄的照片中总会有一些瑕疵，通过本章的学习，这些瑕疵都能够被处理好，从而得到一张完美的照片。

Example 实例 172 去除人物的红眼

案例文件	DVD1\源文件\第 7 章\7-1.psd
难易程度	★★☆☆☆
视频时间	1 分 24 秒
技术点睛	使用“椭圆选区”创建选区，利用“应用图像”对通道进行调整，通过设置“色阶”调整照片的亮度

思路分析

本实例中的原照片是在室内拍摄的，由于光线较暗，就使用了闪光灯，结果人物出现了红眼现象，影响了照片的美观。去除红眼的关键是要观察哪个通道损失最少，然后选择该通道进行调整。效果如图 7-1 所示。

（处理前）

（处理后）

图 7-1 去除红眼前后的效果对比

制作步骤

步骤 1 执行“文件>打开”命令，打开需要处理的照片原图“DVD1\源文件\第 7 章\素材\8101.jpg”，如图 7-2 所示。单击工具箱中的“椭圆选框工具”按钮，拖动选出人物的左侧红眼部分，再按下 Shift 键，拖动选中右侧红眼部分，选区效果如图 7-3 所示。

步骤 2 打开“通道”面板，分别查看各个通道的图像眼部位置，可以看到只有绿色通道很完整，其他两个通道有损失，红通道效果如图 7-4 所示，蓝通道效果如图 7-5 所示。

图 7-2 打开照片

图 7-3 创建选区

图 7-4 红通道效果

步骤 3 单击 RGB 通道，执行“图像>应用图像”命令，打开“应用图像”对话框，参数设置如图 7-6

所示，单击“确定”按钮完成设置，照片效果如图 7-7 所示。

图 7-5　蓝通道效果

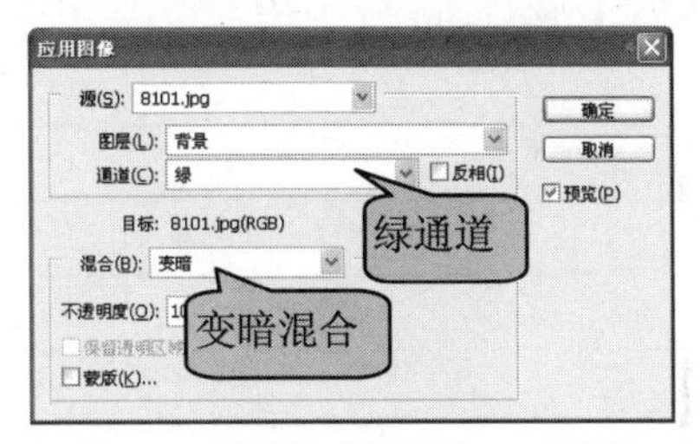

图 7-6　设置“应用图像”对话框

图 7-7　照片效果

提示　除了可以通过调整通道获得调整效果外，还可以直接使用工具箱中的“去除红眼工具”对图像红眼进行操作。

步骤 4　去除完照片中人物的红眼后，执行“文件>存储为”命令，将照片保存为 PSD 文件。

实例小结

本实例主要讲解了如何去除照片中的红眼效果。首先要仔细查看照片中损失最少的通道，然后通过应用图像命令调整该通道，去除照片红眼效果。

Example 实例 173　去人物脸部的油光

案例文件	DVD1\源文件\第 7 章\7-2.psd
视频文件	DVD2\视频\第 7 章\7-2.avi
难易程度	★★☆☆☆
视频时间	3 分 3 秒

步骤 1　打开要处理的照片，并将“背景”图层复制。

步骤 2　使用“仿制图章工具”，完成面部的初步修复。

步骤 3　执行“图像>调整>色阶”命令，调整照片的明暗度。

步骤 4　执行“图像>调整>曲线”命令，再使用蒙版对人物的高光部分进行处理。

Example 实例 174 为人物添加白头发

案例文件	DVD1\源文件\第 7 章\7-3.psd
视频文件	DVD2\视频\第 7 章\7-3.avi
难易程度	★★☆☆☆
视频时间	3 分 10 秒

步骤 1 打开要制作的照片，并绘制头发选区。

步骤 2 添加并设置"色相/饱和度"层，然后设置"图层混合模"为"线性减淡"。

步骤 3 使用"画笔工具"，选择蒙版，对头发部分进行相应修饰。

步骤 4 新建文档，定义画笔样式，然后返回文档，对头发进行细节修饰。

Example 实例 175 去除人物的皱纹

案例文件	DVD1\源文件\第 7 章\7-4.psd
难易程度	★☆☆☆☆
视频时间	1 分 37 秒
技术点睛	首先使用"修复画笔工具"对皱纹处进行初步的去除，再使用"仿制图章工具"对皱纹处做进一步地处理

思路分析

通常人们在拍照时会有各种不同的表情，同时也不自觉地出现了表情纹。本实例将向读者介绍如何方便、快捷地去除照片中人物脸上的皱纹，效果如图 7-8 所示。

（修复前）

（修复后）

图 7-8 去除皱纹前后的效果对比

制作步骤

步骤 1 执行“文件>打开”命令，打开需要处理的照片原图“DVD1\源文件\第 7 章\素材\8401.jpg”，如图 7-9 所示。将“背景”图层拖移至“创建新图层”按钮上，复制“背景”图层，得到“背景 副本”图层，“图层”面板如图 7-10 所示。

图 7-9 打开照片

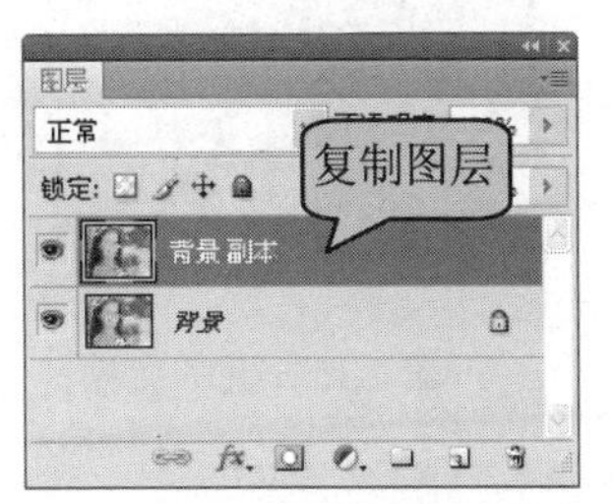

图 7-10 “图层”面板

步骤 2 单击工具箱中的“套索工具”按钮，在人物的脸部圈选皱纹部分，如图 7-11 所示。按快捷键 Shift+F6，打开“羽化选区”对话框，参数设置如图 7-12 所示，单击“确定”按钮羽化选区。

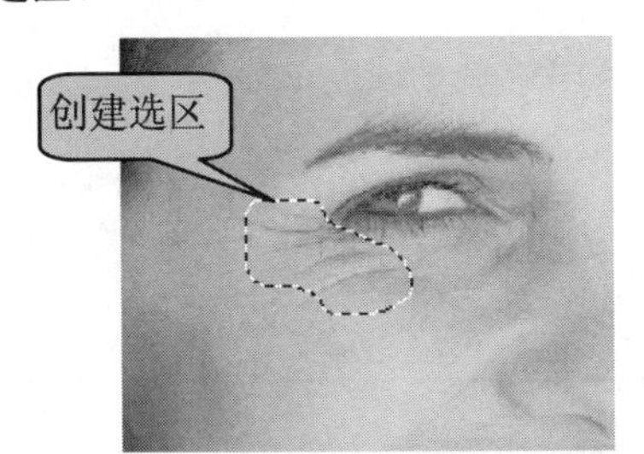

图 7-11 绘制选区

图 7-12 “羽化选项”对话框

> **技巧** 对需要修复的区域创建选区，能使修复更有针对性，避免对周围图像造成影响。

步骤 3 单击工具箱中的“修复画笔工具”按钮，按住 Alt 键的同时单击吸取周围的图样，然后松开 Alt 键在选区内进行涂抹，效果如图 7-13 所示。按快捷键 Ctrl+D 取消选区，单击工具箱中的“仿制图章工具”按钮，在“选项”栏中进行相应的设置，如图 7-14 所示，对皱纹处进行进一步的处理。

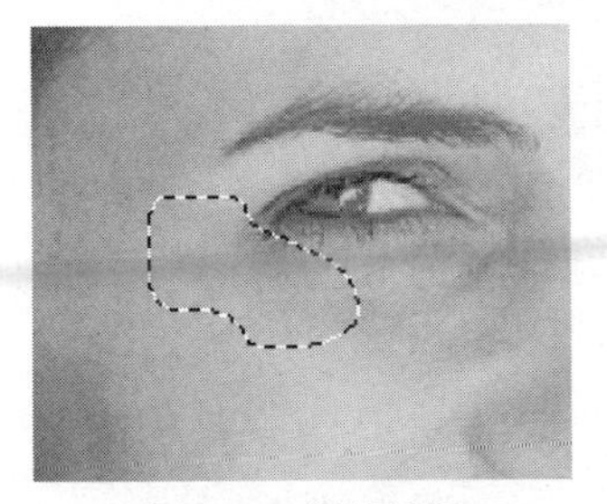

图 7-13 照片效果

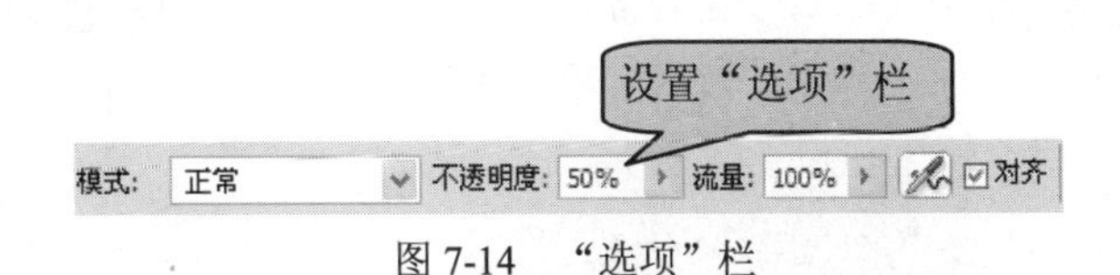

图 7-14 “选项”栏

> **提示** 在吸取图样时，注意颜色的差异，以防修改后影响到整体的效果。

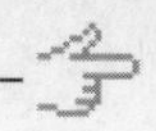

步骤 4 在人物脸部处按住 Alt 键吸取图样，松开 Alt 键后在皱纹的边缘处进行涂抹，反复进行操作后，效果如图 7-15 所示。相同的方法，使用同样的工具，对人物脸部另外一边的皱纹进行涂抹，效果如图 7-16 所示。

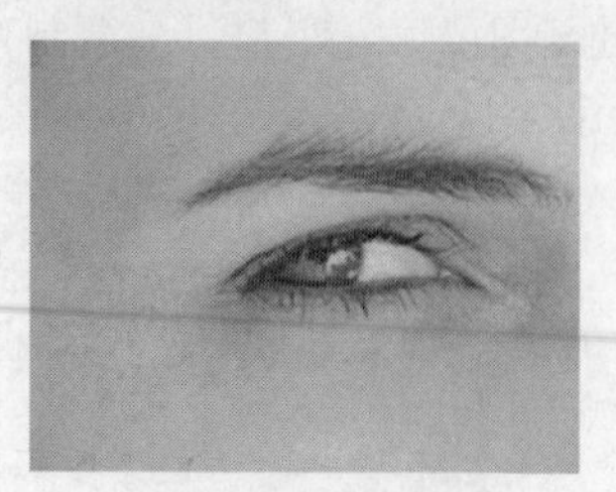

图 7-15　照片效果

图 7-16　照片效果

技巧 在照片中对较大的色块进行修复时，最好使用“仿制图章工具”来完成，因为它的修复效果比较自然。

步骤 5 去除完皱纹后，执行“文件>存储为”命令，将照片保存为 PSD 文件。

实例小结

本实例主要向读者讲解如何利用“修复画笔工具”初步去除脸部的褶皱，再通过“仿制图章工具”完成褶皱处皮肤的进一步修复。

Example 实例 176 去除人物脸部的雀斑

案例文件	DVD1\源文件\第 7 章\7-5.psd
视频文件	DVD2\视频\第 7 章\7-5.avi
难易程度	★★☆☆☆
视频时间	1 分 3 秒

步骤 1 打开需要修复的照片，并将“背景”图层进行复制。

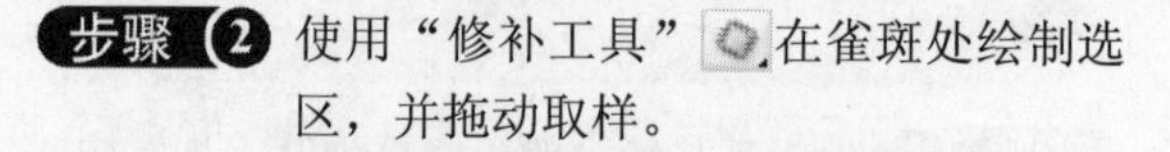

步骤 2 使用“修补工具”在雀斑处绘制选区，并拖动取样。

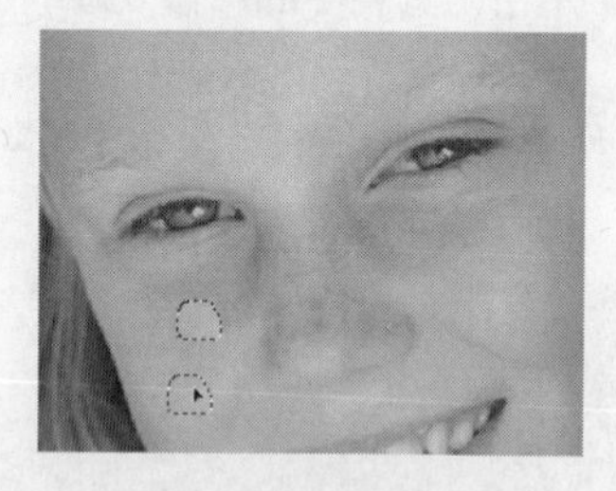

步骤 3 完成初步修复后再使用“仿制图章工具”对照片进行进一步的修复。

步骤 4 使用相应的工具反复修复，直到将雀斑完全去除掉。

Example 实例 177 去除人物的眼袋

案例文件	DVD1\源文件\第 7 章\7-6.psd
视频文件	DVD2\视频\第 7 章\7-6.avi
难易程度	★★☆☆☆
视频时间	1 分 48 秒

步骤 1 打开要修复的照片，并将“背景”图层复制。

步骤 2 使用“修复画笔工具”对眼角处涂抹稍作修复。

步骤 3 使用“仿制图章工具”将眼角的皱纹进一步修复。

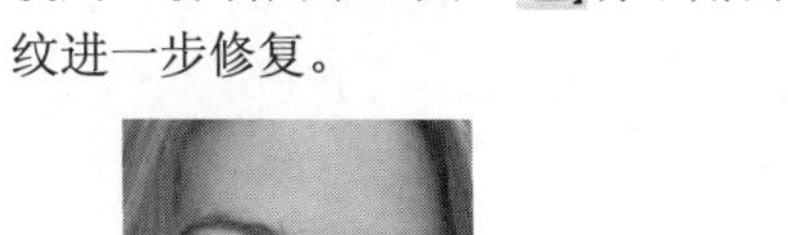

步骤 4 最终完成人物眼角皱纹的修复。

Example 实例 178 美化人物的皮肤

案例文件	DVD1\源文件\第 7 章\7-7.psd
难易程度	★★★☆☆
视频时间	2 分 24 秒
技术点睛	通过使用“修复画笔工具”初步去除脸部的痘痘，再使用“高斯模糊”和“图层蒙版”命令进行细致的处理

思路分析

本实例通过使用“修复画笔工具”初步去除人物脸部的痘痘，再使用“高斯模糊”和“图层蒙版”来加强人物皮肤的整体质感，最终效果如图 7-17 所示。

（修复前）

（修复后）

图 7-17　人物皮肤美化前后的效果对比

制作步骤

步骤 1 执行“文件>打开”命令，打开需要处理的照片原图“DVD1\源文件\第 7 章\素材\8701.jpg”，如图 7-18 所示。在“图层”面板中将“背景”图层拖动到“创建新图层”按钮上，复制“背景”图层，得到“背景 副本”图层，如图 7-19 所示。

图 7-18　打开照片

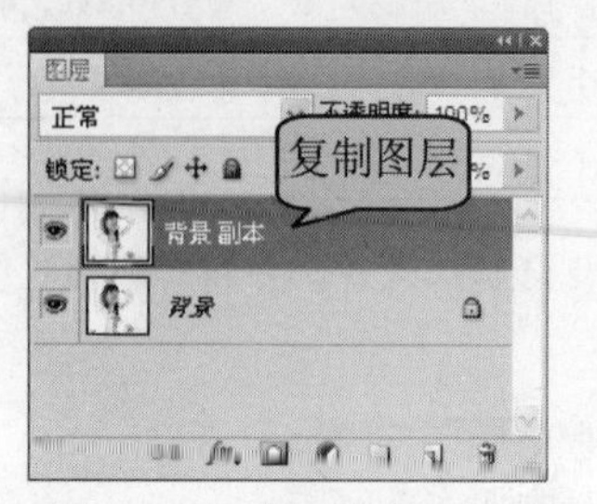

图 7-19　复制“背景”图层

步骤 2 单击工具箱中的“模糊工具”按钮，在需要修饰的“痘痘”旁边选择一块比较好的皮肤，用“模糊工具”单击几次，如图 7-20 所示。单击工具箱中的“修复工具”按钮，在“选项”栏上设置合适的笔刷直径，将鼠标放在刚刚涂抹过的地方，按住 Alt 键单击吸取图样，松开鼠标在需要修改的“痘痘”上单击进行修复，如图 7-21 所示。

步骤 3 将“背景 副本”图层拖曳至“图层”面板上的“创建新图层”按钮上，得到“背景 副本 2”图层，如图 7-22 所示。执行“滤镜>模糊>高斯模糊”命令，打开“高斯模糊”对话框，参数设置如图 7-23 所示。

图 7-20　将痘痘模糊处理

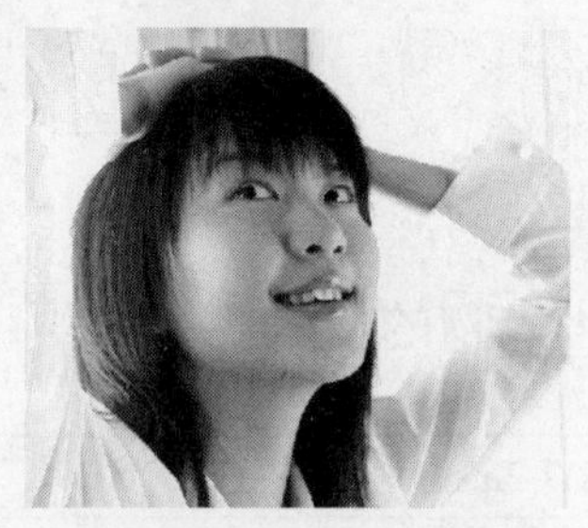

图 7-21　修改照片后的效果

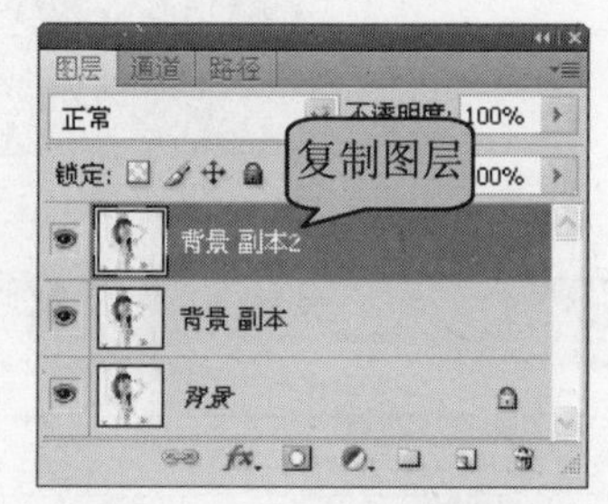

图 7-22　“图层”面板

提示　在使用模糊处理皮肤时，不要将模糊半径的数值设得太大，否则皮肤的质感看起来太假，但模糊半径数值太小又会造成皮肤的润滑效果不好，所以一定要好好把握。

步骤 4 按住 Alt 键，单击“图层”面板上的“添加图层蒙版”按钮，为“背景 副本 2”图层创建一个黑色的蒙版，如图 7-24 所示。单击工具箱中的“画笔工具”按钮，将“前景色”设置为白色，在其“选项”栏上设置合适的笔刷直径和硬度，使用“画笔工具”在人物的面部皮肤上小心的涂抹，如图 7-25 所示。

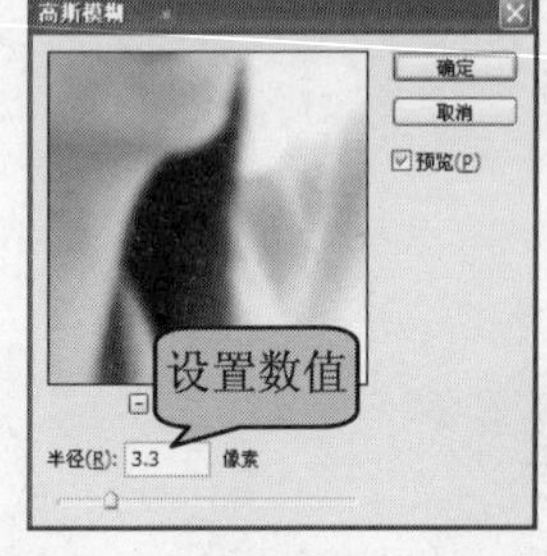

图 7-23　“高斯模糊”对话框

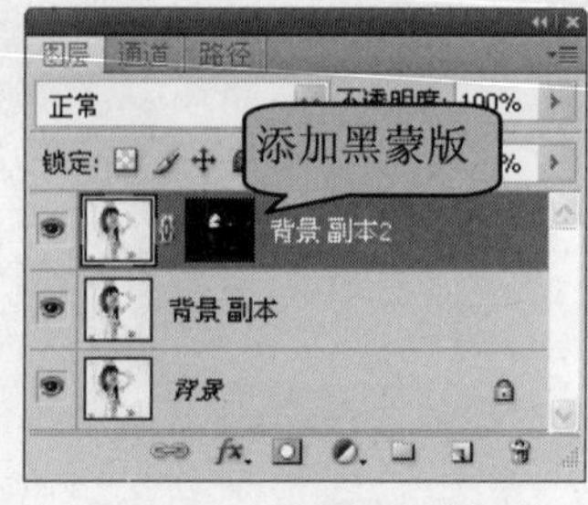

图 7-24　“图层”面板

图 7-25　照片效果

提示 使用添加“图层蒙版”来美化照片中人物的皮肤，这种方法简单易行，但只适用于人物脸部瑕疵较少的照片。

步骤5 美化完人物的皮肤后，执行“文件>存储”命令，将照片存储为PSD文件。

实例小结

本实例主要向读者讲解如何利用“修复画笔工具”去除人物脸部的瑕疵，再通过使用“高斯模糊”和“图层蒙版”命令，对人物的皮肤进行美化。

Example 实例 179 美白人物的牙齿

案例文件	DVD1\源文件\第 7 章\7-8.psd
视频文件	DVD2\视频\第 7 章\7-8.avi
难易程度	★★☆☆☆
视频时间	2 分 53 秒

步骤1 打开要复制的照片，并将“背景”图层进行复制。

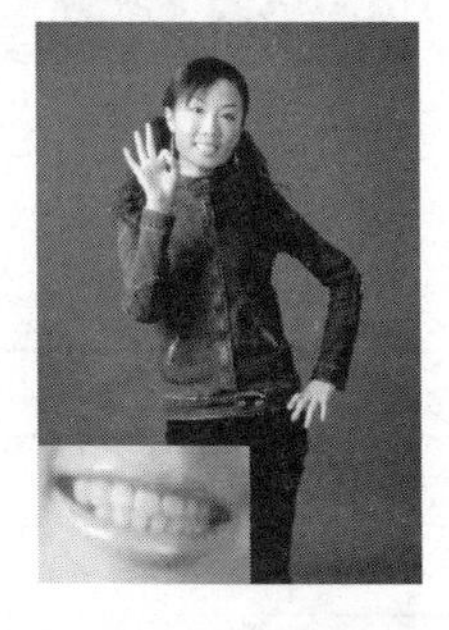

步骤2 使用“钢笔工具”勾画出人物牙齿的轮廓，将其转换为选区，并对照片进行“色相/饱和度”的设置。

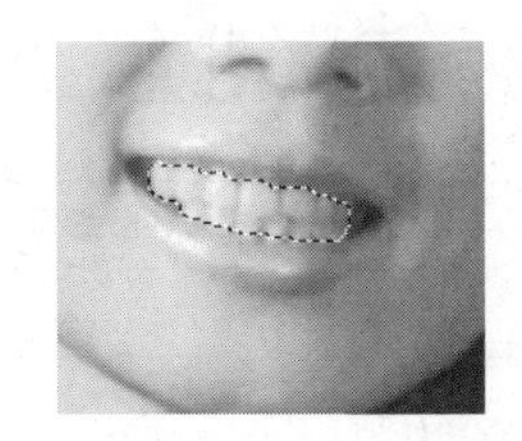

步骤3 再次对照片进行“色相/饱和度”的设置，并相应设置其“明度”值。

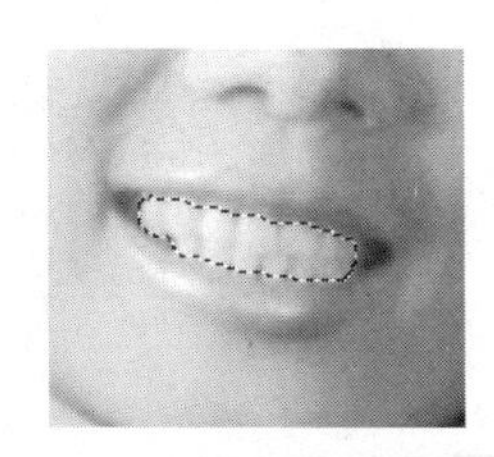

步骤4 取消选区，使用“色阶”调整照片的明暗调，最终完成美化牙齿的操作。

Example 实例 180 使人物皮肤更具有质感

案例文件	DVD1\源文件\第 7 章\7-9.psd
视频文件	DVD2\视频\第 7 章\7-9.avi
难易程度	★★★☆☆
视频时间	3 分 15 秒

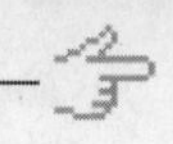

步骤 1 打开要修复的照片，并将“背景”图层进行复制。

步骤 2 使用“模糊工具”选取一块较好的皮肤进行涂抹，然后使用“修复画笔工具”在刚刚涂抹过的皮肤上吸取图样，并进行对皮肤的修复。

步骤 3 使用“仿制图章工具”做进一步修复。

步骤 4 最终完成美化皮肤的操作。

Example 实例 181 为人物添加妆容

案例文件	DVD1\源文件\第 7 章\7-10.psd
难易程度	★★☆☆☆
视频时间	2 分 15 秒
技术点睛	画笔工具、图层混合模式、图层透明度和图层蒙版

思路分析

本实例中的人物面部没有化妆，为其添加眼部和脸部的彩妆效果，使人物看起来更加丰富，效果更加亮丽，效果如图 7-26 所示。

（处理前）

（处理后）

图 7-26 为人物添加妆容前后的效果对比

制作步骤

步骤 1 执行“文件>打开”命令，打开需要处理的照片原图“DVD1\源文件\第 7 章\素材\81001.jpg”，如图 7-27 所示。单击“图层”面板下面的“创建新图层”按钮，新建“图层 1”，图层面板效果如图 7-28 所示。

步骤 2 单击工具箱中的“画笔工具”按钮，设置“画笔笔触”为 40，前景色为 RGB（40，165，230），在人物眼部绘制，效果如图 7-29 所示。并适当调整画笔的笔触大小，在人物右侧眼部绘制，效果如图 7-30 所示。

图 7-27　打开照片

图 7-28　新建图层

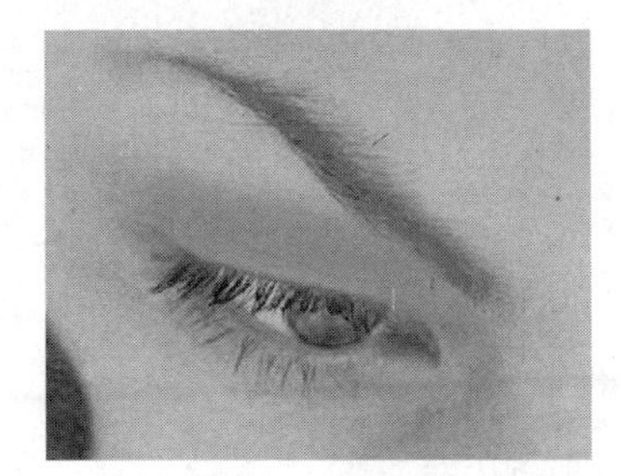

图 7-29　涂抹左侧

步骤 3 设置“图层”面板上的“图层混合模式”为“颜色”，“不透明度”为 40%，如图 7-31 所示。照片效果如图 7-32 所示。

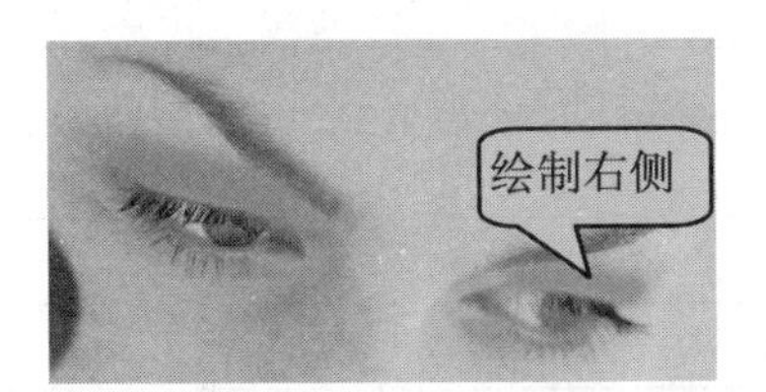

图 7-30　涂抹另一侧

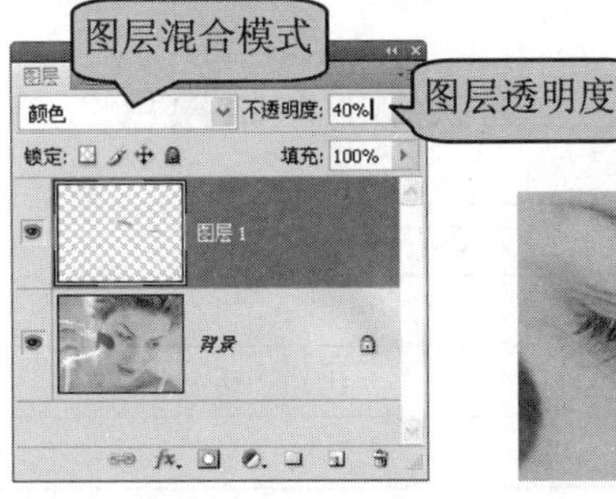

图 7-31　设置“图层”属性

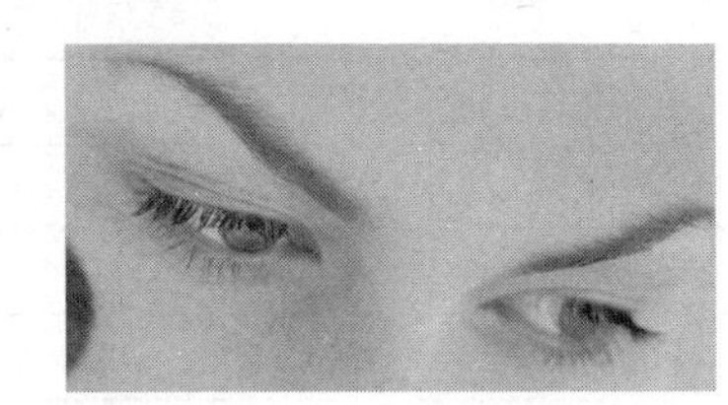

图 7-32　照片效果

步骤 4 单击“图层”面板下的“添加图层蒙版”按钮，为“图层 1”添加蒙版，“图层”面板如图 7-33 所示。设置“前景色”为黑色，在蒙版中调整眼部妆容，完成效果如图 7-34 所示。

> **提示** 在使用画笔工具在蒙版上调整时，为了得到比较真实的眼部效果，可以通过调整画笔的大小和透明度来实现。要特别注意眼睛的细节。

步骤 5 新建“图层 2”，使用“画笔工具”，设置“画笔笔触”为 100，前景色为 RGB（215，65，105），在人物脸颊部位分别绘制，效果如图 7-35 所示。“图层”面板如图 7-36 所示。

图 7-33　设置“色阶”对话框

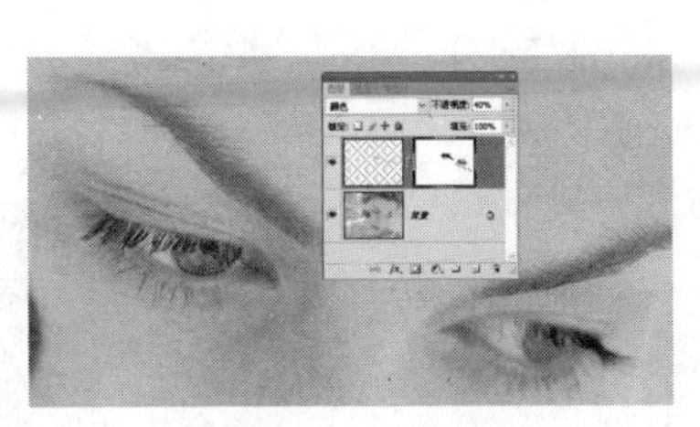

图 7-34　照片效果

图 7-35　绘制脸颊

步骤 6 设置“图层 2”的“图层混合模式”为“颜色”，“不透明度”为 50%，如图 7-37 所示。照片效果如图 7-38 所示。

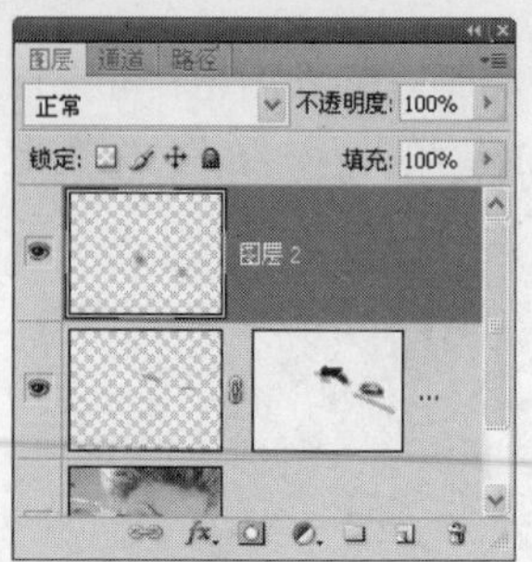

图7-36 “图层”面板

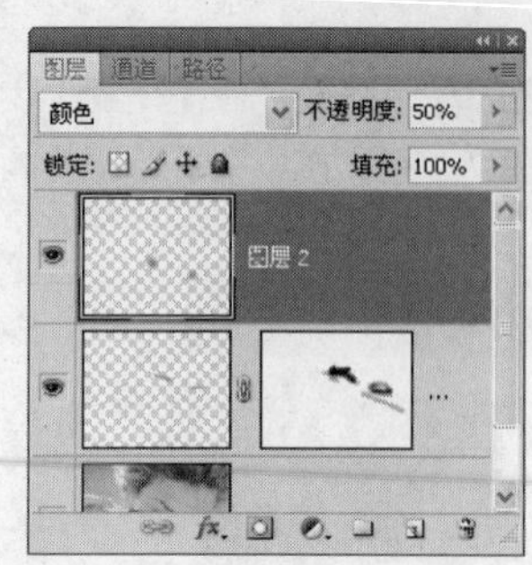

图7-37 设置“图层”属性

图7-38 照片效果

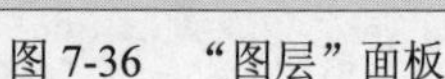

步骤 7 为人物添加完妆容后，执行“文件>存储”命令，将照片存储为PSD文件。

实例小结

本实例主要讲解了为照片中人物的面部上妆的操作过程。实例中主要应用到图层的“颜色”混合模式。该模式可以很真实地将颜色和图层混合在一起，呈现出真实的明暗度。再配合图层的透明度调整，使得整张图片在保持了原有照片层次的前提下呈现出更加亮丽的色彩。

Example 实例 182 为人物的眼睛换色

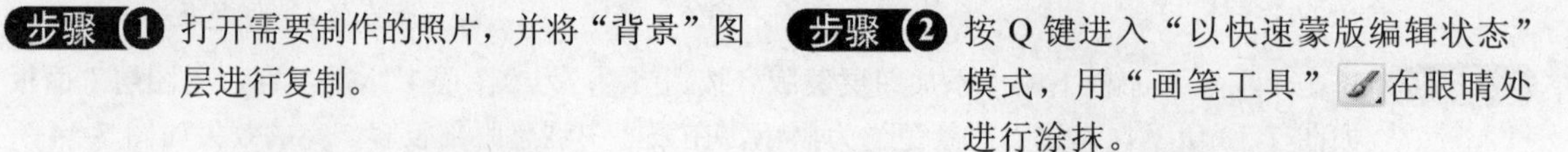

案例文件	DVD1\源文件\第7章\7-11.psd
视频文件	DVD2\视频\第7章\7-11.avi
难易程度	★☆☆☆☆
视频时间	1分20秒

步骤 1 打开需要制作的照片，并将“背景”图层进行复制。

步骤 2 按Q键进入“以快速蒙版编辑状态”模式，用“画笔工具”在眼睛处进行涂抹。

步骤 3 退出快速蒙版状态，按Shift+Ctrl+I键反向，按快捷键Ctrl+B，打开“色彩平衡”对话框，在对话框中进行相应的设置。

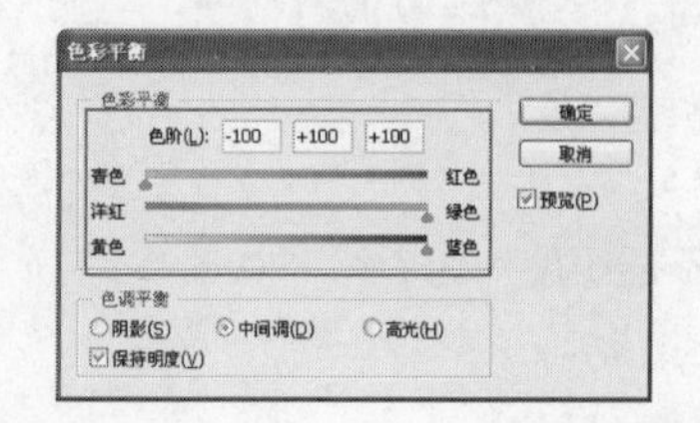

步骤 4 设置完成单击“确定”按钮，完成为眼睛换色的制作。

Example 实例 183 改变人物的气色

案例文件	DVD1\源文件\第 7 章\7-12.psd
视频文件	DVD2\视频\第 7 章\7-12.avi
难易程度	★★☆☆☆
视频时间	4 分 14 秒

步骤 1 打开需要处理的人物照片。

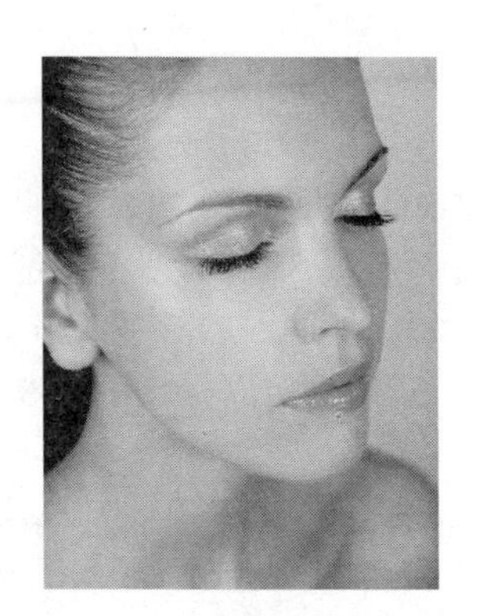

步骤 2 对背景层进行复制，设置其“高反差值”和“图层样式”。

步骤 3 创建不同的填充或调整图层，并对其进行相应的设置。

步骤 4 完成设置进行盖印图层，并复制盖印图层进行相应的混合模式设置，最终完成改变人物气色的制作。

Example 实例 184 为人物照片磨皮润色

案例文件	DVD1\源文件\第 7 章\7-13.psd
难易程度	★★☆☆☆
视频时间	3 分 14 秒
技术点睛	使用“通道”面板配合“曲线”命令对人物进行细致的磨皮和润色

思路分析

日常生活中每个人的肤质和肤色都有所不同，拍照时很容易显露出来，从而影响照片的美感，本节将讲述一种简单的磨皮和润色的方法，效果如图 7-39 所示。

（制作前）

（制作后）

图 7-39　制作前后的效果对比

制作步骤

步骤 1 执行“文件>打开”命令，打开需要处理的照片原图“DVD1\源文件\第 7 章\素材\81301.jpg”，如图 7-40 所示。执行“窗口>通道”命令，打开“通道”面板，并将“蓝”通道拖动到“创建新通道”按钮上，复制“蓝”通道，得到“蓝 副本”通道，如图 7-41 所示。

步骤 2 选择“蓝 副本”通道，执行“滤镜>素描>影印”命令，打开“影印”对话框，参数设置如图 7-42 所示，单击“确定”按钮完成设置，效果如图 7-43 所示。

图 7-40　打开照片

图 7-41　“图层”面板

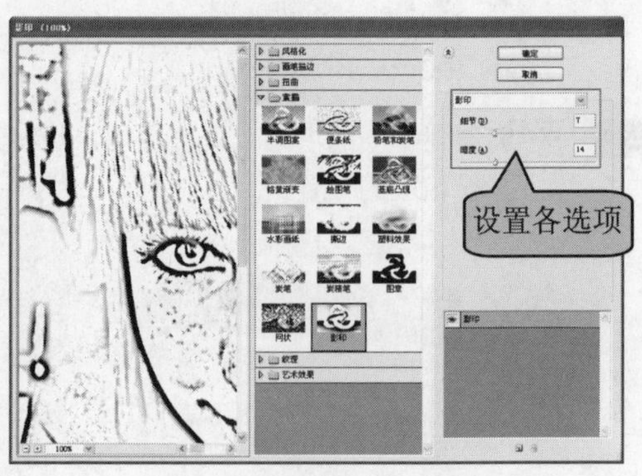

图 7-42　“影印”对话框

步骤 3 执行“图像>调整>反相”命令，照片效果如图 7-44 所示。按住 Ctrl 键单击“蓝 副本”通道载入选区，效果如图 7-45 所示。

图 7-43　照片效果

图 7-44　照片效果

图 7-45　照片效果

步骤 4 返回“图层”面板，在面板上单击“创建新的填充或调整图层”按钮，在弹出的下拉菜单中选择“曲线”选项，“图层”面板如图 7-46 所示。打开“调整”面板，参数设置如图 7-47 所示。

步骤 5 完成“调整”面板的设置，照片效果如图 7-48 所示。单击“创建新图层”按钮，在“曲线”层上新建“图层 1”，按快捷键 Ctrl+Shift+Alt+E 盖印图层。进入“通道”面板，将“蓝”通道再复制一次，选择“蓝 副本 2”通道，执行“滤镜>其他>高反差保留”命令，打开“高反差保留”对话框，参数设置如图 7-49 所示。

图 7-46　“图层”面板

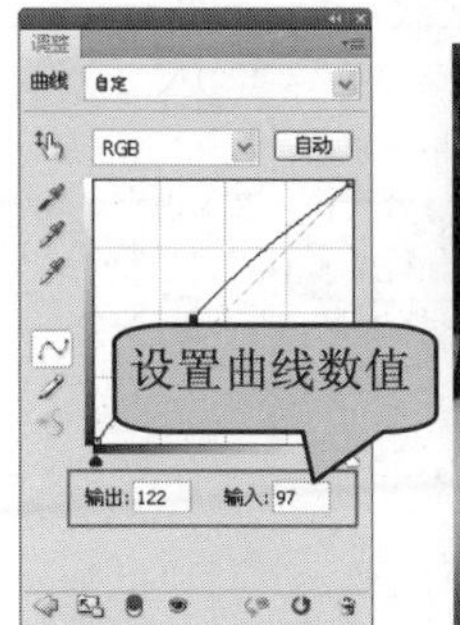

图 7-47　“调整”面板

图 7-48　照片效果

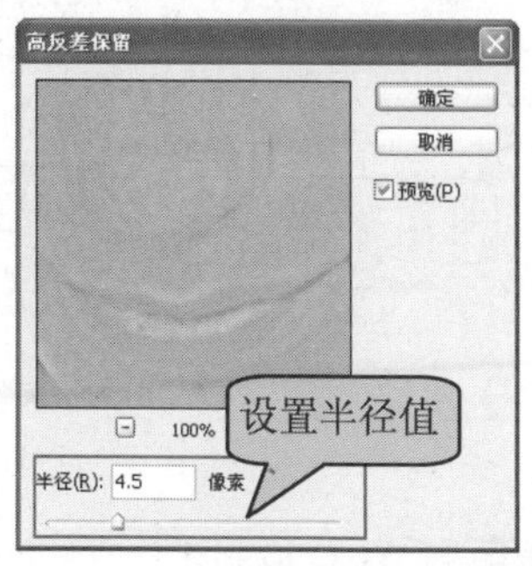

图 7-49　“高反差保留”对话框

步骤 6 单击“确定”按钮完成设置，照片效果如图 7-50 所示。执行“图像>调整>阈值”命令，打开“阈值”对话框，参数设置如图 7-51 所示。

步骤 7 单击“确定”按钮完成设置，照片效果如图 7-52 所示。单击工具箱中的“画笔工具”按钮，设置前景色为黑色，将照片中人物的五官、头发及衣服部分涂黑，如图 7-53 所示。

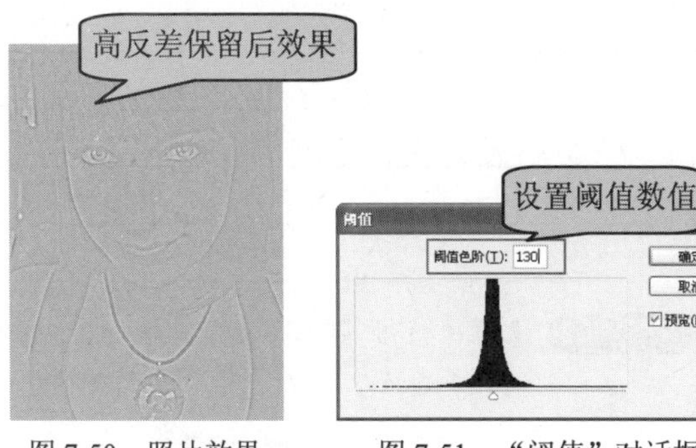

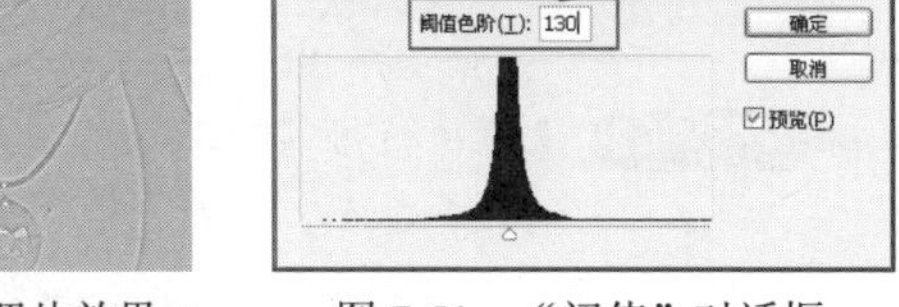

图 7-50　照片效果　　图 7-51　“阈值”对话框

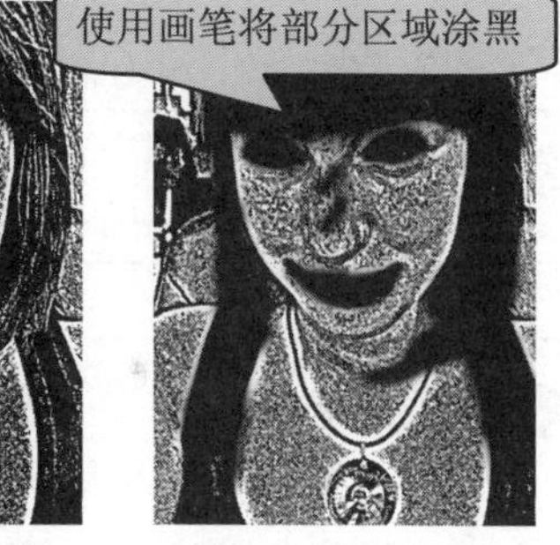

图 7-52　照片效果　　图 7-53　照片效果

步骤 8 按住 Ctrl 键单击“蓝 副本 2”通道，载入选区，按快捷键 Shift+F6，执行“羽化”命令，设置“羽化”值为 0.4。返回“图层”面板，单击“创建新的填充和调整图层”按钮，在弹出的下拉菜单中选择“曲线”选项，图层面板如图 7-54 所示，“调整”面板如图 7-55 所示。

步骤 9 在打开的“调整”面板中，设置曲线的参数如图 7-56 所示，完成设置后将“调整”面板关闭，照片效果如图 7-57 所示。

图 7-54　“图层”面板

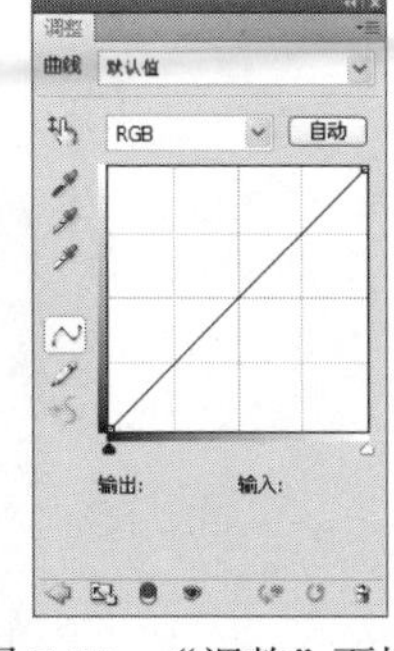

图 7-55　“调整”面板

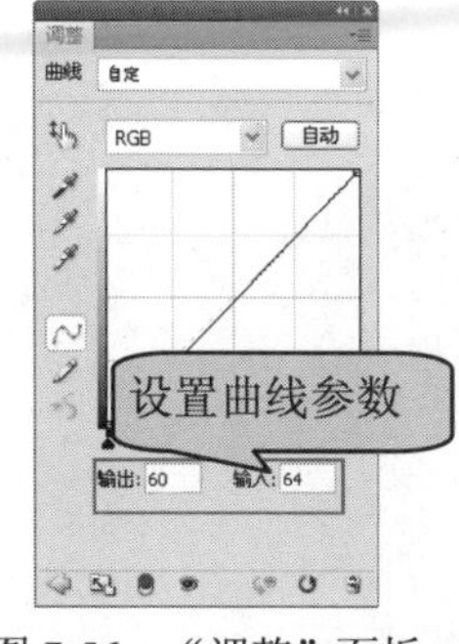

图 7-56　“调整”面板

图 7-57　照片效果

步骤 10 根据前面的制作方法，再次创建“曲线”层，在打开的“调整”面板中，分别设置各通道的参数如图 7-58 所示，完成设置后照片效果如图 7-59 所示。

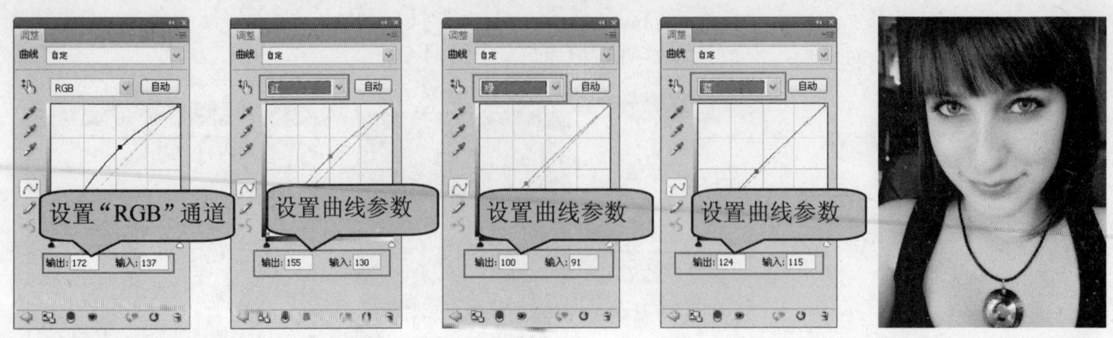

图 7-58 “调整”面板　　图 7-59 照片效果

步骤 11 完成制作后执行“文件>存储”命令，将照片存储为 PSD 文件。

实例小结

本实例主要讲解了如何对人物的皮肤进行细致的磨皮和润色，在对人物的脸部进行操作时，一定要注意颜色适中，达到美观即可。

Example 实例 185 改变人物眼睛的大小

案例文件	DVD1\源文件\第 7 章\7-14.psd
视频文件	DVD2\视频\第 7 章\7-14.avi
难易程度	★★☆☆☆
视频时间	1 分 28 秒

步骤 1 打开要改变人物眼睛大小的照片，并将“背景”图层复制。

步骤 2 选择“背景 副本”图层，执行“滤镜>液化”命令，在对话框中进行设置。

步骤 3 再在对话框中，对眼睛进行放大调整。

步骤 4 调整完成后再使用相应的工具完成最后的修饰，最终完成改变人物眼睛大小的制作。

Example 实例 186 为人物打造古铜色质感皮肤

案例文件	DVD1\源文件\第 7 章\7-15.psd
视频文件	DVD2\视频\第 7 章\7-15.avi
难易程度	★★☆☆☆
视频时间	3 分 12 秒

步骤 1 打开要制作的照片，并将“背景”图层复制。

步骤 2 执行“图像>图像应用”命令，在“图像应用”对话框中进行相应的设置。

步骤 3 变换模式反复设置“图像应用”。

步骤 4 新建图层完成填色，设置混合模式，涂抹高光并完成锐化的设置，最终完成操作。

Example 实例 187 为人物皮肤添加纹身

案例文件	DVD1\源文件\第 7 章\7-16.psd
难易程度	★★☆☆☆
视频时间	2 分 47 秒
技术点睛	首先利用图层的“混合模式”为人身添加纹身图形，再使用“通道”及蒙版对纹身照片做相应的处理

思路分析

本章主要讲解了如何在人物的身上添加一些漂亮的纹身，从而使照片更具美感，效果如图 7-60 所示。

（制作前）

（制作后）

图 7-60 为人物皮肤添加纹身前后的效果对比

制作步骤

步骤1 执行“文件>打开”命令，打开需要处理的照片原图“DVD1\源文件\第 7 章\素材\81601.jpg 和 81602.jpg”，如图 7-61 所示。

步骤2 单击工具箱中的“移动工具”按钮，将照片 81602.png 拖动到照片 81601.jpg 中，如图 7-62 所示。按快捷键 Ctrl+T，调整照片的大小和角度，完成后按 Enter 键确定，如图 7-63 所示。

图 7-61　打开照片

图 7-62　画布效果

图 7-63　照片效果

> **技巧** 对图像进行变化时，按住 Shift 键再拖动手柄，可以将照片等比例缩放。

步骤3 在“图层”面板上设置“图层 1”的“混合模式”为“正片叠加”，如图 7-64 所示，照片效果如图 7-65 所示。

步骤4 选择“图层 1”，按快捷键 Ctrl+A，将“图层 1”中的图形全部选中，按快捷键 Ctrl+C，复制选中的图形。切换到“通道”面板，单击“新建通道”按钮新建通道，如图 7-66 所示。按快捷键 Ctrl+V 粘贴图形，按快捷键 Ctrl+D 取消选区，然后将通道全部显示，调整照片的位置使之与“图层”面板的照片重合，如图 7-67 所示，调整后将其余的通道再隐藏。

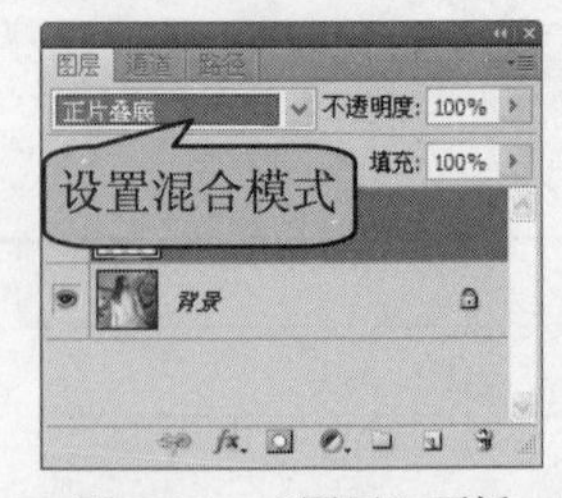

图 7-64　“图层”面板

图 7-65　照片效果

图 7-66　“通道”面板

图 7-67　照片效果

> **提示** 在调整位置时，可以先在“图层”面板中利用“辅助线”定位，然后再回到“通道”面板进行调整。

步骤5 选择 Alpha1 通道，执行“滤镜>模糊>高斯模糊”命令，打开“高斯模糊”对话框，参数设置如图 7-68 所示，单击“确定”按钮完成设置，该通道中的照片效果如图 7-69 所示。

步骤6 按快捷键 Ctrl+L，打开“色阶”对话框，参数设置如图 7-70 所示，单击“确定”按钮完成设置，照片效果如图 7-71 所示。

步骤7 按住 Ctrl 键不放，在“通道”面板中单击 Alpha1 通道缩览图，调出 Alpha1 通道的选区，如图 7-72 所示。返回到“图层”面板，选择“图层 1”，按 Delete 键将多余部分删除，按快捷键 Ctrl+D 取消选区，如图 7-73 所示。

图 7-68　“高斯模糊”对话框

图 7-69　照片效果

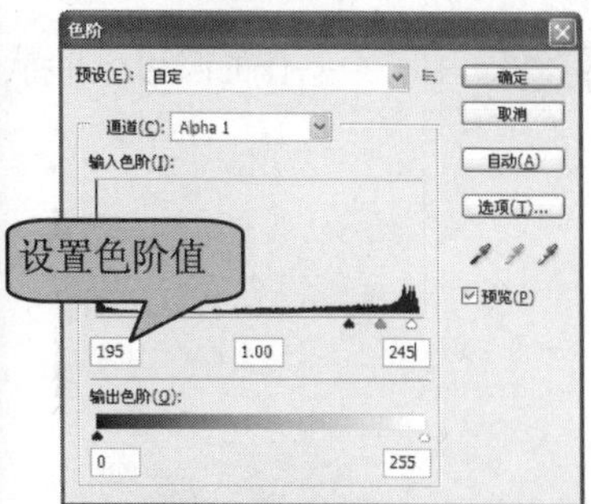

图 7-70　“色阶”对话框

图 7-71　照片效果

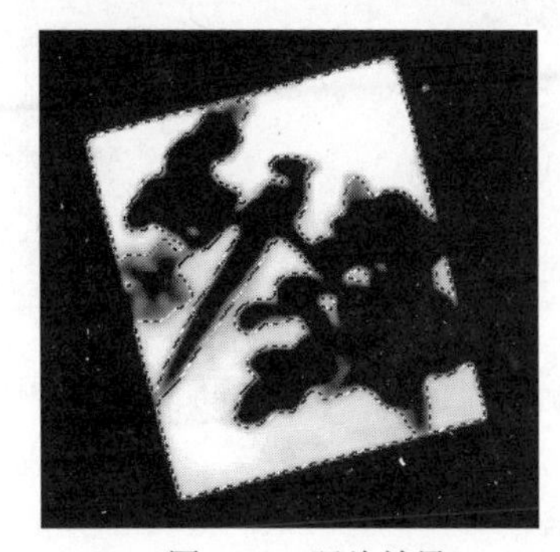

图 7-72　照片效果

图 7-73　照片效果

步骤 8 单击“图层”面板上的“添加图层蒙版”按钮，为“图层 1”添加“图层蒙版”，设置“前景色”为黑色，单击工具箱中的“画笔工具”按钮，在“选项”栏上进行相应的设置，在照片中涂抹，将不需要的部分隐藏，“图层”面板如图 7-74 所示，照片效果如图 7-75 所示。

图 7-74　“图层”面板

图 7-75　照片效果

步骤 9 为人物皮肤添加完纹身后，执行“文件>存储”命令，将照片存储为 PSD 文件。

实例小结

本实例主要讲解如何在身体上添加纹身，在制作过程中一定要注意纹身和人物身体的融合度，以达到更加逼真的纹身效果。

Example 实例 188　为人物添加睫毛

案例文件	DVD1\源文件\第 7 章\7-17.psd
视频文件	DVD2\视频\第 7 章\7-17.avi
难易程度	★★☆☆☆
视频时间	4 分 56 秒

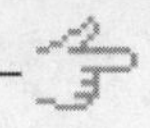

步骤1 打开要制作的照片，并将“背景”图层复制。

步骤2 单击工具箱中的“画笔工具”，在“选项”栏上进行相应的设置，打开“画笔”面板，在面板上进行相应的设置。

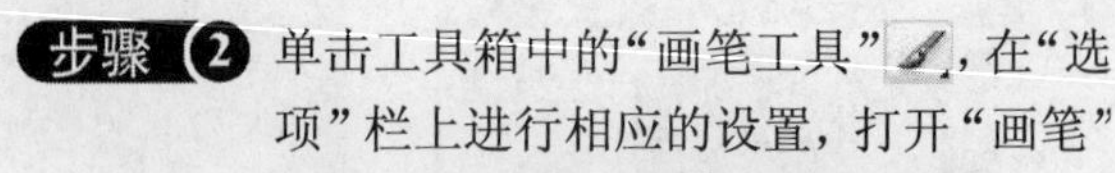

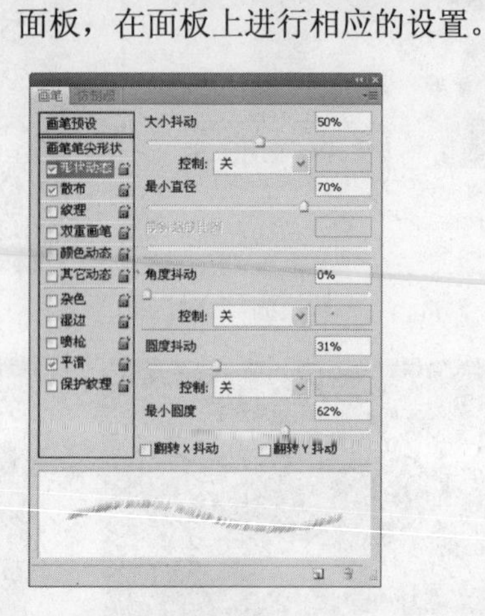

步骤3 在眼睛上进行睫毛的添加操作。

步骤4 相同的方法完成另外一只眼睛。最终完成添加睫毛的制作。

Example 实例 189 为人物添加头发

案例文件	DVD1\源文件\第 7 章\7-18.psd
视频文件	DVD2\视频\第 7 章\7-18.avi
难易程度	★★☆☆☆
视频时间	3 分 51 秒

步骤1 将照片打开，使用自动调整工具将人物照片调整清楚。

步骤2 新建图层，使用“画笔工具”在人物头部绘制毛发效果。

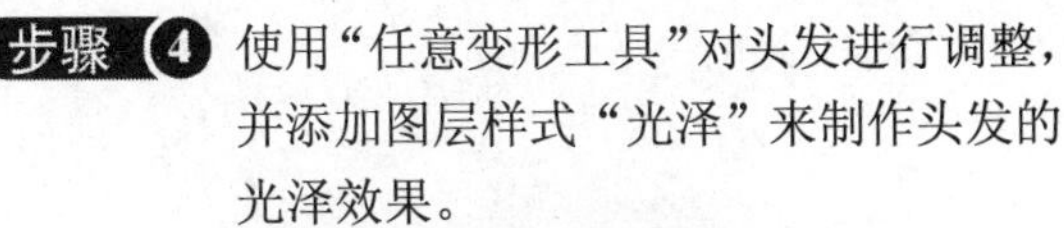

步骤 3 将毛发图层复制，增加头发厚度，并使用“亮度/对比度”命令调整颜色。

步骤 4 使用“任意变形工具”对头发进行调整，并添加图层样式“光泽”来制作头发的光泽效果。

Example 实例 190 为照片中的人物易容

案例文件	DVD1\源文件\第 7 章\7-19.psd
难易程度	★★☆☆☆
视频时间	2 分 43 秒
技术点睛	利用“图层蒙版”完成脸部的初步融合，再使用“仿制图章工具”对脸部的轮廓稍作修整

思路分析

现实生活中每个人都会有自己喜欢的明星和追捧的对象，本实例主要讲解了如何让自己的脸瞬间转移到自己喜欢的明星身上，效果如图 7-76 所示。

（修改前）

（修改后）

图 7-76　为照片中的人物易容前后的效果对比

制作步骤

步骤 1 执行“文件>打开”命令，打开需要处理的照片原图“DVD1\源文件\第 7 章\素材\81901.jpg 和“DVD\源文件\第 7 章\素材\81902.jpg”，如图 7-77 所示。

步骤 2 单击工具箱中的“套索工具”按钮，在照片 81902.jpg 中按照人物的脸部轮廓绘制选区，如图 7-78 所示。单击工具箱中的“移动工具”按钮，将刚刚绘制的选区，拖移到照片 81901.jpg 中，如图 7-79 所示。

图 7-77　打开照片

图 7-78　绘制选区

图 7-79　照片效果

步骤 3 按快捷键 Ctrl+T，调整照片的大小和角度，完成后按 Enter 键。单击工具箱中的“橡皮擦工具”按钮，将多余的部分擦除，如图 7-80 所示。在“图层”面板上按住 Ctrl 键的同时单击“图层 1”的缩览图载入选区，效果如图 7-81 所示。

步骤 4 按快捷键 Ctrl+C，复制选区中的图像，新建“图层 2”，按快捷键 Ctrl+V，粘贴刚刚复制的图像，调出选区，单击工具箱中的“吸管工具”按钮，在人物的身上吸取相应的颜色，并完成对选区的添色，设置其“不透明度”值为 30%，如图 7-82 所示，并设置其“混合模式”为“叠加”，照片效果如图 7-83 所示。

图 7-80　照片效果

图 7-81　创建选区

图 7-82　照片效果

步骤 5 选择“图层 1”，单击“添加图层蒙版”按钮，新建“图层蒙版”，如图 7-84 所示。设置前景色为黑色，单击工具箱中的“画笔工具”按钮，在“选项”栏上进行相应的设置，然后到照片中涂抹将多余的部分隐藏，如图 7-85 所示。

图 7-83　照片效果

图 7-84　照片效果

图 7-85　照片效果

> **提示**
> 在使用“画笔工具”进行涂抹时，注意画笔笔触的硬度不要过大，否则效果不自然。

步骤 6 完成操作后，执行“文件>存储”命令，将照片存储为 PSD 文件。

实例小结

本实例主要讲解了如何将一张普通的生活照与自己喜欢的明星照进行合成。在制作过程中，一定要注意自己的生活照和明星照脸部的差异是否过大，以免对后面的制作造成不必要的麻烦。

Example 实例 191　为人物添加胡须

案例文件	DVD1\源文件\第 7 章\7-20.psd
视频文件	DVD2\视频\第 7 章\7-20.avi
难易程度	★★☆☆☆
视频时间	2 分 25 秒

步骤 1　打开要制作的照片，并将“背景”图层复制。

步骤 2　按 Q 键进入“以快速蒙版模式编辑”状态，在人物的下巴位置进行涂抹。

步骤 3　退出以蒙版编辑状态，复制选区，并执行“滤镜>杂色>添加杂色”命令。

步骤 4　完成设置，添加图层蒙版将多余的胡须覆盖，最终完成添加胡须的制作。

Example 实例 192　为美女添加闪亮双唇

案例文件	DVD1\源文件\第 7 章\7-21.psd
视频文件	DVD2\视频\第 7 章\7-21.avi
难易程度	★★☆☆☆
视频时间	2 分 21 秒

步骤 1　打开照片，并使用“钢笔工具”在图像上沿着人物的嘴唇绘制路径，并将路径储存。

步骤 2　新建图层，填充相应的颜色，然后执行“添加杂色”命令，使用“色阶”进行相应的调整，并设置其“图层混合模式”。

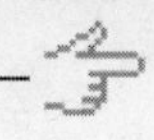

步骤 3 新建“曲线”层，调整嘴唇的颜色。

步骤 4 使用“渐变映射”命令和图层样式，完成嘴唇高光的处理。

Example 实例 193 变换人物衣服的颜色

案例文件	DVD1\源文件\第 7 章\7-22.psd
难易程度	★★☆☆☆
视频时间	1 分 3 秒
技术点睛	首先在照片上创建人物衣服的选区，然后利用“创建新的填充或调整图层”命令和设置图层的“混合模式”完成对衣服颜色的变换

思路分析

在照片中常常会出现衣服与背景的颜色太相似等现象，使整体轮廓看起来不是那么清晰。本实例主要讲解了变换人物衣服的颜色的方法，效果如图 7-86 所示。

（处理前）

（处理后）

图 7-86 变换衣服颜色的前后的效果对比

制作步骤

步骤 1 执行“文件>打开”命令，打开需要处理的照片原图“DVD1\源文件\第 7 章\素材\82201.jpg”，如图 7-87 所示。在“图层”面板上将“背景”图层拖动到“创建新图层”按钮上，复制“背景”图层，得到“背景 副本”图层，如图 7-88 所示。

图 7-87 打开照片

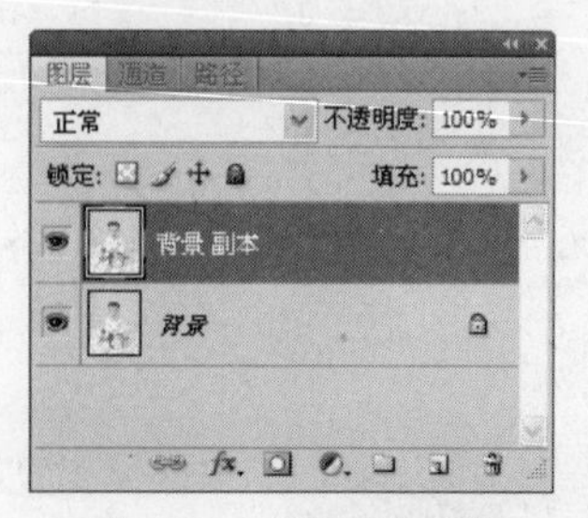

图 7-88 “图层”面板

步骤 2 单击工具箱中的“钢笔工具”按钮，在“选项”栏上单击“形状图层”按钮，在工具箱中设置“前景色”值为 RGB（240，94，190），在照片中沿着小孩衣服的轮廓绘制路径，如图 7-89 所示，选择“形状 1”图层，将其“混合模式”设置为“叠加”，如图 7-90 所示，照片效果如图 7-91 所示。

图 7-89　绘制路径

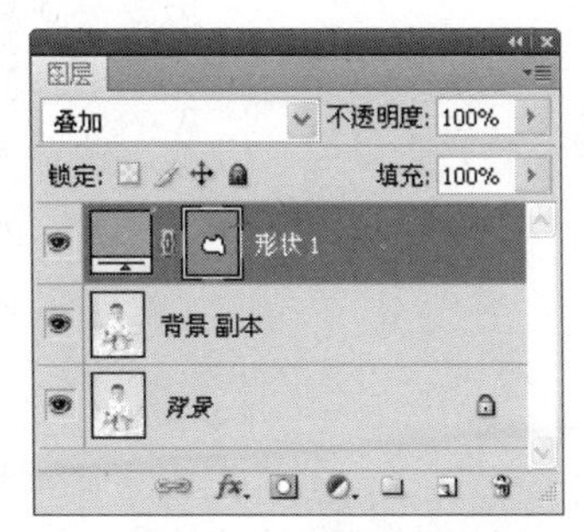

图 7-90　“图层”面板

图 7-91　照片效果

提示　使用“钢笔工具”可以绘制出复杂的不规则曲线或者直线，该工具被广泛应用于 logo 的制作和勾勒轮廓等操作中，是 Photoshop 中最基本也是必备的工具。

提示　衣服的颜色可以根据自己的喜好来选择。

步骤 3 变换完衣服的颜色后，执行“文件>存储”命令，将照片存储为 PSD 文件。

实例小结

本实例主要讲解了一种简单、快捷地对照片中人物的衣服替换颜色的方法，在制作的过程中需要注意，使用“钢笔工具”按衣服的轮廓绘制选区时一定要仔细，这样才可以更好地完成替换的真实感。

Example 实例 194 为人物头发染色

案例文件	DVD1\源文件\第 7 章\7-23.psd
视频文件	DVD2\视频\第 7 章\7-23.avi
难易程度	★★☆☆☆
视频时间	1 分 25 秒

步骤 1 打开要制作的照片，并将“背景”图层复制。

步骤 2 进入“以快速蒙版模式编辑”状态，使用“画笔工具”在头发部位进行涂抹。

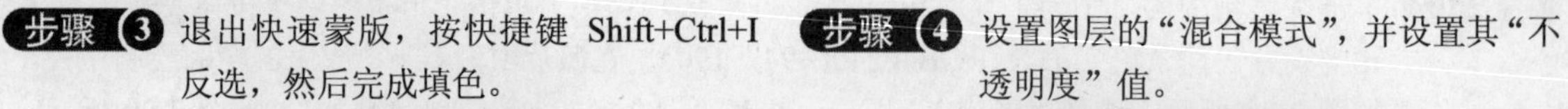

步骤 3 退出快速蒙版，按快捷键 Shift+Ctrl+I 反选，然后完成填色。

步骤 4 设置图层的“混合模式”，并设置其“不透明度”值。

Example 实例 195 快速修改人物皮肤颜色

案例文件	DVD1\源文件\第 7 章\7-24.psd
视频文件	DVD2\视频\第 7 章\7-24.avi
难易程度	★★☆☆☆
视频时间	1 分 24 秒

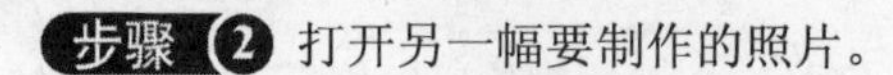

步骤 1 打开要制作的照片。

步骤 2 打开另一幅要制作的照片。

步骤 3 使用“魔棒工具”分别对人物的皮肤进行选取，并设置“匹配颜色”。

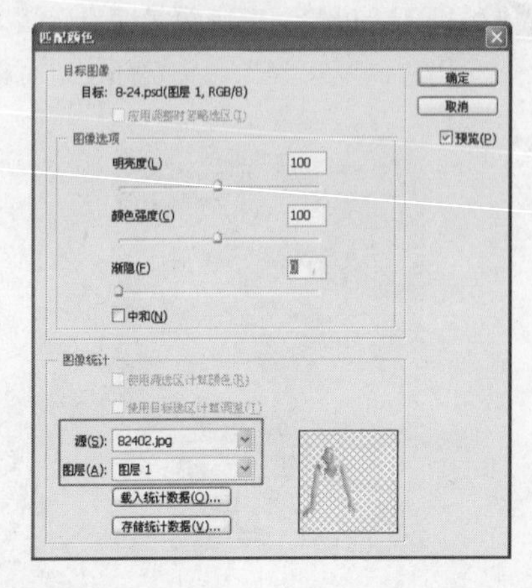

步骤 4 设置完成后单击“确定”按钮，最终完成匹配皮肤颜色。

Example 实例 196 为人物添加非主流彩妆

案例文件	DVD1\源文件\第 7 章\7-25.psd
难易程度	★★☆☆☆
视频时间	4 分 28 秒
技术点睛	首先使用“高斯模糊”命令对人物进行磨皮，再通过使用不同的调色命令，完成妆容部分的处理

思路分析

本章详细讲解了一种为照片中的人物添加非主流妆容的简单方法，效果如图 7-92 所示。

（修改前）

（修改后）

图 7-92　效果对比

制作步骤

步骤 1 执行“文件>打开”命令，打开需要处理的照片原图“DVD1\源文件\第 7 章\素材\82501.jpg”，如图 7-93 所示。按快捷键 Ctrl+J 键，得到“图层 1”，执行“滤镜>模糊>高斯模糊”命令，打开“高斯模糊”对话框，参数设置如图 7-94 所示。

步骤 2 单击“确定”按钮完成设置，照片效果如图 7-95 所示。选择“图层 1”，按住 Alt 键，在“图层”面板单击“添加图层蒙版”按钮，为“图层 1”添加黑蒙版，如图 7-96 所示。

图 7-93　打开照片

图 7-94　“高斯模糊”面板

图 7-95　照片效果

步骤 3 选择刚刚添加的“图层蒙版”，设置前景色为白色，使用“画笔工具”在人物的脸部进行涂抹，为人物进行磨皮，照片效果如图 7-97 所示。在“图层”面板中，单击“创建新图层”按钮，在“图层 1”上新建“图层 2”，按快捷键 Ctrl+Shift+Alt+E 盖印图层，执行“滤镜>模糊>高斯模糊”命令，打开“高斯模糊”对话框，参数设置如图 7-98 所示。

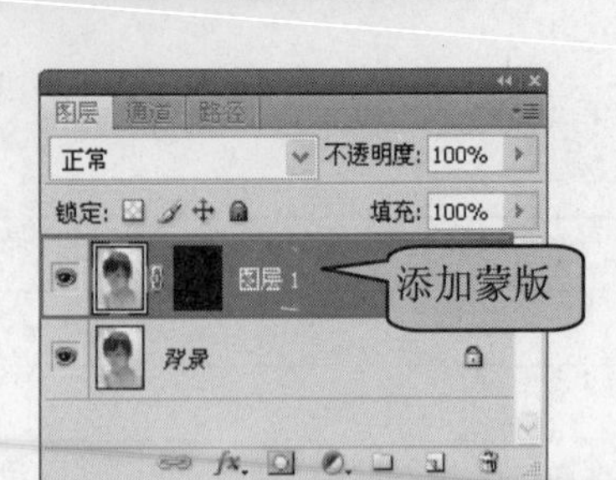

图 7-96 “图层”面板

图 7-97 照片效果

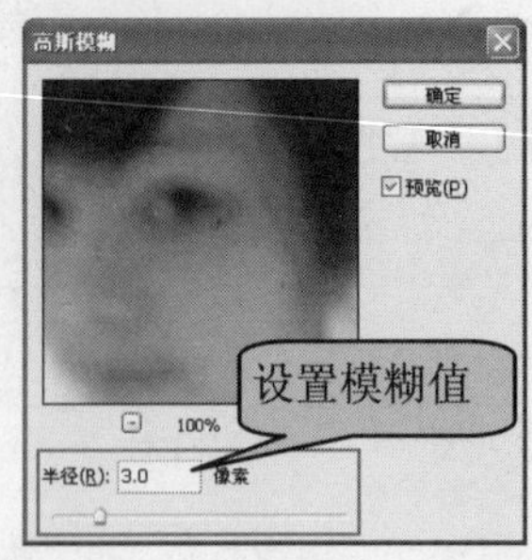

图 7-98 “高斯模糊”对话框

提示 前面做的模糊操作，其实是为这一步做铺垫，主要是对人物的皮肤进行处理，使其更加细腻，在使用画笔进行涂抹时，一定要注意人物的轮廓和阴暗部分的区分，以免对人物造成影响。

步骤 4 单击“确定”按钮完成设置，照片效果如图 7-99 所示，在“图层”面板将该图层的混合模式设置为“强光”时，照片效果如图 7-100 所示。

步骤 5 在“图层”面板中，单击“创建新的填充和调整图层”按钮，在弹出的下拉菜单中选择“曲线”选项，在“图层 2”上新建“曲线”层，如图 7-101 所示。打开“调整”面板，参数设置如图 7-102 所示。

图 7-99 照片效果

图 7-100 照片效果

图 7-101 “图层”面板

步骤 6 完成“调整”面板的设置，照片效果如图 7-103 所示。在“图层”面板中，单击“创建新的填充和调整图层”按钮，在弹出的下拉菜单中选择“色彩平衡”选项，在“曲线”层上新建“色彩平衡”层，并在打开的“调整”面板中设置，如图 7-104 所示。

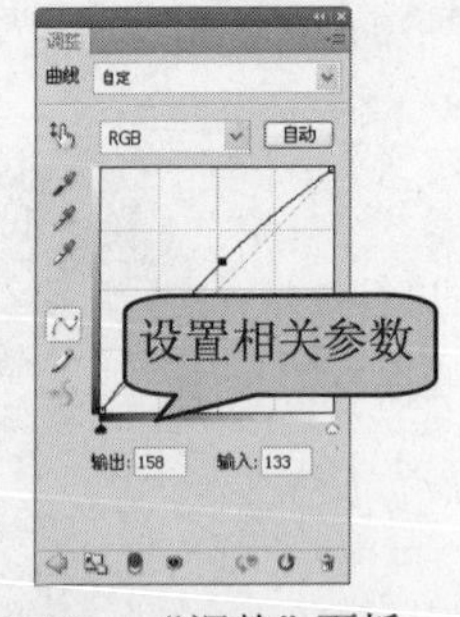

图 7-102 “调整”面板

图 7-103 照片效果

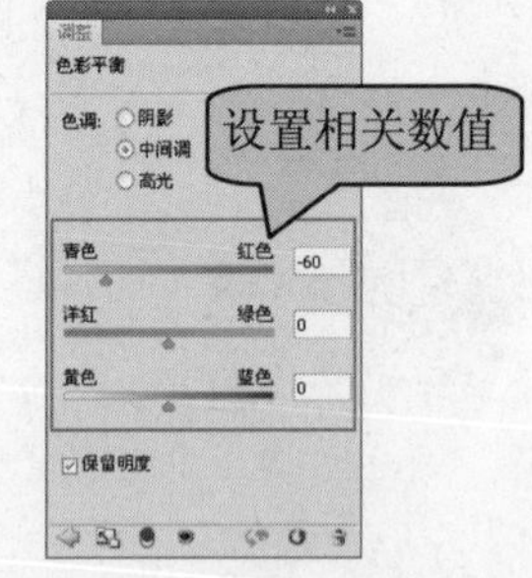

图 7-104 “调整”面板

步骤 7 完成“调整”面板的设置，照片效果如图 7-105 所示。在“图层”面板中，单击“创建新图层”按钮，在“色彩平衡”图层上新建“图层 3”，按快捷键 Ctrl+Shift+Alt+E 盖印图层，设置该图层的“混合模式”为“滤色”，“不透明度”值为 50%，照片效果如图 7-106 所示。

步骤 8 单击“创建新图层”按钮，在“图层 3”上新建“图层 4”。单击工具箱中的“画笔工具”按钮，设置 “前景色”值为 RGB（218，5，150），在“选项”栏设置如图 7-107 所示，完成设置，在照片上进行相应的涂抹，如图 7-108 所示。

图 7-105　照片效果

图 7-106　照片效果

图 7-107　设置“选项”栏

图 7-108　照片效果

步骤 9 完成对照片的涂抹，在“图层”面板设置该层的图层混合模式为“柔光”，照片效果如图 7-109 所示。新建“图层 5”，相同的制作方法，完成对头发部分的制作，照片效果如图 7-110 所示。

图 7-109　照片效果

图 7-110　照片效果

步骤 10 根据前面的制作方法，在“图层 5”上新建“曲线”层，并设置“调整”面板如图 7-111 所示。完成设置后的照片效果如图 7-112 所示。

步骤 11 新建“图层 6”，按快捷键 Ctrl+Shift+Alt+E 盖印图层，执行“滤镜>模糊>高斯模糊”命令，打开“高斯模糊”对话框，参数设置如图 7-113 所示，单击“确定”按钮完成设置，照片效果如图 7-114 所示。

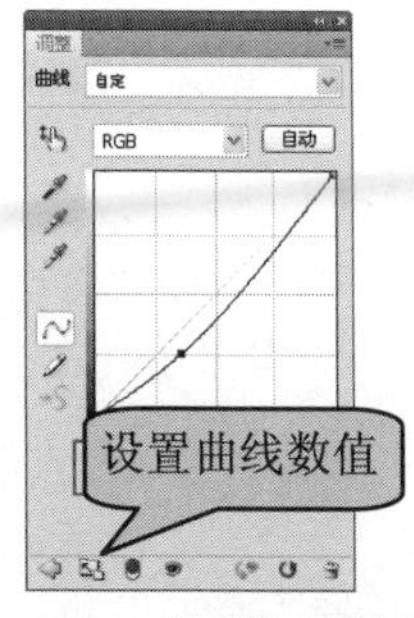

图 7-111　“调整”面板

图 7-112　照片效果

图 7-113　“高斯模糊”对话框

步骤 12 设置该图层的“混合模式”为“柔光”，“不透明度”为 50%，照片效果如图 7-115 所示。相同的制作方法，新建“图层 7”并盖印图层，执行“滤镜>锐化>USM 锐化”命令，打开“USM 锐化”对话框，参数设置如图 7-116 所示。

图 7-114　照片效果

图 7-115　照片效果

图 7-116　“USM 锐化”对话框

步骤 13 单击“确定”按钮完成设置，照片效果如图 7-117 所示。根据前面的制作方法，新建“曲线”层，打开“调整”面板，如图 7-118 所示。

图 7-117　照片效果

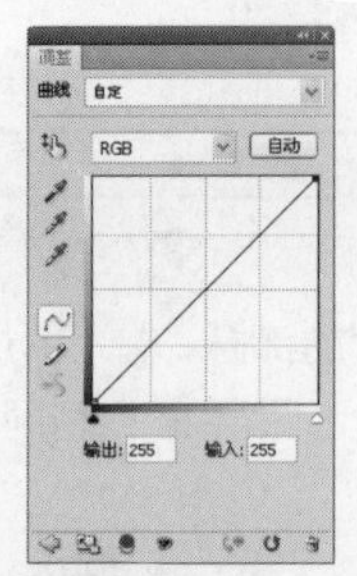

图 7-118　“调整”面板

步骤 14 参数设置如图 7-119 所示。完成“调整”面板的设置，照片效果如图 7-120 所示。

步骤 15 为人物添加完非主流妆容后，执行“文件>存储”命令，将照片存储为 PSD 文件。

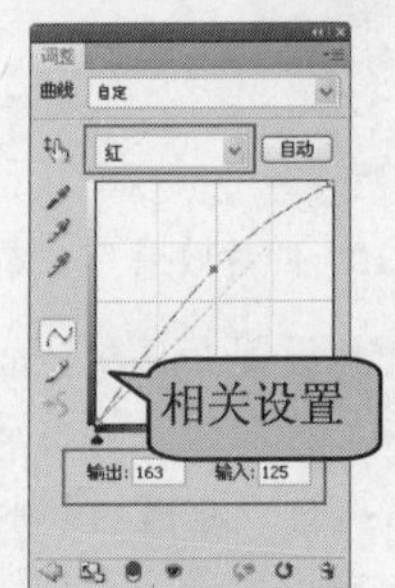

图 7-119　“调整”面板

图 7-120　照片效果

实例小结

本实例主要讲解如何为人物添加非主流妆容，在对人物的脸部进行修饰时，需要注意保留人物脸部清晰的轮廓，并区分阴暗部分。

Example 实例 197　为美女添加闪亮水晶指甲

案例文件	DVD1\源文件\第 7 章\7-26.psd
视频文件	DVD2\视频\第 7 章\7-26.avi
难易程度	★★☆☆☆
视频时间	4 分 50 秒

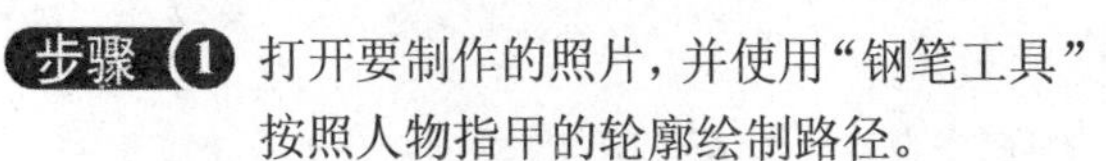

步骤 1 打开要制作的照片，并使用“钢笔工具”按照人物指甲的轮廓绘制路径。

步骤 2 将路径变换为选区，并填充一种指甲颜色。

步骤 3 执行“滤镜>杂色>添加杂色”命令，为选区内添加杂色，并设置相应的图层模式。

步骤 4 取消选区，使用相应的工具在指甲上绘制星星，完成制作。

Example 实例 198 打造橙子美女

案例文件	DVD1\源文件\第 7 章\7-27.psd
视频文件	DVD2\视频\第 7 章\7-27.avi
难易程度	★★☆☆☆
视频时间	6 分 8 秒

步骤 1 打开要制作的美女照片。

步骤 2 打开另一幅要制作的橙子照片。

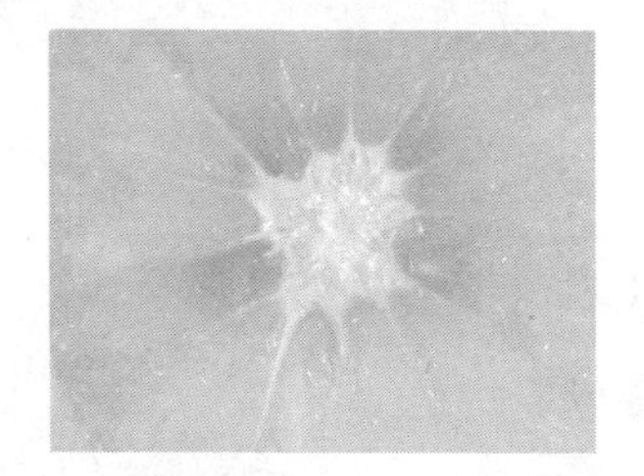

步骤 3 使用钢笔工具绘制路径变换选区，将人物分割并移动，并绘制椭圆。

步骤 4 将照片 42402.jpg 拖入到照片 82401.jpg 中，并相应的设置其“匹配颜色”，最终完成橙子美女的制作。

第 8 章　城市主题照片修饰

本章主要是以城市的夜景为主题，讲述对城市夜景照片的修复和调整，弥补照片本身的一些缺陷和不足。拍摄夜景时，对摄像人员和相机的要求都比较高，一般情况下可能无法得到满意的照片，通过对本章内容的学习，就可以轻松地让夜景照片实现各种效果，同时也能更多地了解 Photoshop 中一些工具的使用。

Example 实例 199 打造城市照片怀旧风格

案例文件	DVD1\源文件\第 8 章\8-1.psd
难易程度	★★☆☆☆
视频时间	3 分 57 秒
技术点睛	主要通过“色彩平衡”、“亮度/对比度”调整照片，再通过对照片应用“USM 锐化”滤镜，使照片更加精致

思路分析

普通的城市照片色彩过于单调，为了能够实现不一样的城市风格，可以将普通的城市照片处理成怀旧风格的效果，主要是通过使用“色彩平衡”和“亮度/对比度”对照片效果进行调整，最终效果如图 8-1 所示。

（修复后）

（修复后）

图 8-1　照片处理前后的效果对比

制作步骤

步骤 1 执行“文件>打开”命令，打开需要处理的照片“DVD1\源文件\第 8 章\素材\9101.jpg”，如图 8-2 所示。将“背景”图层拖移至“创建新图层”按钮 上，复制“背景”图层，得到“背景 副本”图层，如图 8-3 所示。

图 8-2　打开照片

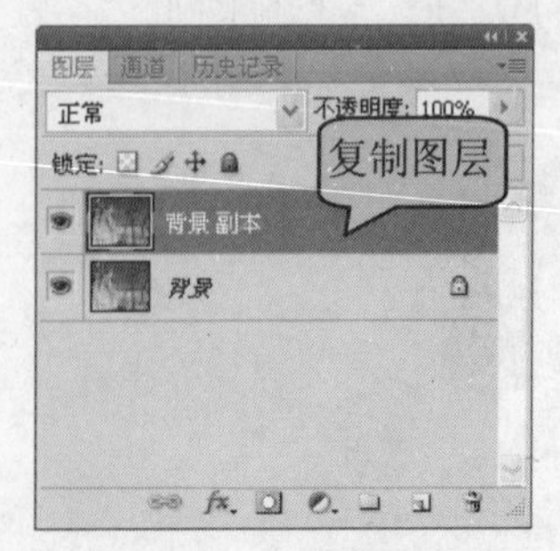

图 8-3　“图层”面板

步骤 2 在“图层”面板单击“创建新的填充或调整图层”按钮，在弹出的菜单中选择“色彩平衡”选项，参数设置如图 8-4 所示，照片效果如图 8-5 所示。

> **提示**
> 要设置“色彩平衡”，也可以执行“图像>调整>色彩平衡”命令。

步骤 3 再次单击“创建新的填充或调整图层”按钮，在弹出的菜单中选择“亮度/对比度”选项，参数设置如图 8-6 所示，照片效果如图 8-7 所示。

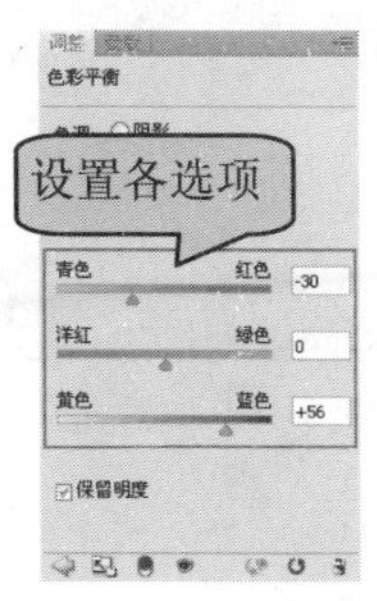

图 8-4　设置“色彩平衡”

图 8-5　照片效果

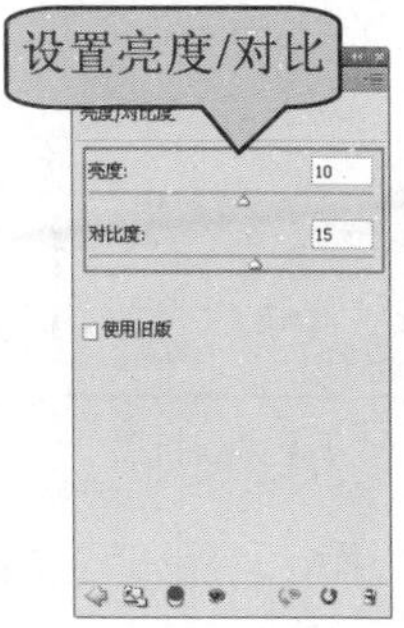

图 8-6　“亮度/对比度”对话框

步骤 4 新建“图层 1”，设置前景色为 RGB（255，241，89），为“图层 1”填充前景色，并设置其“混合模式”为“正片叠底”，“不透明度”值为 80%，照片效果如图 8-8 所示。按快捷键 Ctrl+Alt+Shift+E，盖印图层，执行“滤镜>锐化>USM 锐化”命令，打开“USM 锐化”对话框，参数设置如图 8-9 所示。

图 8-7　照片效果

图 8-8　照片效果

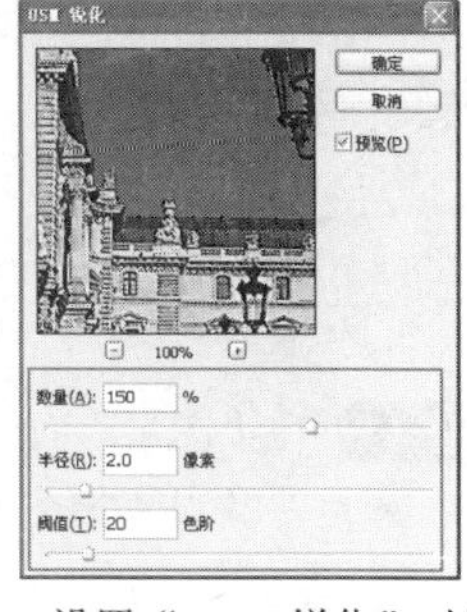

图 8-9　设置“USM 锐化”对话框

步骤 5 单击“确定”按钮完成设置，照片效果如图 8-10 所示。单击“创建新的填充或调整图层”按钮，在弹出的菜单中选择“曲线”选项，参数设置如图 8-11 所示。

步骤 6 完成“调整”面板的设置，照片效果如图 8-12 所示。新建“图层 2”，填充为黑色，使用“椭圆选框工具”，在画布中绘制选区，按快捷键 Shift+F6 打开“羽化”对话框，参数设置如图 8-13 所示。

图 8-10　照片效果

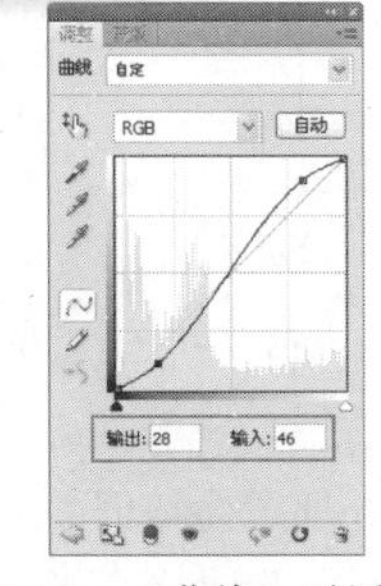

图 8-11　“曲线”对话框

图 8-12　照片效果

步骤 7 单击“确定”按钮完成设置，为选区填充白色，设置“图层 2”的“混合模式”为“正片叠底”，“不透明度”值为 0%，照片效果如图 8-14 所示。新建“图层 3”，使用“矩形选框工具”，在照片上绘制选区，按快捷键 Ctrl+Shift+I 反向选择选区，填充为黑色，照片效果如图 8-15 所示。

羽化选区
羽化半径(R): 30 像素
确定
取消

图 8-13 “羽化”对话框

图 8-14 照片效果

图 8-15 照片效果

步骤 8 执行“编辑>描边”命令，打开“描边”对话框，参数设置如图 8-16 所示，单击“确定”按钮完成设置，按快捷键 Ctrl+D 取消选区，照片效果如图 8-17 所示。

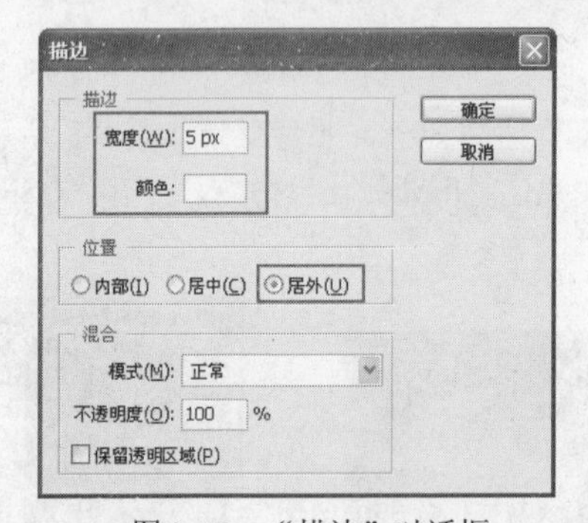

图 8-16 “描边”对话框

图 8-17 照片效果

步骤 9 在“图层”面板单击“添加图层样式”按钮 fx，在打开的菜单中选择“斜面和浮雕”选项，参数设置如图 8-18 所示，单击“确定”按钮完成设置，照片效果如图 8-19 所示。

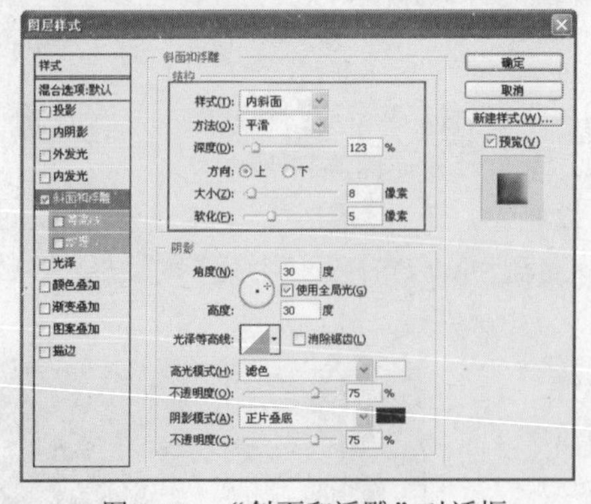

图 8-18 “斜面和浮雕”对话框

图 8-19 照片效果

步骤 10 完成城市照片怀旧风格的制作后，执行“文件>存储为”命令，将照片保存为 PSD 文件。

本章小结

本实例主要讲解如何将普通的城市照片处理成为怀旧的风格，使照片看起来更有韵味，在实际的操作过程中，需要注意不同的照片要选择使用不同的调整方法。

Example 实例 200 制作海底城市的效果

案例文件	DVD1\源文件\第 8 章\8-2.psd
视频文件	DVD2\视频\第 8 章\8-2.avi
难易程度	★★★☆☆
视频时间	4 分 14 秒

步骤 1 打开城市照片，再复制一张海底的素材图像。

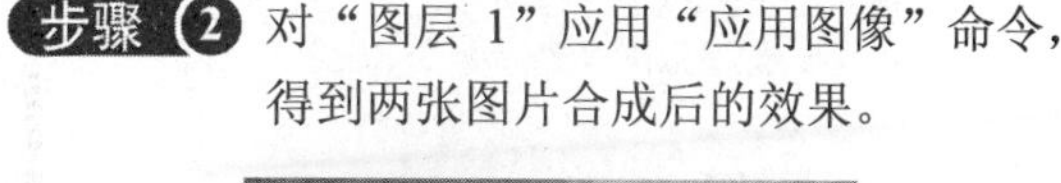

步骤 2 对“图层 1”应用“应用图像”命令，得到两张图片合成后的效果。

步骤 3 执行“色彩平衡”、“色相/饱和度”和“照片滤镜”调整照片。

步骤 4 绘制选区，填充白色，应用“高斯模糊”滤镜，制作出光线效果，输入相应文字。

Example 实例 201 将城市照片处理为暗调色彩

案例文件	DVD1\源文件\第 8 章\8-3.psd
视频文件	DVD2\视频\第 8 章\8-3.avi
难易程度	★★☆☆☆
视频时间	3 分 32 秒

步骤 1 打开需要处理的照片，复制图层。

步骤 2 对“背景 副本”图层应用“可选颜色”调整照片，再应用“光照效果”滤镜。

步骤 3 通过“可选颜色”和“照片滤镜”调整照片。

步骤 4 完成照片效果的制作。

Example 实例 202 为城市夜景添加缤纷烟花

案例文件	DVD1\源文件\第 8 章\8-4.psd
难易程度	★★☆☆☆
视频时间	2 分 28 秒
技术点睛	本实例主要使用“画笔工具”，调整不同的画笔在照片中绘制烟花，再利用色彩平衡完成烟花多彩的效果

思路分析

夜景中的烟花瞬间绽放，业余的摄影爱好者，很难完成高质量的拍摄，本节讲解了一种简单的为照片添加烟花效果的方法，最终效果如图 8-20 所示。

（处理前）

（处理后）

图 8-20 照片处理前后的效果对比

制作步骤

步骤 1 执行“文件>打开”命令，打开需要处理的照片“DVD1\源文件\第 8 章\素材\9401.jpg”，如图 8-21 所示。将“背景”图层拖移至“创建新图层”按钮上，复制“背景”图层，得到“背景 副本”图层，如图 8-22 所示。

图 8-21 打开照片

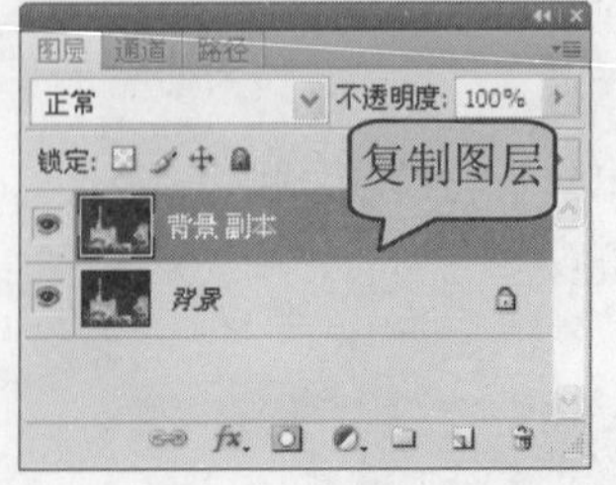

图 8-22 “图层”面板

步骤 2 选择“背景 副本”图层，设置“前景色”值为 RGB（255，90，0），单击工具箱中的“画笔工具”按钮，在“画笔工具”的“选项”栏中设置画笔笔尖形状为“粗边圆形工笔”，单击“切换画笔面板”按钮，打开“画笔”面板，分别设置“形状动态”、“颜色动态”的参数，如图 8-23 所示。

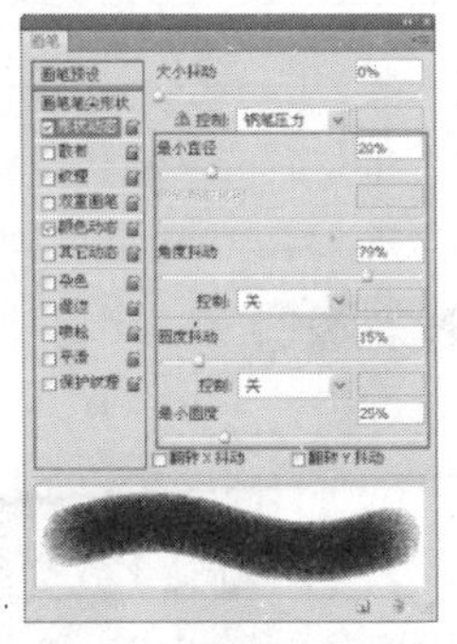
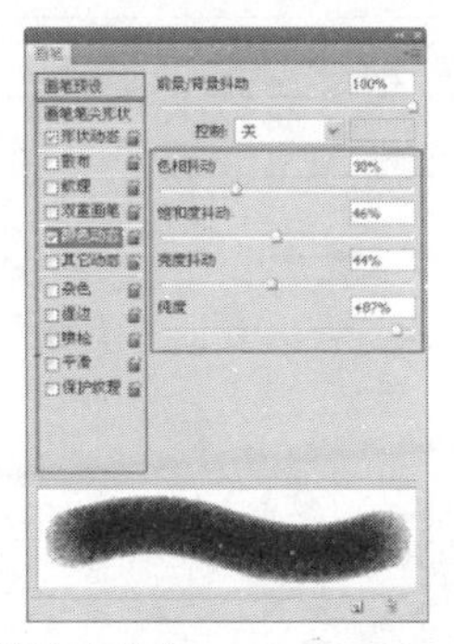

图 8-23　“画笔”面板

步骤 3 完成设置，在照片上需要添加烟花的位置进行绘制，效果如图 8-24 所示。再分别设置不同的颜色，在照片上进行绘制，效果如图 8-25 所示。

图 8-24　照片效果

图 8-25　照片效果

> **提示**　画笔工具的功能比较强大，作者可以根据自己的需要选择一些特殊的笔刷，还可以自定义一些笔刷。

步骤 4 选择“背景 副本”图层，单击工具箱中的“套索工具”，为照片中添加的烟花部分创建选区，并对选区进行适当的羽化，执行“图像>调整>色阶”命令，打开“色阶”对话框，随意地调整选区内的亮度，如图 8-26 所示，再执行“图像>调整>色彩平衡”命令，打开“色彩平衡”对话框，调整选区内的颜色，按快捷键 Ctrl+D 取消选区，效果如图 8-27 所示。

图 8-26　照片效果

图 8-27　照片效果

步骤 5 为照片添加完缤纷烟花的效果，执行“文件>存储为”命令，将照片保存为 PSD 文件。

实例小结

本节主要讲解了一种在夜景中添加烟花效果的方法，在制作过程中可以随意更换画笔和颜色，随意地在画布中进行绘制，直到自己满意。

Example 实例 203 使夜景照片中的景物更加清晰

案例文件	DVD1\源文件\第 8 章\8-5.psd
视频文件	DVD2\视频\第 8 章\8-5.avi
难易程度	★★☆☆☆
视频时间	2 分 7 秒

步骤 1 打开需要处理的照片，并复制“背景”图层。

步骤 2 在“通道”面板中复制“红”通道，并对其执行“照亮边缘”和“高斯模糊”滤镜。

步骤 3 选择“背景 副本”图层，对其执行“绘画涂抹”滤镜，并设置其“混合模式”。

步骤 4 应用“色阶”调整照片效果，完成夜景照片的处理。

Example 实例 204 营造城市的节日气氛

案例文件	DVD1\源文件\第 8 章\8-6.psd
视频文件	DVD2\视频\第 8 章\8-6.avi
难易程度	★★☆☆☆
视频时间	3 分 33 秒

步骤 1 打开需要处理的夜景照片。

步骤 2 打开焰火照片，使用通道混合的方式将三个通道颜色分别放置到不同的图层，并调整混合模式。

步骤 3　将焰火拖入到夜景中，并调整大小和位置。

步骤 4　使用焰火图层制作倒影，并使用蒙版制作渐变效果。再使用“减淡工具”调整照片局部亮度。

Example 实例 205　制作城市动感车流的效果

案例文件	DVD1\源文件\第 8 章\8-7.psd
难易程度	★★☆☆☆
视频时间	1 分 41 秒
技术点睛	首先利用“径向模糊”完成对照片的处理，再使用混合模式完成最终效果

思路分析

有一些效果是业余摄影者很难达到的，例如下面例子中车流的照片，想拍摄出速度感并非易事，本节讲解如何使照片具有一定的速度感，效果如图 8-28 所示。

（处理前）

（处理后）

图 8-28　照片处理前后的效果对比

制作步骤

步骤 1　执行“文件>打开”命令，打开需要处理的照片“DVD1\源文件\第 8 章\素材\9701.jpg”，如图 8-29 所示。将“背景”图层拖至“创建新图层”按钮上，复制“背景”图层，得到“背景 副本”图层，“图层”面板如图 8-30 所示。

步骤 2　选择“背景 副本”图层，执行“滤镜>模糊>径向模糊”命令，打开“径向模糊”对话框，参数设置如图 8-31 所示，单击“确定”按钮完成设置，效果如图 8-32 所示。

技巧　径向模糊是模拟相机的移动或旋转而产生的模糊，用来制作柔和的模糊效果。

步骤 3　选择“背景 副本”图层，单击“添加蒙版”按钮，添加图层蒙版，按下 D 键恢复前景色和背景色的默认设置，单击工具箱中的“画笔工具”按钮，在“属性”栏进行相应的设置。涂抹出照片远处的终点部分，如图 8-33 所示，“图层”面板如图 8-34 所示。

图 8-29 打开照片

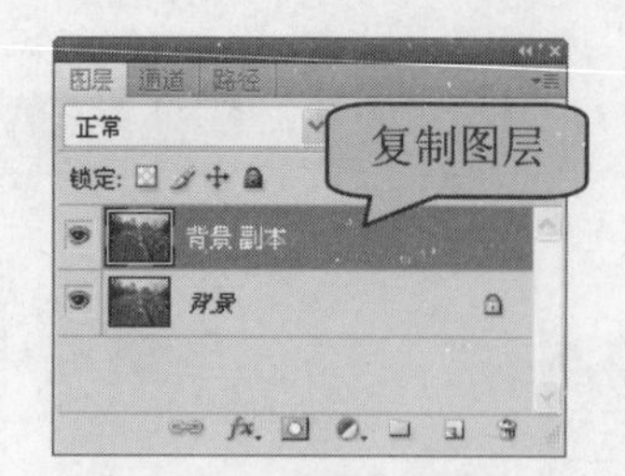

图 8-30 “图层”面板

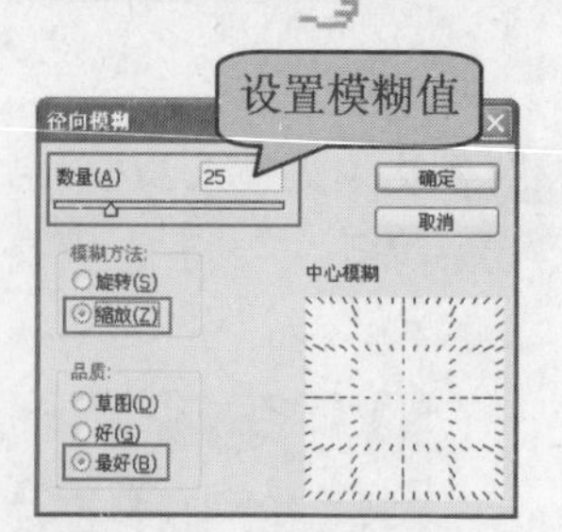

图 8-31 设置“径向模糊”对话框

图 8-32 照片效果

图 8-33 照片效果

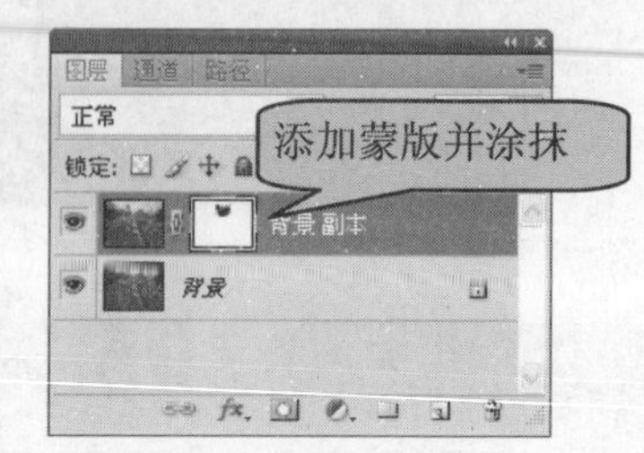

图 8-34 “图层”面板

步骤 4 选择“背景”图层，再次复制“背景”图层，得到“背景 副本2”图层，如图8-35所示。在“图层”面板将“背景 副本2”图层拖动至“背景 副本1”图层上方，如图8-36所示。

步骤 5 选择“背景 副本2”图层，执行“滤镜>模糊>径向模糊”命令，打开“径向模糊”对话框，参数设置如图8-37所示，单击“确定”按钮完成设置，照片效果如图8-38所示。

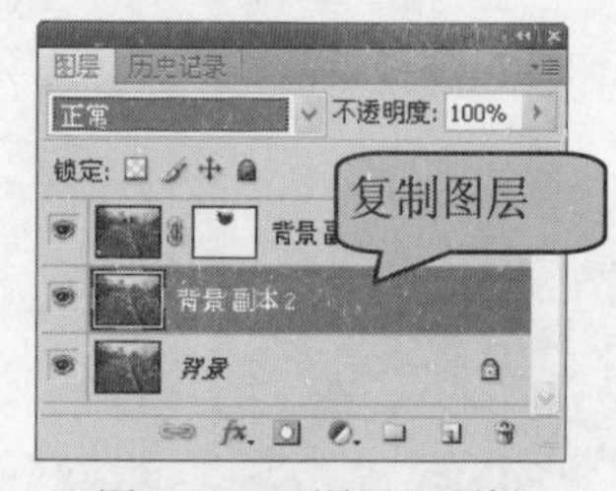

图 8-35 “图层”面板

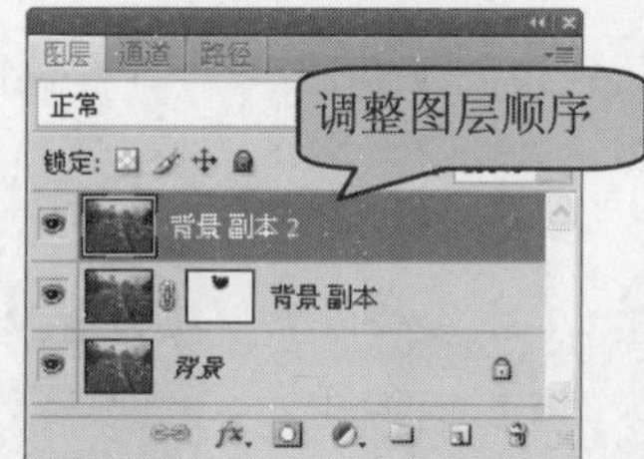

图 8-36 “图层”面板

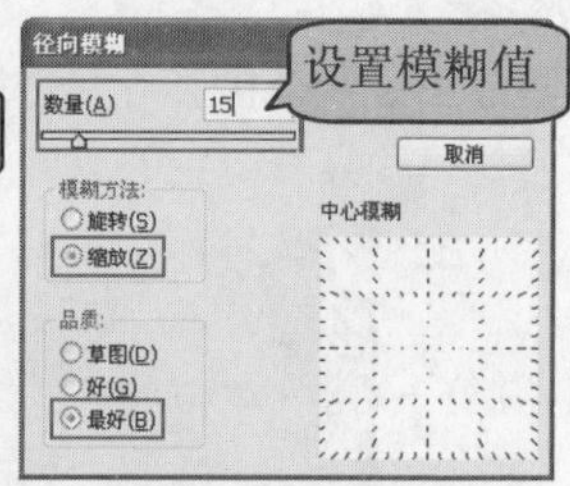

图 8-37 “径向模糊”对话框

> **技巧** “径向模糊”有两种模糊的方法，即“旋转”和“缩放”，“旋转”主要是在照片上生成旋转的效果，而“缩放”主要是在照片上生成直面冲击的模糊效果，给人速度感。

步骤 6 选择“背景 副本2”图层，将其混合模式设置为“叠加”，如图8-39所示，照片效果如图8-40所示。

图 8-38 照片效果

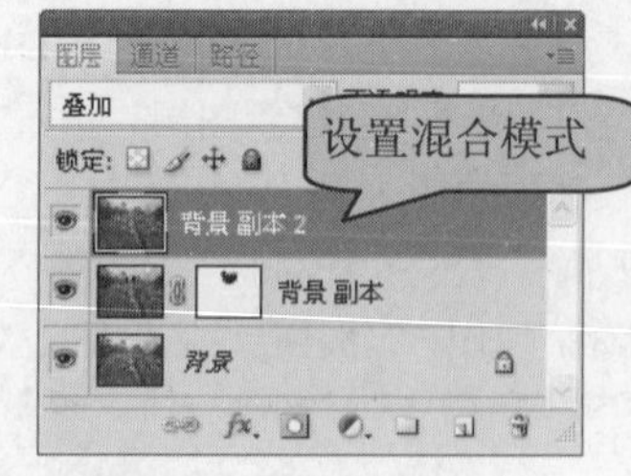

图 8-39 “图层”面板

图 8-40 照片效果

步骤 7 完成车流动感效果的制作后，执行“文件>存储为”命令，将照片保存为PSD文件。

实例小结

本实例主要讲解了一种制造车流速度感的方法，通过径向模糊和混合模式的处理，照片中的速度感马上就呈现出来，注意径向模糊的数值不要过大，以免影响效果。

Example 实例 206 制作潮流街道的效果

案例文件	DVD1\源文件\第 8 章\8-8.psd
视频文件	DVD2\视频\第 8 章\8-8.avi
难易程度	★★★☆☆
视频时间	4 分 12 秒

步骤 1 打开需要处理的照片，复制背景，应用“高斯模糊”滤镜，并设置“混合模式”。

步骤 2 转换到 Lab 模式，应用“曲线”和“色相/饱和度”调整照片。

步骤 3 返回 RGB 模式，复制图层，使用“高斯模糊”滤镜，并设置“混合模式”。

步骤 4 制作照片的暗角效果，完成制作。

Example 实例 207 制作黄金建筑的效果

案例文件	DVD1\源文件\第 8 章\8-9.psd
视频文件	DVD2\视频\第 8 章\8-9.avi
难易程度	★★☆☆☆
视频时间	3 分 5 秒

步骤 1 将照片打开，使用自动调整工具将照片调整清楚。

步骤 2 将蓝色通道复制，并使用“色阶”命令和“画笔工具”创建黑色区域。

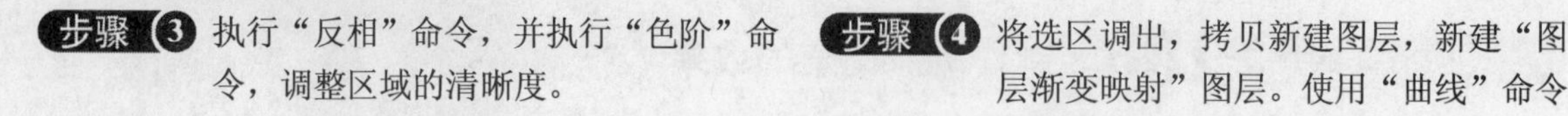

步骤 3 执行“反相”命令，并执行“色阶”命令，调整区域的清晰度。

步骤 4 将选区调出，拷贝新建图层，新建“图层渐变映射”图层。使用“曲线”命令调整图层效果，并使用“剪切图层组”完成操作。

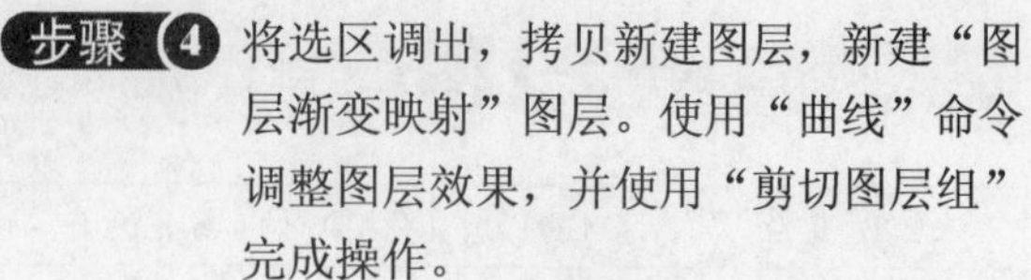

Example 实例 208 增加夜景的霓虹灯

案例文件	DVD1\源文件\第 8 章\8-10.psd
难易程度	★☆☆☆☆
视频时间	1 分 2 秒
技术点睛	使用“镜头光晕”滤镜为城市夜景照片增加霓虹灯效果

思路分析

在拍摄夜景时，常常会因为距离或其他原因造成照片中的霓虹灯并不明显，从而使照片缺少美感和气氛，本节介绍一种添加霓虹灯的方法，效果如图 8-41 所示。

（修改前）

（修改后）

图 8-41 照片处理前后的效果对比

制作步骤

步骤 1 执行“文件>打开”命令，打开需要处理的照片“DVD1\源文件\第 8 章\素材\91001.jpg”，如图 8-42 所示。复制“背景”图层，得到“背景 副本”图层，如图 8-43 所示。

步骤 2 选择“背景 副本”图层，执行“滤镜>渲染>镜头光晕”命令，打开“镜头光晕”对话框，采用默认设置，如图 8-44 所示，单击“确定”按钮完成设置，效果如图 8-45 所示。

> **技巧** 在“镜头光晕”对话框中的“光晕中心”中，可以拖动调整光晕的位置。

步骤 3 再次执行“镜头光晕”滤镜，并改变相关设置，如图 8-46 所示。相同的方法，可以为照片添加多个镜头光晕，最终效果如图 8-47 所示。

步骤 4 添加完夜景霓虹灯的效果后，执行“文件>存储为”命令，将照片保存为 PSD 文件。

图 8-42　打开照片

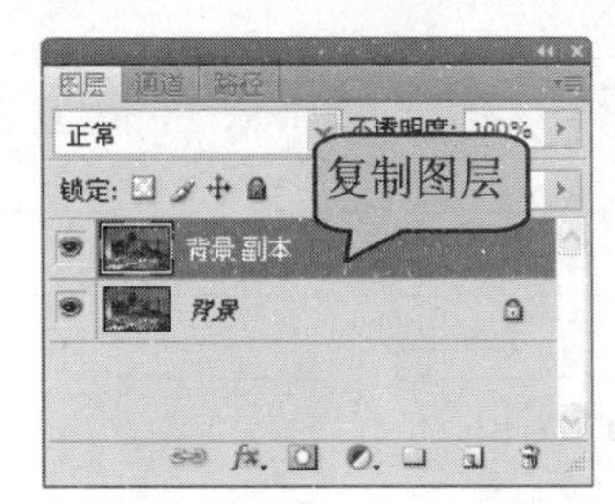

图 8-43　“图层”面板

图 8-44　“镜头光晕”对话框

图 8-45　照片效果

图 8-46　照片效果

图 8-47　照片效果

实例小结

本节主要讲解了如何在照片中添加霓虹灯的方法，以达到更好的气氛和效果，使照片中的城市看起来更加繁荣。

Example 实例 209　为夜景照片添加街灯效果

案例文件	DVD1\源文件\第 8 章\9-11.psd
视频文件	DVD2\视频\第 8 章\9-11.avi
难易程度	★★☆☆☆
视频时间	4 分 2 秒

步骤 1　打开需要处理的照片，将“背景”图层复制两次。

步骤 2　使用“套索工具”创建灯杆的选区并复制，调整到合适的位置。

步骤 3　使用“镜头光晕”滤镜制作灯的效果。

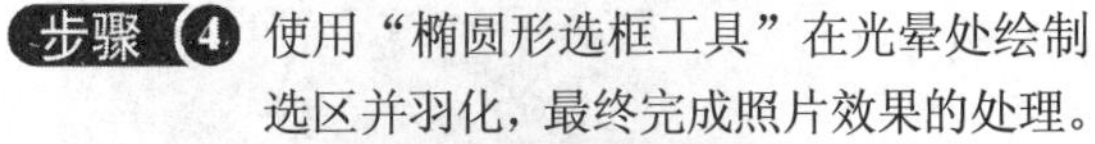

步骤 4　使用“椭圆形选框工具”在光晕处绘制选区并羽化，最终完成照片效果的处理。

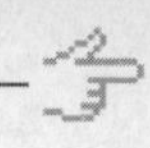

Example 实例 210 制作城市照片暗金色调

案例文件	DVD1\源文件\第 8 章\8-12.psd
视频文件	DVD2\视频\第 8 章\8-12.avi
难易程度	★★☆☆☆
视频时间	2 分 59 秒

步骤 1 打开照片复制“背景”图层。

步骤 2 在“调整”面板中设置两次“通道混合器”，并盖印图层。

步骤 3 新建图层，使用渐变工具，填充从透明到黑色的径向渐变，并设置图层的“不透明度”为 55%。

步骤 4 盖印图层，使用“亮度/对比度”，设置“亮度”值为-10，“对比度”值为 10，最终完成操作。

Example 实例 211 快速增强城市夜景的明亮度

案例文件	DVD1\源文件\第 8 章\8-13.psd
难易程度	★★☆☆☆
视频时间	50 秒
技术点睛	使用“反向”命令处理照片，设置图层“混合模式”，最后再使用“色阶”命令调整照片

思路分析

本实例中照片拍摄的是城市夜景，可以通过 Photoshop 的简单处理，使其更加明亮。在实例的操作过程中先对照片进行反向操作，再设置“叠加”的图层模式使照片的明亮度提高，效果如图 8-48 所示。

（处理前）

（处理后）

图 8-48　照片处理前后的效果对比

步骤 1 执行“文件>打开”命令，打开需要处理的照片“DVD1\源文件\第 8 章\素材\91301.jpg”，如图 8-49 所示。将“背景”图层拖至“创建新图层”按钮 上，复制“背景”图层，得到“背景 副本”图层，如图 8-50 所示。

步骤 2 选择“背景 副本”图层，执行“图像>调整>反相”命令，将该图层中的照片反相，设置该图层的“混合模式”为“叠加”，如图 8-51 所示，照片效果如图 8-52 所示。

图 8-49　照片效果

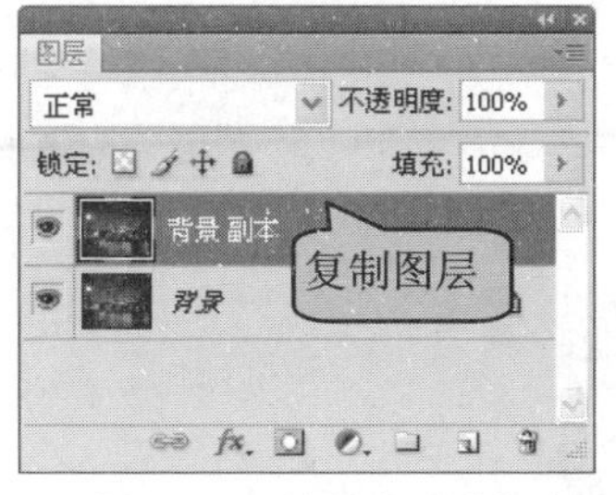

图 8-50　“图层”面板

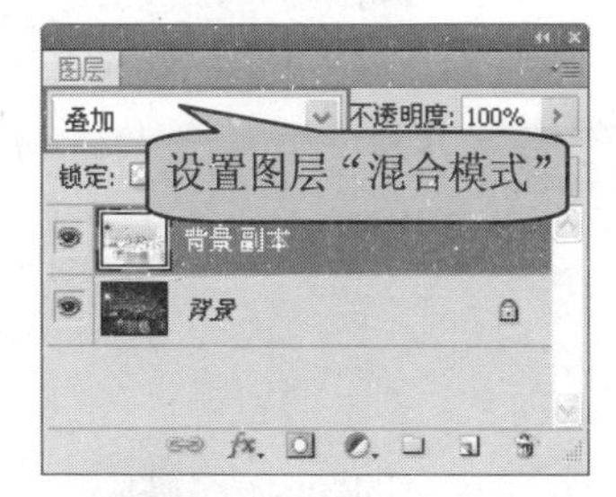

图 8-51　设置“混合模式”

步骤 3 选择“背景 副本”图层，执行“图像>调整>色阶”命令，打开“色阶”对话框，设置如图 8-53 所示，单击“确定”按钮完成设置，照片效果如图 8-54 所示。

图 8-52　照片效果

图 8-53　设置“色阶”对话框

图 8-54　照片效果

> **提示**　在“色阶”对话框中拖动滑块改变数值，可以将较暗的照片变得亮一些。勾选“预览”复选框，可以在调整的同时看到照片的变化。

步骤 4 完成照片的调整后，执行“文件>存储为”命令，将照片保存为 PSD 文件。

实例小结

本实例主要讲解如何使夜景照片更加明亮，通过对“背景 副本”图层执行反向操作，设置图层“混合模式”，再适当地调整照片的“色阶”来实现照片整体亮度的提高。

Example 实例 212　制作街景朦胧动感背景

案例文件	DVD1\源文件\第 8 章\8-14.psd
视频文件	DVD2\视频\第 8 章\8-14.avi
难易程度	★★☆☆☆
视频时间	2 分 51 秒

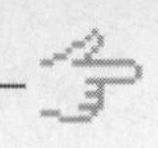

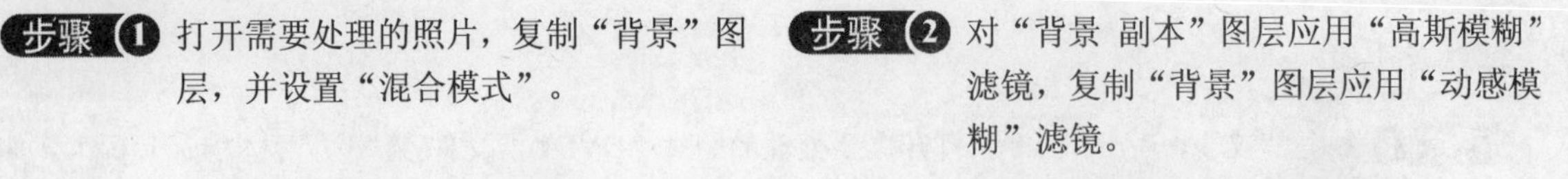

步骤 1 打开需要处理的照片，复制“背景”图层，并设置“混合模式”。

步骤 2 对“背景 副本”图层应用“高斯模糊”滤镜，复制“背景”图层应用“动感模糊”滤镜。

步骤 3 添加图层蒙版，涂抹出天空和建筑物。并应用“曲线”调整。

步骤 4 对“背景 副本”图层应用“色阶”调整，完成照片效果的制作。

Example 实例 213 制作梦幻的城市夜景效果

案例文件	DVD1\源文件\第 8 章\8-15.psd
视频文件	DVD2\视频\第 8 章\8-15.avi
难易程度	★★★☆☆
视频时间	4 分 42 秒

步骤 1 打开需要处理的城市夜景照片。

步骤 2 打开“通道”面板，复制“绿”通道，并对“绿 副本”通道进行“色阶”调整。

步骤 3 复制“绿 副本”通道，分别对“绿 副本 1”和“绿 副本 2”通道应用“风”滤镜，并载入相应的选区。

步骤 4 返回图层面板，新建图层，填充白色，调整对比度，完成照片效果的制作。

第9章 相框制作

本章主要是讲述如何为照片添加一款适合的相框，并使照片看起来更加完美。

Example 实例 214 制作笔刷效果的相框

案例文件	DVD1\源文件\第 9 章\9-1.psd
难易程度	★★☆☆☆
视频时间	1 分 45 秒
技术点睛	新建图层完成填色，添加图层蒙版，使用“画笔工具”进行涂抹，并设置其“纹理化”

思路分析

本节主要是为照片添加一种随意的画笔相框来衬托孩子的调皮。在制作过程中主要应用了“图层蒙版”和不同的“画笔”样式，再使用“纹理化”滤镜，为相框添加一些纹理效果，如图 9-1 所示。

（制作前）

（制作后）

图 9-1　制作笔刷相框前后的效果对比

制作步骤

步骤 1 执行“文件>打开”命令，打开需要处理的照片原图“DVD1\源文件\第 9 章\素材\10101.jpg”，如图 9-2 所示，在工具箱中设置“前景色”为白色 RGB（255，255，255），新建“图层 1”并填充前景色，如图 9-3 所示。

图 9-2　打开照片

图 9-3 “图层”面板

步骤 2 选择“图层 1”，单击“添加图层蒙板”按钮，为“图层 1”添加图层蒙板，单击工具箱中的“画笔工具”按钮，在“选项”栏上设置如图 9-4 所示。按 D 键恢复前景色和背景色的默认设置，在场景中进行涂抹，照片效果如图 9-5 所示。

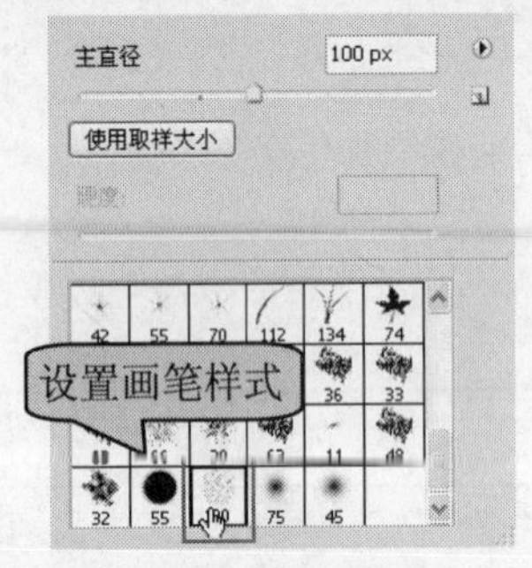

图 9-4 设置画笔

图 9-5 照片效果

> **提示** 在使用“画笔工具” 进行涂抹时，可以随意调整画笔的大小，以便达到合适的效果。

步骤 3 新建“图层 2”，按 X 键将前景色切换为白色，对该图层进行填充，执行“滤镜>纹理>纹理化”命令，打开“纹理化”对话框，参数设置如图 9-6 所示，单击“确定”按钮，设置“图层 2”的“混合模式”为“正片叠加”，“不透明度”为 30%，照片效果如图 9-7 所示。

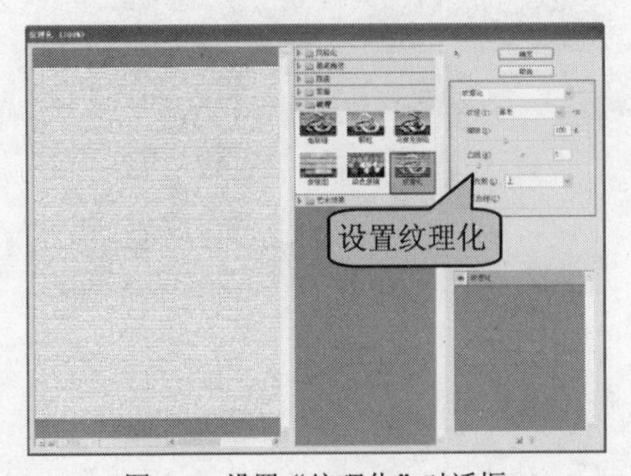

图 9-6 设置“纹理化”对话框

图 9-7 照片效果

步骤 4 制作完笔刷效果的相框，执行“文件>存储”命令，将照片存储为 PSD 文件。

实例小结

本实例主要是通过“画笔工具”为照片添加一种比较随意的相框，制作时需注意纹理化数值不要过大，以免影响到照片的效果。

Example 实例 215 制作可爱的花边相框

案例文件	DVD1\源文件\第 9 章\9-2.psd
视频文件	DVD2\视频\第 9 章\9-2.avi
难易程度	★★☆☆☆
视频时间	2 分 4 秒

步骤 1 打开要制作的照片。

步骤 2 新建图层，使用“椭圆选框工具”绘制选区，并为选区添加描边。

步骤 3 使用“画笔工具”分别设置画笔为“沙丘草”和“草”，在照片的周围进行添加。

步骤 4 更改画笔样式为“散布枫叶”继续添加。还可以根据个人喜好挑选画笔，最终完成可爱的花边相框的制作。

Example 实例 216 制作石质相框

案例文件	DVD1\源文件\第 9 章\9-3.psd
视频文件	DVD2\视频\第 9 章\9-3.avi
难易程度	★★☆☆☆
视频时间	3 分 44 秒

步骤 1 打开要制作的照片，新建图层并填充颜色。

步骤 2 使用“渲染纤维”滤镜和“扭曲旋转”滤镜对照片进行处理。

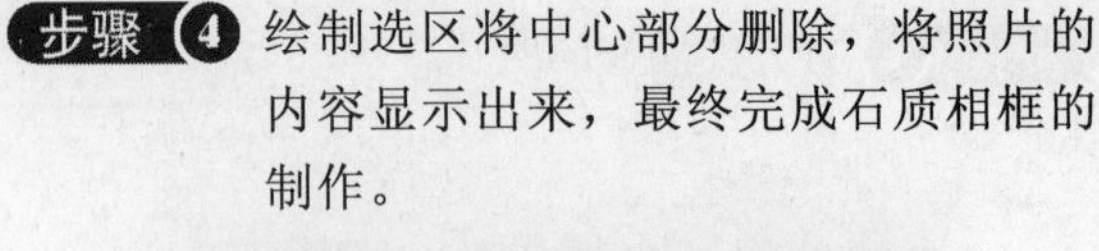

步骤 3 绘制选区，并反向调整，添加金属色渐变，然后使用“单行选框工具”制作线条感的边框，最后对相应的图层添加图层样式。

步骤 4 绘制选区将中心部分删除，将照片的内容显示出来，最终完成石质相框的制作。

Example 实例 217 制作半透明的相框

案例文件	DVD1\源文件\第 9 章\9-4.psd
难易程度	★☆☆☆☆
视频时间	1 分 23 秒
技术点睛	绘制选区填充颜色，调整其“亮度/对比度”，设置其描边

思路分析

本实例主要讲解一种为照片添加透明相框的方法，在制作过程中主要应用了“反向”、“描边”和“亮度/对比度”等命令，来完成相框的效果。本实例的相框制作方法比较简单，但在制作时还是要注意照片的本色和相框的颜色是否真实且配套，效果如图 9-8 所示。

（制作前）

（制作后）

图 9-8 制作半透明边框前后的效果对比

制作步骤

步骤 1 执行“文件>打开”命令，打开需要处理的照片原图“DVD1\源文件\第 9 章\素材\10401.jpg“，如图 9-9 所示，将“背景”图层拖动到“创建新图层”按钮上，复制“背景”图层，得到“背景 副本”图层，如图 9-10 所示。

步骤 2 选中“背景 副本”图层，按快捷键 Ctrl+A 调出照片选区，执行“选择>变换选区”命令，在“选项”栏设置如图 9-11 所示，按 Enter 键确认设置。执行“编辑>描边”命令，打开“描边”对话框，参数设置如图 9-12 所示，单击“确定”按钮完成设置。

图 9-9　打开照片

图 9-10　“图层”面板

图 9-11　设置“选项”栏

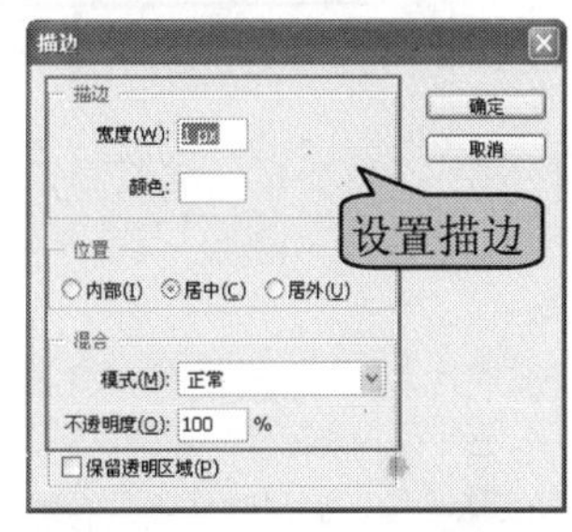

图 9-12　“描边”对话框

步骤 3 执行“选择>反向”命令，再执行“图像>调整>亮度/对比度”命令，打开“亮度/对比度”对话框，参数设置如图 9-13 所示，单击“确定”按钮完成设置。按快捷键 Ctrl+D 取消选区，照片效果如图 9-14 所示。

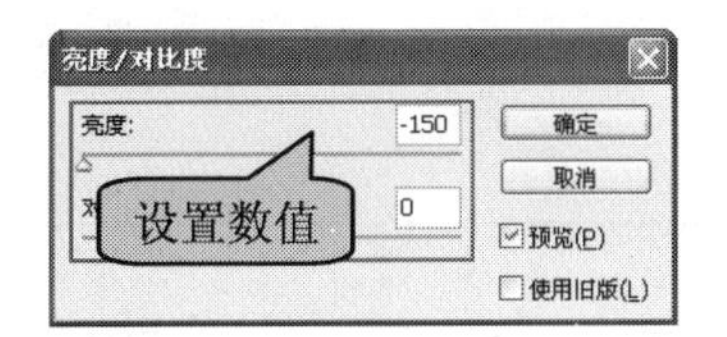

图 9-13　“亮度/对比度”对话框

图 9-14　照片效果

步骤 4 制作完半透明边框后，执行“文件>存储”命令，将照片存储为 PSD 文件。

实例小结

本实例主要是通过一些简单的命令，来完成一种半透明相框的制作，在制作时注意矩形的效果。

Example 实例 218　制作半透明的心形相框

案例文件	DVD1\源文件\第 9 章\9-5.psd
视频文件	DVD2\视频\第 9 章\9-5.avi
难易程度	★☆☆☆
视频时间	2 分

步骤 1 打开要制作的照片。

步骤 2 新建图层，使用“自定形状工具”在照片上绘制心形，并载入选区，删除多余部分。

步骤 3 应用“马赛克”滤镜制作相框效果。

步骤 4 应用“锐化”滤镜对图像进行锐化操作，反复执行此命令直到满意为止，取消选区，最终完成半透明心形相框的制作。

Example 实例 219 制作七彩斜纹的相框

案例文件	DVD1\源文件\第 9 章\9-6.psd
视频文件	DVD2\视频\第 9 章\9-6.avi
难易程度	★☆☆☆
视频时间	2 分 15 秒

步骤 1 打开要制作的照片，新建图层并填充颜色。

步骤 2 复制“背景”图层调整图层的顺序，并进行羽化和添加蒙版。

步骤 3 选择蒙版，执行“半调图案”和“色阶”命令对其进行相应的设置。

步骤 4 选择图层，设置渐变色，最终完成七彩斜纹相框的制作。

Example 实例 220 制作精致立体相框

案例文件	DVD1\源文件\第 9 章\9-7.psd
难易程度	★★☆☆☆
视频时间	2 分 15 秒
技术点睛	首先调整画布大小，使用“钢笔工具”绘制路径并模糊，最后使用“自由变换”命令调整照片大小

思路分析

本实例主要讲解如何为照片添加立体相框，从而增强照片的立体感。在制作过程中主要应用了“画笔大小”面板、“路径”面板和“高斯模糊”命令，虽然用到的命令和效果都比较常见，但在制作时一定要注意两次调整画布大小的数值，以免后面的效果无法实现，如图 9-15 所示。

（制作前）

（制作后）

图 9-15 制作精致立体相框前后的效果对比

制作步骤

步骤 1 执行“文件>打开”命令，打开需要处理的照片原图“DVD1\源文件\第 9 章\素材\10701.jpg”，如图 9-16 所示。执行“图像>画布大小”命令，打开“画布大小”对话框，参数设置如图 9-17 所示。

步骤 2 单击“确定”按钮完成设置，照片效果如图 9-18 所示。在“图层”面板上将“背景”图层拖动到“创建新图层”按钮上，复制“背景”图层，得到“背景 副本”图层，图层面板如图 9-19 所示。

图 9-16　打开照片

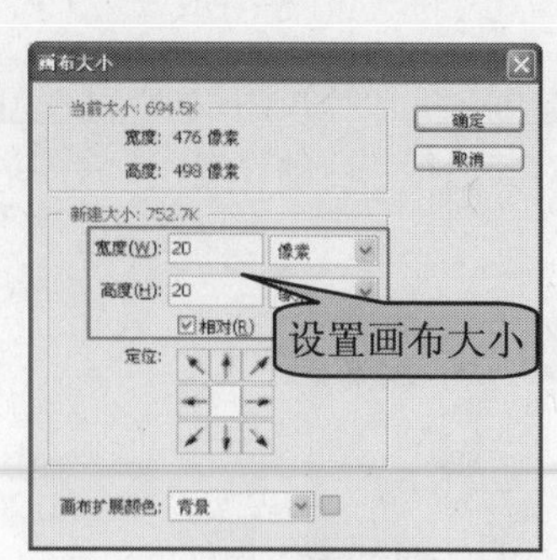

图 9-17　“画布大小”对话框

图 9-18　照片效果

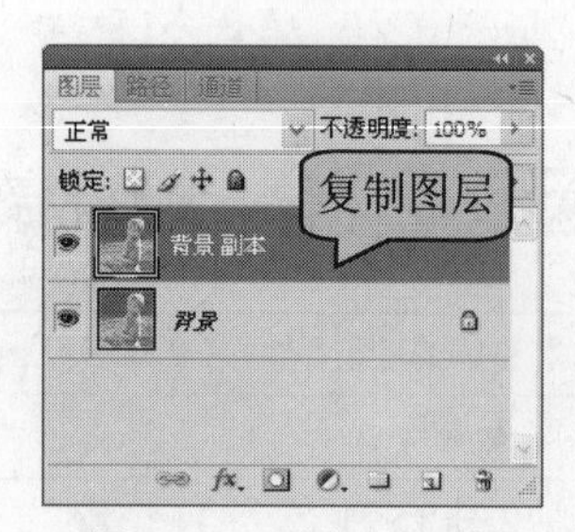

图 9-19　“图层”面板

步骤 3 选中“背景 副本”图层，按快捷键 Ctrl+A，将其全部选中。执行“编辑>描边”命令，打开“描边”对话框，参数设置如图 9-20 所示，单击“确定”按钮完成设置。按快捷键 Ctrl+D 取消选区，照片效果如图 9-21 所示。

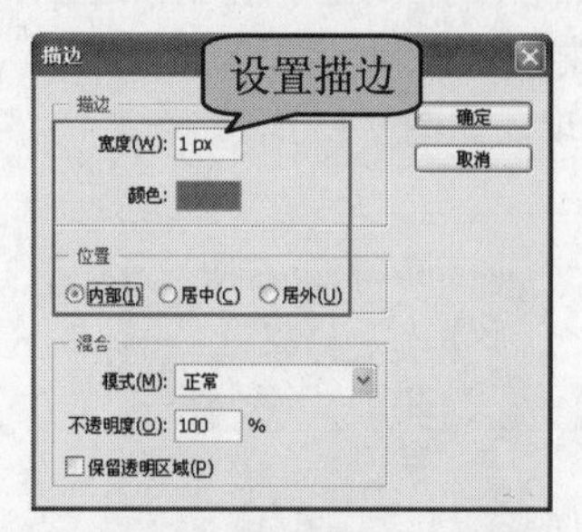

图 9-20　设置“描边”对话框

图 9-21　照片效果

步骤 4 单击“图层 1”，打开“路径”面板，单击工具箱中的“钢笔工具”按钮，在照片上绘制路径，如图 9-22 所示。在“图层”面板上将“背景 副本”图层隐藏，再返回到“路径”面板，使用“添加锚点工具”在前面绘制的路径上添加锚点，并使用“直接选择工具”进行相应的调整，如图 9-23 所示。

图 9-22　绘制路径

图 9-23　调整链锚点

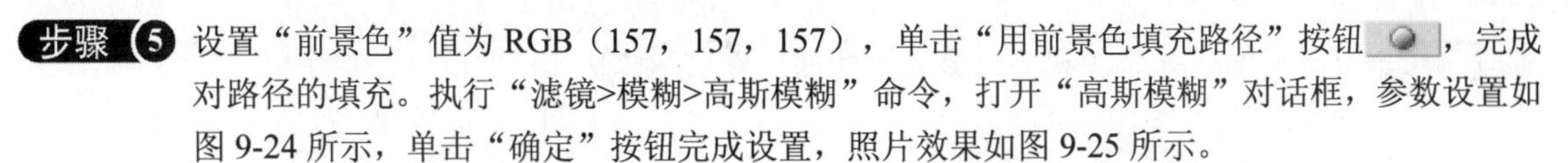

步骤 5 设置“前景色”值为 RGB（157，157，157），单击“用前景色填充路径”按钮，完成对路径的填充。执行“滤镜>模糊>高斯模糊”命令，打开“高斯模糊”对话框，参数设置如图 9-24 所示，单击“确定”按钮完成设置，照片效果如图 9-25 所示。

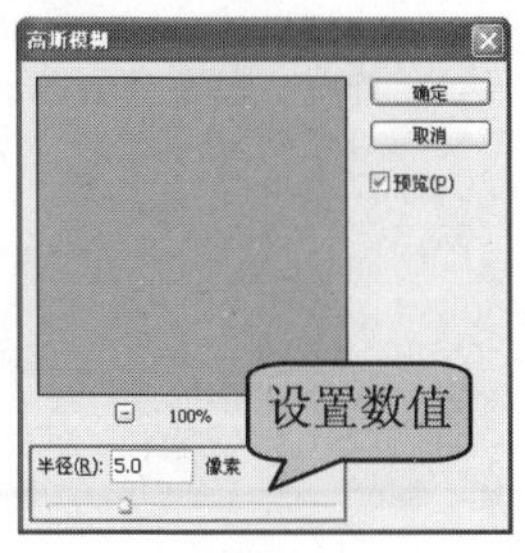

图 9-24 “高斯模糊”对话框

图 9-25 照片效果

步骤 6 将路径删除，返回到“图层”面板，将“背景 副本”图层显示，照片效果如图 9-26 所示。执行“编辑>自由变换”命令，按住 shift 键将照片等比例缩小，如图 9-27 所示。

图 9-26 照片效果

图 9-27 照片效果

步骤 7 完成精致立体相框的制作后，执行“文件>存储”命令，将照片存储为 PSD 文件。

实例小结

本实例主要讲解如何为照片添加立体效果的相框，在实例的操作过程中需要注意的是，在调整画布大小时不要过大，以免造成效果不佳。

Example 实例 221 制作艺术拼图相框

案例文件	DVD1\源文件\第 9 章\9-8.psd
视频文件	DVD2\视频\第 9 章\9-8.avi
难易程度	★☆☆☆☆
视频时间	1 分 21 秒

步骤 1 打开要制作的照片。

步骤 2 使用“矩形选框工具”在照片上绘制选区。

步骤 3 选区添加“描边”和“投影”等图层样式。

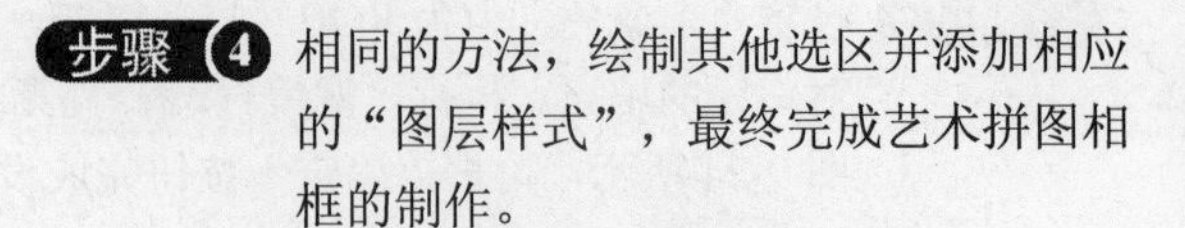

步骤 4 相同的方法，绘制其他选区并添加相应的“图层样式”，最终完成艺术拼图相框的制作。

Example 实例 222 制作不规则相框

案例文件	DVD1\源文件\第 9 章\9-9.psd
视频文件	DVD2\视频\第 9 章\9-9.avi
难易程度	★★☆☆☆
视频时间	1 分 34 秒

步骤 1 打开要制作的照片。

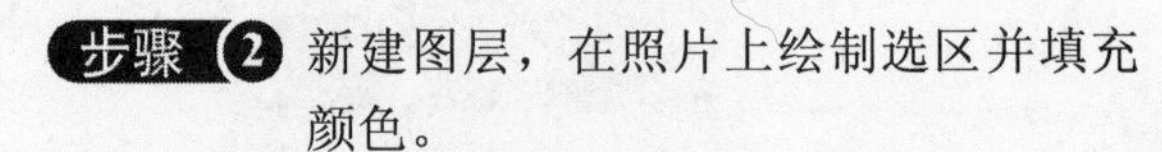

步骤 2 新建图层，在照片上绘制选区并填充颜色。

步骤 3 执行“滤镜>风格化>风”命令。

步骤 4 相同的方法将图形进行复制并调整，最终完成不规则相框的制作。

Example 实例 223　制作蕾丝花边相框

案例文件	DVD1\源文件\第 9 章\9-10.psd
难易程度	★★☆☆☆
视频时间	2 分 3 秒
技术点睛	首先绘制选区，进入“以蒙版编辑模式”状态，然后执行“扭曲>玻璃”命令，最后设置其描边

思路分析

本实例主要为照片添加蕾丝花边相框效果，以衬托照片中可爱的主人公。在本例的制作过程中应用了一些滤镜命令，在制作时一定要注意“玻璃”滤镜各选项的数值，照片效果如图 9-28 所示。

（修改前）

（修改后）

图 9-28　制作蕾丝花边相框前后的效果对比

制作步骤

步骤 1 执行“文件>打开”命令，打开需要处理的照片原图“DVD1\源文件\第 9 章\素材\10901.jpg”，如图 9-29 所示。双击“背景”图层，弹出“新建图层”对话框，单击“确定”按钮，将“背景”层转换为普通图层，如图 9-30 所示。

图 9-29　打开照片

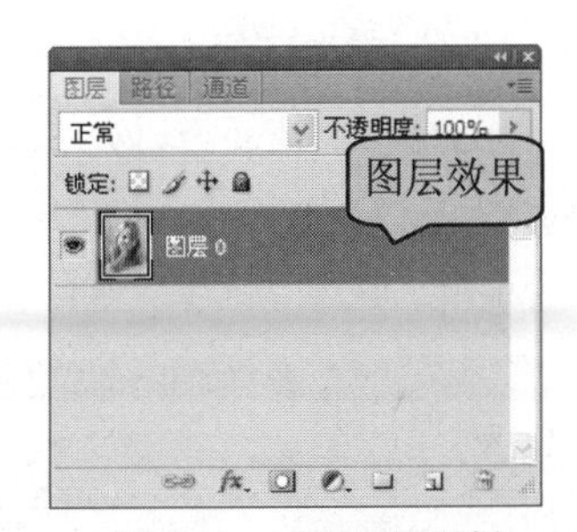

图 9-30　“图层”面板

步骤 2 单击工具箱中的“矩形工具”按钮，在照片上绘制矩形，并按快捷键 Ctrl+Enter，将其转换为选区，执行“选择>反向”命令，如图 9-31 所示。单击“以快速蒙版模式编辑”按钮，进入蒙版编辑状态，如图 9-32 所示。

步骤 3 执行“滤镜>扭曲>玻璃”命令，打开“玻璃”对话框，参数设置如图 9-33 所示，单击“确定”按钮完成设置，照片效果如图 9-34 所示。

图 9-31　照片效果

图 9-32　照片效果

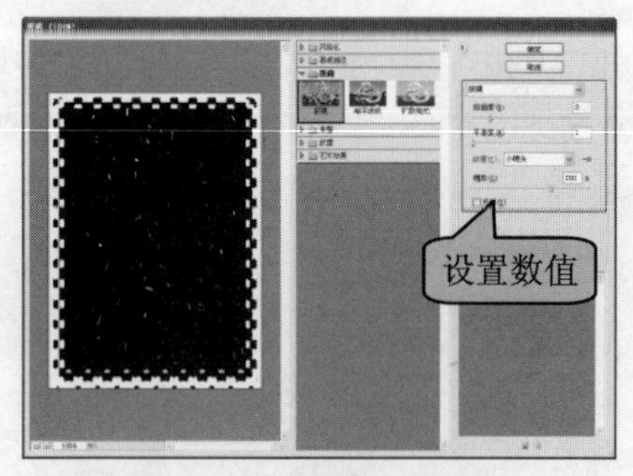

图 9-33　“玻璃”对话框

图 9-34　照片效果

步骤 4 执行“滤镜>像素化>碎片”命令，照片效果如图 9-35 所示。依次执行“滤镜>锐化”命令三次，照片效果如图 9-36 所示。

图 9-35　滤镜效果

图 9-36　最终效果

步骤 5 单击“以快速蒙版模式编辑”按钮，退出蒙版编辑状态，按 Delete 键将多余部分删除，执行“选择>反向”命令，执行“编辑>描边”命令，打开“描边”对话框，参数设置如图 9-37 所示，单击“确定”按钮完成设置，按 Ctrl+D 取消选区，照片效果如图 9-38 所示。

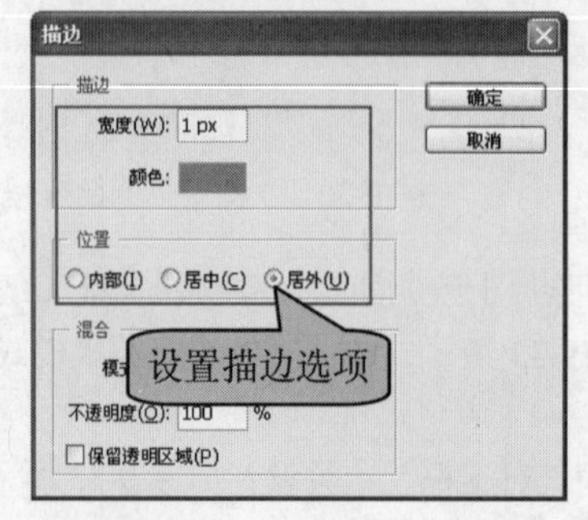

图 9-37　“描边”对话框

图 9-38　照片效果

步骤 6 制作完蕾丝花边相框后，执行“文件>存储”命令，将照片存储为 PSD 文件。

实例小结

本实例主要讲解了如何为照片添加漂亮的蕾丝相框，操作时主要通过在快速蒙版编辑状态下，为相应的选区应用“玻璃”滤镜，再对该选区进行其他命令的调整和修饰。

Example 实例 224 制作多彩相框

案例文件	DVD1\源文件\第 9 章\9-11.psd
视频文件	DVD2\视频\第 9 章\9-11.avi
难易程度	★★☆☆☆
视频时间	3 分 51 秒

步骤 1 打开要制作的照片，新建图层并填充颜色。

步骤 2 执行“滤镜>像素化>点状化”命令，在对话框中进行相应的设置。

步骤 3 新建图层，进行相应的设置并设置其“渐变叠加”，将多余部分删除。

步骤 4 完成调整后，设置“色相/饱和度”以达到合适的效果，最终完成多彩相框的制作。

Example 实例 225 制作红木相框

案例文件	DVD1\源文件\第 9 章\9-12.psd
难易程度	★☆☆☆☆
视频时间	2 分 47 秒
技术点睛	调整画布大小并创建选区，设置“网状”滤镜，然后填充图案，设置图层样式

思路分析

本实例主要为照片制作一个木质相框，使照片看起来更加精美，制作过程中主要应用“网状”和一些基本的“图层样式”，照片效果如图 9-39 所示。

（制作前）

（制作后）

图 9-39　制作红木相框前后的效果对比

步骤 1 执行“文件>打开”命令，打开需要处理的照片原图“DVD1\源文件\第 9 章\素材\101101.jpg”，如图 9-40 所示。执行“图像>画布大小”命令，打开“画布大小”对话框，参数设置如图 9-41 所示。

图 9-40　打开照片

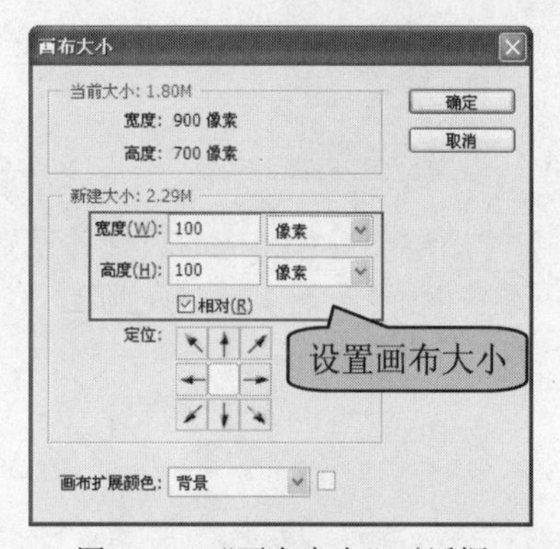

图 9-41　“画布大小”对话框

步骤 2 单击“确定”按钮完成设置，照片效果如图 9-42 所示。单击工具箱中的“矩形选框工具”按钮，在照片上绘制选区，并执行“选择>反向”命令，如图 9-43 所示。

图 9-42　照片效果

图 9-43　照片效果

步骤 3 执行“滤镜>素描>网状”命令，打开“网状”对话框，参数设置如图 9-44 所示，单击“确定”按钮完成设置，照片效果如图 9-45 所示。

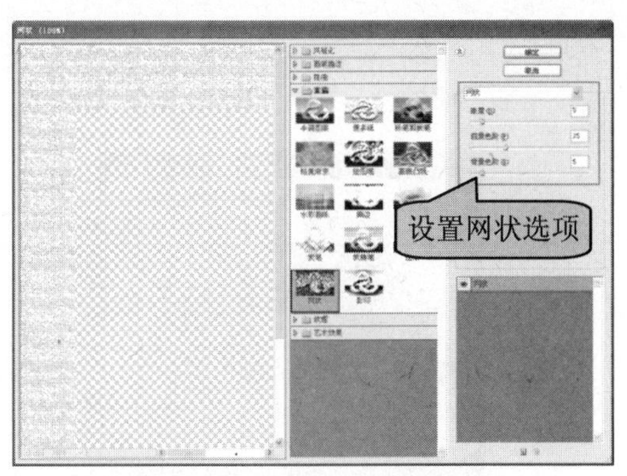

图 9-44　“网状”对话框

图 9-45　照片效果

提示　在使用“网状”滤镜效果前，应该注意前景色和背景色，因为网状滤镜效果的颜色是根据前景色和背景色所定的。

步骤 4 执行“选择>反向”命令，再执行“选择>变换选区”命令，将选区等比例放大，按 Enter 键完成放大，如图 9-46 所示。执行“选择>向向”命令，新建“图层 1”，执行“编辑>填充”命令，打开“填充”对话框，参数设置如图 9-47 所示。

图 9-46　放大选区

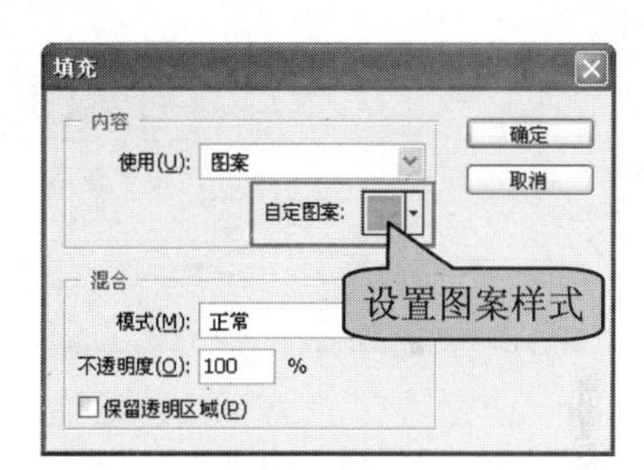

图 9-47　“填充”对话框

步骤 5 单击“确定”按钮完成设置，照片效果如图 9-48 所示。执行“图像>调整>曲线”命令，打开“曲线”对话框，参数设置如图 9-49 所示。

图 9-48　照片效果

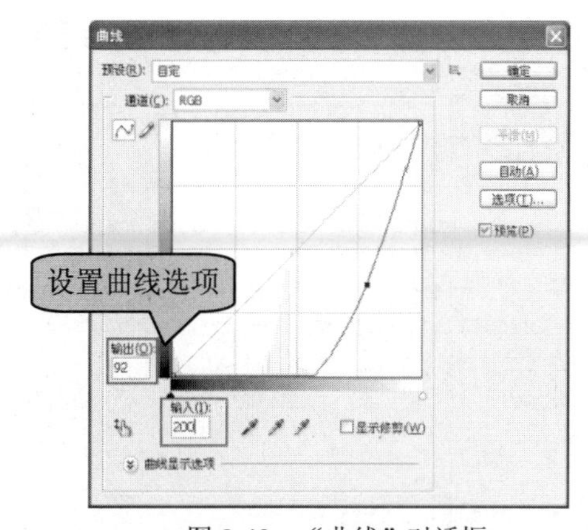

图 9-49　“曲线”对话框

步骤 6 单击“确定”按钮，完成设置，按快捷键 Ctrl+D 取消选区，照片效果如图 9-50 所示。将“图层 1”拖动到“创建新图层”按钮上，复制“图层 1”，得到“图层 1 副本”，并将“图

层 1”隐藏，在“图层 1 副本”上执行“编辑>自由变换”命令，将照片等比例放大，按 Enter 键确认自由变换，如图 9-51 所示。

图 9-50　照片效果

图 9-51　照片效果

步骤 7 执行“图层<图层样式>斜面浮雕”命令，打开“斜面浮雕”对话框，参数设置如图 9-52 所示。单击“确定”按钮完成设置，照片效果如图 9-53 所示。

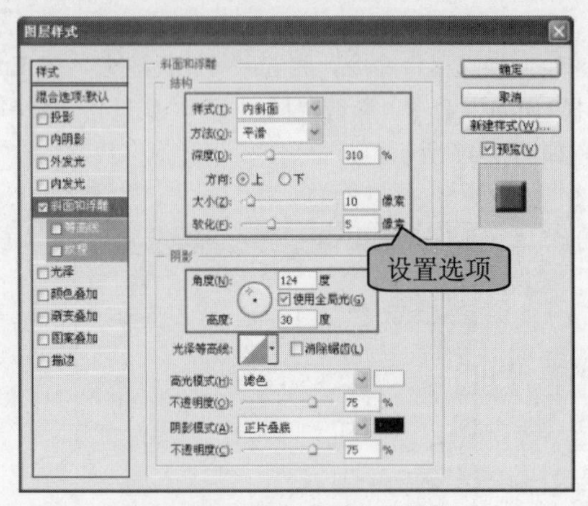

图 9-52　“图层样式”对话框

图 9-53　照片效果

步骤 8 将“图层 1”显示，执行“图层>图层样式>投影”命令，打开“投影”对话框，参数设置如图 9-54 所示，单击“确定”按钮完成设置，照片效果如图 9-55 所示。

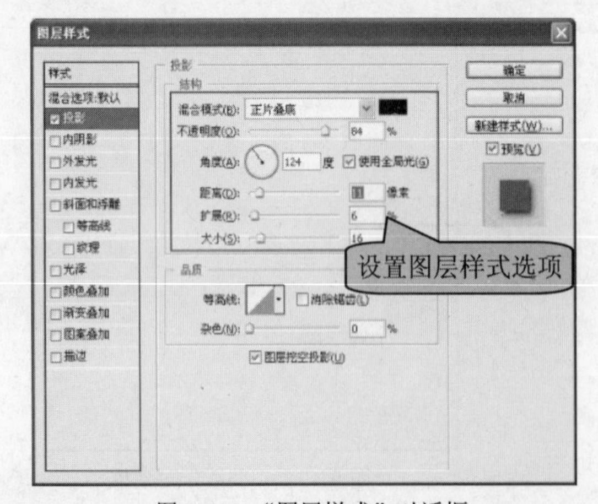

图 9-54　“图层样式”对话框

图 9-55　照片效果

步骤 9 制作完红木相框后，执行“文件>存储”命令，将照片存储为 PSD 文件。

实例小结

本实例主要讲述如何为照片添加一种红木的相框效果，在实际操作过程中需要注意各个选区之间的关系和图层样式的调整。

Example 实例 226 制作木质雕花相框

案例文件	DVD1\源文件\第 9 章\9-13.psd
视频文件	DVD2\视频\第 9 章\9-13.avi
难易程度	★★☆☆☆
视频时间	7 分 49 秒

步骤 1 打开要制作的照片，并将“背景”图层复制。

步骤 2 新建图层，填充颜色，并设置其“云彩”和“动感模糊”滤镜等。

步骤 3 新建图层，利用“图层样式”和“画笔工具”完成相框一边的制作。

步骤 4 将制作好的一边的相框进行复制，并进行相应的调整，最终完成木质雕花相框的制作。

第 10 章　静物照片的艺术特效制作

在现实生活中除了常见的人物和景物照片外，还有一种是静物的拍摄照片，此类照片一般都是为了展示静物本身的特质。本章主要讲解如何处理静物照片，使之生动且有活力。

Example 实例 227 书本照片调色

案例文件	DVD1\源文件\第 10 章\10-1.psd
难易程度	★★☆☆☆
视频时间	2 分 50 秒
技术点睛	利用“滤镜>渲染>光照效果”滤镜功能，制作书本上的光照效果

思路分析

本实例中的原照片效果平淡，没有亮点，可以对其进行颜色调整，从而将平淡的图像处理得更生动形象，效果如图 10-1 所示。

（处理前）

（处理后）

图 10-1　书本照片调色前后的效果对比

制作步骤

步骤 1 执行“文件>打开”命令，打开照片“DVD\源文件\第 10 章\素材\12101.jpg”，如图 10-2 所示，将“背景”图层拖动到“创建新图层”按钮上，复制“背景”图层，得到“背景 副本”图层，如图 10-3 所示。

步骤 2 在“调整”面板中单击“创建新的色彩平衡调整图层”按钮，参数设置如图 10-4 所示，完成后的效果如图 10-5 所示。

图 10-2　打开文件

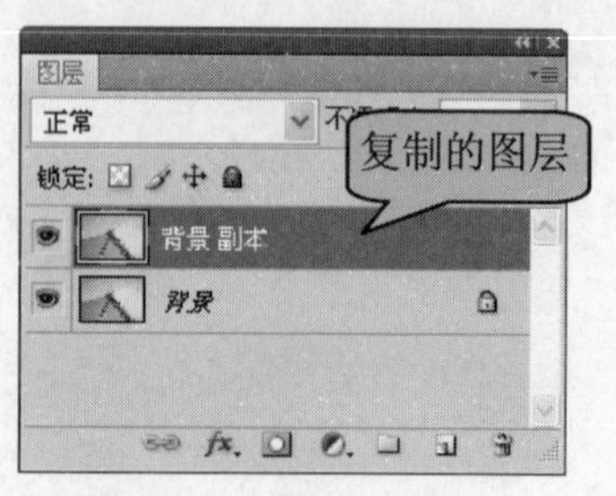

图 10-3　“图层”面板

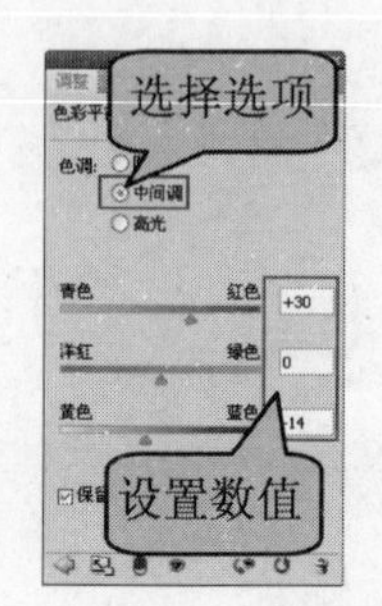

图 10-4　设置“色彩平衡”

提示 在“调整”面板中设置“色彩平衡”效果，将图像的色调进行处理。

步骤 3 选择“背景 副本”图层，在“调整”面板中单击“创建新的色阶调整图层”按钮，在“调整”面板中进行如图 10-6 所示的设置，完成后的照片效果如图 10-7 所示。

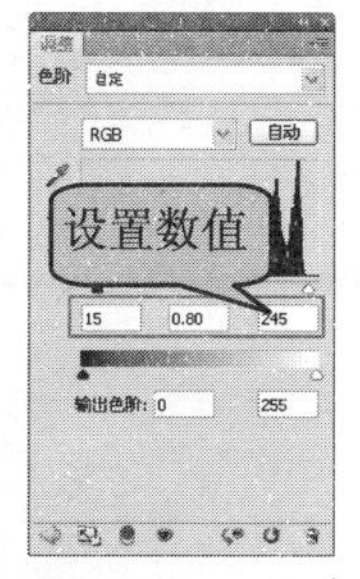

图 10-5　照片效果　　图 10-6　设置“色阶”　　图 10-7　照片效果

提示 通过在“调整”面板中设置“色阶”参数，将图像的亮度进行处理。

步骤 4 选择“背景 副本”图层，在“调整”面板中单击“创建新的可选择颜色调整图层”按钮，在“调整”面板中进行如图 10-8 所示的设置，完成后的照片效果如图 10-9 所示。

步骤 5 再次选择“背景 副本”图层，执行“滤镜>渲染>光照效果”命令，打开“光照效果”对话框，参数设置如图 10-10 所示的设置，单击“确定”按钮完成设置，照片效果如图 10-11 所示。

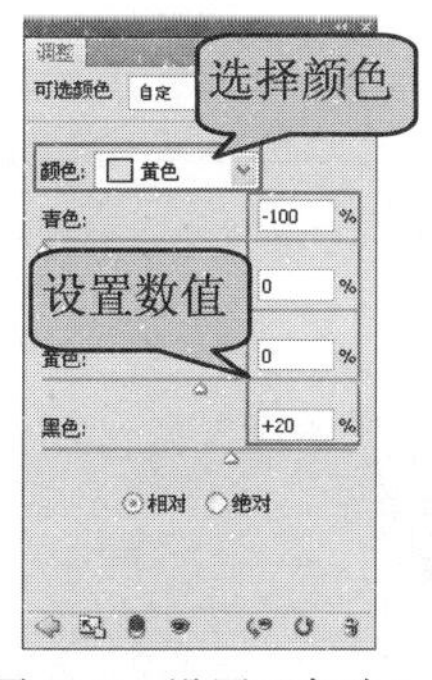

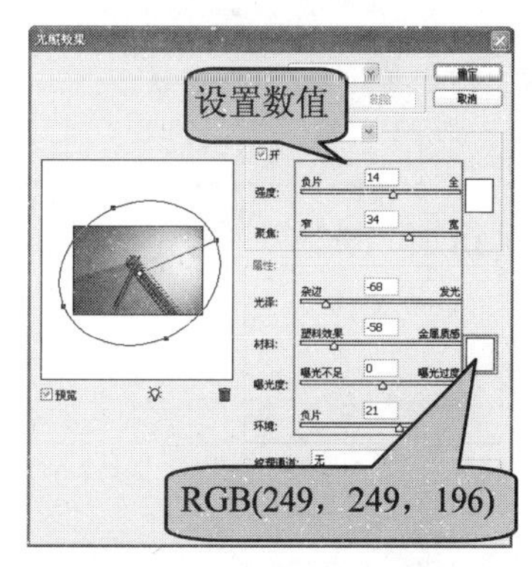

图 10-8　设置“色阶”　　图 10-9　照片效果　　图 10-10　设置“光照效果”

提示 通过设置“光照效果”制作出光照所产生的光感效果。

步骤 6 执行“滤镜>锐化>USM 锐化”命令，打开“USM 锐化”对话框，参数设置如图 10-12 所示，单击“确定”按钮完成设置，照片效果如图 10-13 所示。

步骤 7 选择“背景 副本”图层，“图层”面板的设置如图 10-14 所示，照片效果如图 10-15 所示。

步骤 8 完成书本照片的调色后，执行“文件>存储”命令，将照片存储为 PSD 文件。

图 10-11 照片效果

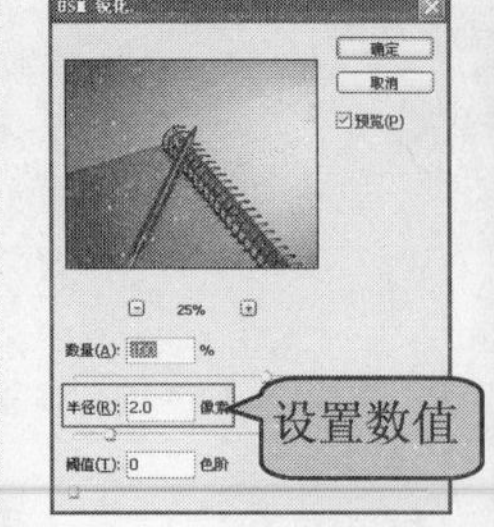

图 10-12 设置“USM 锐化”

图 10-13 照片效果

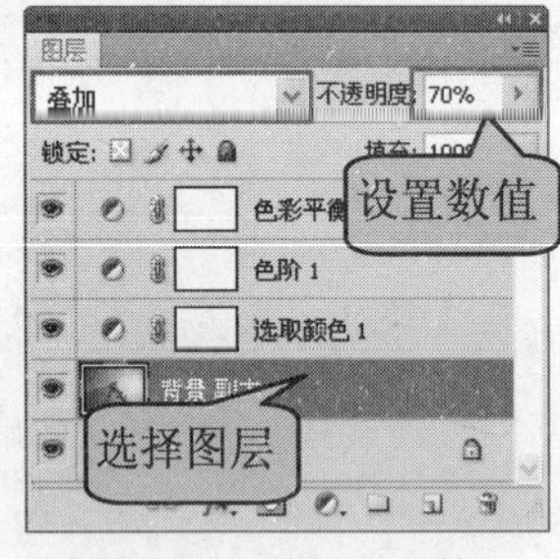

图 10-14 “图层”面板

图 10-15 照片效果

实例小结

本实例主要讲解如何将书本照片进行调色处理，向读者讲解“光照效果”滤镜的使用方法，以及如何在“调整”面板中进行书本照片调色处理。

Example 实例 228 制作照片的撕纸效果

案例文件	DVD1\源文件\第 10 章\10-2.psd
视频文件	DVD2\视频\第 10 章\10-2.avi
难易程度	★★☆☆☆
视频时间	1 分 51 秒

步骤 1 使用钢笔工具创建一个路径。

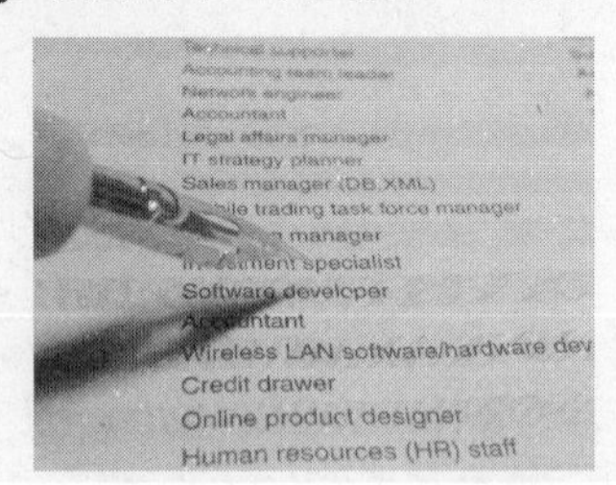

步骤 2 将路径转换为选区，将照片内容删除部分。

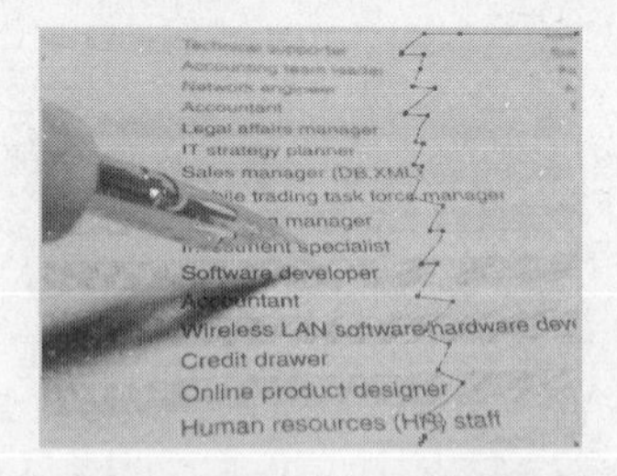

步骤 3 移动选区后，反向选择并调整亮度对比度。

步骤 4 多次重复操作，并为撕边添加杂点滤镜，获得更好的效果。

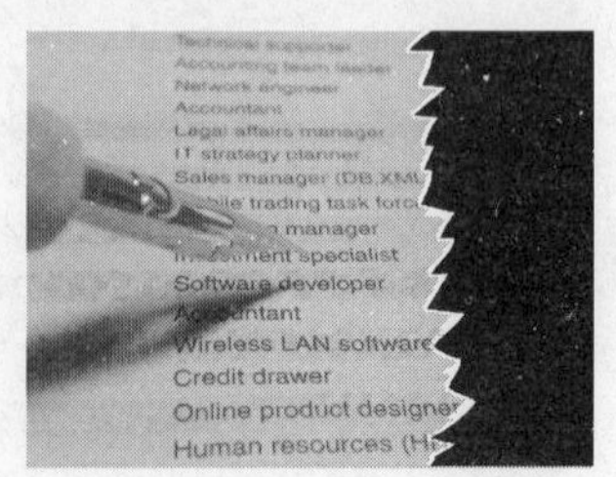

Example 实例 229　花卉盆景照片调色

案例文件	DVD1\源文件\第 10 章\10-3.psd
难易程度	★★☆☆☆
视频时间	2 分 24 秒
技术点睛	利用“魔棒工具”创建选区，通过设置“图层”的混合模式，制作图层的混合效果

思路分析

本实例照片中的景物本身非常漂亮，构图也很好，但唯一美中不足之处就在于颜色不够分明，本实例就是将图像进行分明化处理，效果如图 10-16 所示。

（处理前）

（处理后）

图 10-16　花卉盆景照片调色前后的效果对比

制作步骤

步骤 1 执行“文件>打开”命令，将图像“DVD1\源文件\第 10 章\素材\12301.jpg”打开，如图 10-17 所示，将“背景”图层拖动到“创建新图层”按钮上，复制“背景”图层，得到“背景 副本”图层，如图 10-18 所示。

步骤 2 执行“窗口>调整”命令，在“调整”面板中单击“创建新的色阶调整图层”按钮，参数设置如图 10-19 所示，照片效果如图 10-20 所示。

图 10-17　打开文件

图 10-18　“图层”面板

图 10-19　设置“色阶”

图 10-20　照片效果

> **提示** 本步骤中设置“色阶”效果的目的，是将图像中的色调进行高光反射处理。

步骤 3 在“图层”面板上选择“背景 副本”图层，在“调整”面板上单击“创建新的可选颜色调整图层”按钮，参数设置分别如图 10-21 所示，完成后的照片效果如图 10-22 所示。

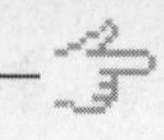

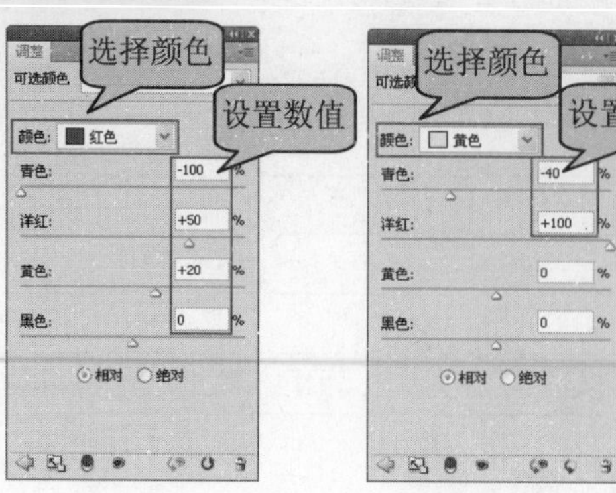

（设置红色）　　（设置黄色）　　（设置绿色）

图 10-21　设置“可选颜色”

提示　设置“可选颜色”中各个颜色可以对图像中的颜色细节进行细致的调整。

步骤 4　单击工具箱中的“魔棒工具”按钮，在图像上单击创建背景的选区，如图 10-23 所示，执行“滤镜>模糊>高斯模糊”命令，打开“高斯模糊”对话框，设置“半径”值为 5，单击“确定”按钮完成设置，照片效果如图 10-24 所示，按 Ctrl+D 键取消选区。

图 10-22　照片效果

图 10-23　创建选区

图 10-24　照片效果

技巧　在使用“魔棒工具”创建选区时，通过在“选项”栏上设置“容差”值可以更好的选择图像。容差是确定选定像素的相似点差异范围。以像素为单位输入一个数值，范围在 0 到 255 之间。如果值较低，则会选择与所单击像素非常相似的少数几种颜色，如果值较高，则会选择范围更广的颜色。

步骤 5　再次使用“魔棒工具”，选择图像中的花叶，如图 10-25 所示。执行“滤镜>模糊>高斯模糊”命令，打开“高斯模糊”对话框，设置“半径”值为 5，单击“确定”按钮完成设置，照片效果如图 10-26 所示，按 Ctrl+D 键取消选区。

图 10-25　创建选区

图 10-26　照片效果

步骤 6　在“图层”面板上设置“背景 副本”图层的“图层混合模式”为“变亮”，如图 10-27 所示，照片效果如图 10-28 所示。

图 10-27　“图层”面板

图 10-28　照片效果

提示 图层的混合模式确定了其像素如何与图像中的下层像素进行混合。使用混合模式可以创建各种特殊效果。

步骤 7 完成花卉盆景照片调色后，执行“文件>存储”命令，将照片存储为 PSD 文件。

实例小结

本实例主要向读者讲解如何处理景物照片，让景物的色彩足够分明，读者需要掌握对“魔棒工具”、“图层混合模式”等设置的使用。

Example 实例 230 制作荧光照片

案例文件	DVD1\源文件\第 10 章\10-4.psd
视频文件	DVD2\视频\第 10 章\10-4.avi
难易程度	★★☆☆☆
视频时间	2 分 21 秒

步骤 1 打开照片，调整照片的“亮度对比度”，使用减少杂色滤镜处理照片。

步骤 2 复制图层并执行反向操作，执行“滤镜>其他>最小值”命令，并修改图层混合模式为“颜色减淡”。

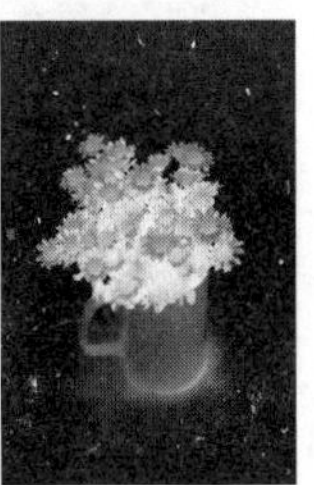

步骤 3 合并图层并对图层反向操作。

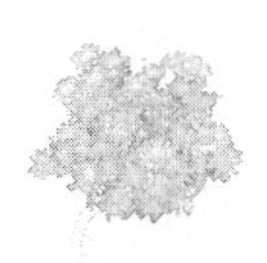

步骤 4 执行“滤镜>模糊>高斯模糊”命令，修改图层混合模式为“滤色”，使用“渐变映射”为照片上色。

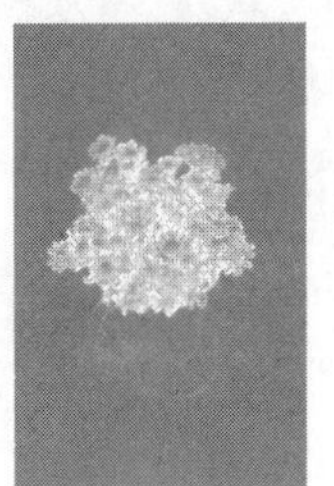

Example 实例 231 制作静物趣味效果

案例文件	DVD1\源文件\第 10 章\10-5.psd
难易程度	★★★☆☆
视频时间	4 分 59 秒
技术点睛	利用“椭圆复选框工具”、“矩形选框工具”创建选区，利用“横排文字工具”在图像上添加文本

思路分析

本实例中的静物图像比较普通，没有生气，通过加入一些文字和图案，为照片添加主题，从而产生特殊的视觉效果，效果如图 10-29 所示。

（处理前）

（处理后）

图 10-29 制作静物趣味效果前后的效果对比

制作步骤

步骤 1 执行“文件>打开”命令，将照片“DVD1\源文件\第 10 章\素材\12501.jpg”打开，如图 10-30 所示。在“图层”面板中，将“背景”图层拖动到“创建新图层”按钮上，复制“背景”图层，得到“背景 副本”图层，如图 10-31 所示。

图 10-30 打开文件

图 10-31 “图层”面板

提示 执行“文件>打开”命令，可以打开“打开”对话框，在该对话框中选择要打开的文件即可，在画布上双击也可以快速的打开“打开”对话框。

步骤 2 执行“窗口>调整”命令，在“调整”面板上单击“创建新的色相/饱和度调整图层”按钮，在打开的选项卡中进行相应的参数设置，如图 10-32 所示，照片效果如图 10-33 所示。

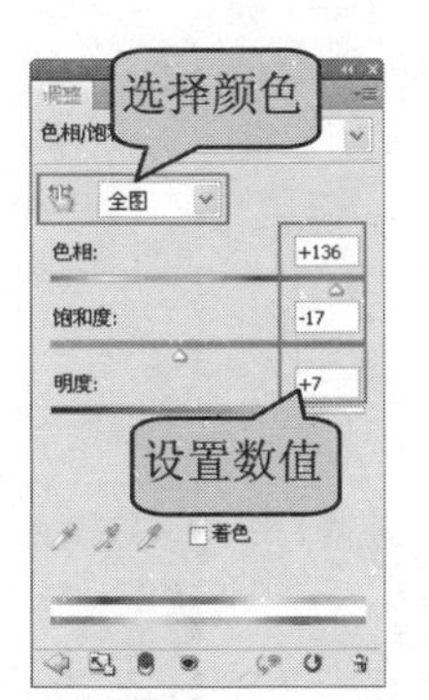

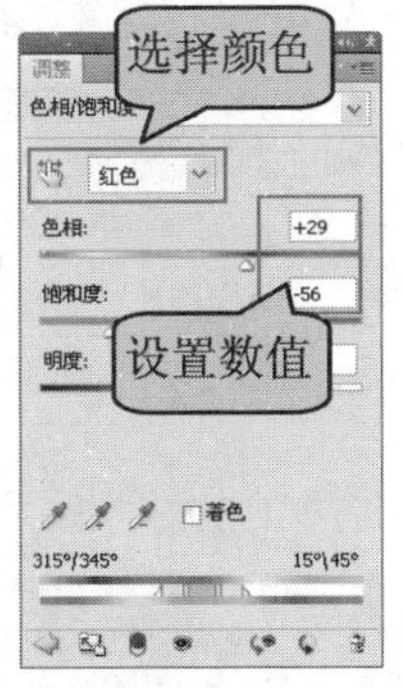

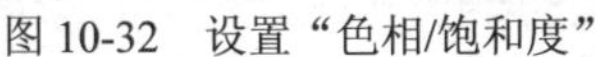

图 10-32 设置“色相/饱和度”

图 10-33 照片效果

提示

通过设置“色相/饱和度”效果，将图像添加一层紫色的朦胧效果。

步骤 3 在“图层”面板中单击“创建新图层”按钮，新建“图层 1”，单击工具箱中的“椭圆工具”按钮，在“选项”栏上单击“填充像素”按钮，在工具箱中设置“前景色”值为 RGB（0，0，0），在场景中绘制两个正圆，如图 10-34 所示。新建“图层 2”，单击工具箱中的“椭圆选框工具”按钮，执行“视图>标尺”命令，将标尺显示出来，拖拽出两条辅助线，在拖出的辅助线的交点单击，再按住 Alt+Shift 键创建一个正圆选区，如图 10-35 所示。

提示

在使用“椭圆工具”绘制图形时，在“选项”栏上可以进行设置，如果单击的是“形状图层”按钮，绘制的是矢量的并且带有路径的图形；如果单击的是“路径”按钮，绘制的是路径而没有填充颜色；如果单击的是“填充像素”按钮，绘制的是带有填充颜色的图形。

步骤 4 使用“椭圆选框工具”，在“选项”栏上单击“从选区减去”按钮，在拖出的辅助线的交点单击，再按住 Alt+Shift 键创建一个正圆选区，如图 10-36 所示。单击工具箱中的“矩形选框工具”按钮，在“选项”栏上单击“从选区减去”按钮，将正选区的上半部分减去，调整选区的位置，并填充颜色 RGB（0，0，0），按快捷键 Ctrl+D 取消选区，如图 10-37 所示。

图 10-34 绘制正圆

图 10-35 创建选区

图 10-36 调整选区

图 10-37 照片效果

技巧

在使用“椭圆选框工具”创建选区时，在“选项”栏上单击“从选区减去”按钮，创建选区时如果有叠加的部分，则这一部分将被减去。

步骤 5 新建“图层 3”，使用“椭圆选框工具”，在“选项”栏上设置“羽化”值为 15，在画布中绘制正圆并填充颜色 RGB（253，14，250），如图 10-38 所示，同样的制作方法，制作出其他图形，如图 10-39 所示。

步骤 6 单击工具箱中的“横排文字工具”按钮，执行“窗口>字符”命令，打开“字符”面板，

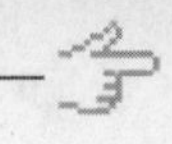

参数设置如图 10-40 所示，在画布中单击输入文字，如图 10-41 所示。

图 10-38 填充颜色

图 10-39 照片效果

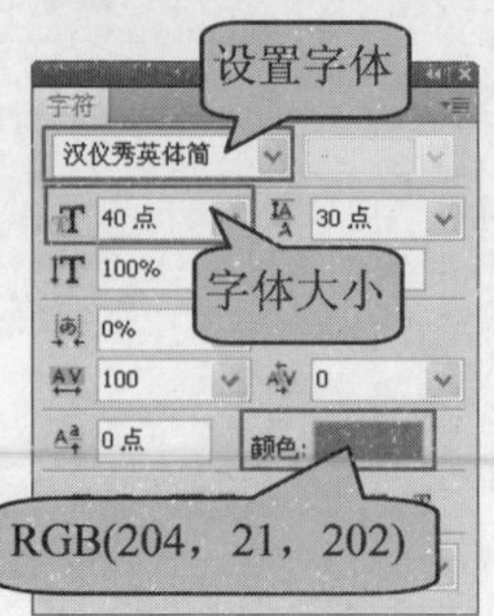

图 10-40 “字符”面板

图 10-41 输入文字

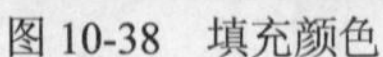

技巧 文本创建以后，执行“窗口>字符”命令，可以打开“字符”面板，按 Ctrl+T 键也可以打开“字符”面板。
需要注意的是，如果没有在画布上创建文本框，按 Ctrl+T 键执行的则是自由变换命令。

步骤 7 选择“我”文字，打开“字符”面板，参数设置如图 10-42 所示，完成后的文字效果如图 10-43 所示，同样的设置方法，调整其他文字，并将文本移动，如图 10-44 所示。

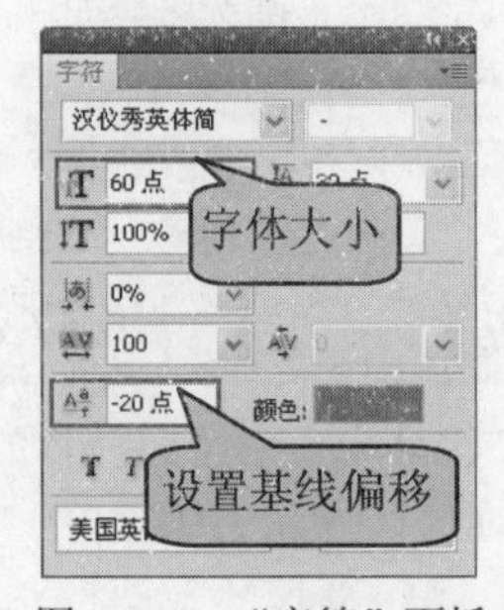

图 10-42 “字符”面板

图 10-43 文字效果

图 10-44 文字效果

步骤 8 在“图层”面板上选择第一次创建的文本图层，并单击“添加图层样式”按钮 fx.，在打开的菜单中选择“描边”选项，参数设置如图 10-45 所示，在“图层样式”左侧的“样式”列表中选中“渐变叠加”复选框，设置如图 10-46 所示，在“图层样式”左侧的“样式”列表中选中“斜面和浮雕”复选框，设置如图 10-47 所示，单击“确定”按钮完成设置，照片效果如图 10-48 所示，在“图层”面板上的“文本图层”上单击鼠标右键，在打开的菜单中选择“栅格化文字”选项，将文字图层进行删格化处理。

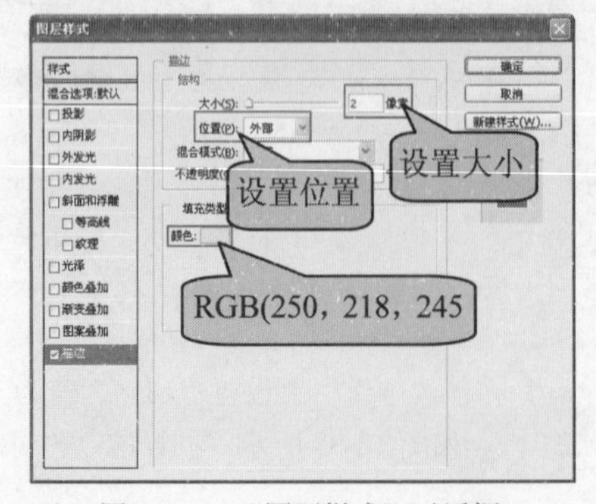

图 10-45 “图层样式”对话框

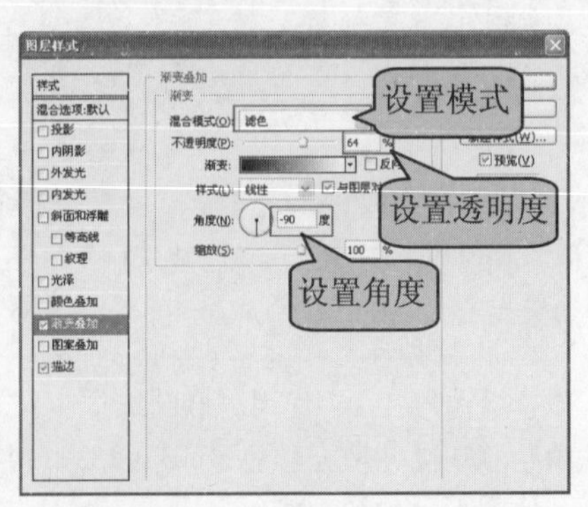

图 10-46 “图层样式”对话框

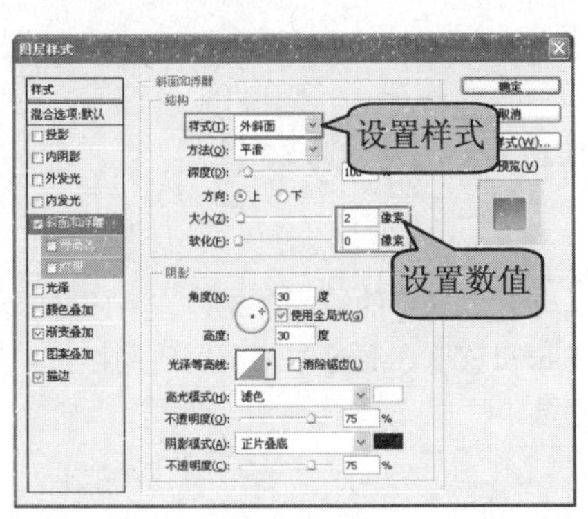

图 10-47　“图层样式”对话框

图 10-48　文字效果

步骤 9 制作完静物趣味效果后，执行“文件>存储”命令，将照片存储为 PSD 文件。

实例小结

本实例主要向读者讲解如何将照片进行趣味效果处理，实例主要利用“椭圆工具”绘制图形，利用“图层样式”制作文字立体效果。

Example 实例 232 制作心形云朵效果

案例文件	DVD1\源文件\第 10 章\10-6.psd
视频文件	DVD2\视频\第 10 章\10-6.avi
难易程度	★★★★☆
视频时间	1 分 56 秒

步骤 1 打开照片使用自动调整命令调整其亮度、对比度和色调。

步骤 2 使用“自定义形状工具”绘制一个心形状的路径，并使用“仿制图章工具对心形完善。

步骤 3 使用心形制作蒙版效果，新建渐变填充层。

步骤 4 使用“画笔工具”和“仿制图章工具”完善效果。

第 11 章　绘画艺术特效制作

本章主要通过各种不同滤镜将普通的照片变成具有艺术气息的绘画效果，在为照片添加艺术效果的同时也为照片中的人物或是景物增添了许多不同的韵味和意境。通过本章实例的制作可以更加深刻的掌握各种不同滤镜的使用方法，从而实现更好更多的效果。

Example 实例 233 制作水彩画效果

案例文件	DVD1\源文件\第 11 章\11-1.psd
难易程度	★★☆☆☆
视频时间	1 分 41 秒
技术点睛	使用“艺术效果”命令完成初步的效果，再使用“中间值”命令完成最终效果

思路分析

本实例主要讲述了一种将普通照片变成水彩画艺术效果的方法。在本实例中主要运用了“木刻”滤镜效果和“干画笔”滤镜效果，在制作过程中一定要注意这两种滤镜参数的调整，如图 11-1 所示。

（处理前）

（处理后）

图 11-1　制作水彩画前后的效果对比

制作步骤

步骤 1 执行“文件>打开”命令，打开需要处理的照片原图“DVD1\源文件\第 11 章\素材\13101.jpg”，如图 11-2 所示。复制“背景”图层，得到“背景 副本”图层，相同的方法，再将“背景 副本”图层复制两个，并调整图层的顺序，图层面板如图 11-3 所示。

图 11-2　打开照片

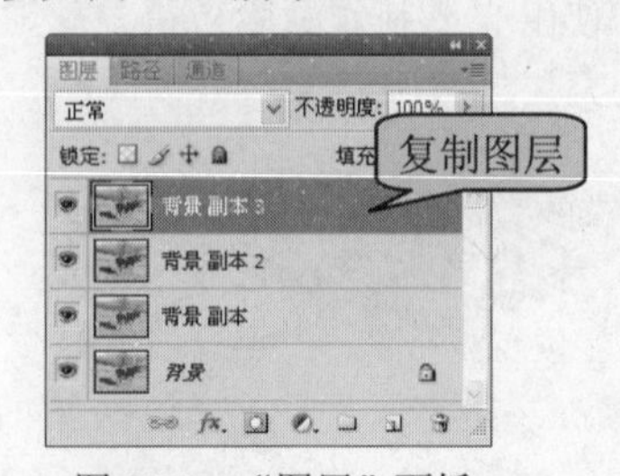

图 11-3　“图层”面板

步骤 2 单击“背景 副本 2”和“背景 副本 3”图层的“指示图层可见性”按钮，隐藏这两个图层。单击选中“背景 副本”图层，执行“滤镜>艺术效果>木刻”命令，打开“木刻”对话框，

参数设置如图 11-4 所示，单击“确定”按钮完成设置，并设置“背景 副本”图层的“混合模式”为“明度”，照片效果如图 11-5 所示。

图 11-4　“木刻”对话框

图 11-5　照片效果

提示　在该处设置“图层混合模式”为“明度”，对应的就是色相饱和度中的明度，即只对明度和下图层进行运算。

步骤 3　选中“背景 副本 2”图层，并显示该图层，执行“滤镜>艺术效果>干画笔”命令，打开“干画笔”对话框，参数设置如图 11-6 所示，单击“确定”按钮完成设置，并设置“背景 副本 2”图层的“混合模式”为“滤色”，照片效果如图 11-7 所示。

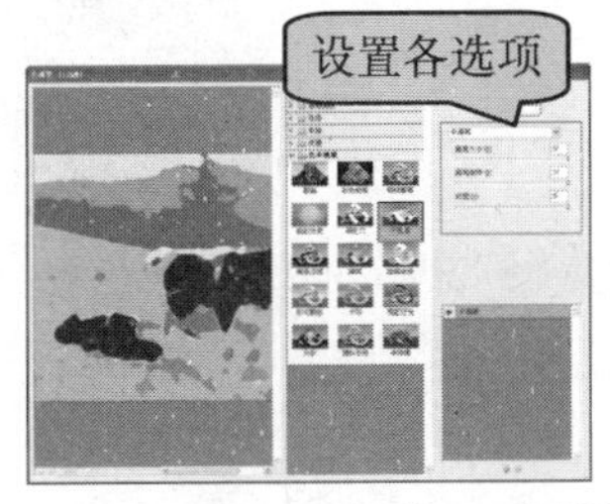

图 11-6　设置“干画笔”对话框

图 11-7　照片效果

技巧　在该处设置“图层混合模式”为“滤色”，黑色是中性色，就是说黑色不被运算，不影响下面的照片，就好比将两台投影仪上的两张幻灯片同时投影到一个墙面上，亮的地方更亮。

步骤 4　选中“背景 副本 3”图层，并显示该图层，执行“滤镜>杂色>中间值”命令，打开“中间值”对话框，参数设置如图 11-8 所示，单击“确定”按钮完成设置，并设置“背景 副本 3”图层的“混合模式”为“柔光”，照片效果如图 11-9 所示。

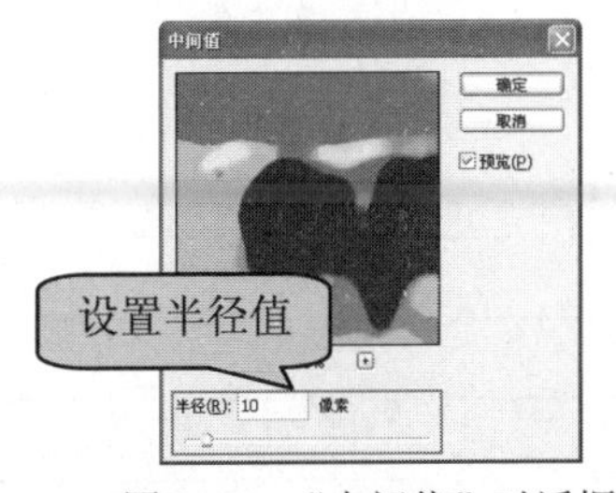

图 11-8　“中间值”对话框

图 11-9　照片效果

步骤 5　制作完水彩画效果后，执行“文件>存储为”命令，将照片存储为 PSD 文件。

实例小结

本实例通过使用“木刻”滤镜、“干画笔”滤镜和“中间值”滤镜，并设置图层的“混合模式”，轻松地将图片转换为水彩画的效果。

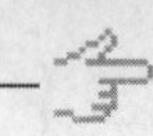

Example 实例 234 打造水粉画效果

案例文件	DVD1\源文件\第 11 章\11-2.psd
视频文件	DVD2\视频\第 11 章\11-2.avi
难易程度	★★☆☆☆
视频时间	1 分 22 秒

步骤 1 打开要制作的照片。

步骤 2 按快捷键 Ctrl+J，复制“背景”图层得到“图层 1”，选择“图层 1”，执行“图像>调整>去色”命令，对“图层 1”中的图像进行去色操作。

步骤 3 复制“图层 1”，执行“反相”命令。将“图层混合模式”设置为“颜色减淡”，并相应的设置其“最小值”。

步骤 4 复制“背景”图层，得到“背景 副本”图层，将其移至最上层，并设置其混合模式为“颜色”。

Example 实例 235 制作素描画效果

案例文件	DVD1\源文件\第 11 章\11-3.psd
难易程度	★★★☆☆
视频时间	3 分 55 秒
技术点睛	使用“艺术效果”命令对照片制作初步效果，再使用“中间值”命令完成最终效果

思路分析

本实例主要是讲述一种将普通照片变成素描画效果的方法，制作时主要应用了“胶片颗粒”、“高斯模糊”和“通道混合器”等命令，在实际操作中一定要细心的掌握各选项数值的调整，以便达到更真实的效果，如图 11-10 所示。

（处理前）

（处理后）

图 11-10　制作素描画效果的前后效果对比

制作步骤

步骤 1 执行“文件>打开”命令，打开需要处理的照片原图“DVD1\源文件\第 11 章\素材\13301.jpg”，如图 11-11 所示。复制“背景”图层，得到“背景 副本”图层，相同的方法，再将“背景 副本”图层复制，如图 11-12 所示。

图 11-11　打开照片

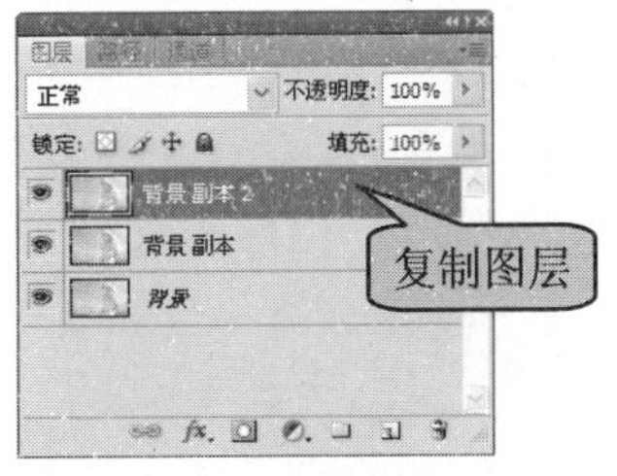

图 11-12　“图层”面板

步骤 2 选中“背景 副本 2”图层，执行“图像>调整>去色”命令，将照片去色，效果如图 11-13 所示。执行“滤镜>其他>高反差保留”命令，打开“高反差保留”对话框，设置“半径”为 5.2 像素，如图 11-14 所示。

图 11-13　照片去色

图 11-14　“高反差保留”对话框

> **提示** 执行“图像>调整>灰色”命令，同样可以将彩色照片转换为黑白照片。

步骤 3 单击“确定”按钮，完成“高反差保留”对话框的设置，照片效果如图 11-15 所示。执行“图像>调整>亮度/对比度”命令，打开“亮度/对比度”对话框，参数设置如图 11-16 所示。

图 11-15　照片效果

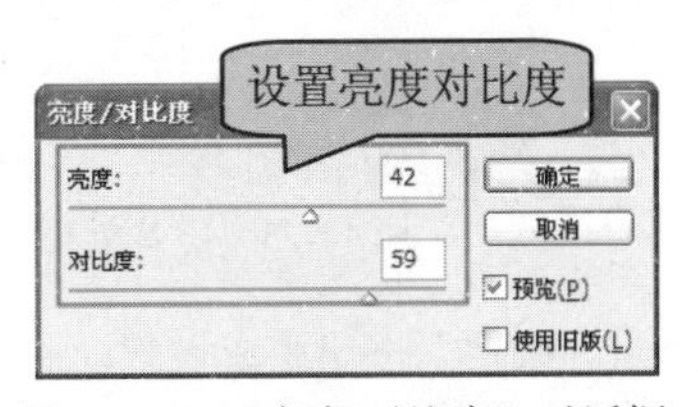

图 11-16　“亮度/对比度”对话框

步骤 4 单击“确定”按钮完成设置，照片效果如图 11-17 所示。单击“背景 副本 2”图层前的“指示图层可见性”按钮，将“背景 副本 2”图层隐藏。在“图层”面板上选中“背景 副本”图层，执行“图像>调整>通道混合器”命令，打开“通道混和器”对话框，参数设置如图 11-18 所示。

图 11-17 照片效果

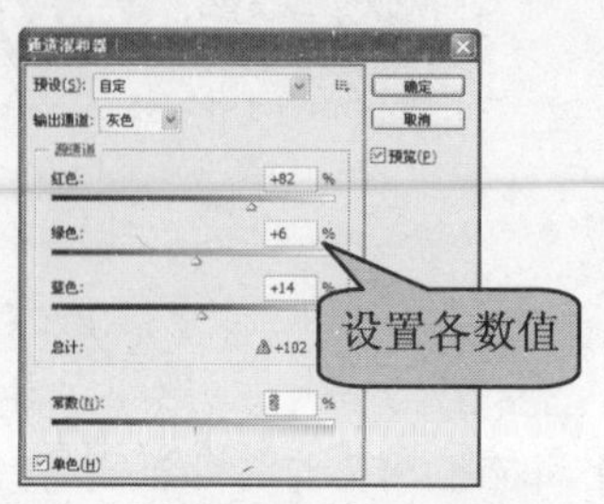

图 11-18 “通道混和器”对话框

步骤 5 单击“确定”按钮完成设置，如图 11-19 所示。选中“背景 副本”图层，执行“滤镜>艺术效果>胶片颗粒”命令，打开“胶片颗粒”对话框，参数设置如图 11-20 所示。

图 11-19 照片效果

图 11-20 “胶片颗粒”对话框

步骤 6 单击“确定”按钮完成设置，照片效果如图 11-21 所示。执行“滤镜>模糊>动感模糊”命令，打开“动感模糊”对话框，参数设置如图 11-22 所示。

图 11-21 照片效果

图 11-22 “动感模糊”对话框

步骤 7 单击“确定”按钮完成设置，照片效果如图 11-23 所示。执行“滤镜>锐化>USM 锐化”命令，打开“USM 锐化”对话框，参数设置如图 11-24 所示。

图 11-23 照片效果

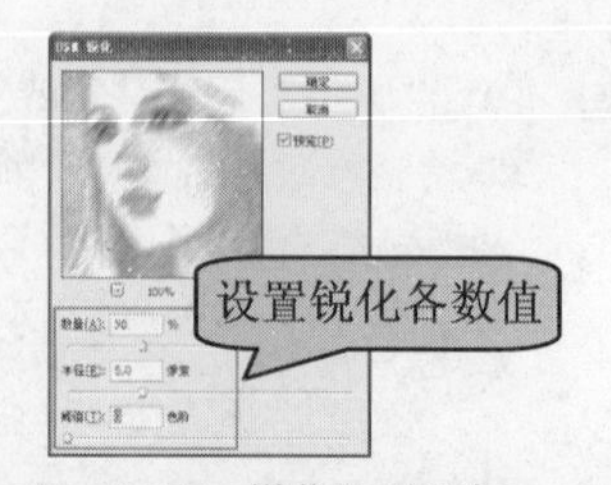

图 11-24 “USM 锐化”对话框

步骤 8 单击“确定”按钮完成设置，照片效果如图 11-25 所示。显示“背景 副本 2”图层，设置该图层的“混合模式”为“正片叠底”，“不透明度”为 40%，如图 11-26 所示。

图 11-25　照片效果

图 11-26　照片效果

步骤 9 将"背景 副本"和"背景 副本 2"合并为"背景 副本"图层，单击工具箱中的"加深工具"按钮，对人物轮廓线条和阴影进行加深处理，单击工具箱中的"减淡工具"按钮，修饰人物脸部高光部分和眼睛，效果如图 11-27 所示。新建"图层 1"，将"图层 1"填充为白色，执行"滤镜>纹理>纹理化"命令，打开"纹理化"对话框，参数设置如图 11-28 所示。

图 11-27　照片效果

图 11-28　设置"纹理化"对话框

步骤 10 单击"确定"按钮完成设置，照片效果如图 11-29 所示。选中"图层 1"，执行"图像>调整>曲线"命令，打开"曲线"对话框，参数设置如图 11-30 所示。

图 11-29　照片效果

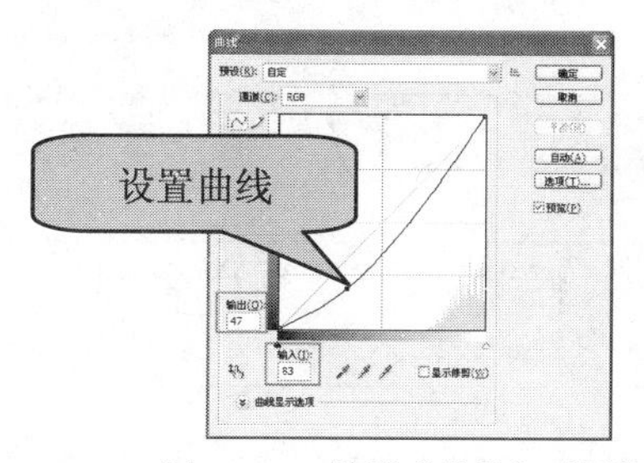

图 11-30　设置"曲线"对话框

步骤 11 单击"确定"按钮完成设置，并连续执行 3 次"曲线"命令，照片效果如图 11-31 所示。在"图层"面板上设置"图层 1"的"不透明度"为 10%，照片效果如图 11-32 所示。

图 11-31　照片效果

图 11-32　照片效果

步骤 12 制作完素描画效果后，执行"文件>存储为"命令，将照片存储为 PSD 文件。

实例小结

本实例主要讲解如何将一张普通的照片变成素材画的方法，主要是通过使用各种滤镜完成此效果，

再使用“模糊”和“锐化”命令进一步完善，在处理的过程中，需要注意“滤镜”各选项数值的设置。

Example 实例 236 制作铅笔画效果

案例文件	DVD1\源文件\第 11 章\11-4.psd
视频文件	DVD2\视频\第 11 章\11-4.avi
难易程度	★★☆☆☆
视频时间	1 分 7 秒

步骤 1 打开要制作的照片。

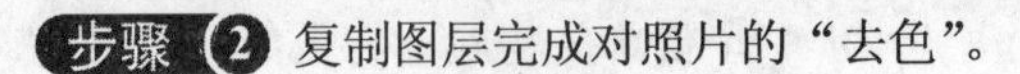

步骤 2 复制图层完成对照片的“去色”。

步骤 3 再次复制图层，使用反相命令，并设置其颜色模式和“最小值”。

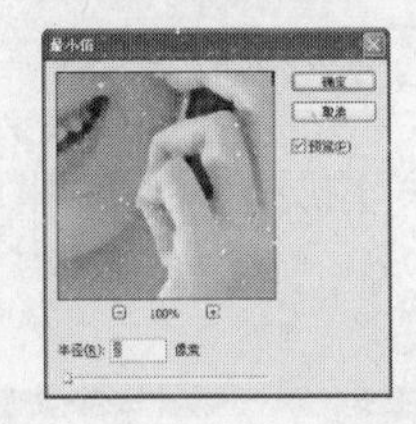

步骤 4 设置完成单击“确定”按钮，完成铅笔画效果的制作。

Example 实例 237 制作壁画效果

案例文件	DVD1\源文件\第 11 章\11-5.psd
难易程度	★★☆☆☆
视频时间	1 分 13 秒
技术点睛	首先使用“曲线”命令将照片调亮，再使用“拼缀图”滤镜制作照片效果，最后设置“混合模式”将照片变得更加融合

思路分析

本实例是一张普通的风景照，下面将为它实现一种漂亮的壁画效果，在制作时主要应用了“曲线”命令先将照片变亮一些，再通过“拼缀图”滤镜来实现贴在墙壁的效果，要注意在设置“拼缀图”滤镜的时候数值一定要适中，以免影响到照片的效果，如图 11-33 所示。

（修改前）

（修改后）

图 11-33 制作壁画效果的前后效果对比

制作步骤

步骤 1 执行“文件>打开”命令，打开需要处理的照片原图“DVD1\源文件\第 11 章\素材\13501.jpg”，如图 11-34 所示。复制“背景”图层，得到“背景 副本”图层，“图层”面板如图 11-35 所示。

图 11-34　打开照片

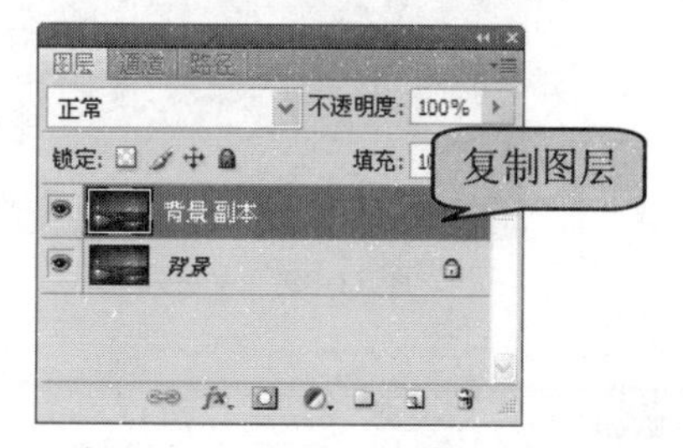

图 11-35　“图层”面板

步骤 2 选中“背景 副本”图层，执行“图像>调整>曲线”命令，打开“曲线”对话框，参数设置如图 11-36 所示，单击“确定”按钮完成设置，照片效果如图 11-37 所示。

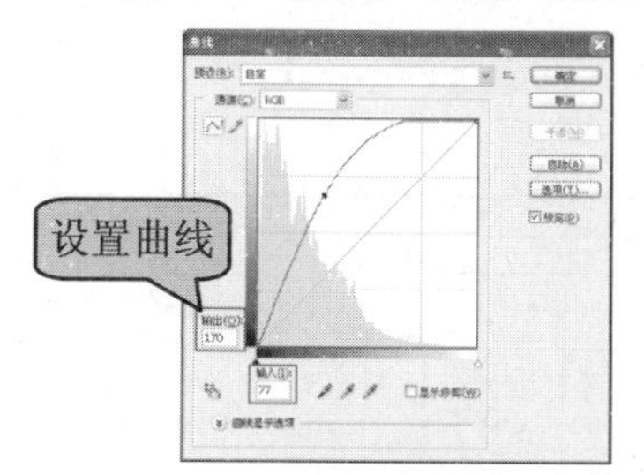

图 11-36　“曲线”对话框

图 11-37　照片效果

技巧　在“曲线”对话框中，单击“选项”按钮后，会弹出“自动颜色校正选项”对话框，在该对话框中可以按照自己的需求重新设置各项参数。

步骤 3 选中“背景 副本”图层，执行“滤镜>纹理>拼缀图”命令，打开“拼缀图”对话框，设置“方形大小”为 9，“凸现”为 20，如图 11-38 所示。

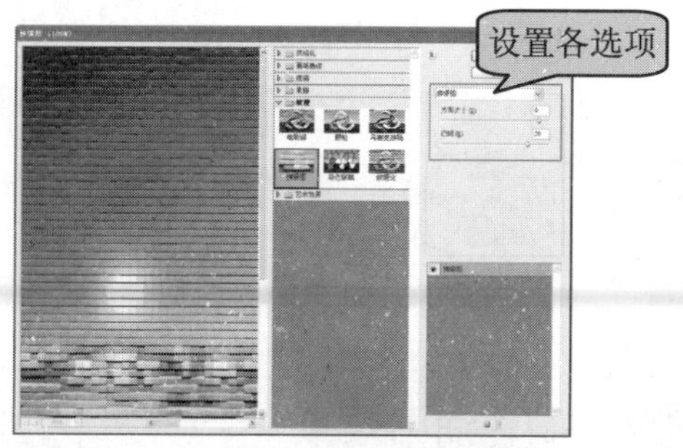

图 11-38　设置“拼缀图”对话框

技巧　所打开照片的大小和分辨率不同，在“拼缀图”对话框中，设置“方形大小”和“凸现”的参数可以出现不同的效果。

步骤 4 单击“确定”按钮完成设置，照片效果如图 11-39 所示。在“图层”面板中设置“背景 副本”

图层的“混合模式”为“正片叠底”，照片效果如图 11-40 所示。

图 11-39　画笔效果

图 11-40　照片效果

步骤 5 制作完壁画效果后，执行“文件>存储为”菜单命令，将照片存储为 PSD 文件。

实例小结

本实例主要讲述的是一种将照片变成漂亮壁画的方法，首先使用了“曲线”命令将照片调亮，然后使用“拼缀图”滤镜完成照片的效果，再设置“混合模式”使照片更具真实感，让照片看上去就像贴在墙上的瓷砖。

Example 实例 238 制作工笔画效果

案例文件	DVD1\源文件\第 11 章\11-6.psd
视频文件	DVD2\视频\第 11 章\11-6.avi
难易程度	★★☆☆☆
视频时间	2 分 56 秒

步骤 1 打开要制作的照片。

步骤 2 复制图层，完成对图层的去色、混合模式和最小值的处理，并将图层合并。

步骤 3 复制图层对照片进行模糊，并设置相应的混合模式，添加“图层蒙版”对照片进行涂抹。

步骤 4 复制背景层，添加蒙版进行涂抹，新建图层，完成填色和混合模式的设置，最终完成工笔画的制作。

Example 实例 239 制作油画效果

案例文件	DVD1\源文件\第 11 章\11-7.psd
难易程度	★☆☆☆☆
视频时间	1 分 35 秒
技术点睛	使用“色相/饱和度”命令调整照片的色彩饱和度，使用“彩块化”和“纹理化”滤镜制作出油画的效果

思路分析

本实例是将一张普通的江南水乡风景照片处理为油画的效果。在制作过程中，首先使用“色相/饱和度”命令对照片进行调整，使照片的颜色更加鲜艳，再分别使用“高斯模糊”、“彩块化”和“纹理化”滤镜处理照片，效果如图 11-41 所示。

（修改前）

（修改后）

图 11-41　制作油画效果前后的对比

操作步骤

步骤 1 执行“文件>打开”命令，打开需要处理的照片原图“DVD1\源文件\第 11 章\素材\13701.jpg”，如图 11-42 所示。复制“背景”图层，得到“背景 副本”图层，“图层”面板如图 11-43 所示。

图 11-42　打开照片

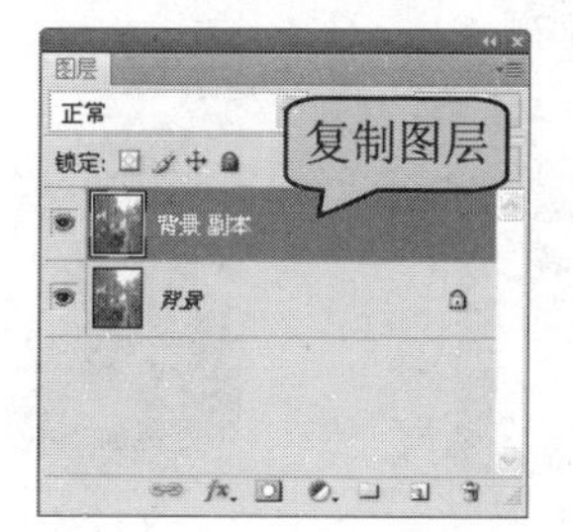

图 11-43　“图层”面板

步骤 2 选择“背景 副本”图层，执行“图像>调整>色相/饱和度”命令，打开“色相/饱和度”对话框，参数设置如图 11-44 所示。单击“确定”按钮完成设置，照片效果如图 11-45 所示。

图 11-44　“色相/饱和度”对话框

图 11-45　照片效果

步骤 3 复制“背景 副本”层得到“背景 副本 2”，将“背景 副本 2”的混合模式设置为叠加，“图层”面板如图 11-46 所示，照片效果如图 11-47 所示。

图 11-46　设置“混合模式”

图 11-47　照片效果

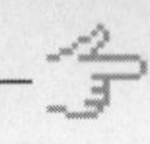

步骤 4 按快捷键 Ctrl+Shift+Alt+E 盖印图层，执行“滤镜>模糊>高斯模糊”命令，打开“高斯模糊”对话框，参数设置如图 11-48 所示，单击“确定”按钮完成设置，照片效果如图 11-49 所示。

图 11-48 “高斯模糊”对话框

图 11-49 照片效果

步骤 5 接着执行“滤镜>像素画>彩块化”命令，重复多次到效果满意为止，照片效果如图 11-50 所示。再执行“滤镜>纹理>纹理化”命令，打开“纹理化”对话框，参数设置如图 11-51 所示，单击“确定”按钮完成设置，照片效果如图 11-52 所示。

图 11-50 照片效果

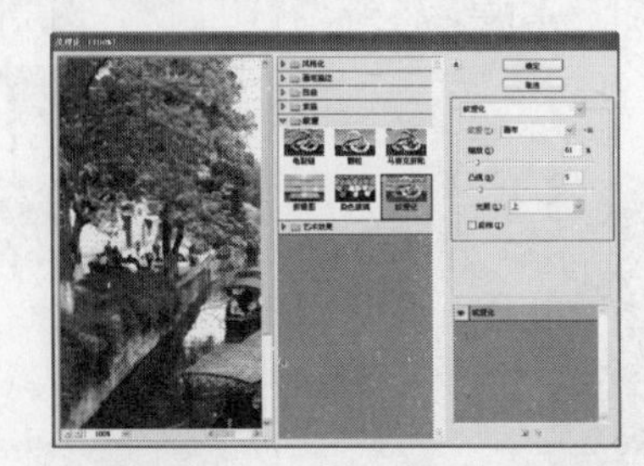

图 11-51 “纹理化”对话框

图 11-52 照片效果

步骤 6 制作完油画效果后，执行“文件>存储为”命令，将照片存储为 PSD 文件。

实例小结

本实例主要是通过“彩块化”和“纹理化”滤镜将普通照片处理为油画效果，在使用“彩块化”滤镜时，需要注意观察照片处理的效果。

Example 实例 240 打造钢笔淡彩效果

案例文件	DVD1\源文件\第 11 章\11-8.psd
视频文件	DVD2\视频\第 11 章\11-8.avi
难易程度	★★☆☆☆
视频时间	1 分 42 秒

步骤 1 打开要制作的照片，并将“背景”图层复制。

步骤 2 使用“特殊模糊”滤镜，制作照片的模糊效果，并执行反相。

步骤 3 新建图层，使用“特殊模糊”滤镜，并使用“水彩”滤镜。

步骤 4 设置“消褪”及“混合模式”完成制作。

Example 实例 241 制作装饰画效果

案例文件	DVD1\源文件\第 11 章\11-9.psd
难易程度	★★☆☆☆
视频时间	2 分 2 秒
技术点睛	使用“绘画涂抹”滤镜和“干画笔”滤镜完成照片的效果，再执行“色阶”命令完成对照片明暗度的处理

思路分析

在日常生活中有很多比较漂亮的风景照片，可以在稍作修饰后成为很具有艺术气息的装饰品，所以本实例讲述了一种简单而又快捷的方法，将一张普通的风景照变得充满艺术效果，如图 11-53 所示。

（修改前）

（修改后）

图 11-53　制作装饰画前后的效果对比

制作步骤

步骤 1 执行“文件>打开”命令，打开需要处理的照片原图“DVD1\源文件\第 11 章\素材\13901.jpg”，如图 11-54 所示。复制“背景”图层，得到“背景 副本”图层，图层面板如图 11-55 所示。

图 11-54　打开照片

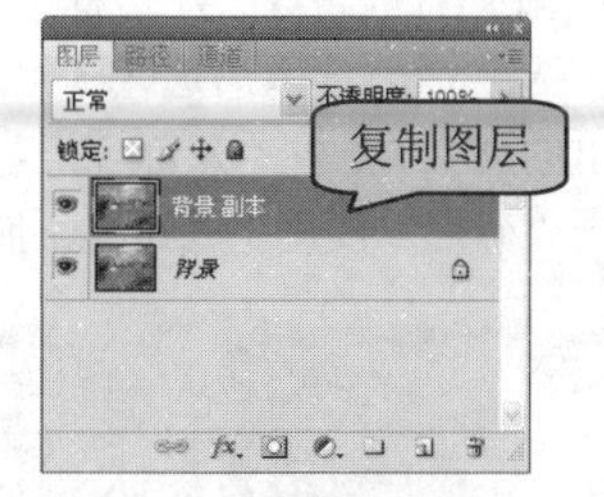

图 11-55　“图层”面板

步骤 2 选择“背景 副本”图层，执行“滤镜>艺术效果>绘画涂抹”命令，打开“绘画涂抹”对话框，参数设置如图 11-56 所示，单击“确定”按钮完成设置，照片效果如图 11-57 所示。

图 11-56 “绘画涂抹”对话框

图 11-57 照片效果

提示 对细节进行调整时，应该注意“绘画涂抹”的参数设置，尽量不要损失照片的细节，以免影响最终效果。

步骤 3 选择“背景 副本”图层，执行“滤镜>艺术效果>干画笔”命令，打开“干画笔”对话框，参数设置如图 11-58 所示，单击“确定”按钮完成设置，照片效果如图 11-59 所示。

图 11-58 设置“干画笔”对话框

图 11-59 照片效果

步骤 4 选择“背景 副本”图层，执行“图像>调整>色阶”命令，打开“色阶”对话框，参数设置如图 11-60 所示，单击“确定”按钮完成设置，照片效果如图 11-61 所示。

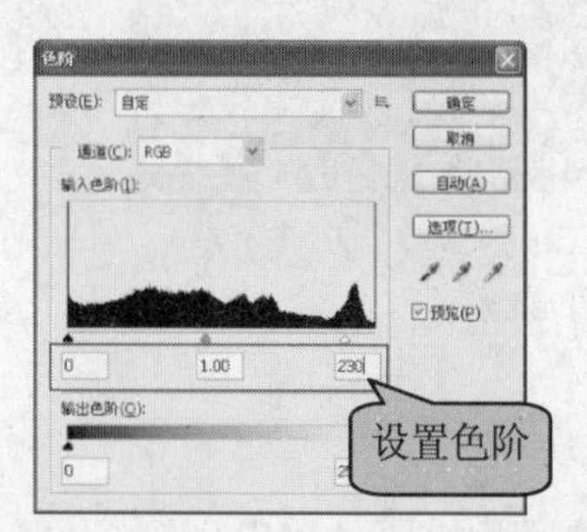

图 11-60 “色阶”对话框

图 11-61 照片效果

步骤 5 新建“图层 1”，单击工具箱中的“矩形选框工具”，设置“前景色”值为 RGB（64，51，32）。在照片的边缘绘制边框选区，按快捷键 Shift+Ctrl+I 对选区进行反向调整，并填充颜色，按快捷键 Ctrl+D 取消选区，照片效果如图 11-62 所示。单击“添加图层样式”按钮 fx，在弹出的菜单中选择“斜面和浮雕”选项，在“斜面和浮雕”对话框中设置如图 11-63 所示，单击“确定”按钮完成设置，照片效果如图 11-64 所示。

图 11-62 照片效果

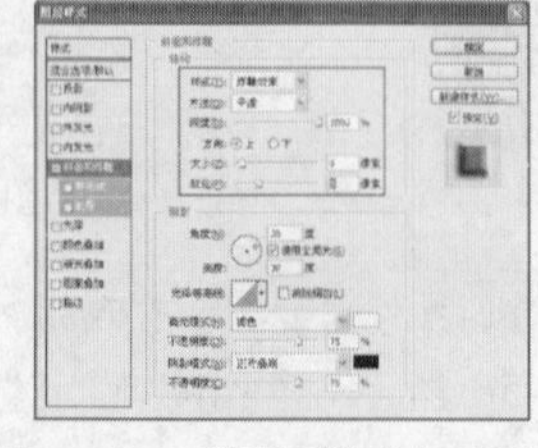

图 11-63 “图层样式”对话框

图 11-64 照片效果

步骤 6 制作完装饰画效果后，执行“文件>存储为”命令，将照片存储为 PSD 文件。

实例小结

本实例主要讲述了将一张普通照片瞬间变得艺术气息十足的方法，在对照片进行处理时，一定要注意“绘画涂抹”的参数不要过大，以免对照片中的景物细节造成过多的损害。

Example 实例 242 制作碳素画效果

案例文件	DVD1\源文件\第 11 章\11-10.psd
视频文件	DVD2\视频\第 11 章\11-10.avi
难易程度	★★☆☆☆
视频时间	2 分 23 秒

步骤 1 将相应的素材照片导入到画布，并完成复制去色。

步骤 2 复制图层，执行反相命令，设置相应的“图层模式”和“最小值”。

步骤 3 复制图层，设置其“混合模式”并使用“高斯模糊”，再次复制图层，相应的调整图层顺序，设置相应的“混合模式”。

步骤 4 新建图层，完成填色，并设置其“纹理化”参数，单击“确定”按钮完成制作。

第12章　照片特效制作

本章主要讲解数码照片的特效制作，通过为照片添加细雨绵绵效果、雪景效果、彩虹效果、秋天落叶和艺术海报效果，以达到美化照片的作用，通过本章的学习，读者可以熟练的掌握照片处理技巧，轻松的为照片添加一些特殊效果。

Example 实例 243 制作绵绵细雨效果

案例文件	DVD1\源文件\第12章\12-1.psd
难易程度	★★★☆☆
视频时间	4分4秒
技术点睛	利用“点状化”、“动感模糊”、“色阶”、“色彩平衡”和“水波”命令制作出下雨效果

思路分析

本实例主要通过使用“点状化”、“动感模糊”滤镜制作出下雨的效果，再使用“水波”滤镜制作雨落水面的水波效果，从而使照片产生了一种下雨的真是效果，效果如图12-1所示。

（处理前）

（处理后）

图12-1　制作绵绵细雨前后的效果对比

制作步骤

步骤 1 执行“文件>打开”命令，打开需要处理的照片原图“DVD1\源文件\第12章\素材\11101.jpg”，如图12-2所示。在“图层”面板中拖动“背景”图层到“创建新图层”按钮 上，复制“背景”图层，得到“背景 副本”图层，如图12-3所示。

图12-2　打开照片

图12-3　复制图层

步骤 2 新建“图层1”，将“图层1”填充为黑色。执行“滤镜>像素化>点状化”命令，在打开的“点状化”对话框中参数设置如图12-4所示，单击“确定”按钮完成设置，照片效果如图12-5所示。

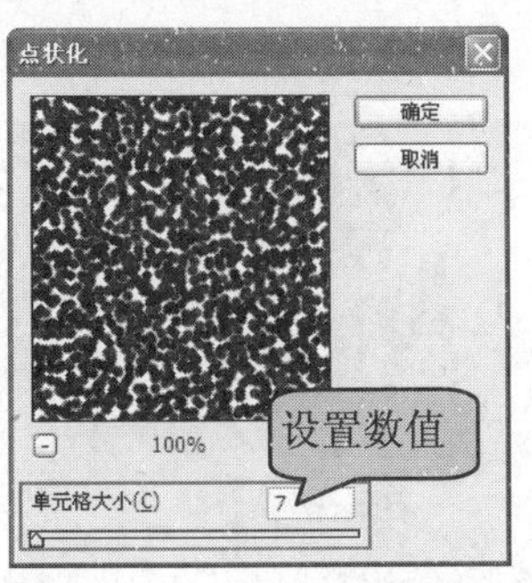

图 12-4 “点状化”对话框

图 12-5 照片效果

步骤 3 选中“图层 1”，执行“图像>调整>阈值”命令，在打开的“阈值”对话框中参数设置如图 12-6 所示，单击“确定”按钮完成设置，在“图层”面板上设置“图层 1”的“混合模式”为“滤色”，照片效果如图 12-7 所示。

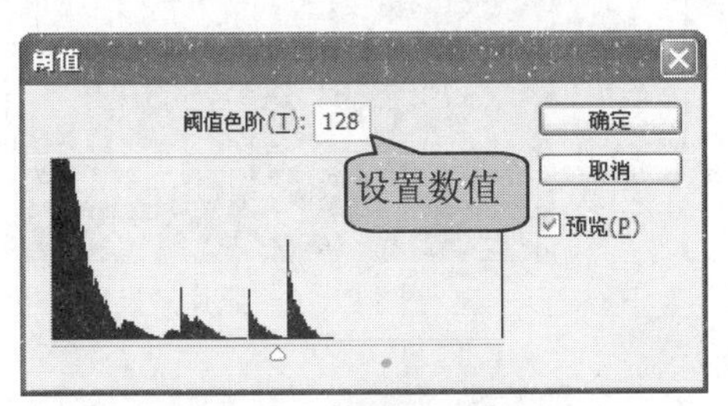

图 12-6 “阈值”对话框

图 12-7 照片效果

步骤 4 选中“图层 1”，执行“滤镜>模糊>动感模糊”命令，在打开的“动感模糊”对话框中参数设置如图 12-8 所示，单击“确定”按钮完成设置，照片效果如图 12-9 所示。

图 12-8 “动感模糊”对话框

图 12-9 照片效果

> **提示** 在“动感模糊”对话框中，可以通过修改“角度”来改变所添加的下雨效果的倾斜角度，还可以通过修改“距离”来修改所添加下雨效果的雨滴形状。

步骤 5 选中“背景 副本”图层，执行“图像>调整>色阶”命令，在打开的“色阶”对话框中参数设置如图 12-10 所示，单击“确定”按钮完成设置，照片效果如图 12-11 所示。

步骤 6 执行“图像>调整>色彩平衡”命令，在打开的“色彩平衡”对话框中参数设置如图 12-12 所示，单击“确定”按钮完成设置，照片效果如图 12-13 所示。

步骤 7 选中“背景 副本”图层，单击工具箱中的“椭圆选框工具”按钮，在照片上绘制椭圆选区，如图 12-14 所示。执行“图层>新建>通过拷贝的图层”命令，复制选区中的图像并自动新建一个“图层 2”图层，如图 12-15 所示。

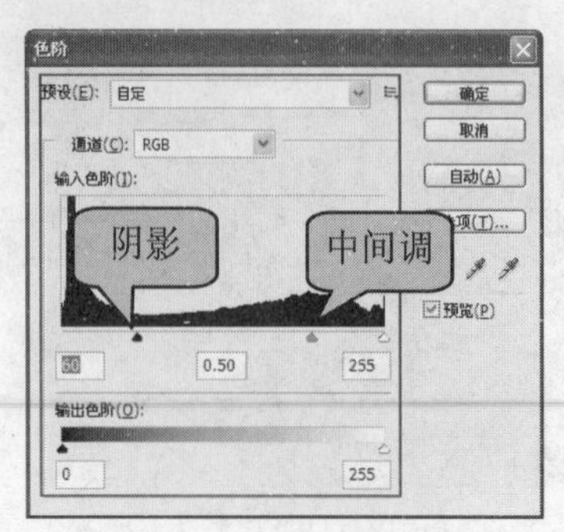

图 12-10 “色阶”对话框

图 12-11 照片效果

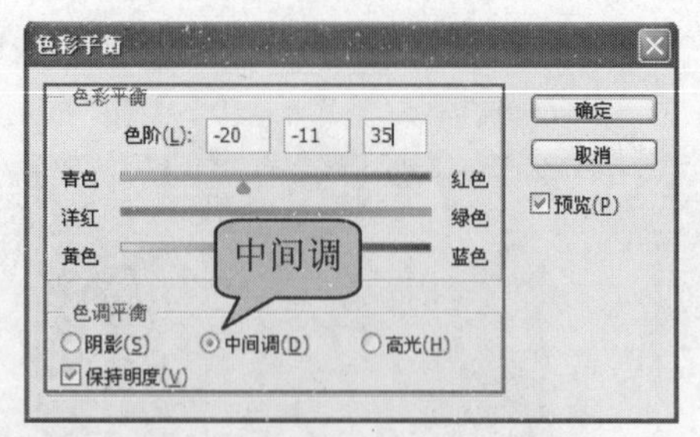

图 12-12 “色彩平衡”对话框

图 12-13 照片效果

图 12-14 绘制选区

图 12-15 通过拷贝的图层

技巧 按快捷键 Ctrl+J，与执行“图层>新建>通过拷贝的图层”命令效果相同，同样可以新建一个拷贝的图层。

步骤 8 按住 Ctrl 键，单击“图层 2”的图层缩览图，调出“图层 2”的选区，执行“滤镜>扭曲>水波”命令，在打开的“水波”对话框中参数设置如图 12-16 所示，单击“确定”按钮完成设置，效果如图 12-17 所示。

图 12-16 设置“水波”对话框

图 12-17 图像效果

提示　使用“水波”滤镜时必须先调出图像的选区再应用“水波”滤镜，否则它将对整个图层起作用，包括空白区域。

步骤 9　用相同的制作方法，还可以制作出其他的水波纹效果，如图 12-18 所示。新建一个名为“渐变”图层，并将该图层放置于顶部，单击工具箱中的“渐变工具”按钮，单击“选项”栏上的“渐变预览条”，打开“渐变编辑器”对话框，从左至右分别设置渐变滑块的颜色为 RGB（0，0，0）、RGB（0，0，0）和 RGB（0，0，0），从左至右分别设置渐变滑块的“不透明度”为 100%、0%和 100%，如图 12-19 所示。

图 12-18　调整图形

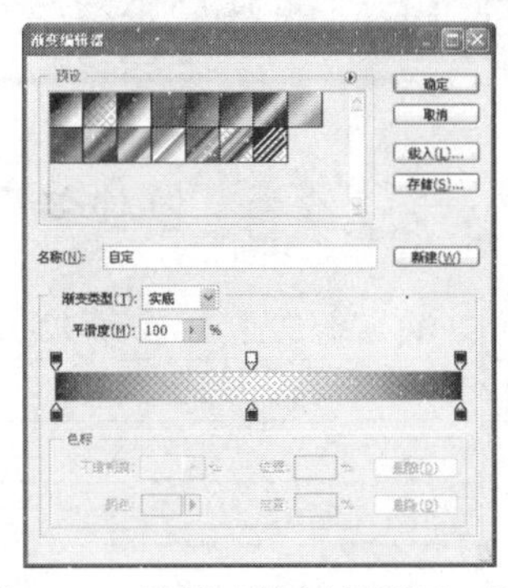

图 12-19　设置“渐变编辑器”对话框

步骤 10　单击“确定”按钮，完成对“渐变编辑器”对话框的设置，按住 Shift 键，在照片上从下至上拖动鼠标填充渐变颜色，并设置“图层”面板上“渐变”图层的“不透明度”值为 80%，完成绵绵细雨效果的制作后，执行“文件>存储为”命令，将照片存储为 PSD 文件。

实例小结

本实例首先使用“点状化”、“动感模糊”滤镜、“色阶”和“色彩平衡”对照片进行调整，然后使用“椭圆选框工具”和“水波”滤镜制作出下雨时击打水面的效果，在实际操作过程中，应注意水波的调整。

Example 实例 244　制作雪花飞舞的效果

案例文件	DVD1\源文件\第 12 章\12-2.psd
视频文件	DVD2\视频\第 12 章\12-2.avi
难易程度	★★☆☆☆
视频时间	1 分 38 秒

步骤 1　打开照片，将背景图层复制。

步骤 2　使用“点状化”滤镜，将照片做点状化处理。

步骤 3 使用“阈值”命令，使照片的点状化更加清晰。

步骤 4 将图层“混合模式”设置为“滤色”，并使用“运动模糊”滤镜，然后调整图层透明度。

Example 实例 245 制作冬日雪景的效果

案例文件	DVD1\源文件\第 12 章\12-3.psd
难易程度	★★☆☆☆
视频时间	2 分 7 秒
技术点睛	利用“通道”、“胶片颗粒”滤镜和“图层样式”等命令，制作冬日雪景的效果

思路分析

本实例中照片的季节为春季，通过使用“通道”、“胶片颗粒”滤镜和“图层样式”等命令，使照片季节改变并制作出雪景的效果，如图 12-20 所示。

（处理前）

（处理后）

图 12-20 制作冬日的雪景前后的效果对比

制作步骤

步骤 1 执行“文件>打开”命令，打开需要处理的照片原图“DVD1\源文件\第 12 章\素材\11301.jpg”，如图 12-21 所示。将“背景”图层拖动到“创建新图层”按钮上，复制“背景”图层，得到“背景 副本”图层，如图 12-22 所示。

图 12-21 打开照片

图 12-22 复制“背景”图层

步骤 2 执行“窗口>通道”命令，打开“通道”面板，根据复制图层的方法，复制“绿”通道，得到“绿 副本”通道，执行“滤镜>艺术效果>胶片颗粒”命令，在打开的“胶片颗粒”对话框中参数设置如图 12-23 所示，单击“确定”按钮完成设置，照片效果如图 12-24 所示。

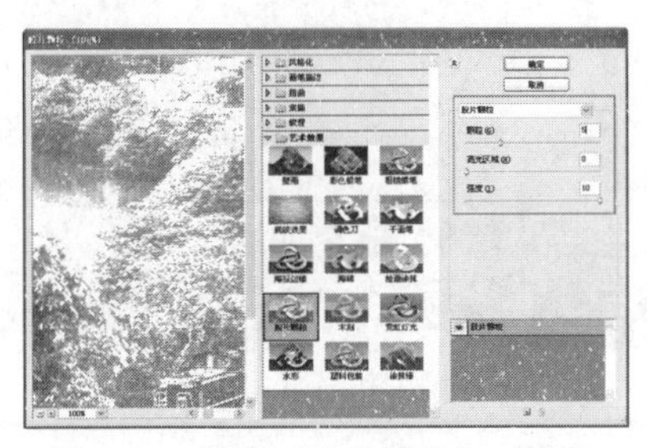

图 12-23 设置“胶片颗粒”对话框

图 12-24 照片效果

步骤 3 按住 Ctrl 键不放，单击“绿 副本”通道的缩览图，加载通道选区，如图 12-25 所示。返回到“图层”面板，新建“图层 1”，将选区填充白色，按快捷键 Ctrl+D，取消选区，照片效果如图 12-26 所示。

图 12-25 加载“绿副本”通道选区

图 12-26 照片效果

提示

在“通道”面板中返回到“图层”面板前，要选择 RGB 通道再返回到“图层”面板。

步骤 4 单击“图层”面板上的“添加图层样式”按钮 fx，在弹出的菜单中选择“斜面与浮雕”选项，在打开的“图层样式”对话框中参数设置如图 12-27 所示，单击“确定”按钮完成设置，照片效果如图 12-28 所示。

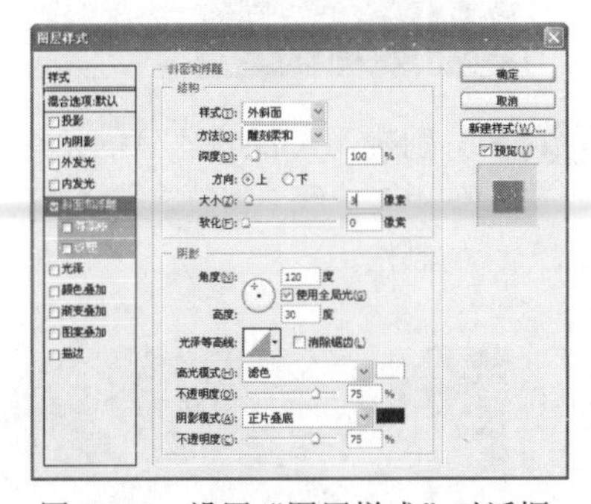

图 12-27 设置“图层样式”对话框

图 12-28 照片效果

步骤 5 选中“背景 副本”图层，执行“图像>调整>色阶”命令，在打开的“色阶”对话框中参数设置如图 12-29 所示，单击“确定”按钮完成设置，照片效果如图 12-30 所示。

步骤 6 完成制作冬日的雪景后，执行“文件>存储为”命令，将照片存储为 PSD 文件。

图 12-29 设置“色阶”对话框

图 12-30 照片效果

实例小结

本实例主要讲解如何利用“通道”、“胶片颗粒”滤镜和“图层样式”等命令使照片季节改变并制作出雪景的效果，需要注意的是滤镜的设置要根据照片的实际情况来设置。

Example 实例 246 制作照片折痕效果

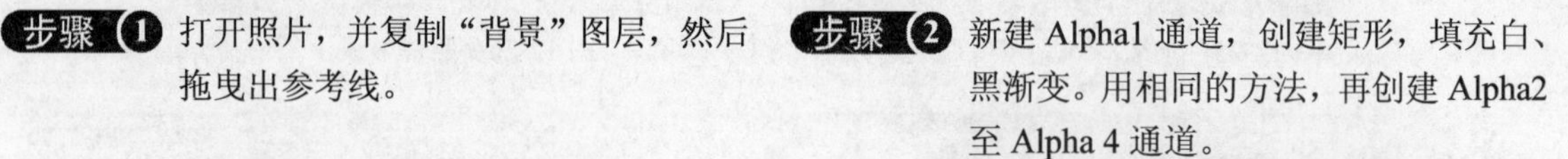

案例文件	DVD1\源文件\第 12 章\12-4.psd
视频文件	DVD2\视频\第 12 章\12-4.avi
难易程度	★★★☆☆
视频时间	4 分 11 秒

步骤 1 打开照片，并复制“背景”图层，然后拖曳出参考线。

步骤 2 新建 Alpha1 通道，创建矩形，填充白、黑渐变。用相同的方法，再创建 Alpha2 至 Alpha 4 通道。

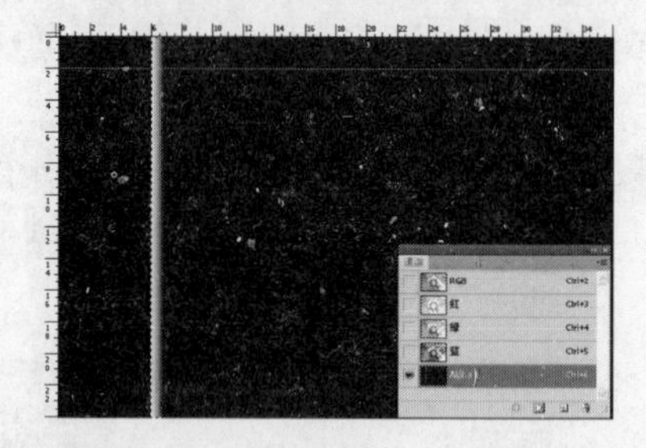

步骤 3 使用“计算”命令，得到 Alpha5、Alpha6 通道。

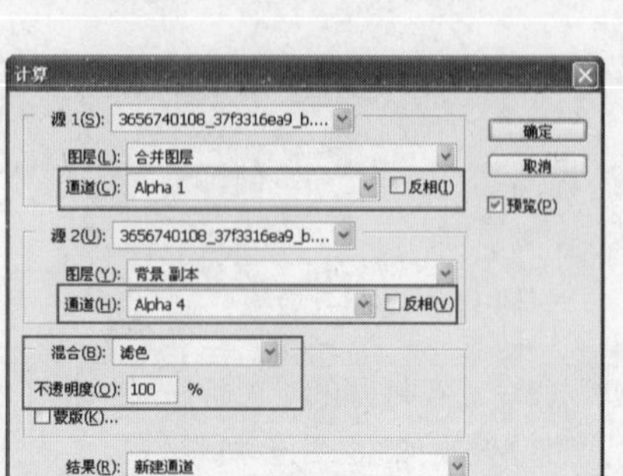

步骤 4 分别载入 Alpha5、 Alpha 6 通道选区，使用“曲线”调整，完成照片折痕效果的制作。

Example 实例 247　制作美丽的彩虹效果

案例文件	DVD1\源文件\第 12 章\12-5.psd
难易程度	★★★☆☆
视频时间	3 分 51 秒
技术点睛	利用“渐变填充”、“极坐标”滤镜、“高斯模糊”滤镜和“图层混合模式”等命令，制作出彩虹效果

思路分析

本实例中的原始照片较为平淡，是一般的山水风景照片，使用“渐变填充”、“图层蒙版”和“图层混合模式”等命令，可以添加彩虹的效果，使明朗的天空更加生动，效果如图 12-31 所示。

（处理前）

（处理后）

图 12-31　制作美丽彩虹效果前后对比

制作步骤

步骤 1 执行“文件>新建”命令，在打开的“新建”对话框中参数设置如图 12-32 所示，单击“确定”按钮，新建一个空白文档，单击工具箱中的“渐变工具”按钮，在“选项”栏上单击“渐变预览条”，打开“渐变编辑器”对话框，在“预设”选项中选择“透明彩虹”如图 12-33 所示。

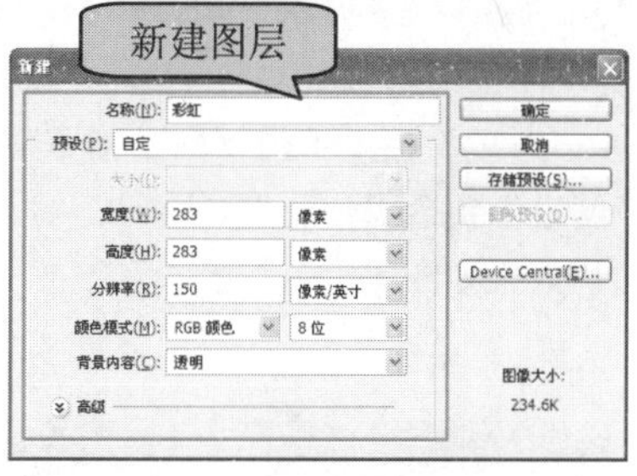

图 12-32　设置“新建”对话框

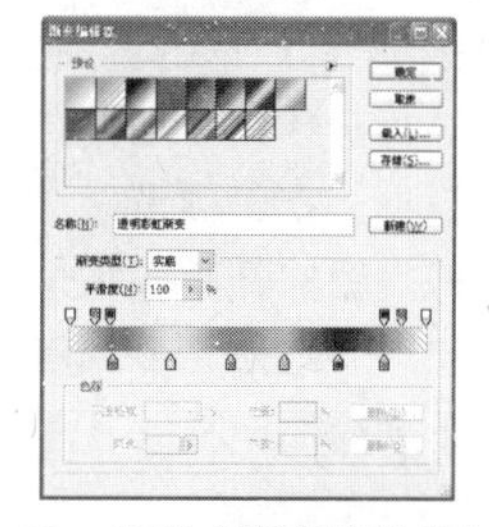

图 12-33　设置“渐变编辑器”对话框

步骤 2 单击“确定”按钮，完成对“渐变编辑器”对话框的设置，拖动鼠标在画布上填充渐变颜色，如图 12-34 所示。执行“滤镜>扭曲>极坐标”命令，在打开的“极坐标”对话框中参数设置如图 12-35 所示，单击“确定”按钮完成设置，图像效果如图 12-36 所示。

图 12-34　渐变效果

图 12-35　设置“极坐标”对话框

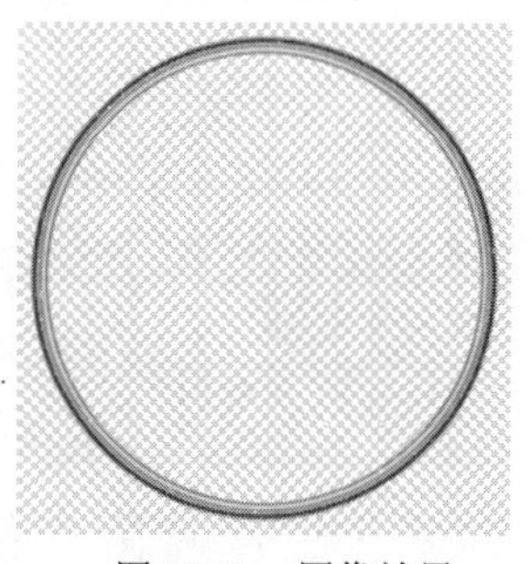

图 12-36　图像效果

步骤 3 执行“文件>打开”命令，打开需要处理的照片原图“DVD1\源文件\第 12 章\素材\11501.jpg”，如图 12-37 所示，复制“背景”图层，得到“背景 副本”图层，如图 12-38 所示。

图 12-37　打开照片

图 12-38　复制“背景”图层

步骤 4 将“sc11-5”文件拖曳到 11501.jpg 文件中，自动生成“图层 1”图层，再使用“变换选区”命令，调整图像的大小，效果如图 12-39 所示，选择“图层 1”设置“图层”面板上的“混合模式”为“滤色”，照片效果如图 12-40 所示。

图 12-39　拖动文件

图 12-40　照片效果

提示　执行“编辑>自由变换”命令，可对图像进行缩放、旋转、扭曲等变换处理。

步骤 5 选择“图层 1”，单击“图层”面板上的“添加图层蒙版按钮”，设置工具箱中的“前景色”为黑色，单击“渐变工具”，在“选项”栏上单击“渐变预览条”，打开“渐变编辑器”对话框，在“预设”选项中选择“前景色到透明渐变”，如图 12-41 所示，单击“确定”按钮完成设置，在画布中进行拖曳，照片效果如图 12-42 所示。

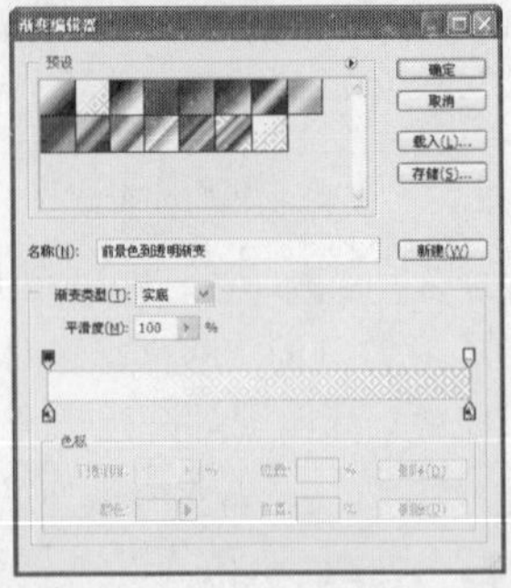

图 12-41　设置“渐变编辑器”对话框

图 12-42　照片效果

提示　在为蒙版添加渐变时，“黑色到透明渐变”和“黑色到白色渐变”是有区别的，“黑色到透明渐变”在执行下次渐变时保留上次渐变的效果，而“黑色到白色渐变”不保留上次渐变的效果。

步骤 6 选中“图层 1”，执行“滤镜>模糊>高斯模糊”命令，在打开的“高斯模糊”对话框中参数设置如图 12-43 所示，单击“确定”按钮完成设置，照片效果如图 12-44 所示。

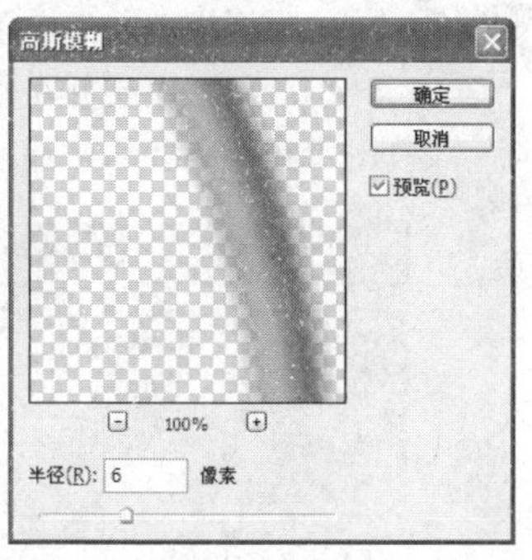

图 12-43　设置“高斯模糊”对话框

图 12-44　照片效果

步骤 7 复制“图层 1”得到“图层 1 副本”图层，使用“变换选区”命令，对“图层 1 副本”进行调整，效果如图 12-45 所示。根据前面的制作方法，选中“图层 1 副本”使用“渐变工具”选择“前景到背景透明渐变”在画布中进行渐变填充，效果如图 12-46 所示。

图 12-45　照片效果　　　　图 12-46　照片效果

步骤 8 选中“图层 1 副本”图层，执行“滤镜>模糊>高斯模糊”命令，在打开的“高斯模糊”对话框中参数设置如图 12-47 所示，单击“确定”按钮完成设置，照片效果如图 12-48 所示。

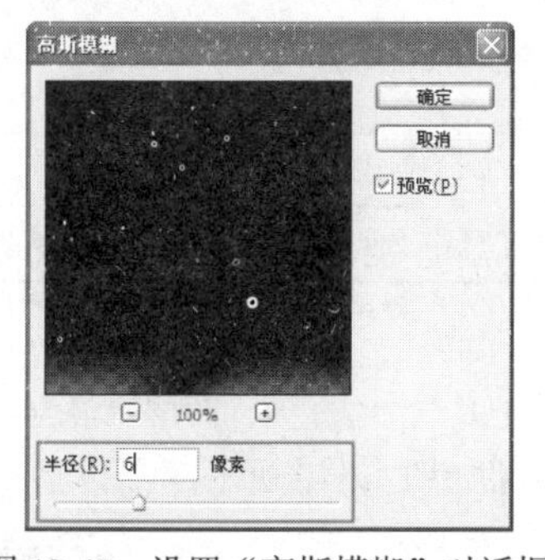

图 12-47　设置“高斯模糊”对话框

图 12-48　照片效果

步骤 9 制作完美丽彩虹效果后，执行“文件>存储为”命令，将照片存储为 PSD 文件。

实例小结

本实例主要讲解如何利用“渐变填充”、“极坐标”滤镜、“高斯模糊”滤镜和“图层混合模式”等命令，为照片添加彩虹效果。在实际的操作过程中要注意彩虹与倒影之间的对比和距离。

Example 实例 248　制作流星效果

案例文件	DVD1\源文件\第 12 章\12-6.psd
视频文件	DVD2\视频\第 12 章\12-6.avi
难易程度	★★☆☆☆
视频时间	2 分 22 秒

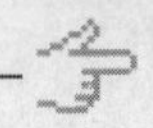

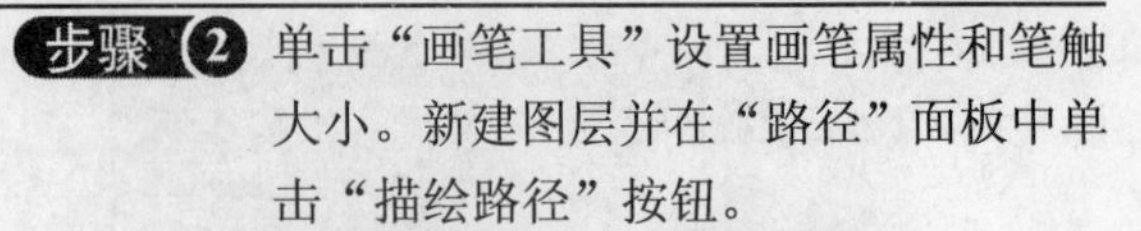

步骤 1 将照片打开，使用“钢笔工具”由下向上绘制一条路径。

步骤 2 单击“画笔工具”设置画笔属性和笔触大小。新建图层并在“路径”面板中单击“描绘路径”按钮。

步骤 3 多次调整画笔笔刷大小并进行路径描绘。实现前大后小的效果。

步骤 4 为流星添加外发光样式，完成制作。

Example 实例 249 制作秋天落叶的效果

案例文件	DVD1\源文件\第 12 章\12-7.psd
难易程度	★★☆☆☆
视频时间	3 分 42 秒
技术点睛	利用“套索工具”、“去色”、图层“混合模式”和“高斯模糊”滤镜等命令制作落叶效果

思路分析

本实例中的原始照片充满了浓浓的秋意，利用“套索工具”、“去色”、图层“混合模式”和“高斯模糊”滤镜等命令添加一些落叶效果，使照片更有意境。效果如图 12-49 所示。

（处理前）

（处理后）

图 12-49 合成秋天落叶效果前后的效果对比

制作步骤

步骤 1 执行“文件>打开”命令，打开需要处理的照片原图“DVD1\源文件\第 12 章\素材\11701.jpg”，如图 12-50 所示，复制“背景”图层，得到“背景 副本”图层，如图 12-51 所示。

图 12-50　打开照片

图 12-51　复制“背景”图层

步骤 2 选中“背景 副本”图层，执行“图像>调整>去色”命令，对照片进行去色处理，如图 12-52 所示，设置“图层”面板上的“混合模式”为“柔光”，照片效果如图 12-53 所示。

图 12-52　对照片进行去色处理

图 12-53　照片效果

步骤 3 新建“图层 1”，单击工具箱中的“画笔工具”按钮，单击“选项”栏上的“切换画笔面板”按钮，打开“画笔”对话框，分别设置“画笔笔尖形状”、“形状动态”、“散布”、“颜色动态”和“其他动态”，如图 12-54 所示。

设置“画笔笔尖形状”

设置“形状动态”

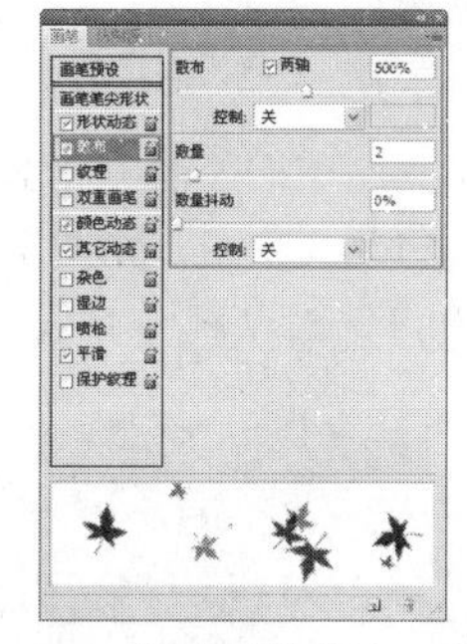

设置“散布”

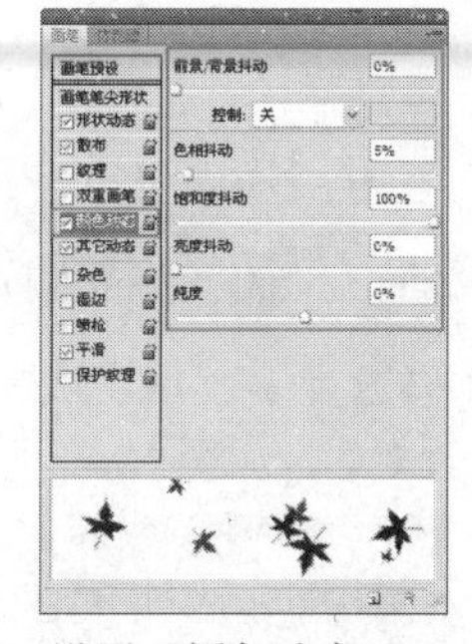

设置“颜色动态”

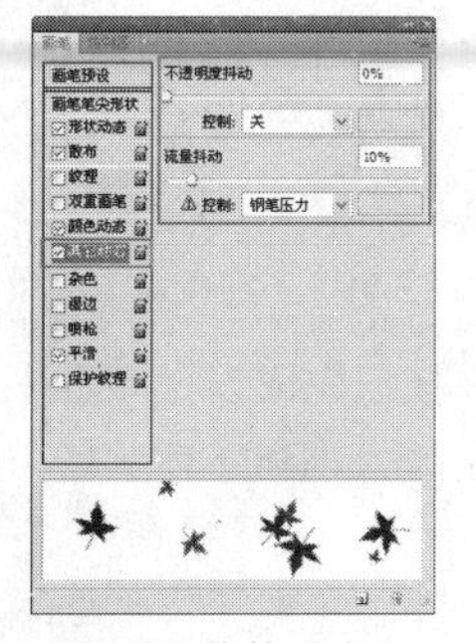

设置“其他动态”

图 12-54　设置“画笔预设”

步骤 4 设置“前景色”值为 RGB（252，230，82），在画布中进行绘制，如图 12-55 所示。设置“图层”面板上的“混合模式”为“强光”，照片效果如图 12-56 所示。

图 12-55 照片效果

图 12-56 照片效果

提示 强光模式主要是增强照片的饱和度，不同的“图层的混合模式”及“不透明度”，得到的照片效果也不相同。

步骤 5 执行“滤镜>模糊>高斯模式”命令，在打开的“高斯模糊”对话框中参数设置如图 12-57 所示，单击“确定”按钮完成设置，照片效果如图 12-58 所示。

图 12-57 设置“高斯模糊”对话框

图 12-58 照片效果

步骤 6 单击工具箱中的“套索工具”按钮，在“选项”栏上单击“添加到选区”按钮，根据需要圈出几片叶子，如图 12-59 所示。执行“图像>调整>色相/饱和度”命令，在打开的“色相/饱和度”对话框中参数设置如图 12-60 所示。

图 12-59 绘制选区

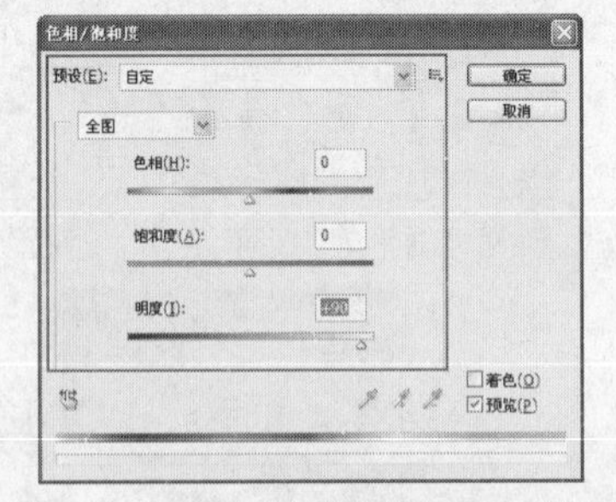

图 12-60 设置“色相/饱和度”对话框

步骤 7 单击“确定”按钮完成设置，照片效果如图 12-61 所示。使用“横排文字工具”T，设置合适的字体、字体大小和字体颜色，在画布中输入文本，如图 12-62 所示。

提示 文字工具分为“横排文字工具”、“直排文字工具”、“横排文字蒙版工具”及“直排文字蒙版工具”4 种。

图 12-61　照片效果

图 12-62　输入文本

步骤 8 制作完合成秋天落叶效果的制作后，执行“文件>存储为”命令，将照片存储为 PSD 文件。

实例小结

本实例主要使用“套索工具”、“去色”、图层“混合模式”和“高斯模糊”滤镜等命令制作秋天落叶效果，在实际操作时，应注意落叶的大小和分布。

Example 实例 250 制作满天星星效果

案例文件	DVD1\源文件\第 12 章\12-8.psd
视频文件	DVD2\视频\第 12 章\12-8.avi
难易程度	★☆☆☆☆
视频时间	2 分 41 秒

步骤 1 将照片打开，使用“亮度/对比度”命令将照片的亮度调整的比较昏暗。

步骤 2 使用“去除杂点”滤镜，将照片上的杂点去除。

步骤 3 新建图层，使用“画笔工具”并设置基本属性，然后在照片中天空位置进行绘制。

步骤 4 为图层添加蒙版，并适当调整图层透明度和蒙版范围。

Example 实例 251 制作艺术海报效果

案例文件	DVD1\源文件\第 12 章\12-9.psd
难易程度	★★★☆☆
视频时间	3 分 27 秒
技术点睛	利用“去色”、“图层混合模式”、“绘图笔”滤镜和“色阶”等命令，制作出艺术海报效果

思路分析

本例中主要利用“图层混合模式”和“绘图笔”滤镜等命令，对照片进行处理，制作出艺术海报效果，效果如图12-63所示。

（处理前）

（处理后）

图12-63 合成艺术海报效果前后的效果对比

制作步骤

步骤1 执行“文件>打开”命令，打开需要处理的照片原图“DVD1\源文件\第12章\素材\11901.jpg”，如图12-64所示，复制“背景”图层，得到“背景 副本”图层，如图12-65所示。

图12-64 打开照片

图12-65 复制图层

步骤2 选中“背景 副本”图层，执行“图像>调整>去色”命令，照片效果如图12-66所示，设置“图层”面板上的“混合模式”为“叠加”，照片效果如图12-67所示。

图12-66 对照片进行去色处理

图12-67 照片效果

步骤3 复制“背景”图层，得到“背景 副本2”图层，并将“背景 副本2”图层，拖至“背景 副本”图层上方，选择“背景 副本2”图层，设置工具箱中的“前景色”为RGB（197，148，197），“背景色”为RGB（255，255，255），执行“滤镜>素描>绘图笔”命令，在打开的“绘图笔”对话框中参数设置如图12-68所示，单击“确定”按钮完成设置，照片效果如图12-69所示。

步骤4 设置“图层”面板中的“混合模式”为“正片叠底”，照片效果如图12-70所示。选择“背景 副本”图层，单击工具箱中的“椭圆选框工具”按钮，在照片中的火车位置拖出选区，执行“选择>修改>羽化”命令，在打开的“羽化”对话框中参数设置“羽化半径”为40像素，单击“确定”按钮，完成对“羽化半径”对话框的设置，如图12-71所示。

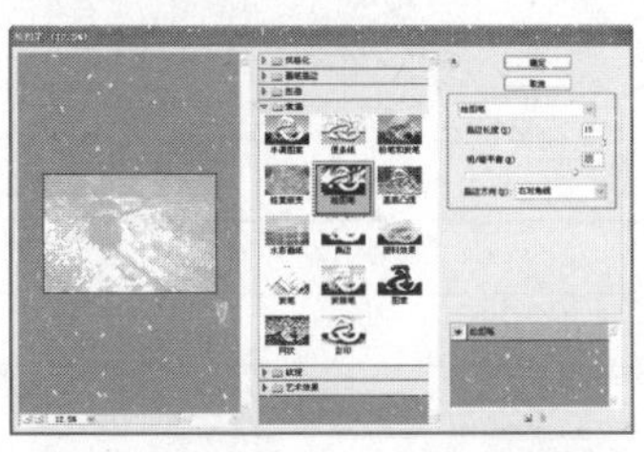

图 12-68 设置“绘图笔”对话框

图 12-69 照片效果

图 12-70 照片效果

图 12-71 羽化选区

提示

对选区进行羽化，会使边缘的效果更自然柔和。

步骤 5 执行“图像>调整>色阶”命令，在打开的“色阶”对话框中参数设置如图 12-72 所示。单击“确定”按钮完成设置，照片效果如图 12-73 所示。

图 12-72 设置“色阶”对话框

图 12-73 照片效果

步骤 6 新建“图层”1，单击工具箱中的“矩形选框工具”按钮，在照片上绘制矩形选区，设置工具箱中的“前景色”为 RGB（244，237，203），为选区填充前景色，并设置“图层”面板上的“不透明度”为 70%，效果如图 12-74 所示，复制“图层 1”，得到“图层 1 副本”图层，使用“自由变换”命令，对矩形的大小进行相应的调整，并移动到合适的位置，效果如图 12-75 所示。

图 12-74 照片效果

图 12-75 照片效果

步骤 7 使用“横排文字工具” T，设置合适的字体、字体大小和字体颜色，在画布中输入文本，完成艺术海报效果的制作后，执行“文件>存储为”命令，将照片存储为 PSD 文件。

实例小结

本实例主要讲解了如何利用“图层混合模式”和“绘图笔”滤镜等命令，制作出艺术海报的效果，在实际操作中，需要注意体现图像的色彩和文字的主题。

Example 实例 252 制作照片海市蜃楼

案例文件	DVD1\源文件\第 12 章\12-10.psd
视频文件	DVD2\视频\第 12 章\12-10.avi
难易程度	★★☆☆☆
视频时间	2 分 40 秒

步骤 1 打开要合成的第一张照片。

步骤 2 打开要合成的另一张照片，使用自动调整命令对照片的亮度、对比度和色调进行调整。

步骤 3 将照片叠加在一起，通过使用图层蒙版和调整图层混合模式得到混合效果。

步骤 4 使用“文本工具”在照片中输入文本，并调整字体的大小和颜色，完成制作。

Example 实例 253 制作怀旧照片效果

案例文件	DVD1\源文件\第 12 章\12-11.psd
难易程度	★★☆☆☆
视频时间	3 分 17 秒
技术点睛	了解“喷色描边”滤镜和“图层混合模式”在实例中的应用

思路分析

使用“打开”命令打开素材照片。复制背景素材，使用“高斯模糊”滤镜，对照片素材进行模糊处理，调整照片的饱和度，并通过“曲线”命令将照片调亮，设置“图层混合模式”为“变亮”，效果如图 12-76 所示。

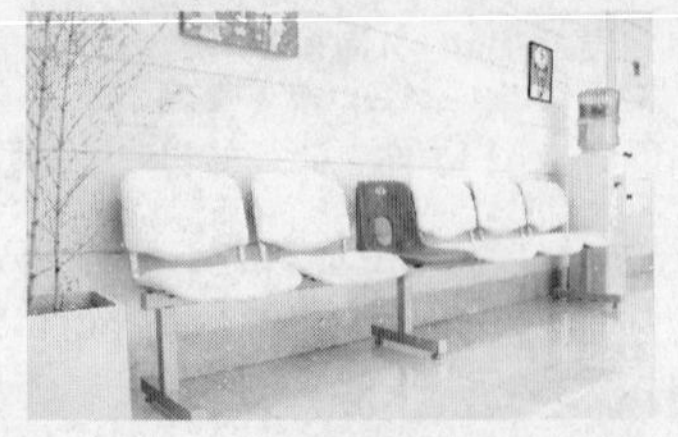

（处理前）

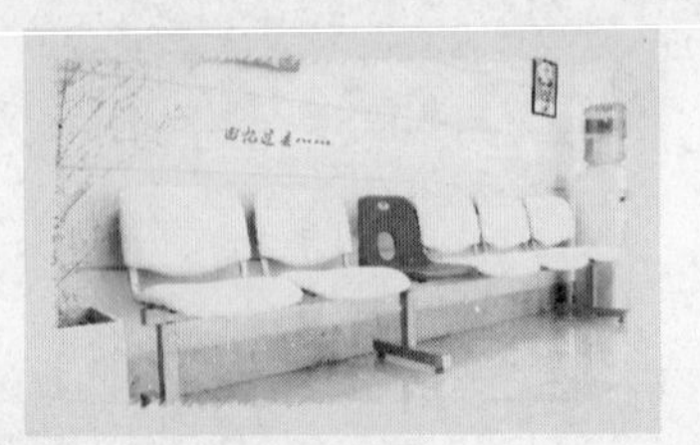

（处理后）

图 12-76　制作怀旧照片效果前后的效果对比

制作步骤

步骤 1 执行“文件>打开”命令，打开需要处理的照片原图“DVD1\源文件\第 12 章\素材\14101.jpg”，如图 12-77 所示，复制“背景”图层，得到“背景 副本”图层，如图 12-78 所示。

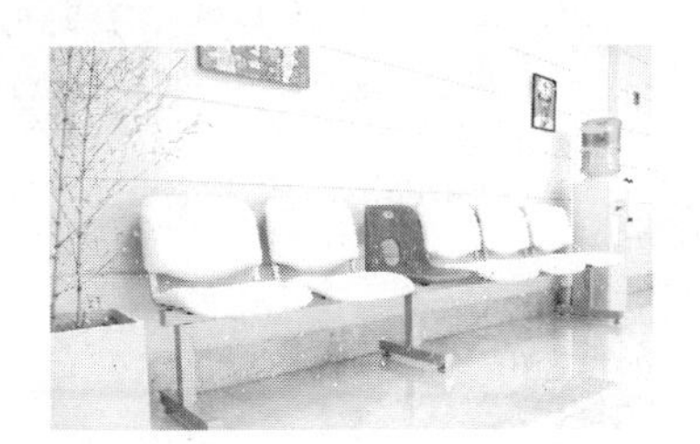

图 12-77　打开照片

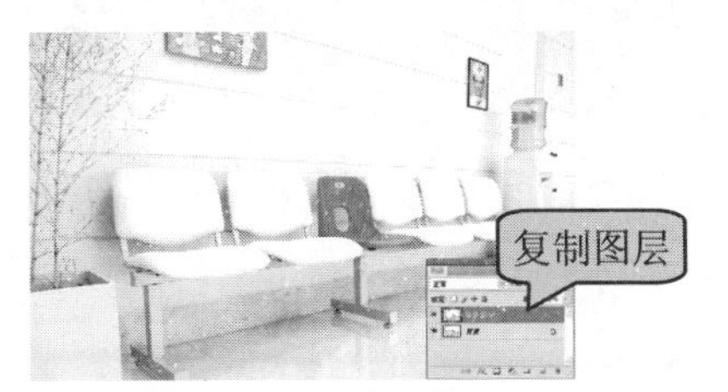

图 12-78　复制图层

步骤 2 执行“窗口>通道”命令，打开“通道”面板，单击“创建新通道”按钮，新建 Alpha1 通道，单击工具箱中的“矩形选框工具”按钮，在照片上绘制矩形选区，并填充白色，如图 12-79 所示。按快捷键 Ctrl+D，取消选区，选中 Alpha1 通道，执行“滤镜>画笔描边>喷色描边”命令，在打开的“喷色描边”对话框中参数设置如图 12-80 所示。

图 12-79　绘制图形

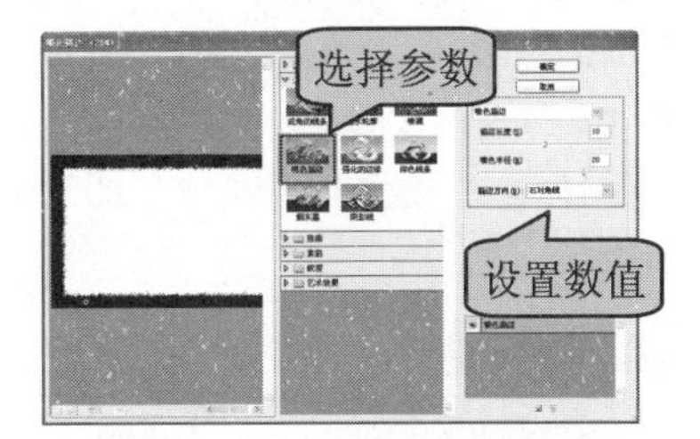

图 12-80　设置“喷色描边”对话框

步骤 3 单击“确定”按钮完成设置，照片效果如图 12-81 所示。单击 RGB 通道，返回 RGB 混合通道，按住 Ctrl 键，单击 Alpha1 通道的缩览图，得到 Alpha1 通道选区，如图 12-82 所示。

图 12-81　照片效果

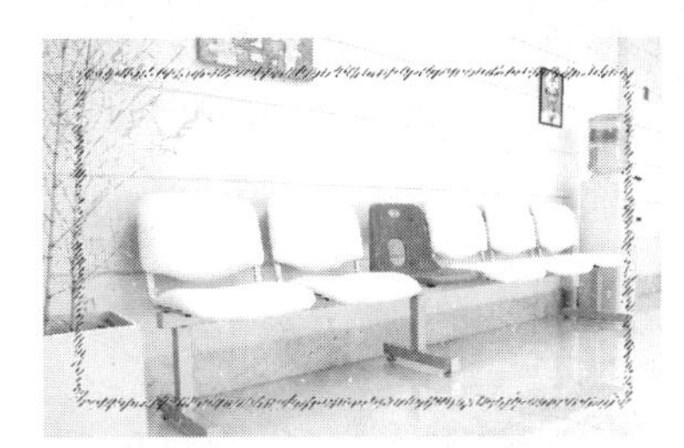

图 12-82　载入 Alpha1 通道选区

> **提示**
> “色相/饱和度”中的着色选项，是用来调整照片色调的。

步骤 4 返回“图层”面板中，执行“图层>新建>通过拷贝的图层”命令，把刚刚选区的内容复制到自动创建的“图层 1”中，如图 12-83 所示，新建“图层 2”，并填充颜色为 RGB（250，240，219），将“图层 2”拖动到“图层 1”下面，效果如图 12-84 所示。

步骤 5 相同的制作方法，复制“图层 1”得到“图层 1 副本”，选中“图层 1 副本”，执行“滤镜>模糊>高斯模糊”命令，打开“高斯模糊”对话框，设置“半径”为 3 像素，单击“确定”按钮完成设置，照片效果如图 12-85 所示，并设置“混合模式”为“柔光”，照片效果如图 12-86 所示。

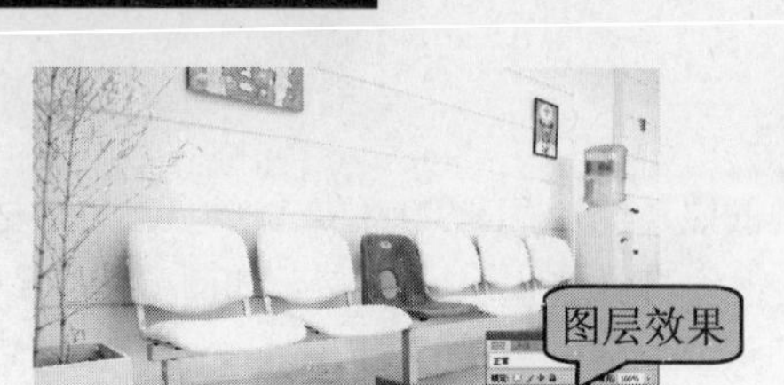

图 12-83　通过拷贝的图层

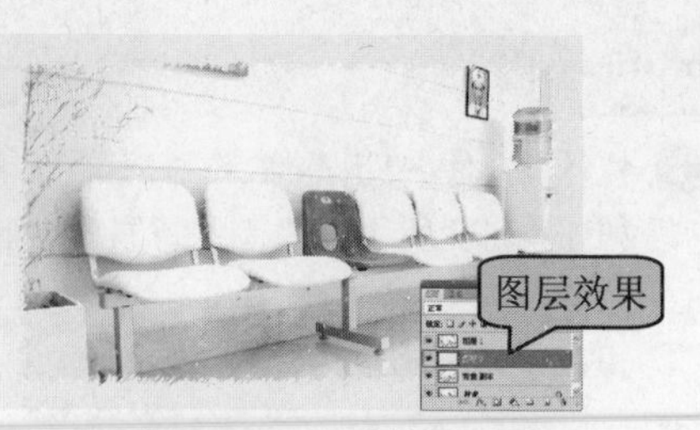

图 12-84　照片效果

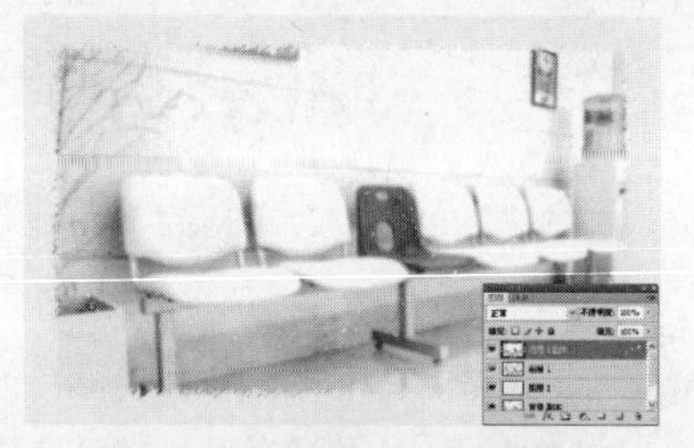

图 12-85　设置“混合模式”

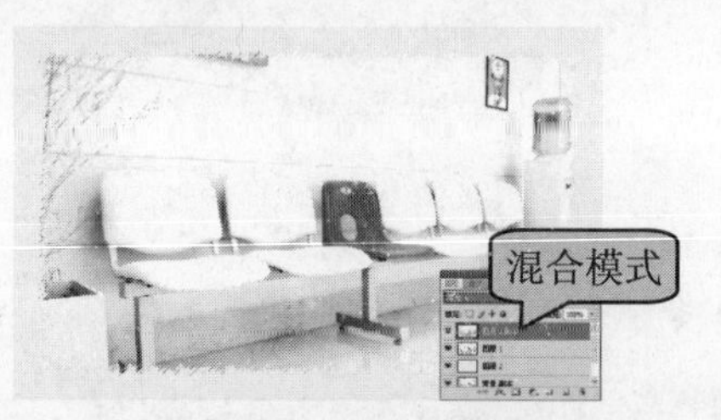

图 12-86　照片效果

步骤 6 将“图层 1”和“图层 1 副本”合并成名为“图层 1 副本”图层，新建“图层 3”，填充颜色 RGB（250，240，219），设置“图层 3”的“混合模式”为“正片叠底”，照片效果如图 12-87 所示。新建“图层 4”，填充颜色 RGB（191，228，245），拖动“图层 4”到“图层 3”下，设置“图层 4”图层的“混合模式”为“颜色加深”，照片效果如图 12-88 所示。

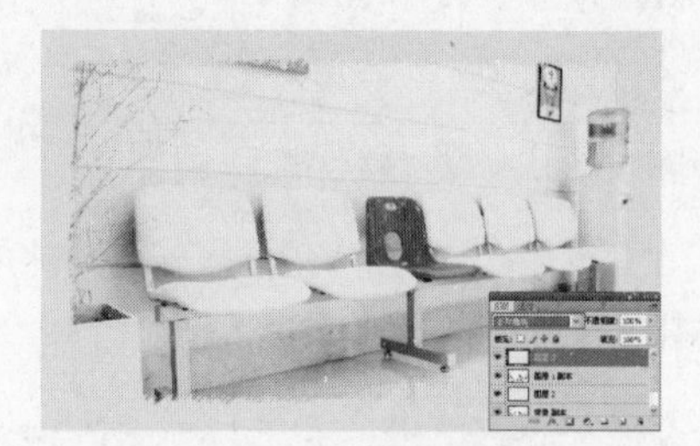

图 12-87　照片效果

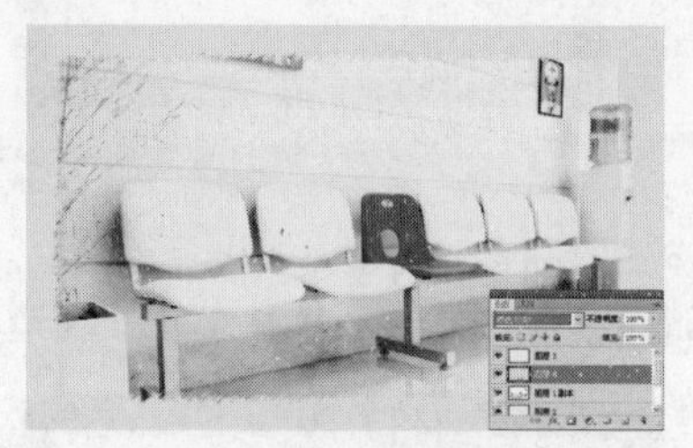

图 12-88　照片效果

步骤 7 相同的方法，复制“图层 3”得到“图层 3 副本”图层，选中“图层 3”图层，设置该图层的“混合模式”为“颜色”，“透明度”为 60%，照片效果如图 12-89 所示，使用文字工具，设置合适的字体、字体颜色、字体大小，在画布中输入文本，如图 12-90 所示。

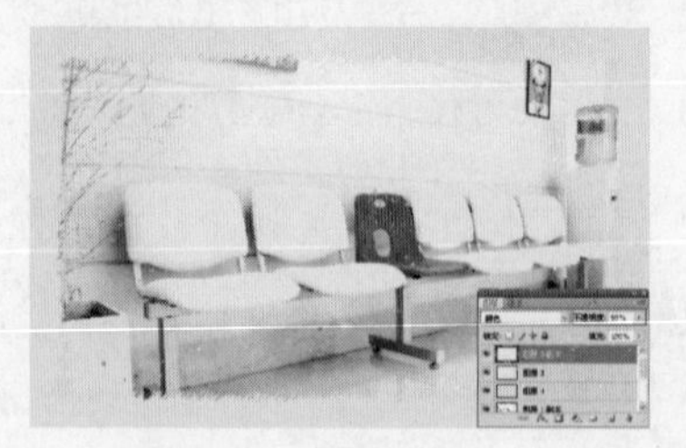

图 12-89　照片效果

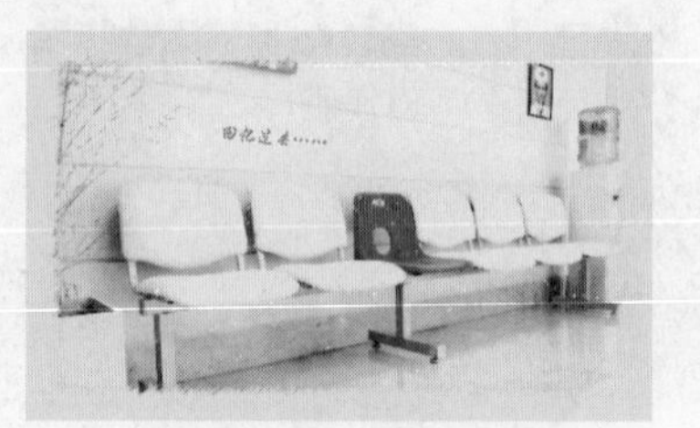

图 12-90　输入文字

步骤 8 制作完怀旧照片效果后，执行“文件>存储为”命令，将照片存储为 PSD 文件。

实例小结

本实例制作过程中，首先使用“喷色描边”滤镜，得到一个不规则的选区，然后载入通道选区填充颜色，制作照片的不规则边框效果，再通过设置“图层混合模式”，制作出怀旧的效果。读者在制作时应注意“图层混合模式”的应用。

Example 实例 254 制作唯美老照片效果

案例文件	DVD1\源文件\第 12 章\12-12.psd
视频文件	DVD2\视频\第 12 章\12-12.avi
难易程度	★★★☆☆
视频时间	2 分 17 秒

步骤 1 打开照片，使用自动调整命令对照片进行调整。

步骤 2 执行“蒙尘与划痕”滤镜命令。再使用“渐隐”命令调整照片效果。

步骤 3 使用“色彩平衡”、“色相/饱和度”对照片色调进行调整。再使用“USM 锐化”滤镜对照片进行清晰度的调整。

步骤 4 使用文本工具为照片添加文字效果，并调整文字的大小、颜色和位置等属性，完成制作。

Example 实例 255 制作个人心情日记效果

案例文件	DVD1\源文件\第 12 章\12-3.psd
难易程度	★★☆☆☆
视频时间	4 分 44 秒
技术点睛	利用“描边”命令，为白色背景描边，通过“置入”命令，将外部的素材置入到图像中

思路分析

本实例中的照片平常而缺少新意，可以为其添加一些图案，制作成为心情日记使其具有独特的个性，效果如图 12-91 所示。

（制作前）

（制作后）

图 12-91 制作个人心情日记效果前后的效果对比

制作步骤

步骤 1 执行“文件>打开”命令，打开需要处理的照片原图“DVD1\源文件\第12章\素材\14301.jpg”，如图12-92所示，复制“背景”图层，得到“背景副本”图层，如图12-93所示。

图12-92 打开照片

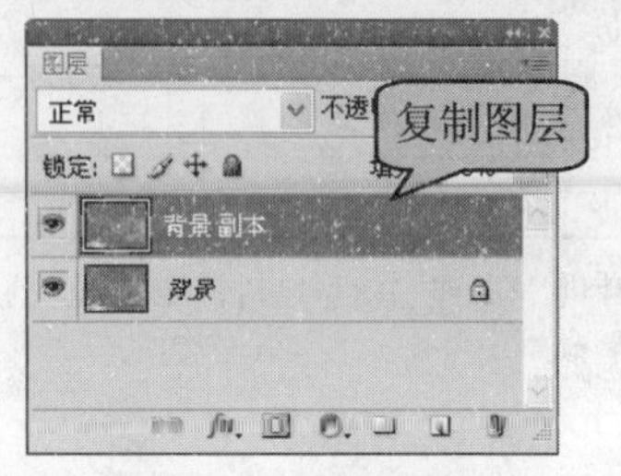

图12-93 创建选区

步骤 2 在“调整”面板中单击“创建新的色阶调整图层”按钮，在“调整”面板中设置如图12-94所示，完成后的照片效果如图12-95所示。

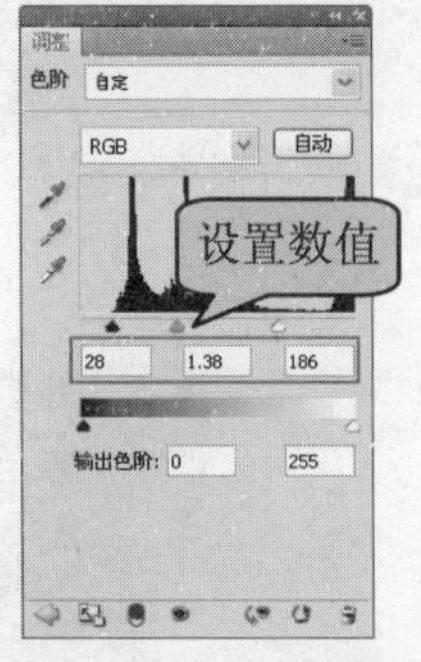

图12-94 设置“色阶”

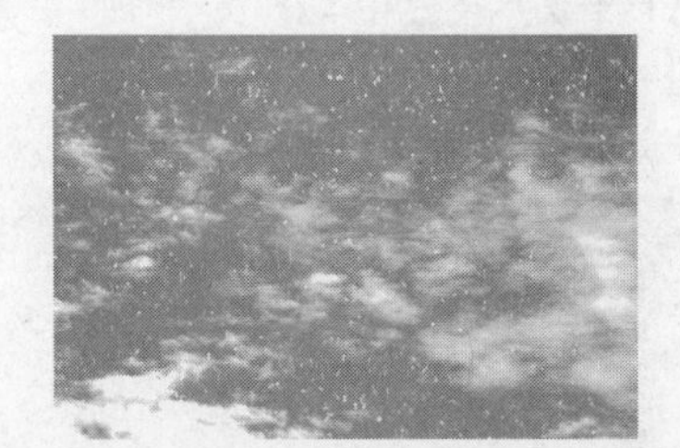

图12-95 照片效果

> **提示** 在本步骤中设置“色阶”的目的是调整图像的亮度。

步骤 3 新建“图层1”，单击工具箱中的“矩形选框工具”按钮，在画布上绘制矩形选区，如图12-96所示，在工具箱中设置“前景色”为RGB（255，255，255），按快捷键Alt+Delete填充前景色，如图12-97所示。

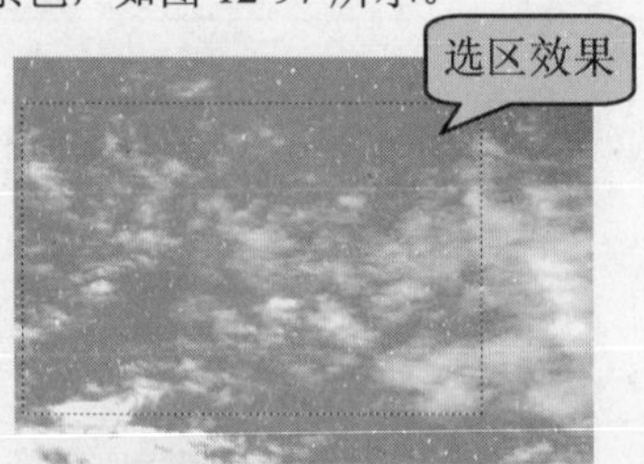

图12-96 绘制选区

图12-97 填充颜色

> **技巧** 按快捷键Alt+Delete，可以将“前景色”进行填充，执行“编辑>填充”命令，在弹出的“填充”对话框中进行相应的设置，也可以使用前景色进行的填充。

步骤 4 执行“滤镜>纹理>纹理化”命令，在打开的“纹理化”对话框参数设置如图12-98所示，单击“确定”按钮，完成“纹理化”对话框的设置，照片效果如图12-99所示，按快捷键Ctrl+D取消选区。

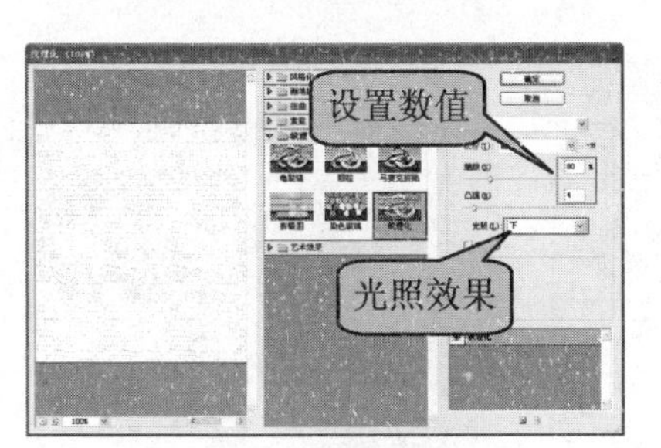

图 12-98　设置“纹理化”

图 12-99　照片效果

步骤 5 执行“编辑>描边”命令，在打开的“描边”对话框中参数设置如图 12-100 所示，单击“确定”按钮完成设置，照片效果如图 12-101 所示。

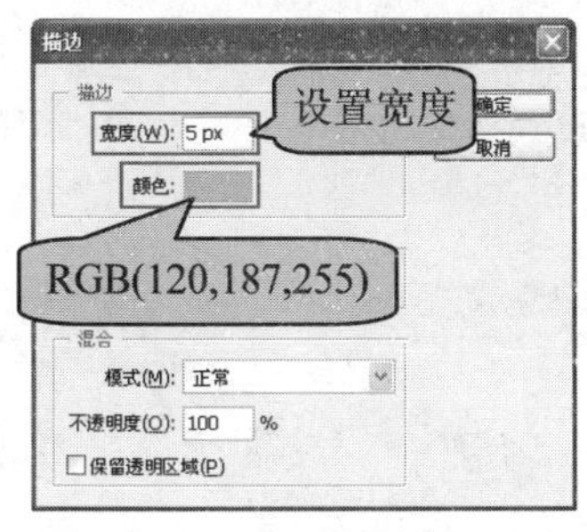

图 12-100　设置“描边”

图 12-101　照片效果

步骤 6 执行“编辑>自由变换”命令，将照片进行旋转，按 Enter 键确定旋转，照片效果如图 12-102 所示，执行“文件>打开”命令，打开需要处理的照片原图“DVD1\源文件\第 12 章\素材\14302jpg”，如图 12-103 所示。

图 12-102　照片效果

图 12-103　打开照片

步骤 7 单击工具箱中的“移动工具”按钮，将 14302.jpg 照片拖入到 14301.jpg 照片中，如图 12-104 所示，执行“编辑>自由变换”命令，将照片进行旋转并将其等比例缩小，按 Enter 键确定对照片的调整，效果如图 12-105 所示。

图 12-104　拖入照片

图 12-105　旋转并调整照片

步骤 8 按住 Ctrl 键的同时单击“图层 2”的图层缩览图，创建“图层 2”的选区，在“调整”面板中单击“创建新的色彩平衡调整图层”按钮，在“调整”面板中设置如图 12-106 所示，照片效果如图 12-107 所示。

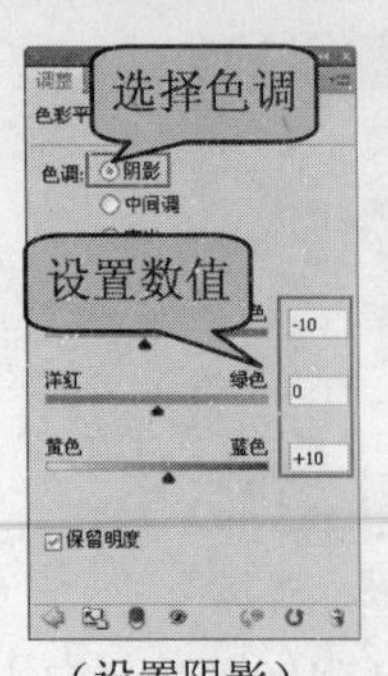

（设置阴影）

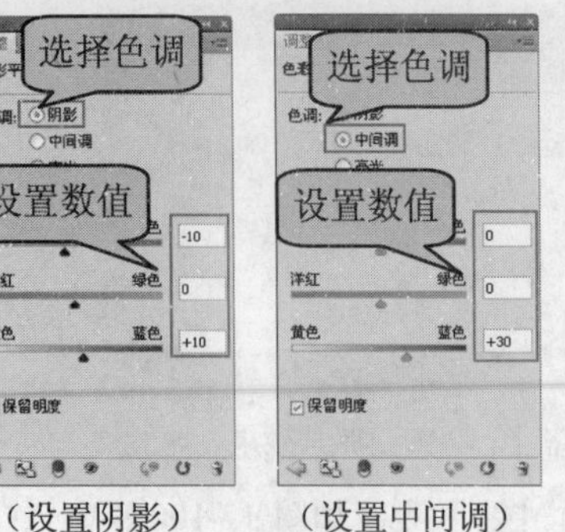

（设置中间调）

（设置高光）

图 12-106 设置“色彩平衡”

图 12-107 照片效果

步骤 9 选择“图层 2”，在“图层”面板上单击“添加图层样式”按钮 fx，在弹出的菜单中选择“投影”选项，在打开的“图层样式”对话框中设置如图 12-108 所示，单击“确定”按钮完成设置，照片效果如图 12-109 所示。

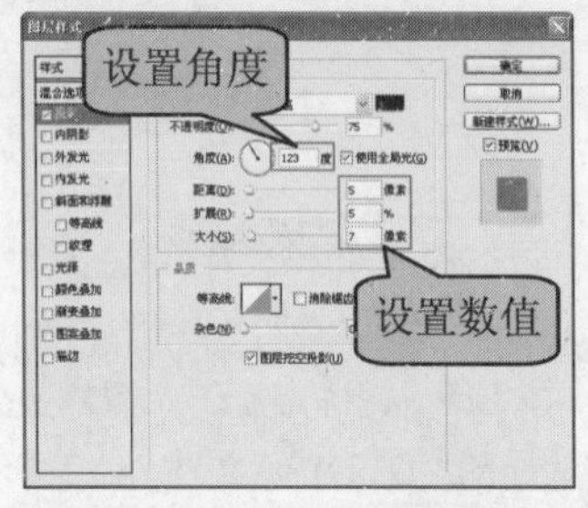

图 12-108 设置“图层样式”

图 12-109 照片效果

提示 为图像添加“投影”效果，可以制作出光照后所产生的投影效果，从而使图像产生一种立体感的效果。

步骤 10 执行“文件>置入”命令，将素材图像“DVD1\源文件\第 12 章\素材\14303.png”置入到照片中，并将图像等比例缩小，如图 12-110 所示，同样的制作方法，分别将图像 14304.png 和 14305.png 置入到照片中，并进行相应的调整，如图 12-111 所示。

图 12-110 置入图像

图 12-111 照片效果

技巧 图像置入后，如果对图像的某个部分觉得不满意，可以在置入的图像图层上单击右键，在弹出的菜单中选择“编辑内容”选项，弹出对话框并单击“确定”按钮，即打开编辑该图像的文件。

步骤 11 单击工具箱中的“横排文字工具”按钮 T，在“字符”面板中设置“字体”为“汉仪秀英体简”，“字体大小”为 13，其他设置为默认，在画布中单击并输入文字，如图 12-112 所示，同样的制作方法，在画布中输入文字，如图 12-113 所示。

图 12-112　输入文字

图 12-113　输入文字

步骤 12 使用“移动工具”，选择画布中的“让人羡慕的三口之家”文字，在“图层”面板中单击“添加图层样式”按钮，在弹出的菜单中选择“描边”选项，在打开的“图层样式”对话框中参数设置如图 12-114 所示，单击“确定”按钮完成设置，文字效果如图 12-115 所示，在文字图层上单击右键，在弹出的菜单中选择“栅格化文字”选项，将图层栅格化处理。

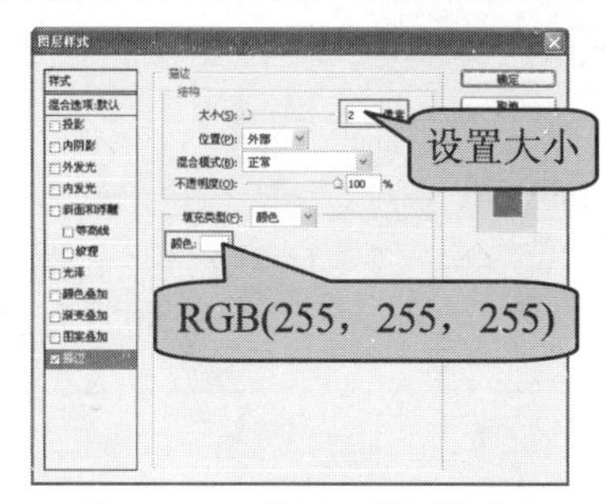

图 12-114　设置“图层样式”

图 12-115　文字效果

步骤 13 完成制作个人心情日记效果后，执行“文件>存储为”命令，将照片存储为 PSD 文件。

实例小结

本实例在制作过程中，使用描边命令将图形进行描边，在使用描边功能时，本实例利用了两种描边方法，一种是在“编辑”菜单中进行操作的，另一种是在“图层”面板中添加的“图层样式”，在“编辑”菜单中进行描边的操作后，是不可以再次进行编辑的，而在“图层”面板中添加的“图层样式”是可以随时进行修改的。

Example 实例 256 制作镂空照片效果

案例文件	DVD1\源文件\第 12 章\12-14.psd
视频文件	DVD2\视频\第 12 章\12-14.avi
难易程度	★★★☆☆
视频时间	4 分 21 秒

步骤 1 将照片打开，使用“圆角矩形工具”在新图层上绘制图形。

步骤 2 将人物照片复制到图形图层上部。并调整人物照片大小和位置。

步骤 3 对人物照片使用“裁切蒙版组”，实现镂空效果。并对背景层执行自动调整命令。并使用表面模糊命令。

步骤 4 添加文本完成制作。

Example 实例 257 制作马赛克效果

案例文件	DVD1\源文件\第 12 章\12-15.psd
难易程度	★★☆☆☆
视频时间	2 分 55 秒
技术点睛	利用“马赛克”滤镜，为照片制作马赛克效果，通过添加“图层样式”为图层设置不同的样式效果

思路分析

本实例主要使用滤镜效果中的“马赛克”滤镜制作的马赛克效果，通过为各个图层添加不同的图层样式，将不明显的图像或文字制作得突出明显，效果如图 12-116 所示。

（处理前）

（处理后）

图 12-116 制作照片马赛克前后的效果对比

制作步骤

步骤 1 执行“文件>打开”命令，打开需要处理的照片原图“DVD1\源文件\第 12 章\素材\14501.jpg”打开，如图 12-117 所示，复制“背景”图层，得到“背景 副本”图层，如图 12-118 所示。

步骤 2 执行“滤镜>模糊>高斯模糊”命令，在打开的“高斯模糊”对话框中参数设置如图 12-119 所示，单击“确定”按钮完成设置，照片效果如图 12-120 所示。

图 12-117 打开照片

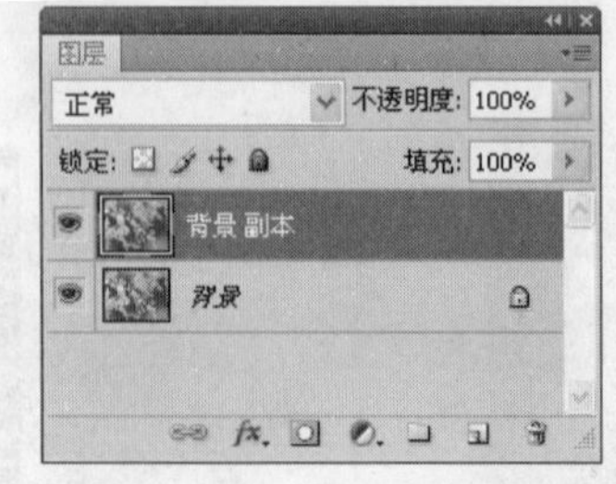

图 12-118 “图层”面板

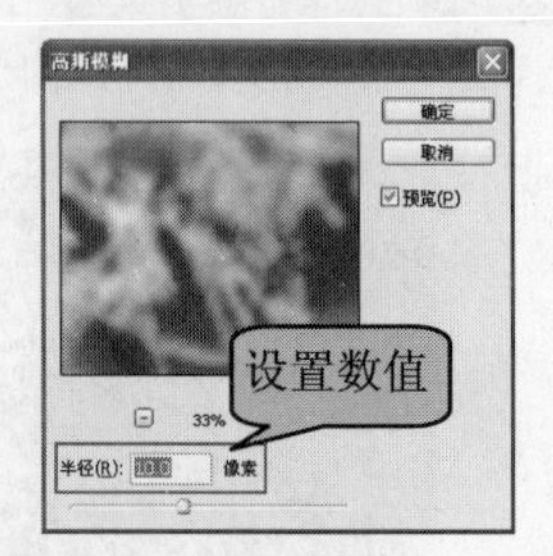

图 12-119 “高斯模糊”对话框

步骤 3 再次执行“滤镜>像素化>马赛克”命令，在打开的“马赛克”对话框中参数设置如图 12-121 所示，单击“确定”按钮完成设置，照片效果如图 12-122 所示。

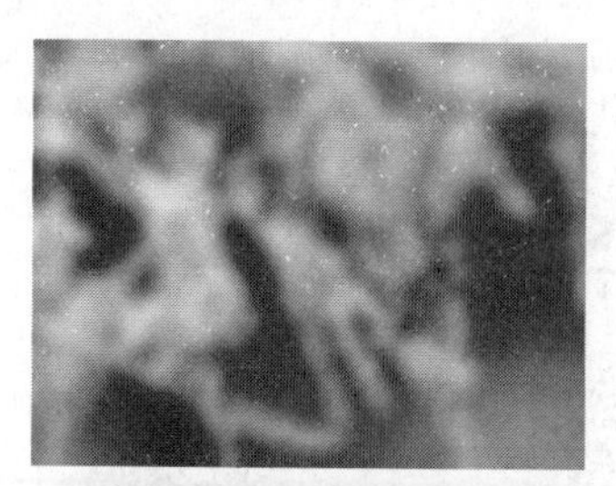
图 12-120　照片效果

图 12-121　“马赛克”对话框

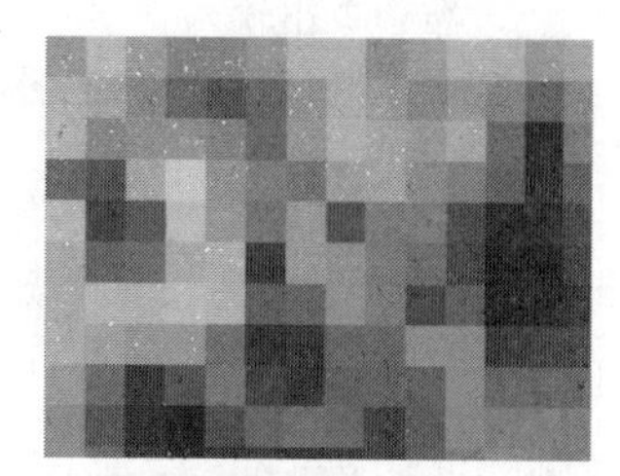
图 12-122　照片效果

提示　在“马赛克”对话框中，设置的“单元格大小”越大，马赛克就越大，设置的“单元格大小”越小，马赛克也就越小。

步骤 4 再次执行“滤镜>锐化>进行一步锐化”命令，照片效果如图 12-123 所示，在“图层”面板上设置“背景 副本”图层的“图层混合模式”为“叠加”，照片效果如图 12-124 所示。

步骤 5 执行“窗口>调整”命令，在“调整”面板中单击“创建新的曲线调整图层”按钮，并在“调整”面板中设置如图 12-125 所示，照片效果如图 12-126 所示。

图 12-123　照片效果

图 12-124　照片效果

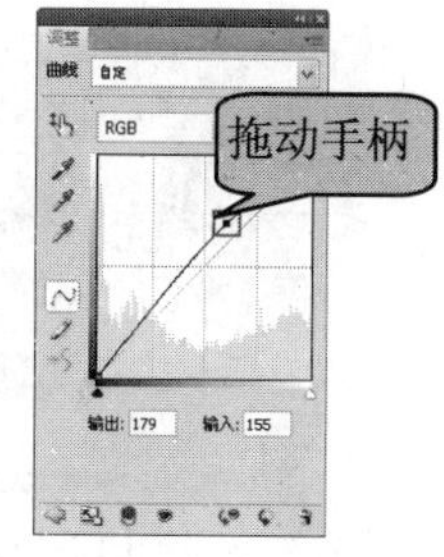

图 12-125　调整“曲线”

步骤 6 在“图层”面板上选择“背景 副本”图层，执行“编辑>自由变换”命令，按住 Shift+Alt 键的同时拖曳一角的控制手柄，将照片按中心等比例缩小，如图 12-127 所示，按 Enter 键确定调整，在“图层”面板中单击“添加图层样式”按钮，在弹出的菜单中选择“描边”选项，在打开的“图层样式”对话框参数设置如图 12-128 所示。

图 12-126　照片效果

图 12-127　照片效果

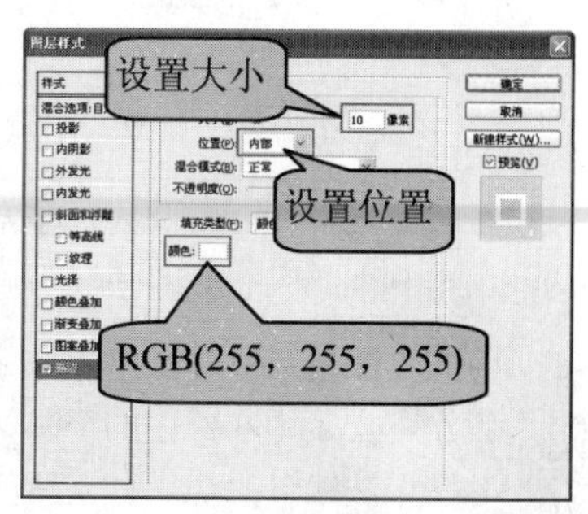

图 12-128　“图层样式”对话框

技巧　在“图层”面板中双击需要添加“图层样式”的图层缩览图，同样可以打开“图层样式”对话框。

步骤 7 在“图层样式”左侧的“样式”列表中选中“投影”复选框，设置“投影”选项如图 12-129 所示，单击“确定”按钮完成设置，照片效果如图 12-130 所示。

步骤 8 单击工具箱中的“横排文字工具”按钮T，在“字符”面板中设置如图 12-131 所示，在画布中单击输入文字，并将“梦”字的“字符大小”设置 50，如图 12-132 所示。

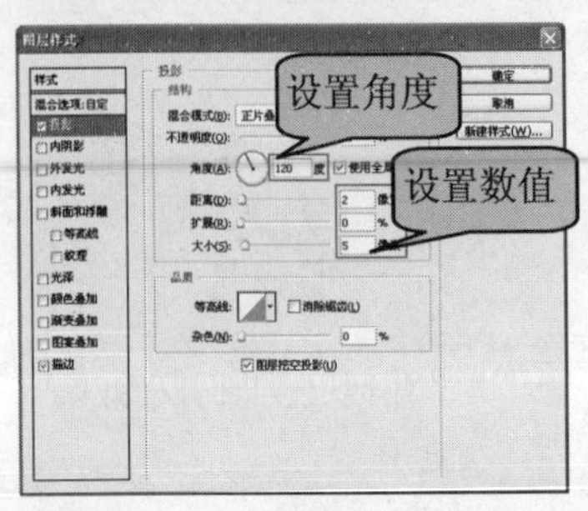

图 12-129 “图层样式”对话框

图 12-130 照片效果

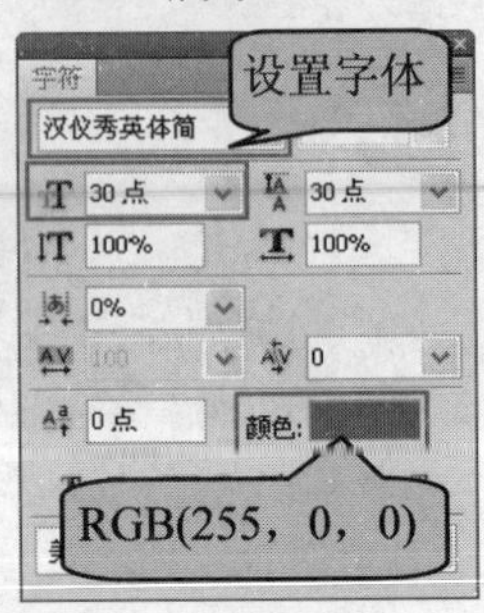

图 12-131 “字符”面板

步骤 9 在“图层”面板上选择文本图层，并单击“添加图层样式”按钮 fx，在弹出的菜单中选择“描边”选项，在打开的“图层样式”对话框中参数设置如图 12-133 所示，在“图层样式”左侧的“样式”列表中选中“投影”复选框，设置“投影”选项如图 12-134 所示，单击“确定”按钮完成设置，照片效果如图 12-135 所示，在“图层”面板上的“文本图层”上单击鼠标右键，在弹出的菜单中选择“栅格化文字”选项，“图层”面板如图 12-136 所示。

图 12-132 照片效果

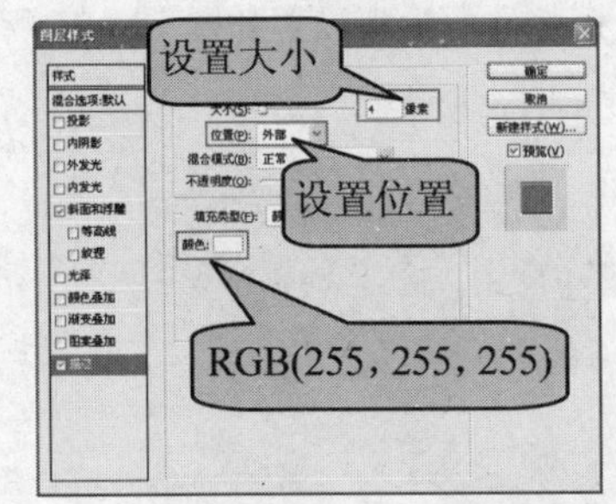

图 12-133 “图层样式”对话框

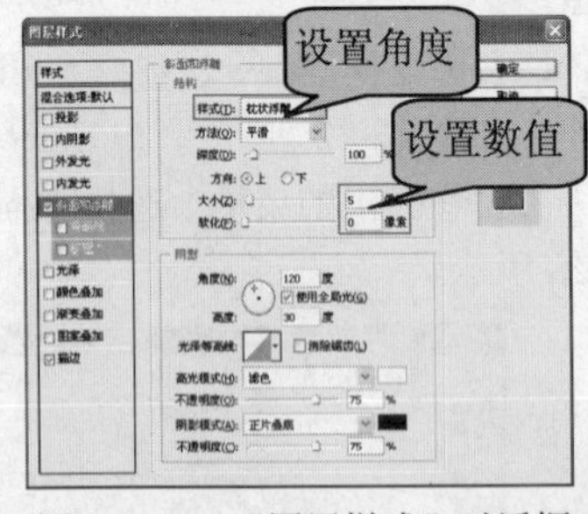

图 12-134 “图层样式”对话框

图 12-135 照片效果

图 12-136 “图层”面板

> **提示** 将文本图层进行“栅格化文字”处理的好处就是如果在其他计算机上浏览该图像时，如果浏览者没有安装本实例中的字体，在进行文本编辑时字体将无法显示，将文本栅格化处理后文本内容是无法编辑的，只有重新使用“文本工具”进行文本编辑。

步骤 10 完成照片马赛克效果制作后，执行“文件>存储为”命令，将照片存储为 PSD 文件。

实例小结

实例主要讲解如何利用“马赛克”滤镜制作马赛克效果，以及如何利用添加图层样式制作图层的特殊效果的技巧，通过本实例的学习读者需要掌握“描边”、“投影”和“斜面和浮雕”图层样式的添加与设置方法。

Example 实例 258 制作编织特效

案例文件	DVD1\源文件\第 12 章\12-16.psd
视频文件	DVD2\视频\第 12 章\12-16.avi
难易程度	★★☆☆☆
视频时间	5 分 28 秒

步骤 1 打开需要处理的照片，拖出多条参考线并平均分布，复制图层。

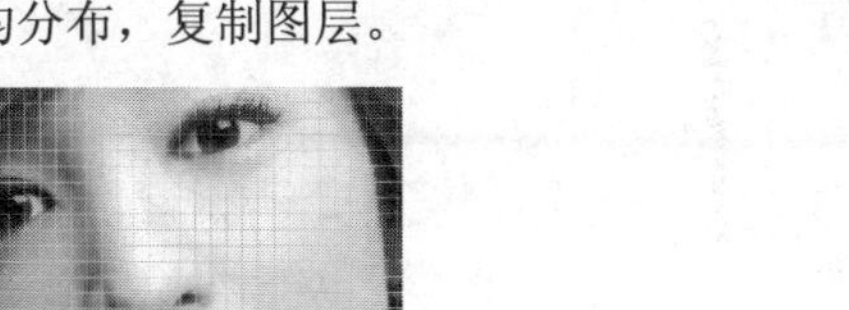

步骤 2 分别在“图层 1”和“图层 2”上创建横向或纵向的选区，为图层添加蒙版。

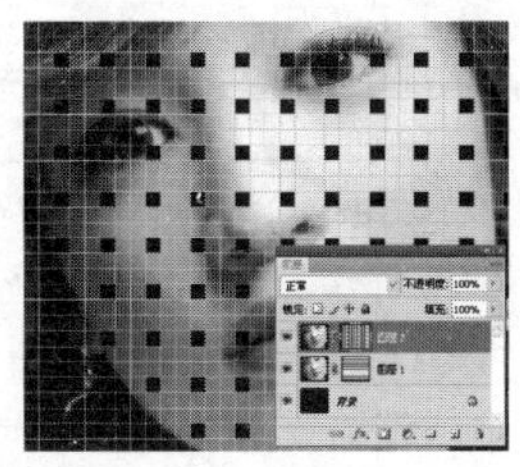

步骤 3 通过载入图层蒙版选区，得到多个矩形后复制图层并添加“外发光”图层样式，再创建剪贴蒙版。

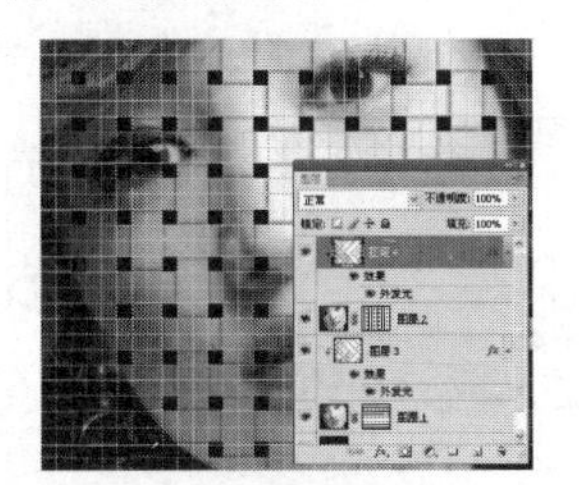

步骤 4 将所有参考线隐藏，完成编织特效的制作。

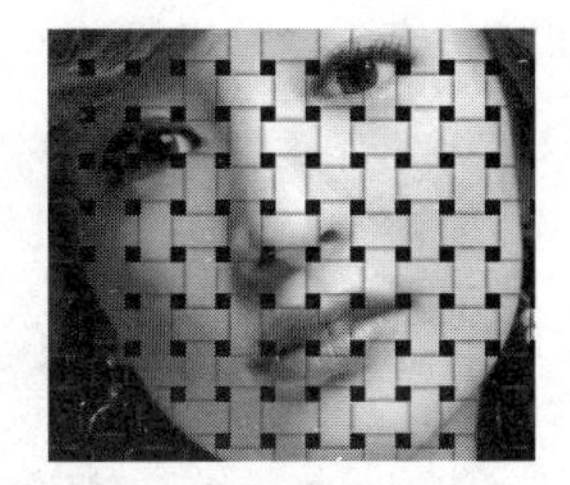

Example 实例 259 合成花团锦簇艺术照

案例文件	DVD1\源文件\第 12 章\12-17.psd
难易程度	★★★☆☆
视频时间	6 分 22 秒
技术点睛	使用“图层蒙版”和“画笔工具”制作出合成效果，使用“色彩平衡”和“曲线”命令调整图像

思路分析

本实例主要讲解如何制作花团锦簇艺术照的效果，原照片是一张比较普通的照片，通过将该照片与鲜花素材图像合成，将人物照片与鲜花素材融合在一起，再对人物照片进行调整，最后为照片添加不规则线框的效果，使其更具有个性，效果如图 12-137 所示。

（处理前）

（处理后）

图 12-137　合成花团锦簇艺术照前后的效果对比

制作步骤

步骤 1 执行“文件>新建”命令，打开“新建”对话框，参数设置如图 12-138 所示。单击“确定”按钮，新建一个空白文档。执行“文件>打开”命令，打开素材图像“DVD1\源文件\第 12 章\14701.jpg”，如图 12-139 所示。

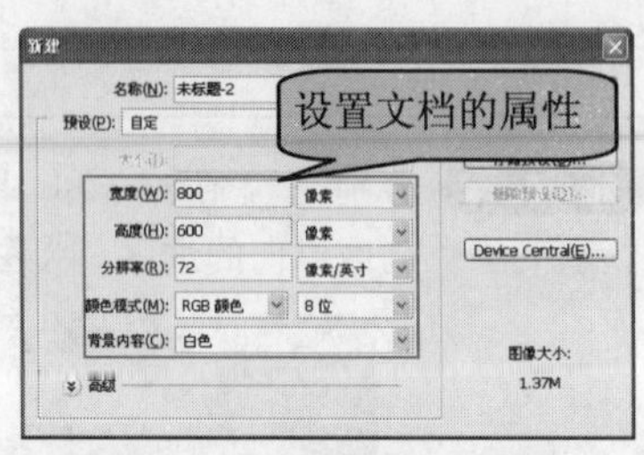

图 12-138　设置“新建”对话框

图 12-139　打开照片

> **提示** 使用“选择工具”，将其他文档中的图像拖入到另一个文档中，将会自动创建新的图层放置该照片。

步骤 2 单击工具箱中的“选择工具”按钮，将 14701.jpg 拖入到刚刚新建的空白文档中。执行“文件>打开”命令，打开素材图像“DVD1\源文件\第 12 章\14702.jpg”，效果如图 12-140 所示。相同的方法，将 14702.jpg 拖入到刚刚新建的空白文档中，“图层”面板如图 12-141 所示。

图 12-140　打开照片

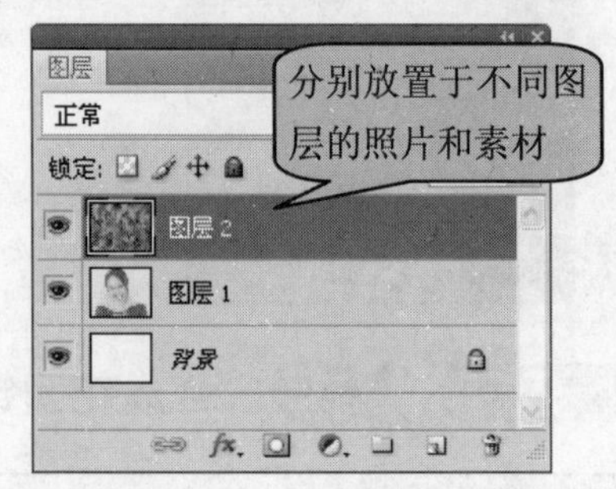

图 12-141　“图层”面板

步骤 3 选择“图层 2”，设置“不透明度”为 70%，如图 12-142 所示，照片效果如图 12-143 所示。

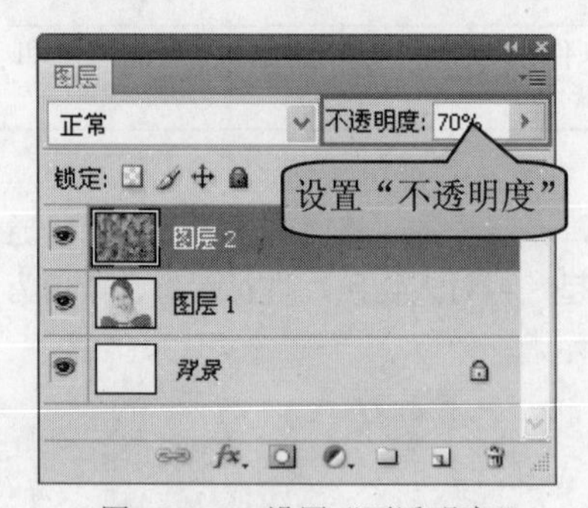

图 12-142　设置“不透明度”

图 12-143　照片效果

步骤 4 选择“图层 2”，单击“图层”面板上的“添加图层蒙版”按钮，为“图层 2”添加图层蒙版，单击工具箱中的“画笔工具”按钮，设置“前景色”为 RGB（0，0，0），在“选项”栏上设置合适的笔触和大小，设置“不透明度”为 50%，如图 12-144 所示。在“图层 2”的图层蒙版中涂抹人物脸部，如图 12-145 所示。

图 12-144　设置“画笔工具”选项栏

图 12-145　涂抹人物脸部

步骤 5 相同的方法，在照片上继续涂抹，将人物的脸部轮廓显示出来，如图 12-146 所示，“图层”面板如图 12-147 所示。

图 12-146　照片效果

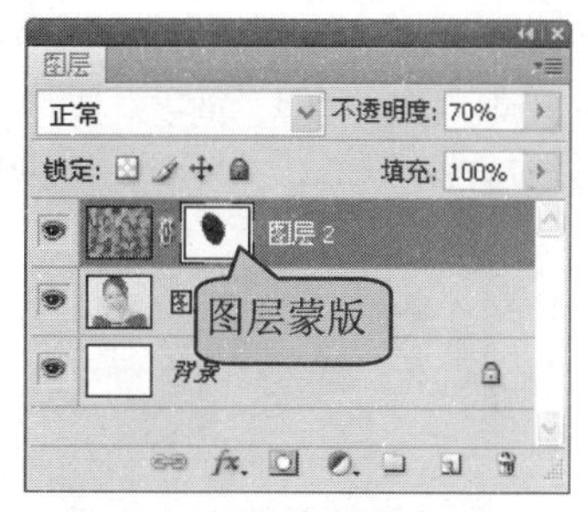

图 12-147　“图层”面板

步骤 6 选择“图层 1”，执行“图像>调整>色彩平衡”命令，在打开的“色彩平衡”对话框中参数设置如图 12-148 所示。单击“确定”按钮，完成对“色彩平衡”对话框的设置，照片效果如图 12-149 所示。

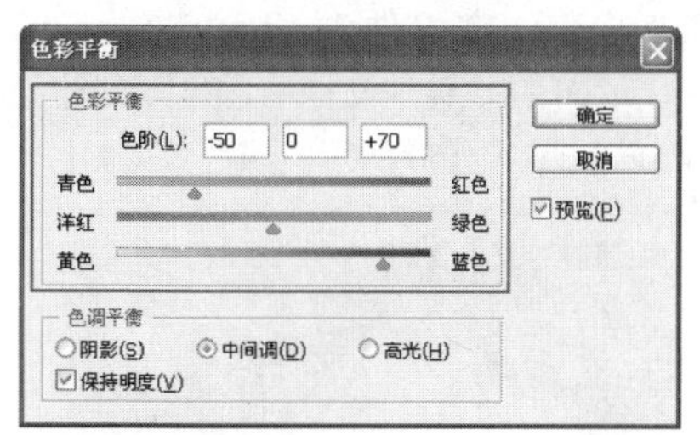

图 12-148　设置“色彩平衡”对话框

图 12-149　照片效果

> **技巧** 使用“色彩平衡”命令，同样还可以改变黑白照片的颜色色调。

步骤 7 选择“图层 1”，执行“图像>调整>曲线”命令，在打开的“曲线”对话框中设置如图 12-150 所示。单击“确定”按钮完成设置，照片效果如图 12-151 所示。

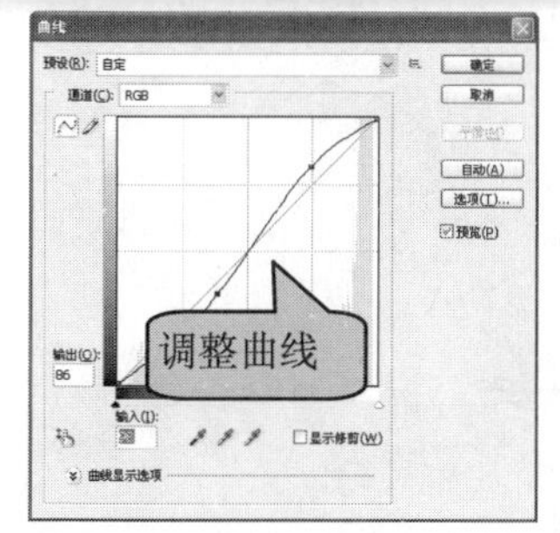

图 12-150　设置“曲线”对话框

图 12-151　照片效果

步骤 8 选择“图层2”，设置“不透明度”为80%，同时选中“图层1”和“图层2”，执行“图层>合并图层”命令，合并选中的两个图层，照片效果如图12-152所示。单击工具箱中的“矩形选框工具”按钮，在照片上绘制一个矩形选区，按Delete键，将选区中的图像删除，效果如图12-153所示。

图12-152 照片效果

图12-153 删除选区图像

步骤 9 相同的制作方法，可以根据自己的设计将多余的图像部分删除，效果如图12-154所示。新建“图层3”，单击工具箱中的“直线工具”按钮，单击“选项”栏上的“填充像素”按钮，设置“粗细”为2px，“颜色”为RGB（0，0，0），在“图层3”中绘制直线，如图12-155所示。

图12-154 删除多余图像

图12-155 绘制直线

步骤 10 执行“文件>打开”菜单命令，打开素材图像“DVD1\源文件\第12章\素材\14702.jpg”，单击工具箱中的“选择工具”按钮，将14702.jpg拖入正在设计的文档中，并将该图层调整至“图层2”下方，并设置该图层的“不透明度”为25%，如图12-156所示，照片效果如图12-157所示。

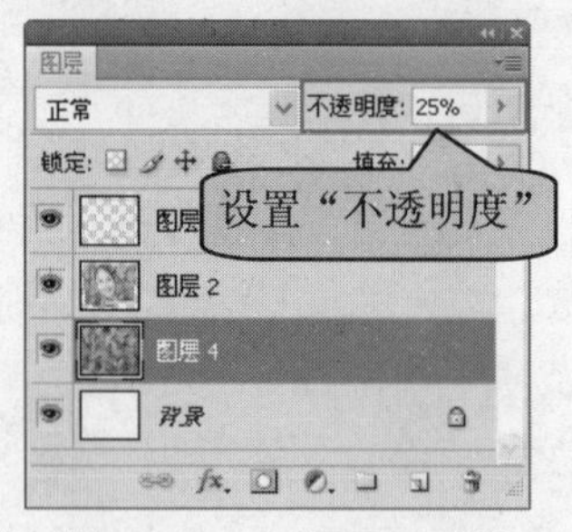

图12-156 “图层”面板

图12-157 照片效果

步骤 11 执行“文件>打开”菜单命令，打开素材图像“DVD1\源文件\第12章\素材\14703.jpg”，效果如图12-158所示。单击工具箱中的“魔棒工具”按钮，在“选项”栏上设置“容差”为10，勾选“消除锯齿”复选框，在图像白色背景上单击，如图12-159所示。

图12-158 打开图像

图12-159 创建选区

步骤 12 执行"选择>反向选择"命令，反向选区，执行"选择>修改>羽化"命令，打开"羽化选区"对话框，设置"羽化半径"为 5 像素，如图 12-160 所示，单击"确定"按钮完成设置，按快捷键 Ctrl+C，复制选区图像，返回制作的图像中，按快捷键 Ctrl+V，粘贴图像，照片效果如图 12-161 所示。

图 12-160　设置"羽化选区"对话框

图 12-161　复制图像

步骤 13 按快捷键 Ctrl+T，调出自由变换框，将蝴蝶图像调整到合适的大小和位置，并设置蝴蝶所在图层的"混合模式"为"强光"，"图层"面板如图 12-162 所示，照片效果如图 12-163 所示。

图 12-162　"图层"面板

图 12-163　照片效果

步骤 14 相同的制作方法，可以再制作出其他的蝴蝶效果，如图 12-164 所示。单击工具箱中的"横排文字工具"按钮 T，设置合适的字体、字体大小、字体颜色，在照片上相应的位置输入文字内容，如图 12-165 所示。

图 12-164　照片效果

图 12-165　输入文字

步骤 15 完成合成花团锦簇艺术照的制作后，执行"文件>存储为"命令，将照片存储为 PSD 文件。

提示 通过设置不同的图层"混合模式"可以产生不同的图像效果，读者可以试试使用其他的图层混合模式会产生什么样的效果。

实例小结

本实例主要讲解了合成艺术照的制作方法，在制作的过程中，主要是人物照片与风景照片如何更好地融合在一起，这也是合成艺术照的关键，最后在合成艺术照片上添加边框与文字内容的修饰也是非常重要的。

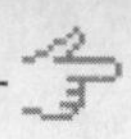

Example 实例 260 制作挥着翅膀的女孩

案例文件	DVD1\源文件\第 12 章\12-18.psd
视频文件	DVD2\视频\第 12 章\12-18.avi
难易程度	★★☆☆☆
视频时间	3 分 24 秒

步骤 1 打开照片，并调整照片的色调和色阶属性。

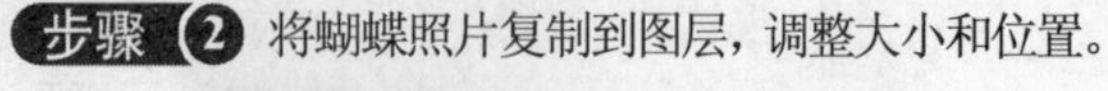
步骤 2 将蝴蝶照片复制到图层，调整大小和位置。

步骤 3 为蝴蝶图层添加“点光”混合模式，并调整图层透明度。使用“图层蒙版”制作翅膀效果。

步骤 4 为照片添加文字效果，并调整字体和颜色完成制作。

Example 实例 261 制作错位方格效果

案例文件	DVD1\源文件\第 12 章\12-19.psd
难易程度	★★☆☆☆
视频时间	2 分 13 秒
技术点睛	通过“添加图层蒙版”制作照片的矩形框效果，通过“自由变换”命令调整蒙版的大小

思路分析

本实例中的原照片是在运动场中拍摄的，人物比较多，为了将主要人物突出显示，本实例将照片进行方格效果处理，效果如图 12-166 所示。

（制作前）

（制作后）

图 12-166　制作方格效果的前后效果对比

制作步骤

步骤 1 执行“文件>打开”命令，打开需要处理的照片原图“DVD1\源文件\第 12 章\素材\12701.jpg”，如图 12-167 所示。复制“背景”图层，得到“背景副本”图层。单击“图层”面板上的“创建新图层”按钮，新建“图层 1”图层，将新建的“图层 1”图层填充为白色，调整“图层 1”图层位于“背景”图层与“背景 副本”图层之间，如图 12-168 所示。

图 12-167 打开文件

图 12-168 “图层”面板

步骤 2 选择“背景 副本”图层，使用“矩形选框”，在画布中绘制选区，如图 12-169 所示，单击“图层”面板上的“添加图层蒙版”按钮，单击“背景 副本”图层中图层与蒙版之间的链接图标，取消图层与蒙版之间的链接，“图层”面板如图 12-170 所示。

图 12-169 创建选区

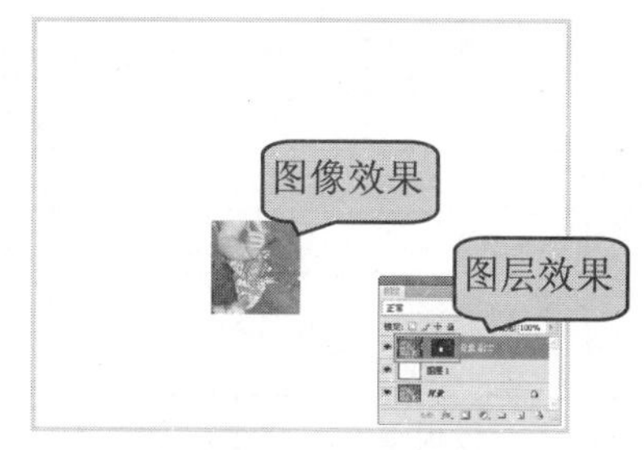

图 12-170 照片效果

> **提示**
> 在此处必须取消图层蒙版与关联图层之间的链接，这样可以任意调整图层蒙版的位置。

步骤 3 选择“背景 副本”图层，单击“添加图层样式”按钮，在弹出的菜单中选择“投影”选项，在打开的“图层样式”对话框中进行如图 12-171 所示的设置，单击“确定”按钮，如图 12-172 所示。

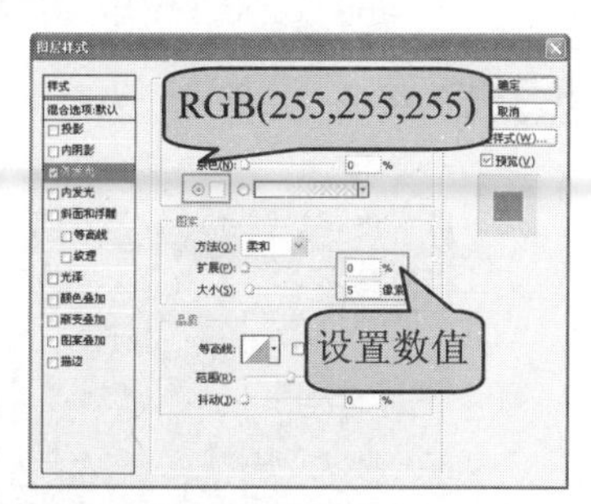

图 12-171 “图层样式”对话框

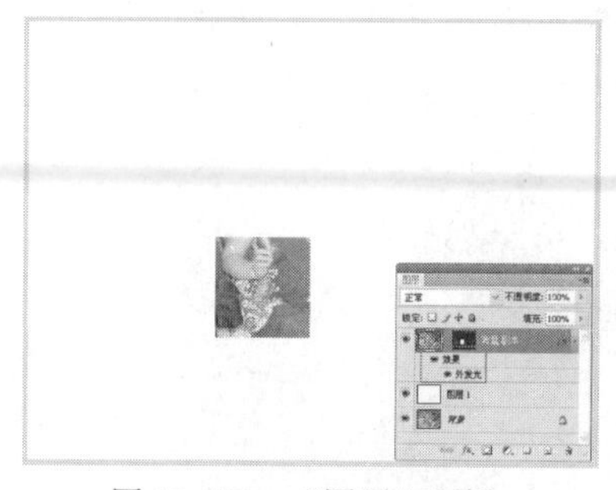

图 12-172 “图层”面板

步骤 4 拖动“背景 副本”图层至“图层”面板上的“创建新图层”按钮上，复制“背景 副本”图层，得到“背景 副本 2”图层，如图 12-173 所示。单击“背景 副本 2”图层的蒙版，以选中该蒙版，在图像上拖动并调整蒙版区域，如图 12-174 所示。

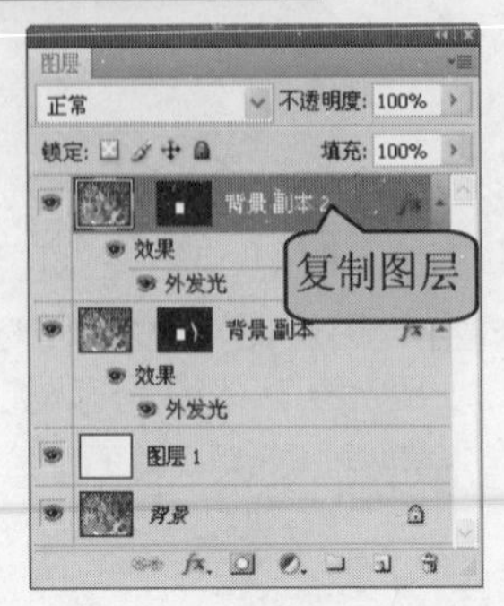

图 12-173 “图层样式”对话框

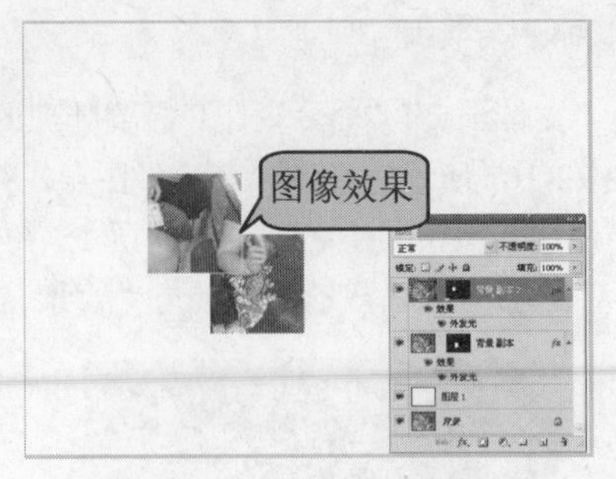

图 12-174 “图层”面板

步骤 5 相同的制作方法，可以复制多个“背景 副本”图层，并分别调整各个图层蒙版的位置，选中蒙版区域，按 Ctrl+T 键调出自由变换工具，将蒙版区域进行扩大或缩小调整。完成制作方格效果后，执行“文件>存储”命令，将照片存储为 PSD 文件。

实例小结

本实例首先复制“背景”图层，接着绘制一个矩形选区并添加图层蒙版，取消图层蒙版与相关联图层之间链接，然后复制图层，并调整图层蒙版的位置。在本实例的制作过程中，最重要的就是必须取消图层蒙版与相关联图层之间的链接。

Example 实例 262 制作拼图效果

案例文件	DVD1\源文件\第 12 章\12-20.psd
视频文件	DVD2\视频\第 12 章\12-20.avi
难易程度	★★★☆☆
视频时间	3 分

步骤 1 打开照片，复制照片层，使用自动调整照片的亮度、色调和对比度。

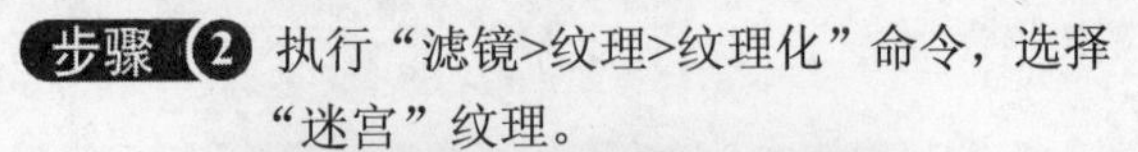

步骤 2 执行“滤镜>纹理>纹理化”命令，选择“迷宫”纹理。

步骤 3 使用选择工具将一个拼图块扣选出来，并保留原有选区。

步骤 4 将背景层隐藏，为复制层添加浮雕和投影效果。

第 13 章　烂漫童真照片处理

本章主要围绕儿童不同风格的照片的处理，以 10 个经典案例制作的方式讲解其处理方法和技巧。

Example 实例 263　童年时光

案例文件	DVD1\源文件\第 13 章\13-1.psd
难易程度	★★★☆☆
视频时间	7 分 8 秒
技术点睛	使用“变化”命令，制作照片的色彩效果，通过设置“波纹”滤镜制作相框边框

思路分析

本实例通过“变化”命令和“径向模糊”滤镜制作背景花朵模糊效果，利用“波纹”滤镜和添加图层样式制作照片相框效果，再将素材图像拖入到照片中加以点缀，效果如图 13-1 所示。

图 13-1　最终效果

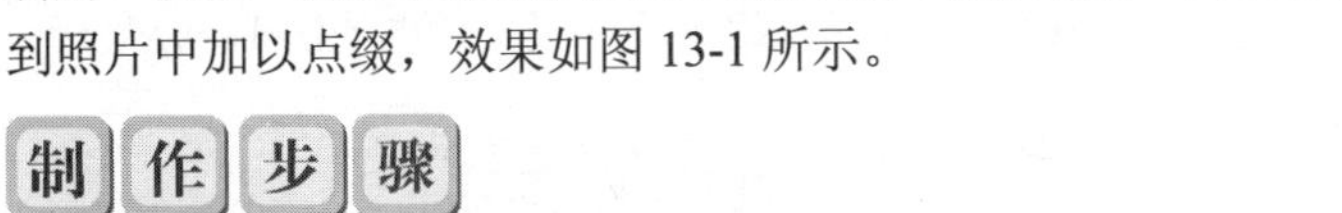

制作步骤

步骤 1 执行“文件>打开”命令，打开需要处理的照片原图“DVD1\源文件\第 13 章\素材\sucai-01.jpg”，如图 13-2 所示，将“背景”图层拖动到“创建新图层”按钮上，复制“背景”图层，得到“背景 副本”图层，如图 13-3 所示。

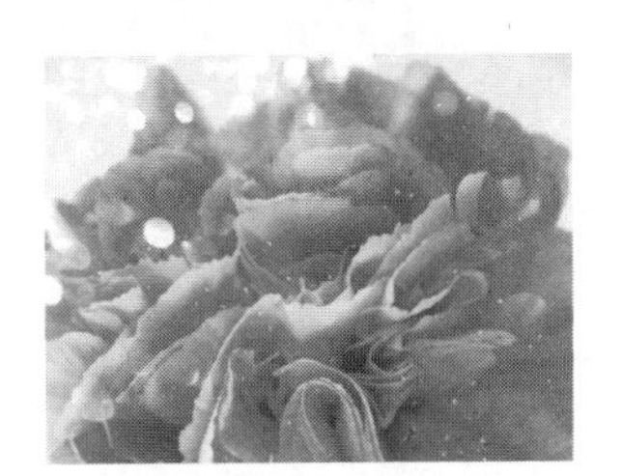

图 13-2　打开照片

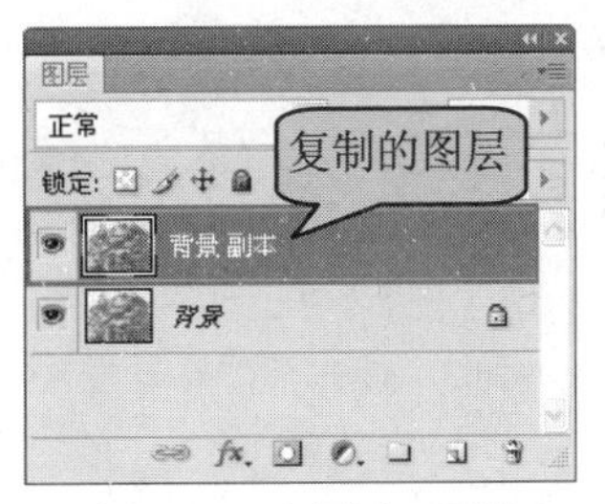

图 13-3　“图层”面板

步骤 2 执行“图像>调整>去色”命令，将照片进行去色处理，如图 13-4 所示，再次执行“图像>调整>变化”命令，打开“变化”对话框，如图 13-5 所示。

图 13-4　照片效果

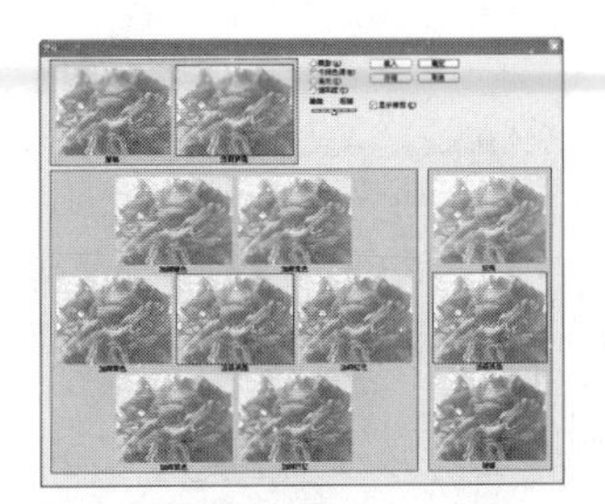

图 13-5　“变化”对话框

步骤 3 在“变化”对话框中单击 4 次“加深红色”，如图 13-6 所示，再单击“加深洋红”，如图 13-7 所示。

步骤 4 设置完成后单击“确定”按钮，完成“变化”对话框的设置，照片效果如图 13-8 所示。执行

“滤镜>模糊>径向模糊”命令，在打开的“径向模糊”对话框中设置如图 13-9 所示。

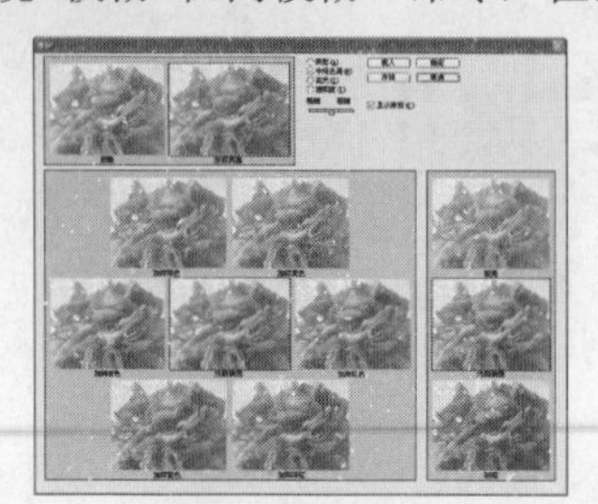

图 13-6　加深红色

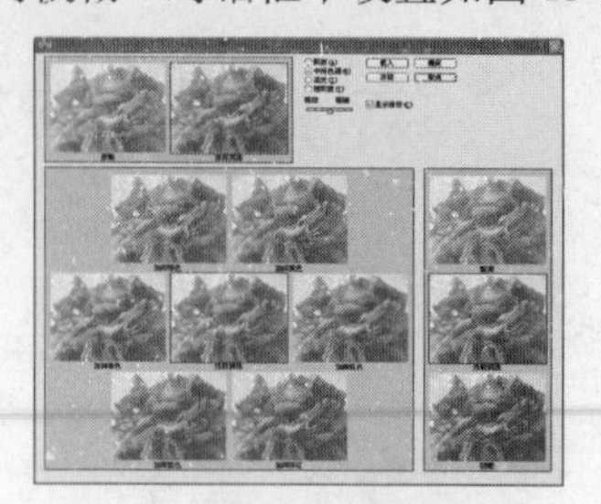

图 13-7　加深洋红

图 13-8　照片效果

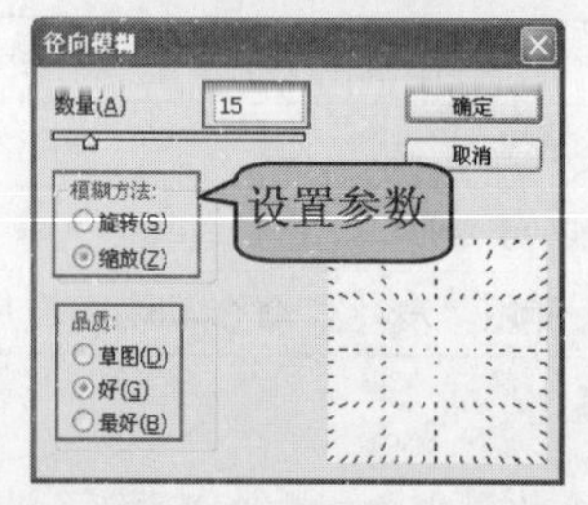

图 13-9　“径向模糊”对话框

步骤 5 设置完成后单击“确定”按钮，完成“径向模糊”对话框的设置，照片效果如图 13-10 所示，执行“窗口>调整”命令，打开“调整”面板如图 13-11 所示。

图 13-10　照片效果

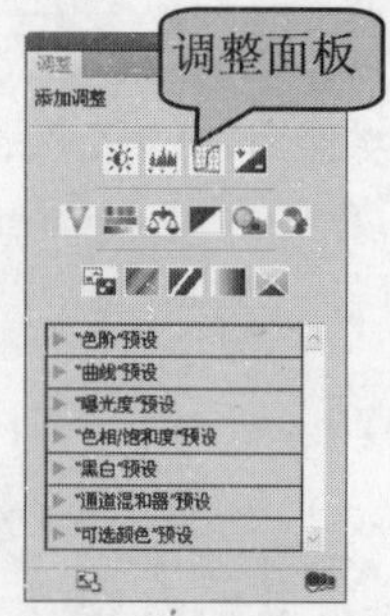

图 13-11　“调整”面板

> **提示**
>
> 设置“径向模糊”滤镜的目的是制作景深效果。

步骤 6 在“调整”面板中单击“创建新的色相/饱和度调整图层”按钮，在“调整”面板中设置参数如图 13-12 所示，在“图层”面板中会自动生成一个名称为“色相/饱和度 1”的调整图层，设置完成后的照片效果如图 13-13 所示。

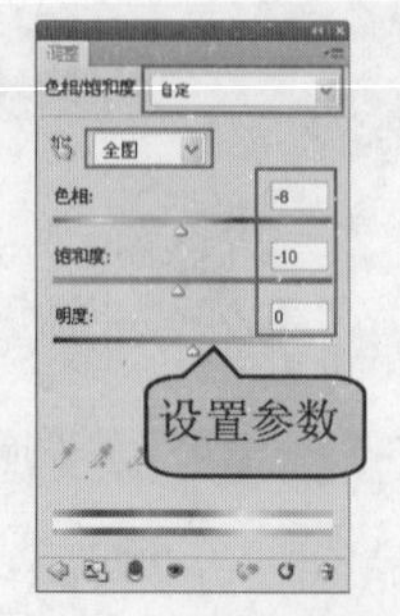

图 13-12　“调整”面板

图 13-13　照片效果

步骤 7 在“图层”面板中选择“背景 副本”图层，在“调整”面板中单击“创建新的曲线调整图层”按钮，在“调整”面板中设置参数，如图 13-14 所示，在“图层”面板中会自动生成一个名称为“曲线 1”的调整图层，设置完成后的照片效果如图 13-15 所示。

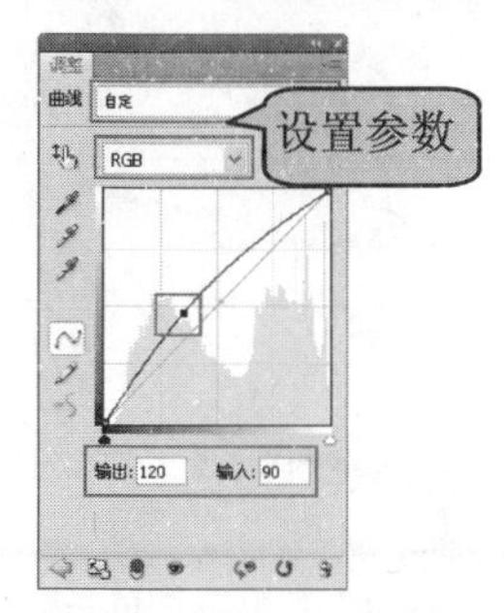

图 13-14 “调整”面板

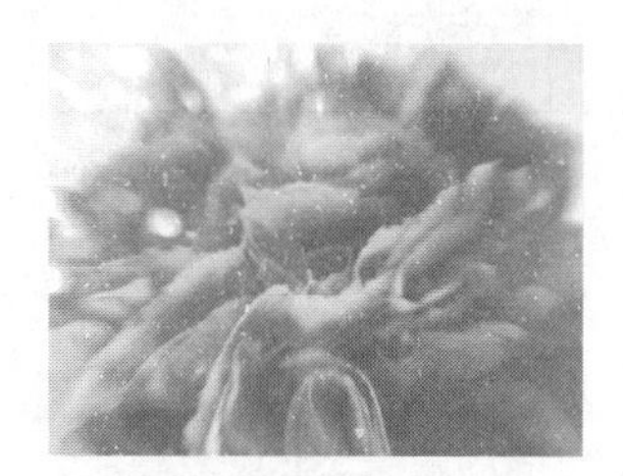

图 13-15 照片效果

步骤 8 在“图层”面板中选择“色相/饱和度 1”调整图层，执行“文件>打开”命令，打开需要处理的照片原图“DVD1\源文件\第 13 章\素材\sucai-03.jpg”，如图 13-16 所示，将照片 sucai-03.jpg 拖入到照片 sucai-01.jpg 中，在“图层”面板中自动生成名称为“图层 1”的图层，执行“编辑>自由变换”命令，将照片旋转、等比例缩小并调整位置，按键盘上的 Enter 键，确定对照片的调整，如图 13-17 所示。

图 13-16 打开照片

图 13-17 等比例缩小并调整照片位置

步骤 9 按住 Ctrl 键的同时，单击“图层 1”缩览图，如图 13-18 所示，得到“图层 1”的选区，如图 13-19 所示。

图 13-18 “图层”面板

图 13-19 选区效果

步骤 10 新建“图层 2”，执行“编辑>描边”命令，在弹出的“描边”对话框中设置“颜色”为 RGB（0，0，0），其他设置如图 13-20 所示，单击“确定”按钮完成设置，照片效果如图 13-21 所示。执行“选择>取消选区”命令，取消选区。

步骤 11 执行“滤镜>扭曲>波纹”命令，在打开的“波纹”对话框中设置如图 13-22 所示，单击“确定”按钮完成设置，照片效果如图 13-23 所示。

步骤 12 选择“图层 2”，单击“添加图层样式”按钮，在弹出菜单中选择“投影”选项，弹出“图层样式”对话框，设置“投影颜色”为 RGB（155，36，125），其他设置如图 13-24 所示，在“图层样式”对话框的左侧选择“内阴影”选项，在右侧设置“阴影颜色”为 RGB（137，49，153），其他设置如图 13-25 所示。

图 13-20 “描边”对话框

图 13-21 为照片描边

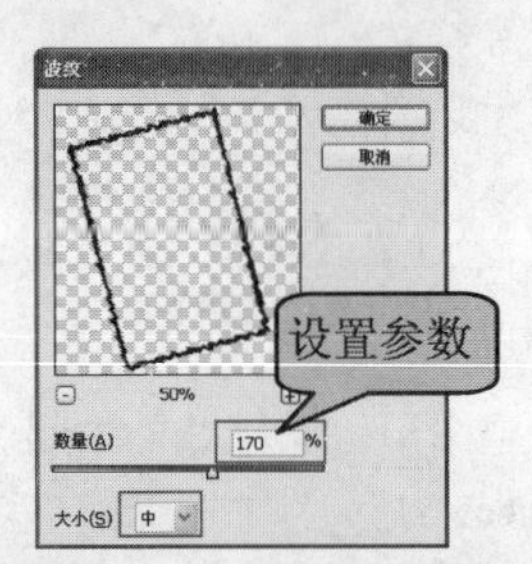

图 13-22 “波纹”对话框

图 13-23 照片效果

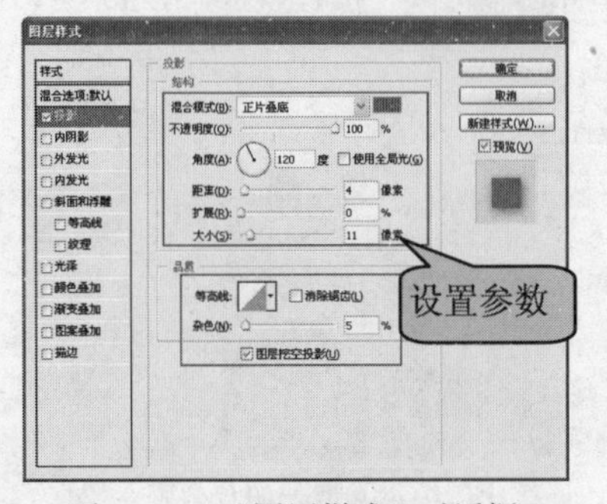

图 13-24 “图层样式”对话框

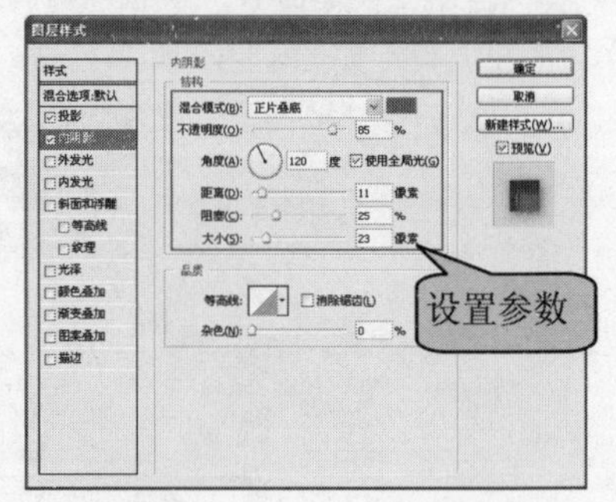

图 13-25 “图层样式”对话框

步骤 13 在“图层样式”对话框的左侧选择“外发光”选项，在右侧设置“发光颜色”为 RGB（118，34，133），其他参数设置如图 13-26 所示，在“图层样式”对话框的左侧选择“内发光”选项，在右侧设置“发光颜色”为 RGB（90，0，94），其他参数设置如图 13-27 所示。

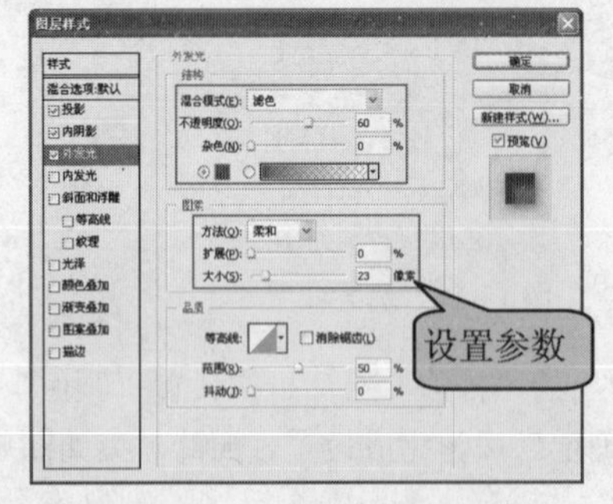

图 13-26 “图层样式”对话框

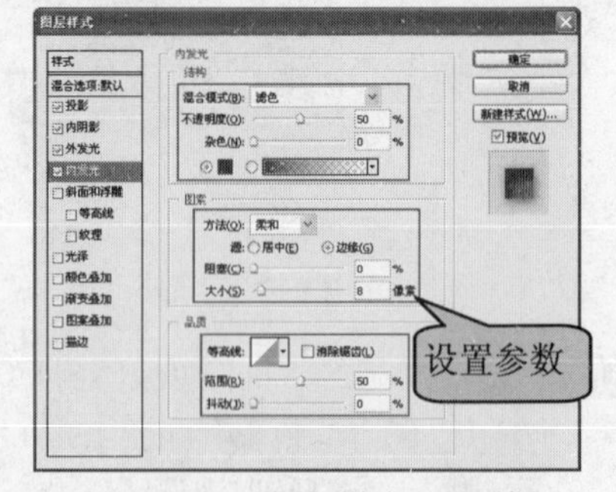

图 13-27 “图层样式”对话框

步骤 14 在“图层样式”对话框的左侧选择“斜面和浮雕”选项，在右侧设置参数如图 13-28 所示，在“图层样式”对话框的左侧选择“等高线”选项，在右侧设置参数如图 13-29 所示。

步骤 15 在“图层样式”对话框的左侧选择“颜色叠加”选项，在右侧设置“叠加颜色”为 RGB（118，34，133），其他参数设置如图 13-30 所示，单击“确定”按钮完成设置，照片效果如图 13-31 所示。

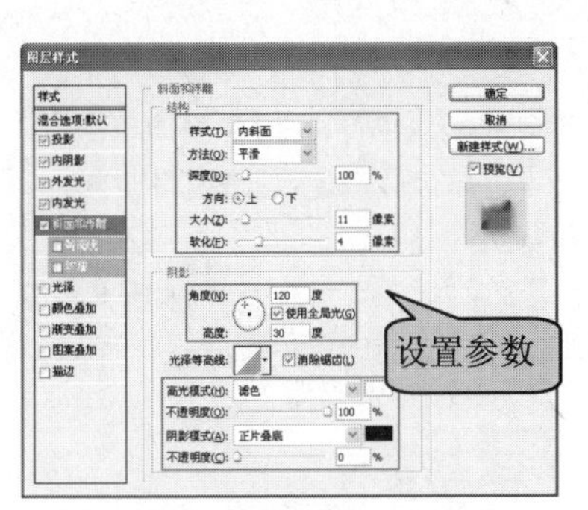

图 13-28　“图层样式”对话框

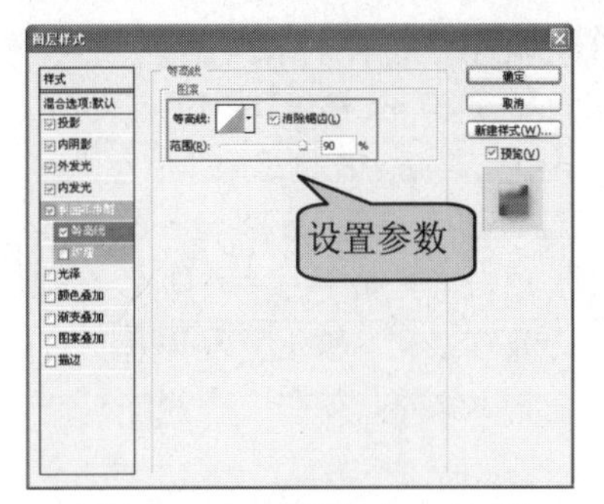

图 13-29　“图层样式”对话框

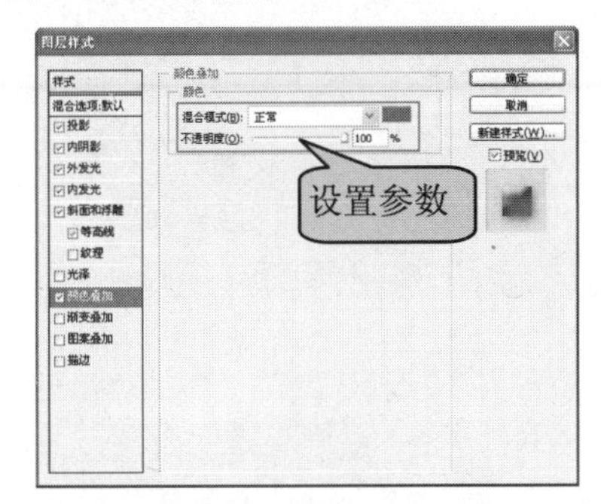

图 13-30　“图层样式”对话框

图 13-31　照片效果

步骤 16 执行“文件>打开”命令，打开照片原图“DVD1\源文件\第 13 章\素材\sucai-013.jpg”，如图 13-32 所示，将照片 sucai-013.jpg 拖入到照片 sucai-01.jpg 中，自动生成“图层 3”，执行“编辑>自由变换”命令，将照片等比例缩小并调整位置，如图 13-33 所示。

图 13-32　打开照片

图 13-33　照片效果

> **技巧**
> 在画布中的空白区域双击，可以弹出“打开”对话框。

步骤 17 按住 Ctrl 键的同时，单击“图层 3”预览图，得到“图层 3”的选区，新建“图层 4”，根据前面的制作方法，为选区描边并进行相应的制作，照片效果如图 13-34 所示，“图层”面板如图 13-35 所示。

图 13-34　照片效果

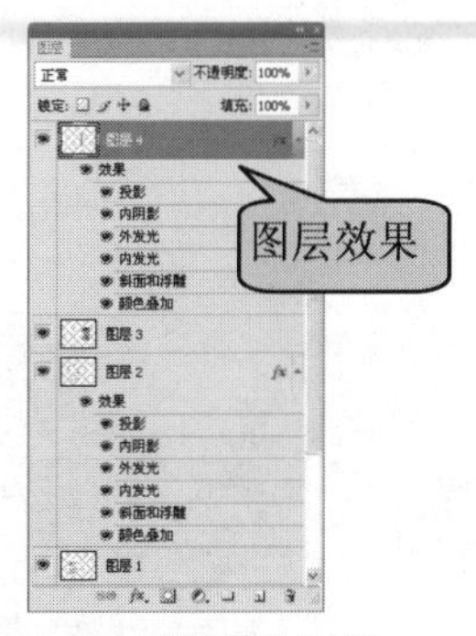

图 13-35　“图层”面板

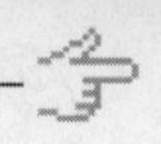

步骤 18 执行“文件>打开”命令，打开素材图像“DVD1\源文件\第 13 章\素材\sucai-04.jpg”，将图像 sucai-04.jpg 拖入到图像 sucai-01.jpg 中，自动生成“图层 5”，执行“编辑>自由变换”命令，将图像旋转后等比例缩小并调整位置，如图 13-36 所示，同样的制作方法，将素材图像 sucai-05.tif 和 sucai-06.tif 拖入到图像 sucai-01.jpg 中，并进行相应的设置，照片效果如图 13-37 所示。

步骤 19 单击工具箱中的“横排文字工具”按钮，执行“窗口>字符”命令，打开“字符”面板，设置“文本颜色”为 RGB（172，29，73），其他参数设置如图 13-38 所示，在照片中单击并输入文本，如图 13-39 所示。

图 13-36　拖入素材

图 13-37　拖入素材

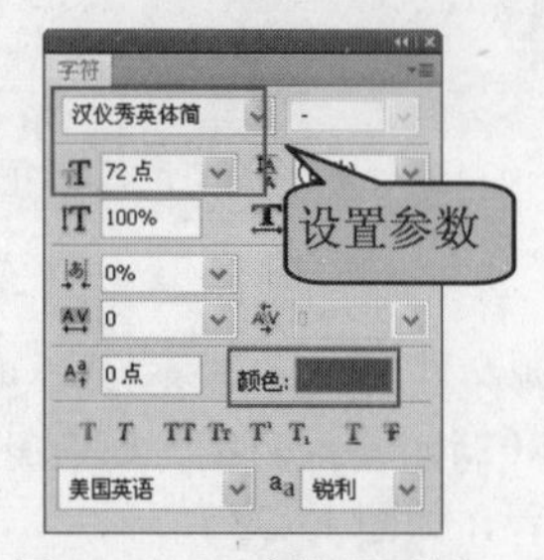

图 13-38　“字符”面板

图 13-39　输入文本

步骤 20 在“选项”栏上单击“创建文字变形”按钮，弹出“变形文字”对话框，设置如图 13-40 所示，单击“确定”按钮完成设置，文本效果如图 13-41 所示。

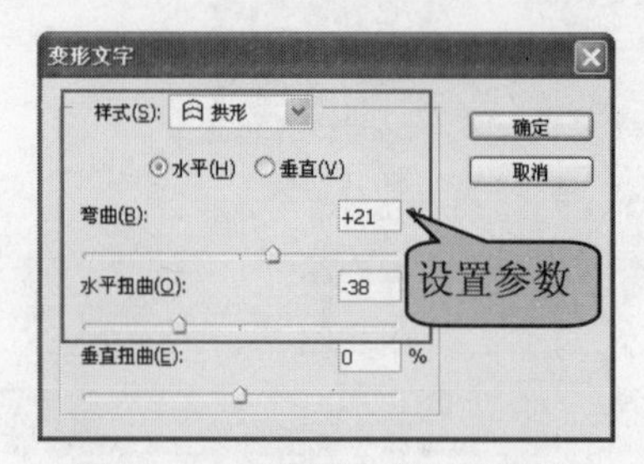

图 13-40　“变形文字”对话框

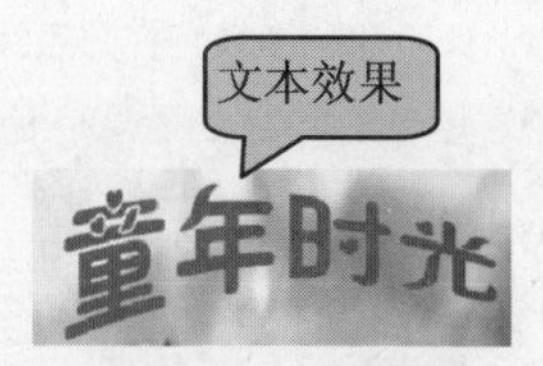

图 13-41　文本效果

步骤 21 根据前面的制作方法，为文本图层添加图层样式，完成后的文本效果如图 13-42 所示，“图层”面板如图 13-43 所示。

图 13-42　文本效果

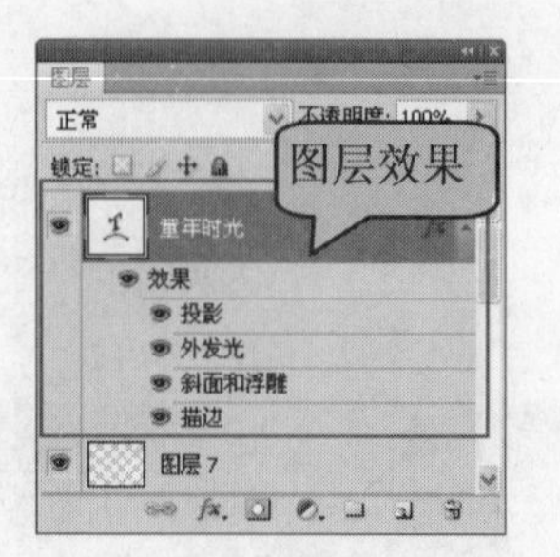

图 13-43　“图层”面板

步骤 22 复制“童年时光”文本图层，得到“童年时光 副本”文本图层，如图 13-44 所示，在“童年时光 副本”文本图层上单击鼠标右键，在弹出的菜单中选择“栅格化文字”选项，将文本图层进行栅格化处理，并将“童年时光”文本图层隐藏，如图 13-45 所示。

图 13-44　复制图层

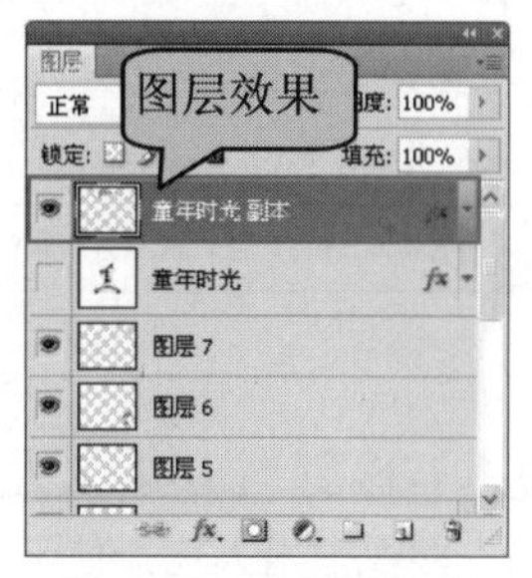

图 13-45　栅格化文字

步骤 23 完成对照片的处理后，执行“文件>存储为”命令，将文件存储为 PSD 文件。

实例小结

本实例主要讲解如何制作具有艺术效果的相框，以表现儿童的天真、活泼，实例中利用“波纹”滤镜制作相框的轮廓效果，通过设置图层样式制作相框的质感，最后添加一些卡通的形象，制作出可爱的艺术效果。

Example 实例 264 漂亮天使

案例文件	DVD1\源文件\第 13 章\13-2.psd
视频文件	DVD2\视频\第 13 章\13-2.avi
难易程度	★★☆☆☆
视频时间	3 分 9 秒

步骤 1 将素材拖入到新建的文档中，添加图层蒙版，设置不透明度。

步骤 2 相同方法，将素材拖入文档中，添加图层蒙版。

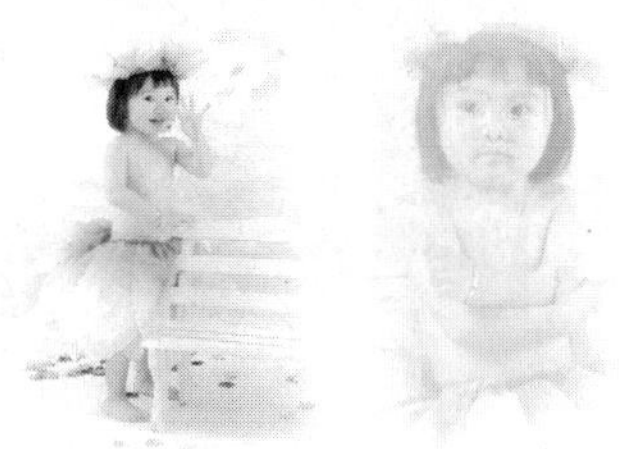

步骤 3 使用“钢笔工具”绘制出叶子，应用图层样式，并复制多个。

步骤 4 使用“文字工具”输入相应的文本，完成对照片的处理。

Example 实例 265 儿童日历

案例文件	DVD1\源文件\第 13 章\13-3.psd
难易程度	★★☆☆☆
视频时间	5 分 48 秒
技术点睛	使用“图层样式”为照片添加边框和投影效果，通过“通道”面板抠出人物

思路分析

本实例通过为照片添加“图层样式”，制作照片的“边框”和“投影”效果，使用“通道”面板抠出人物，使用“横排文字工具”添加文本效果，最终制作出的效果，如图 13-46 所示。

图 13-46 最终效果

制作步骤

步骤 1 执行“文件>打开”命令，打开素材图像和照片原图“DVD1\源文件\第 13 章\素材\sucai-001.jpg 和 sucai-003.jpg”，如图 13-47 所示。

图 13-47 打开素材和照片

步骤 2 将照片 sucai-003.jpg 拖入到照片 sucai-001.jpg 中，自动生成“图层 1”，如图 13-48 所示，按快捷键 Ctrl+T，将刚刚拖入的照片等比例缩小，如图 13-49 所示。

图 13-48 拖入照片

图 13-49 将照片等比例缩小

步骤 3 单击工具箱中的“矩形选区工具”按钮，在照片上绘制矩形选区，如图 13-50 所示，执行“选择>反向”命令，将选区反向，按键盘上的 Delete 键，删除选区中的照片，如图 13-51 所示，按快捷键 Ctrl+D，取消选区。

图 13-50 绘制选区

图 13-51 删除选区中的照片

步骤 4 按快捷键 Ctrl+T，将照片旋转并调整位置，如图 13-52 所示，选择“图层 1”，单击“添加图层样式”按钮 fx.，在弹出的菜单中选择“投影”选项，在打开的“图层样式”对话框中设置参数如图 13-53 所示。

图 13-52　旋转并调整照片位置

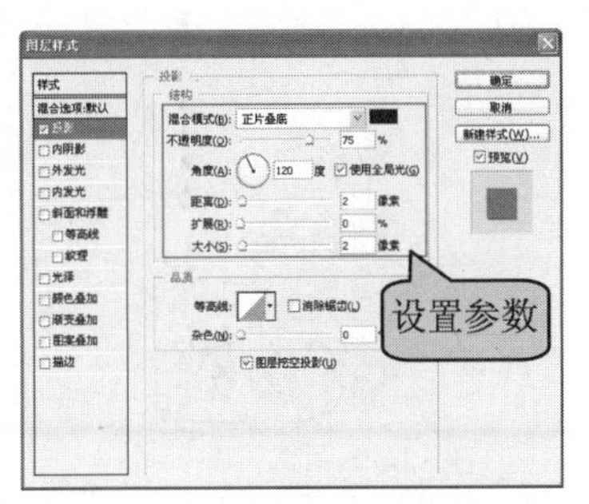

图 13-53　“图层样式”对话框

步骤 5 在“图层样式”对话框的左侧选择“描边”选项，在右侧设置“描边颜色”为 RGB（236，229，200），其他参数设置如图 13-54 所示，单击“确定”按钮完成设置，照片效果如图 13-55 所示。

步骤 6 同样的制作方法，分别将照片 sucai-0013.jpg 和 sucai-004.jpg 打开，依次将其拖入到照片 sucai-001.jpg 中，并进行相应的制作，照片效果如图 13-56 所示，“图层”面板如图 13-57 所示。

步骤 7 打开素材图像 sucai-006.tif，将素材图像 sucai-006.tif 拖入到照片 sucai-001.jpg 中，如图 13-58 所示，同样的制作方法，将其他的素材拖入到照片 sucai-001.jpg 中，如图 13-59 所示。

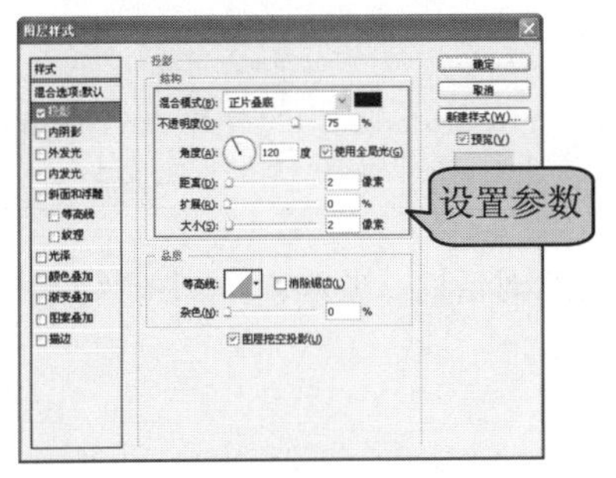

图 13-54　“图层样式”对话框

图 13-55　照片效果

图 13-56　照片效果

图 13-57　“图层”面板

图 13-58　拖入图像

图 13-59　照片效果

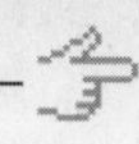

步骤 8 执行“文件>打开”命令，打开需要处理的照片原图“DVD1\源文件\第 13 章\素材\sucai-005.jpg”，如图 13-60 所示，执行“窗口>通道”命令，打开“通道”面板，如图 13-61 所示。

图 13-60 打开照片

图 13-61 “通道”面板

步骤 9 在“通道”面板中将“蓝”通道拖入到“创建新通道”按钮上，得到“蓝 副本”通道，如图 13-62 所示，照片效果如图 13-63 所示。

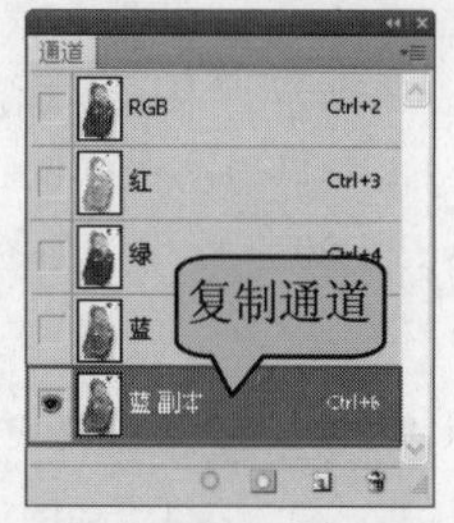

图 13-62 复制通道

图 13-63 照片效果

步骤 10 执行“图像>调整>色阶”命令，打开“色阶”对话框，参数设置如图 13-64 所示，单击“确定”按钮完成设置，照片效果如图 13-65 所示。

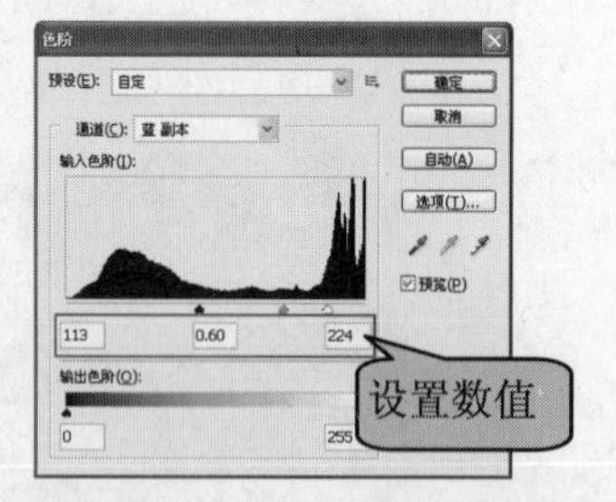

图 13-64 “色阶”对话框

图 13-65 照片效果

> **提示**
> 调整“色阶”的目的是让黑色的部分更黑一些，白色的部分更白一些，从而使照片中的黑白颜色更加分明。

步骤 11 单击工具箱中的“画笔工具”按钮，设置“前景色”为黑色，设置合适的笔触，在人物上进行涂抹，如图 13-66 所示，再次设置“前景色”为白色，设置合适的笔触，在人物的背景上进行涂抹，如图 13-67 所示。

步骤 12 执行“图像>调整>反相”命令，将照片反相调整，如图 13-68 所示，按住 Ctrl 键的同时，单击“蓝 副本”通道，得到“蓝 副本”通道的选区，如图 13-69 所示。

图 13-66 照片效果

图 13-67 照片效果

图 13-68 照片效果

图 13-69 创建选区

步骤 13 在“图层”面板中选择 RGB 通道，单击工具箱中的“移动工具”按钮，将选区中的照片拖入到照片 sucai-001.jpg 中，如图 13-70 所示，自动生成“图层 8”，按快捷键 Ctrl+T，将照片等比例缩小并调整位置，如图 13-71 所示。

步骤 14 选择“图层 8”，单击“添加图层蒙版”按钮，单击工具箱中的“画笔工具”按钮，设置“前景色”为黑色，在“选项”栏上设置“不透明度”为 10%，设置合适的笔触，在人物的头发上和人物的身体边缘进行蒙版处理，完成后的照片效果如图 13-72 所示，“图层”面板如图 13-73 所示。

图 13-70 拖入照片

图 13-71 缩小并调整照片位置

图 13-72 照片效果

图 13-73 “图层”面板

> **提示** 图层蒙版创建以后，在图层蒙版上单击鼠标右键，在弹出的菜单中选择“停用图层蒙版”选项，可以暂时停用图层蒙版，如果选择“删除图层蒙版”选项，删除图层蒙版并且不应用图层蒙版，如果选择“应用图层蒙版”选项，应用图层蒙版并删除图层蒙版。

步骤 15 单击工具箱中的“横排文字工具”按钮 T，执行“窗口>字符”命令，打开“字符”面板，设置“文本颜色”为 RGB（255，255，255），其他参数设置如图 13-74 所示，在照片中输入文本，如图 13-75 所示。

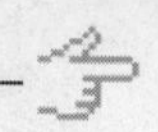

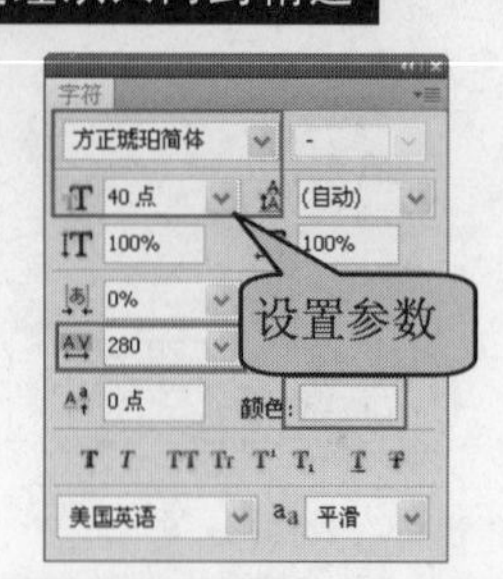

图 13-74 “字符”面板

图 13-75 输入文本

步骤 16 用同样的制作方法，在照片中输入文本，如图 13-76 所示，新建“图层 9”，单击工具箱中的“矩形工具”按钮，设置“前景色”为 RGB（90，0，109），在“选项”栏上选择“填充像素”，在照片中绘制矩形，如图 13-77 所示。

图 13-76 输入文本

图 13-77 绘制矩形

步骤 17 根据前面的制作方法，在照片中输入文本，如图 13-78 所示，“图层”面板如图 13-79 所示。

步骤 18 复制所有文本图层，创建文本图层的副本，如图 13-80 所示，并将创建的文本副本图层栅格化处理后隐藏，如图 13-81 所示。

图 13-78 输入文本

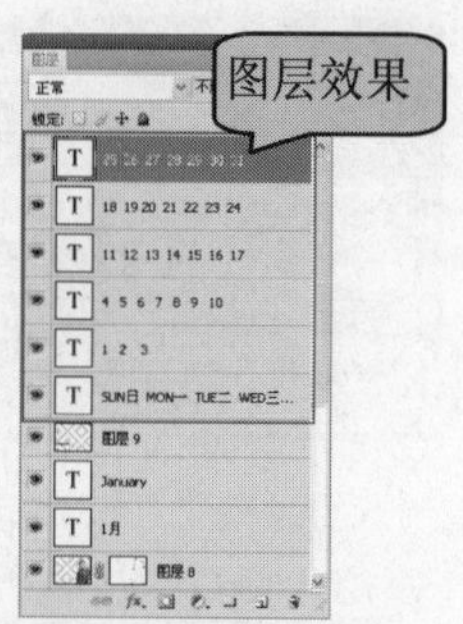

图 13-79 “图层”面板

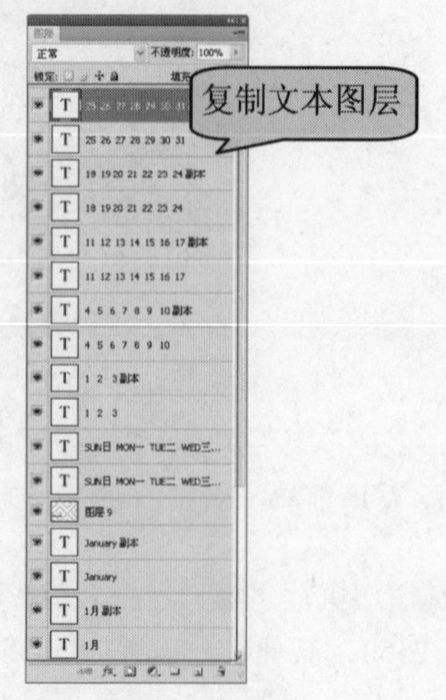

图 13-80 复制文本图层

图 13-81 栅格化文本图层并隐藏图层

步骤19 完成对照片的处理后，执行“文件>存储为”命令，将文件存储为 PSD 文件。

实例小结

本实例主要使用了添加图层样式制作照片的边框和投影效果，还应用到了通道面板的方法抠出人物，使儿童照片具有艺术效果。

Example 实例 266 英伦风范

案例文件	DVD1\源文件\第 13 章\13-4.psd
视频文件	DVD2\视频\第 13 章\13-4.avi
难易程度	★★☆☆☆
视频时间	4 分 26 秒

步骤1 将背景素材拖入到新建的文档中，添加图层蒙版。

步骤2 将素材拖入到文档中，添加图层蒙版。

步骤3 相同方法，将素材拖入到文档中，添加图层蒙版。

步骤4 使用“矩形选框工具”绘制边框，并添加图层样式，在使用“文字工具”输入相应文字，完成照片的处理。

Example 实例 267 甜心宝贝

案例文件	DVD1\源文件\第 13 章\13-5.psd
难易程度	★★☆☆☆
视频时间	3 分 55 秒
技术点睛	使用“魔棒工具”抠出人物，为文字图层应用图层样式

思路分析

本实例使用“魔棒工具”、“移动工具”和“图层样式”命令等进行操作，完成照片效果的处理，最终制作出实例的效果，如图 13-82 所示。

图 13-82　最终效果

制作步骤

步骤1 执行“文件>打开”命令，打开图像素材“DVD1\源文件\第 13 章\素材\ sucai01-01.jpg”，如图 13-83 所示，执行“文件>打开”

命令，打开需要处理的照片原图“DVD\源文件\第13章\素材\sucai01-07.jpg”，如图13-84所示。

图13-83　打开图像素材

图13-84　打开照片

步骤 2 单击工具箱中的“魔棒工具”按钮，按住Shift键，在照片中的白色部分单击创建选区，如图13-85所示，执行“选择>反向”命令，反向选区，如图13-86所示。

图13-85　创建选区

图13-86　反向调整选区

步骤 3 单击工具箱中的“移动工具”按钮，将选区中的照片拖入到sucai01-01.jpg图像中，并等比例缩小照片，如图13-87所示，在“图层”面板中自动生成名称为“图层1”的图层，如图13-88所示。

图13-87　照片效果

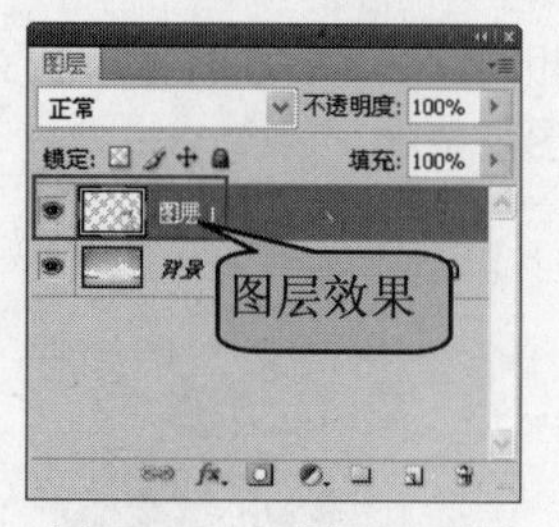

图13-88　“图层”面板

步骤 4 相同方法将素材sucai01-06.jpg打开，使用“魔棒工具”将人物载入选区，如图13-89所示。将其拖入到sucai01-01.jpg图像中，自动生成“图层2”，并调整大小如图13-90所示。

图13-89　打开素材

图13-90　照片效果

步骤 5 将素材sucai01-03.tif拖入到sucai01-01.jpg图像中，并调整大小，如图13-91所示。将素材sucai01-04.tif拖入到sucai01-01.jpg图像中，并调整大小，如图13-92所示。

步骤 6 将素材sucai01-05.tif拖入到sucai01-01.jpg图像中，并调整大小，如图13-93所示。将素材sucai01-013.tif拖入到sucai01-01.jpg图像中，并调整大小，如图13-94所示。

步骤 7 单击工具箱中的“横排文字工具”按钮T，再单击“选项栏”上的“切换字符和段落面板”按钮，打开“字符”面板，进行相应设置如图13-95所示，设置完成后，在画布中输入相应文字，如图13-96所示。

图 13-91　照片效果

图 13-92　照片效果

图 13-93　照片效果

图 13-94　照片效果

图 13-95　“字符”面板

图 13-96　文字效果

步骤 8　选择刚刚输入的后两个字，在“字符”面板上进行相应设置，如图 13-97 所示，设置完成后，效果如图 13-98 所示。

步骤 9　选择文字图层，单击“图层”面板上的“添加图层样式”按钮 fx，在弹出的菜单中选择“外发光”选项，打开“图层样式”对话框，设置发光颜色值为 RGB（255，255，255），其他参数设置如图 13-99 所示。在左侧“样式”列表中选择“描边”选项，在右侧设置描边颜色值为 RGB（255，255，255），其他参数设置如图 13-100 所示。

图 13-97　“字符”面板

图 13-98　文字效果

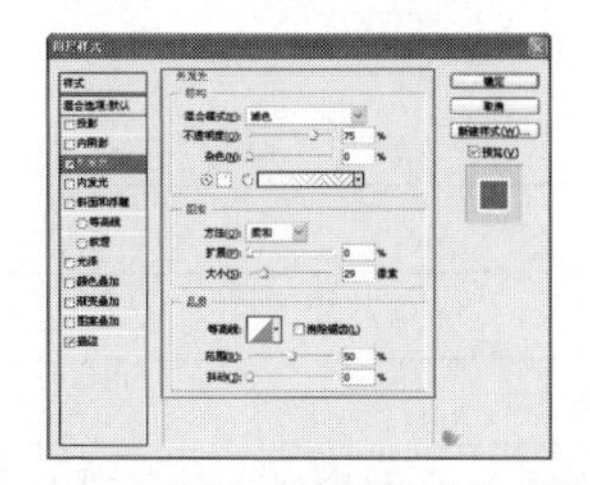
图 13-99　设置“图层样式”对话框

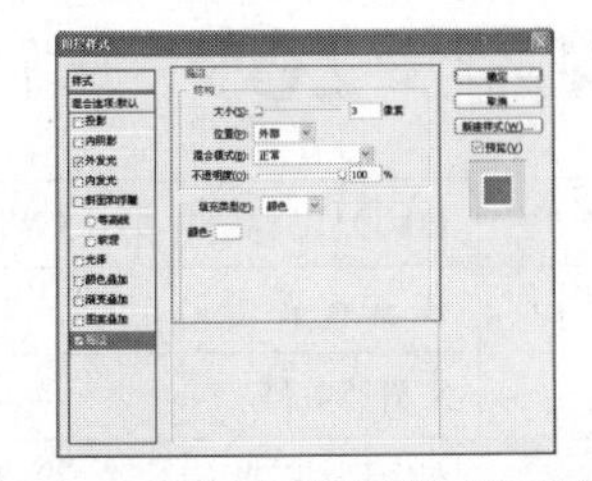
图 13-100　设置“图层样式”对话框

步骤 10　设置完成后，单击“确定”按钮，效果如图 13-101 所示。相同方法，制作出其他文字，如图 13-102

所示。

图 13-101　照片效果

图 13-102　照片效果

步骤 11 完成照片的处理后，执行“文件>存储为”命令，将文件存储为 PSD 文件。

实例小结

本实例主要使用了“魔棒工具”、“移动工具”“图层样式”命令，来完成实例的制作，在实例的制作过程中读者需要注意照片位置的调整。

Example 实例 268 童年回忆

案例文件	DVD1\源文件\第 13 章\13-6.psd
视频文件	DVD2\视频\第 13 章\13-6.avi
难易程度	★★☆☆☆
视频时间	3 分 35 秒

步骤 1 打开照片文件将其拖入到新建文档中，添加“图层蒙版”。

步骤 2 将素材图形拖入到文档中，调整到合适的位置。

步骤 3 再次打开照片，将其拖入到文档中，使用“自由变换”命令调整角度，添加“图层蒙版”，应用图层样式。

步骤 4 使用“矩形选框工具”创建选区，填充颜色，再使用“橡皮擦工具”，擦除多余部分，完成实例的制作。

Example 实例 269 快乐宝贝

案例文件	DVD1\源文件\第 13 章\13-7.psd
难易程度	★★★★☆
视频时间	8 分 54 秒
技术点睛	使用“高斯模糊”滤镜处理背景图像，再使用“魔棒”工具对需要的素材图像进行抠图处理，渐变以及蒙板的应用较好的将不同的素材图像与照片融合在一起

图 13-103　制作宝宝梦幻的最终效果

思路分析

可爱的宝宝照片在处理上相对来说会比较麻烦一些，配合使用一些可爱的卡通元素如彩虹，花朵，蝴蝶，翅膀等，可以更好地突出宝宝的可爱形象，如图 13-103 所示。

制作步骤

步骤 1 执行“文件>打开”命令，打开素材图像“DVD1\源文件\第 13 章\素材\背景.jpg”，如图 13-104 所示，执行“滤镜>模糊>高斯模糊”命令，打开“高斯模糊”对话框，参数设置如图 13-105 所示。

图 13-104　打开素材

图 13-105　“高斯模糊”对话框

步骤 2 单击“确定”按钮，完成“高斯模糊”对话框的设置，效果如图 13-106 所示。单击工具箱中“渐变工具”按钮，在“选项”栏上单击“渐变预览条”，打开“渐变编辑器”对话框，从左向右分别设置渐变色标值为 RGB（10，47，89）、RGB（120，52，115）、RGB（224，13，101），如图 13-107 所示。

图 13-106　图像效果

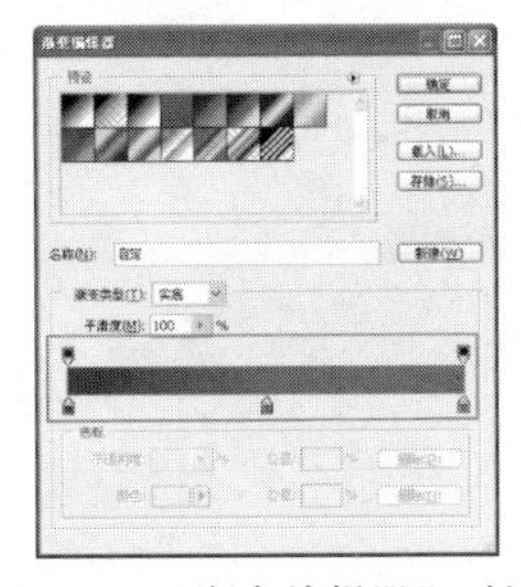
图 13-107　“渐变编辑器”对话框

步骤 3 单击“确定”按钮，新建“图层 1”，在场景中拖曳，设置“图层混合模式”为“变亮”，效果如图 13-108 所示。为“图层 1”添加图层蒙版，相同方法，在蒙版上添加黑白渐变，效果如图 13-109 所示。

图 13-108　图像效果

图 13-109　图像效果

步骤 4 在“图层”面板上单击“创建新的填充或调整图层”按钮，在弹出菜单中选择“亮度\对比度”选项，在打开的“调整”面板中进行相应设置，如图 13-110 所示，照片效果如图 13-111 所示。

步骤 5 再次单击“创建新的填充或调整图层”按钮，在弹出的菜单中选择“曲线”选项，在打开的“调整”面板中进行如图 13-112 所示的设置，“图层”面板如图 13-113 所示。

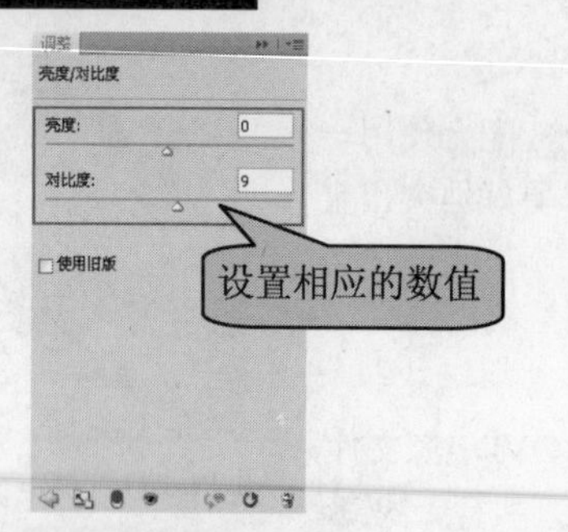

图 13-110 “调整”面板

图 13-111 图像效果

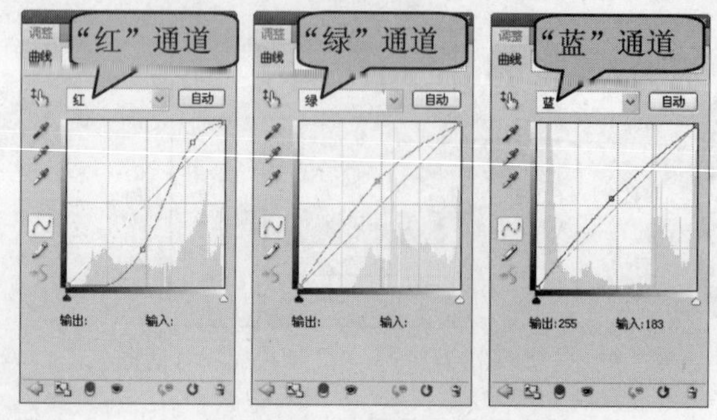

图 13-112 “调整”面板

图 13-113 “图层”面板

步骤 6 图像效果如图 13-114 所示。新建“图层 2”，单击工具箱中的“椭圆选框工具”按钮，按住 Shift 键在图像中绘制一个正圆形选区，效果如图 13-115 所示。

图 13-114 图像效果

图 13-115 绘制选区

步骤 7 按快捷键 Shift+F6，弹出“羽化选区”对话框，设置如图 13-116 所示。设置前景色为“白色”，按快捷键 Alt+Delete 填充前景色，效果如图 13-117 所示，按快捷键 Ctrl+D 取消选区。

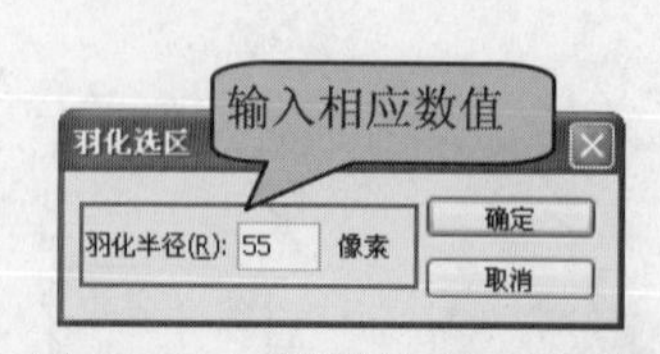

图 13-116 “羽化选项”对话框

图 13-117 填充前景色

步骤 8 执行“文件>新建”命令，打开“新建”对话框，参数设置如图 13-118 所示。新建“图层 1”，单击工具箱中的“矩形选框工具”按钮，在画布的中心位置绘制一个矩形选区，效果如图 13-119 所示。

步骤 9 单击工具箱中的“渐变工具”按钮，在“选项”栏上单击“渐变预览条”，打开“渐变编辑器”对话框，在预设中选择“透明彩虹渐变”，如图 13-120 所示，单击“确定”按钮，按住 Shift 键在矩形选框中拖曳，效果如图 13-121 所示。

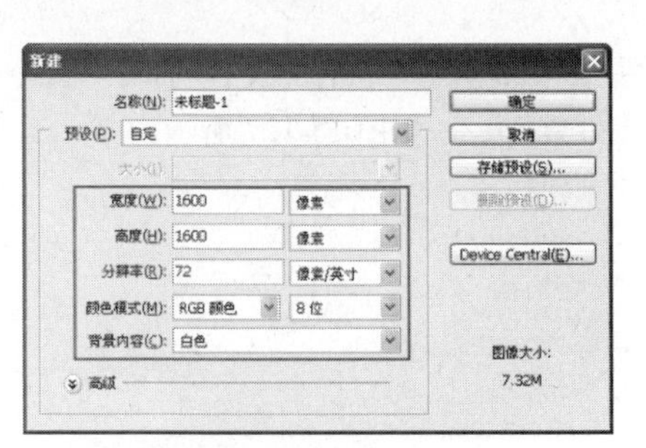

图 13-118 “新建”对话框

图 13-119 绘制矩形选区

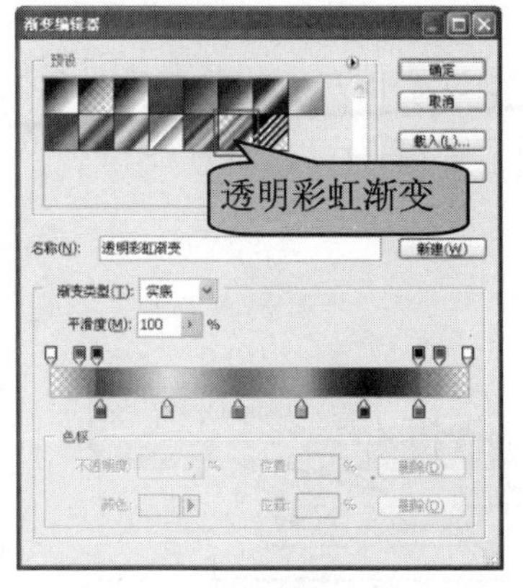

图 13-120 “渐变编辑器”对话框

图 13-121 拖曳彩虹渐变

步骤 10 按快捷键 Ctrl+D 取消选区，执行“滤镜>扭曲>极坐标”命令，打开“极坐标”对话框，参数设置如图 13-122 所示，单击“确定”按钮完成设置，效果如图 13-123 所示。

图 13-122 “极坐标”对话框

图 13-123 图像效果

步骤 11 单击工具箱中的“移动工具”按钮，将彩虹拖入前面的文档中，调整位置及大小，效果如图 13-124 所示。为“图层 3”添加图层蒙版，相同方法，在蒙版上添加黑白渐变，并使用黑色画笔擦除不需要的部分，效果如图 13-125 所示。

图 13-124 图像效果

图 13-125 图像效果

步骤 12 将“图层3”移至“图层2”下面，效果如图13-126所示。执行“文件>打开”命令，打开需要处理的照片“DVD1\源文件\第13章\素材\娃娃.jpg”，如图13-127所示。

图13-126 图像效果

图13-127 照片效果

步骤 13 单击工具箱中的“魔棒工具”按钮，在选项栏中设置相应参数，在照片中单击创建选区，效果如图13-128所示。按快捷键Ctrl+Shift+I反向选择选区，再按快捷键Ctrl+F6，打开“羽化选区”对话框，参数设置如图13-129所示。

图13-128 创建选区

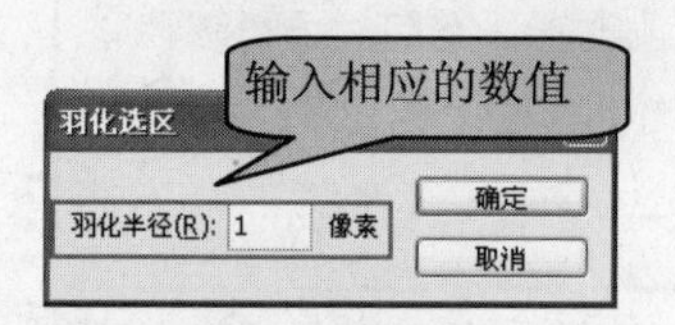

图13-129 “羽化”对话框

步骤 14 单击“确定”按钮，羽化选区，将人物复制到图像中，调整位置及大小，效果如图13-130所示。执行“图像>调整>亮度/对比度”，打开“亮度/对比度”对话框，参数设置如图13-131所示。

图13-130 图像效果

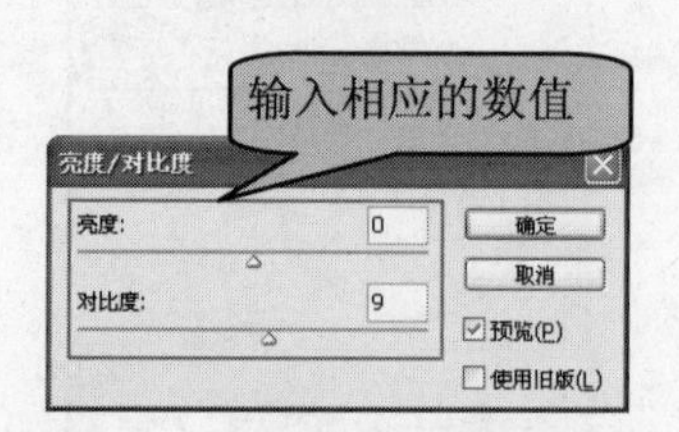

图13-131 “亮度/对比度”对话框

步骤 15 单击“确定”按钮，效果如图13-132所示。执行“图像>调整>曲线”，打开“曲线”对话框，参数设置如图13-133所示。

图13-132 图像效果

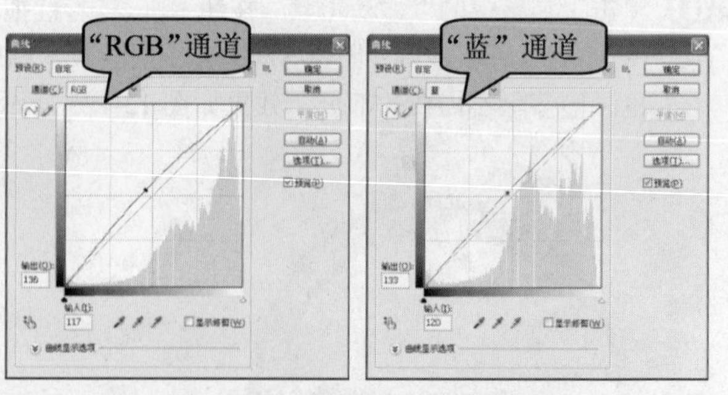

图13-133 “曲线”对话框

步骤 16 单击“确定”按钮，效果如图13-134所示。执行“文件>打开”命令，打开素材图像“DVD1\

源文件\第 13 章\素材\蝴蝶.jpg”，如图 13-135 所示。

图 13-134 照片效果

图 13-135 图像效果

步骤 17 根据前面相同方法，将素材图像中蝴蝶抠出，复制到图像中，效果如图 13-136 所示。将“图层 5”拖至“图层 4”下面，效果如图 13-137 所示。

图 13-136 照片效果

图 13-137 照片效果

步骤 18 相同方法，为照片添加一些装饰，效果如图 13-138 所示。执行“文件>打开”命令，打开素材图像“DVD1\源文件\第 13 章\素材\小草.gif”，如图 13-139 所示。

步骤 19 将该素材复制到图像中，调整相应位置及大小，效果如图 13-140 所示。相同方法，为照片添加装饰，效果如图 13-141 所示。

图 13-138 添加装饰

图 13-139 图像效果

图 13-140 照片效果

图 13-141 照片效果

步骤 20 单击工具箱中的“横排文字工具”按钮 T，在相应位置输入文字，完成梦幻宝宝效果的制作后，执行“文件>存储为”命令，将照片存储为 PSD 文件。

实例小结

本实例中首先将背景图像进行模糊处理，产生一种梦幻的感觉，再通过调整亮度，叠加图层，为照片添加不同的点缀、装饰，使照片更好地突出宝宝的可爱形象。

Example 实例 270 童真时代

案例文件	DVD1\源文件\第 13 章\13-8.psd
视频文件	DVD2\视频\第 13 章\13-8.avi
难易程度	★★★☆☆
视频时间	5 分 18 秒

步骤 1 新建文档并填充渐变。

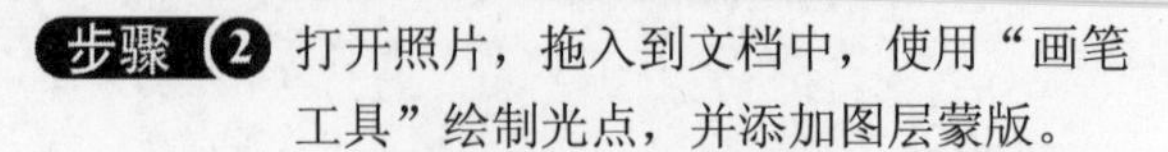

步骤 2 打开照片，拖入到文档中，使用“画笔工具”绘制光点，并添加图层蒙版。

步骤 3 使用“钢笔工具”和“画笔工具”绘制心形，并添加图层样式，打开照片，拖入到文档中，添加图层蒙版。

步骤 4 输入文本，添加图层样式，完成实例的制作。

Example 实例 271 神气宝宝

案例文件	DVD1\源文件\第 13 章\13-9.psd
难易程度	★★★☆☆
视频时间	5 分 4 秒
技术点睛	使用“图层蒙版”功能将照片与背景相融合，使用“图层样式”功能制作出照片的投影描边效果

思路分析

本实例通过使用“图层蒙版”功能将照片与背景很好的互相融合，再使用“矩形选框工具”和“图层样式”等命令，来完成实例整体的制作，最终效果如图 13-142 所示。

图 13-142 最终效果

制作步骤

步骤 1 执行“文件>新建”命令，打开“新建”对话框，参数设置如图 13-143 所示，新建一个空白文档。单击工具箱中的“渐变工具”按钮，再单击选项栏上的“渐变预览条”按钮，打开“渐变编辑器”对话框，设置渐变滑块颜色为 RGB（254，239，235）到 RGB（255，255，255）的渐变，如图 7-144 所示。

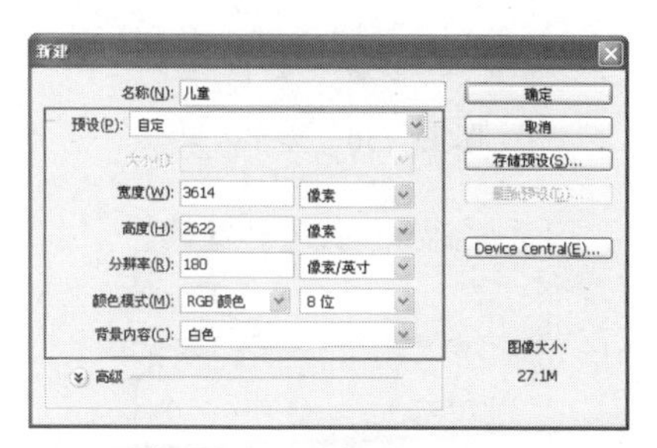

图 13-143　“新建”对话框

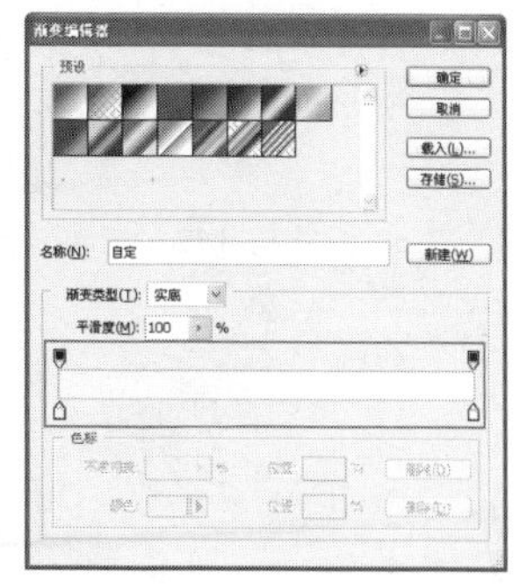

图 13-144　“渐变编辑器”对话框

步骤 2 设置完成后，单击“确定”按钮，在画布中进行拖曳，应用渐变填充，如图 13-145 所示，执行“文件>打开”命令，打开照片“DVD1\源文件\第 13 章\素材\sc001.jpg”，将其拖入到“儿童”文档中，自动生成“图层 1”，如图 13-146 所示。

图 13-145　文档效果

图 13-146　拖入照片

步骤 3 选择“图层 1”，单击“图层”面板上的“添加图层蒙版”按钮，为“图层 1”添加图层蒙版，使用“渐变工具”，设置黑白渐变，在画布中进行拖拽，效果如图 13-147 所示。打开素材 sc002.tif，将其拖入到“儿童”文档中，自动生成“图层 2”，并调整到相应位置，如图 13-148 所示。

图 13-147　添加“图层蒙版”

图 13-148　画布效果

> **提示**
> 此处使用“图层蒙版”，主要是为了将照片的边缘和背景相融合。

步骤 4 打开素材 sc003.tif，将其拖入“儿童”文档中，自动生成“图层 3”，并调整到相应位置，如图 13-149 所示。复制“图层 3”，得到“图层 3 副本”，并将其调整到相应位置，如图 13-150 所示。

步骤 5 新建“图层 4”，使用“矩形选框工具”在画布中创建选区，如图 13-151 所示。执行“编辑>描边”命令，打开“描边”对话框，参数设置如图 13-152 所示。

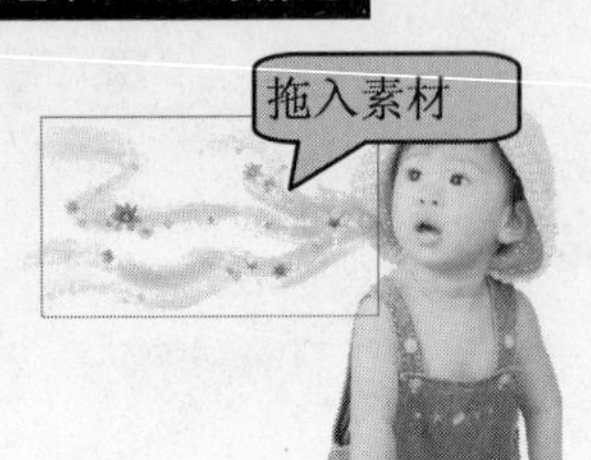

图 13-149　画布效果

图 13-150　画布效果

图 13-151　创建选区

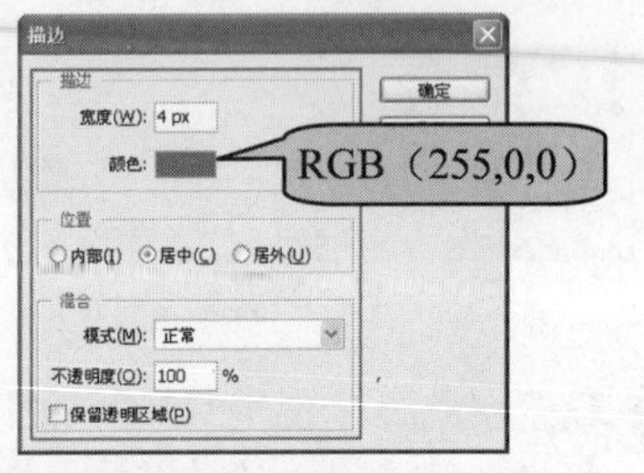

图 13-152　"描边"对话框

步骤 6 设置完成后，单击"确定"按钮，为选区描边，按 Ctrl+D 键取消选区，效果如图 13-153 所示。使用"自由变换"命令，对其进行旋转调整，效果如图 13-154 所示。

图 13-153　画布效果

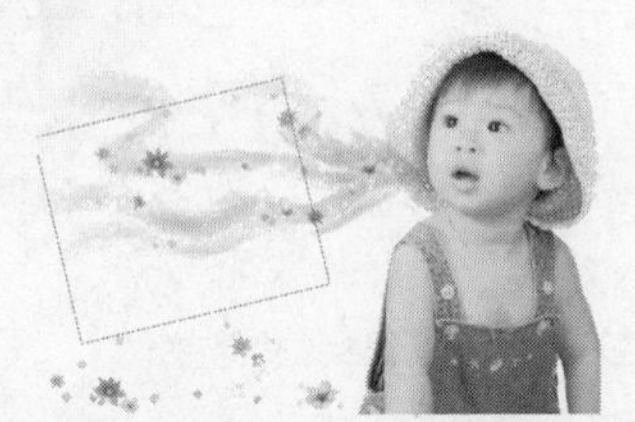

图 13-154　调整角度

步骤 7 新建"图层 5"，使用"矩形选框工具"在画布中创建选区，如图 13-155 所示。设置"前景色"为 RGB（255，255，255），为选区填充前景色，如图 13-156 所示。

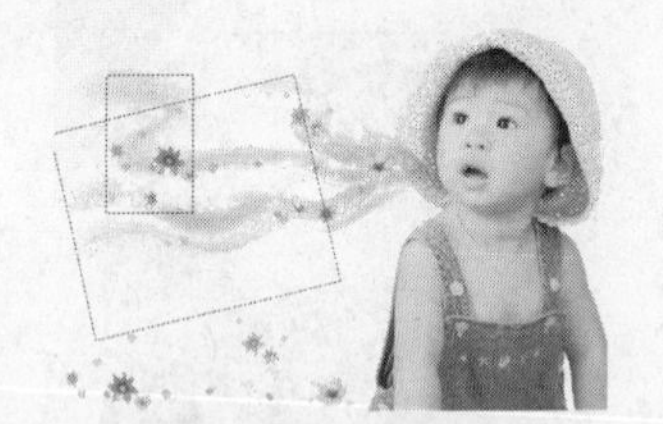

图 13-155　创建选区

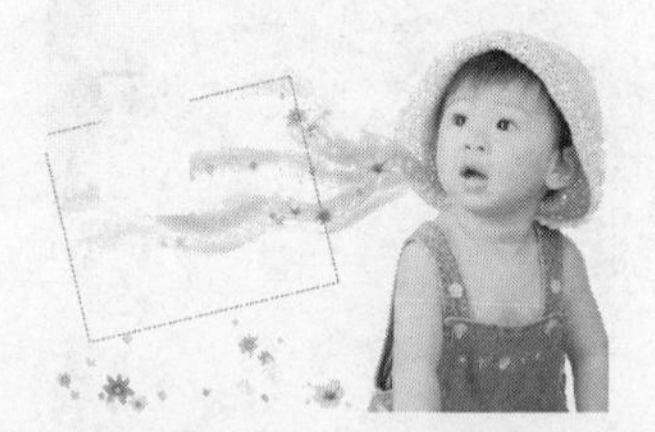

图 13-156　填充前景色

步骤 8 单击"图层"面板上的"添加图层样式"按钮 fx，在弹出的菜单中选择"投影"选项，打开"图层样式"对话框，设置"阴影颜色"值为 RGB（0，0，0），其他参数设置如图 13-157 所示，设置完成后，单击"确定"按钮，效果如图 13-158 所示。

步骤 9 打开照片 sc004.tif，将其拖入"儿童"文档中，自动生成"图层 6"，并调整到相应位置，如图 13-159 所示。使用"矩形选框工具"在画布中创建选区，如图 13-160 所示。

步骤 10 选择"图层 6"，单击"图层"面板上的"添加图层蒙版"按钮，为"图层 6"添加图层蒙版，效果如图 13-161 所示，单击"图层"面板上的"添加图层样式"按钮 fx，在弹出的菜单中选择"内阴影"选项，打开"图层样式"对话框，设置"阴影颜色"值为 RGB（136，86，93），其他设置如图 13-162 所示。

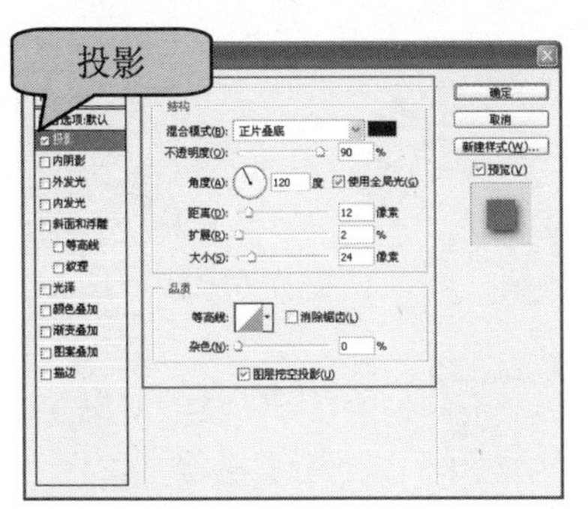

图 13-157　设置“图层样式”对话框

图 13-158　画布效果

图 13-159　拖入照片

图 13-160　创建选区

图 13-161　添加图层蒙版

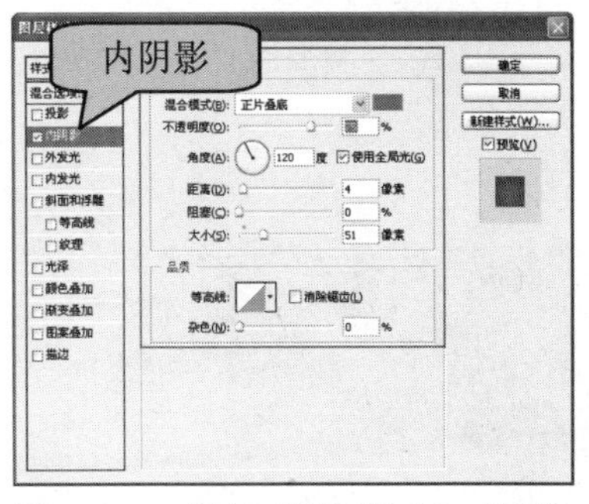

图 13-162　设置“图层样式”对话框

步骤 11 设置完成后，选择左侧“样式”下的“描边”选项，在右侧设置“描边颜色”值为 RGB（0，0，0），其他设置如图 13-163 所示。设置完成后，单击“确定”按钮，效果如图 13-164 所示。

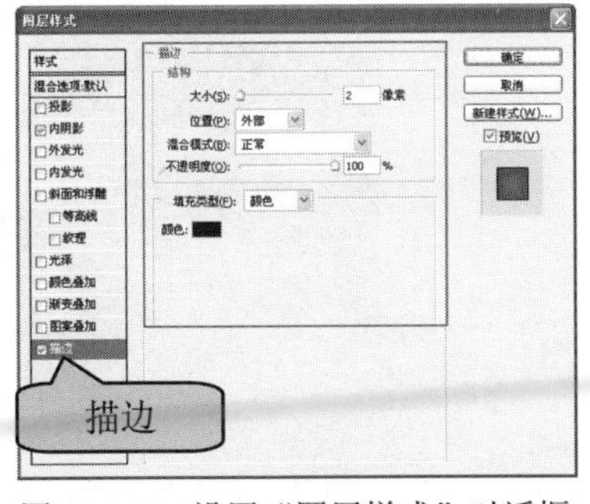

图 13-163　设置“图层样式”对话框

图 13-164　画布效果

步骤 12 用相同方法，制作其他部分的内容，如图 13-165 所示。使用“横排文字工具”，选择相应的字体、字体大小和字体颜色，在画布中输入文本，如图 13-166 所示。

步骤 13 完成对照片的处理后，执行“文件>存储为”命令，将文件存储为 PSD 文件。

实例小结

本实例主要使用了“图层蒙版”和“图层样式”命令进行操作，在实例的制作过程中读者需要注意

“图层蒙版”的使用。

图 13-165　画布效果

图 13-166　输入文本

Example 实例 272 可爱精灵

案例文件	DVD1\源文件\第 13 章\13-10.psd
视频文件	DVD2\视频\第 13 章\13-10.avi
难易程度	★★☆☆☆
视频时间	6 分

步骤 1 首先打开需要处理的照片。

步骤 2 使用“矩形选框工具”、“渐变工具”和“画笔工具”，绘制相应的图形，填充相应的颜色。

步骤 3 打开照片文件并拖入到文档中，使用“剪贴蒙版”和“图层样式”进行相应操作。

步骤 4 使用“横排文字工具”输入相应的文本，完成实例的制作。

第 14 章　浪漫婚纱照片处理

本章以婚纱照为主，向读者讲解不同风格和色调的婚纱照效果的制作技巧，以满足读者的要求，希望读者能够认真的完成本章学习，通过本章的学习您不会再为家中的婚纱照效果不好而烦恼。

Example 实例 273 浪漫中国风

案例文件	DVD1\源文件\第 14 章\14-1.psd
难易程度	★★★☆☆
视频时间	7 分 23 秒
技术点睛	使用“图层蒙版”和“图层混合模式”进行相应的操作

思路分析

本实例通过使用“图层蒙版”将照片多余的部分隐藏，再使用“图层混合模式”将素材与背景融合，来完成实例的制作，最终效果如图 14-1 所示。

图 14-1　最终效果

制作步骤

步骤 1 执行“文件>打开”命令，将照片“DVD1\源文件\第 14 章\素材\14101.jpg 和 14102.jpg”，打开如图 14-2 所示。

图 14-2　打开图像

步骤 2 将 14102.jpg 文件拖入到 14101.jpg 文件中，自动生成“图层 1”，调整到合适位置，如图 14-3

所示。单击“图层”面板上的“添加图层蒙版”按钮，为“图层1”添加图层蒙版，使用“画笔工具”在画布中进行涂抹，如图14-4所示。

图14-3　照片效果

图14-4　照片效果

> 提示　画笔的大小、笔尖形状和不透明度，这些设置要根据照片的需要来调节。此处画笔为：柔角300像素，不透明度为50%。

步骤3　相同方法，根据“图层1”制作出“图层2”，效果如图14-5所示。相同方法，将14104.tif文件拖入到14101.jpg文件中，自动生成“图层3”，调整到合适位置如图14-6所示。

图14-5　照片效果

图14-6　拖入图像

步骤4　选择“图层3”，设置“图层”面板上的混合模式为“正片叠底”，如图14-7所示。相同方法，将14105.tif、14106.tif、14107.tif、14108.tif文件拖入到14101.jpg文件中，自动生成“图层4”～“图层7”，调整到合适位置，合并图层为“图层4”，设置图层混合模式为“正片叠底”，效果如图14-8所示。

图14-7　图像效果

图14-8　图像效果

步骤5　相同方法，将14109.tif文件拖入到14101.jpg文件中，自动生成“图层5”，如图14-9所示。

相同方法，将 14110.tif、14111.tif、14112.tif、14113.tif、14114.tif 文件拖入到 14101.jpg 文件中，自动生成“图层 6”～“图层 10”，如图 14-10 所示。

图 14-9　图像效果

图 14-10　图像效果

步骤 6 同时选择“图层 6”～“图层 10”，单击“图层”面板上的“链接图层”按钮，将“图层 6”～“图层 10”链接，如图 14-11 所示。新建“图层 11”，使用“画笔工具”选择相应的笔刷，设置“前景色”为黑色，在画布中进行绘制，如图 14-12 所示。

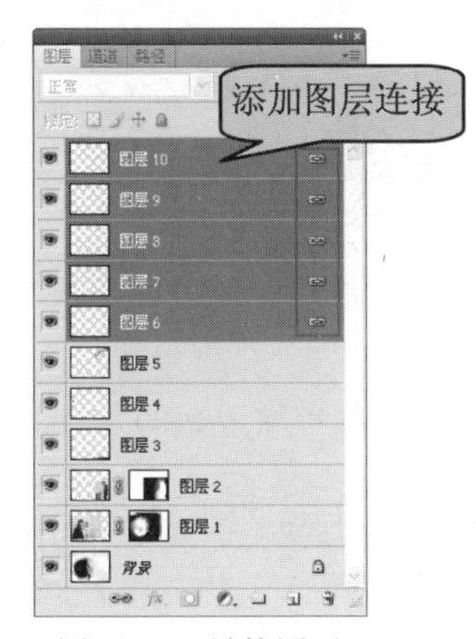

图 14-11　链接图层

图 14-12　照片效果

> **提示**
> 此处使用的画笔笔刷为第三方插件，读者需要下载安装才可以使用。

步骤 7 单击工具箱中的“文字工具”按钮，选择合适的字体、字体大小、字体颜色，在画布中输入文字，如图 14-13 所示，执行“图层>栅格化>文字”命令，将刚刚输入的文字栅格化，将第二个文字载入选区，使用“自由变化”命令，对其进行调整，如图 14-14 所示。

图 14-13　文字效果

图 14-14　文字效果

步骤 8 使用“钢笔工具”在画布中绘制路径，按快捷键 Ctrl+Enter 将路径转换为选区，设置“前景

色”为RGB（170，170，170），为选区填充前景色，如图14-15所示，相同方法，制作出其他部分的内容，如图14-16所示。

图14-15　图像效果

图14-16　图像效果

步骤 9 单击工具箱中的“自定义形状工具”按钮，在“选项”栏中单击右侧的“倒三角”按钮，在弹出的“形状选取器”中选择“红心形卡”，如图14-17所示，在画布中绘制心形，并使用“自由变换”命令进行相应调整，合并图层，如图14-18所示。

图14-17　“形状选取器”下拉框

图14-18　图像效果

步骤 10 完成照片的处理后，执行“文件>存储为”命令，将文件存储为PSD文件。

案例小结

本实例主要使用了“图层蒙版”和“图层样式”及其他基本工具，来完成实例的制作，在制作过程中，读者应注意使用“画笔工具”对“图层蒙版”的操作方法和技巧。

Example 实例 274 爱的誓言

案例文件	DVD1\源文件\第14章\14-2.psd
视频文件	DVD2\视频\第14章\14-2.avi
难易程度	★★☆☆☆
视频时间	4分39秒

步骤 1 新建文档，绘制选区后填充颜色，然后使用“橡皮擦工具”进行擦除，并添加相应的“图层样式”。

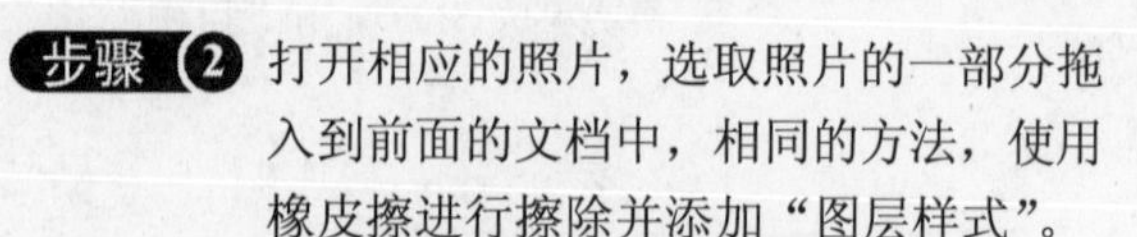

步骤 2 打开相应的照片，选取照片的一部分拖入到前面的文档中，相同的方法，使用橡皮擦进行擦除并添加“图层样式”。

步骤 3 根据前面的制作方法，依次将需要的照片拖入到文档中，并进行擦除和添加“图层样式”操作。

步骤 4 使用“画笔工具”和“文本工具”等完成最后的修饰。

Example 实例 275 深情密码

案例文件	DVD1\源文件\第 14 章\14-3.psd
难易程度	★★★☆☆
视频时间	10 分 35 秒
技术点睛	利用“图层蒙版”、“图层样式”、“画笔工具”和“调整图层”命令进行相应操作

思路分析

本实例中先使用“自定形状工具”工具与“图层样式”制作出唯美的背景，再使用“图层蒙版”及调整不透明度使人物与背景更好的整合在一起来完成照片效果的处理，实例的最终效果，如图 14-19 所示。

图 14-19　最终效果

制作步骤

步骤 1 执行“文件>打开”命令，打开素材“DVD1\源文件\第 7 章\素材\ 14301.tif”，如图 14-20 所示。新建“图层 1”，单击工具箱中的“自定形状工具”按钮，在选项栏中单击“形状”右侧的“倒三角”按钮，在弹出的“形状选取器”中选择“红心形卡”，如图 14-21 所示。

步骤 2 在画布中绘制路径，按 Ctrl+Enter 键将路径转换为选区，设置“前景色”为 RGB（252，155，243），为选区填充前景色，如图 14-22 所示。单击“图层”面板上的“添加图层样式”按钮 fx，在弹出的菜单中选择“外发光”选项，打开“图层样式”对话框，参数设置如图 14-23 所示。

图 14-20　打开文件

图 14-21　选择形状

图 14-22　绘制图形

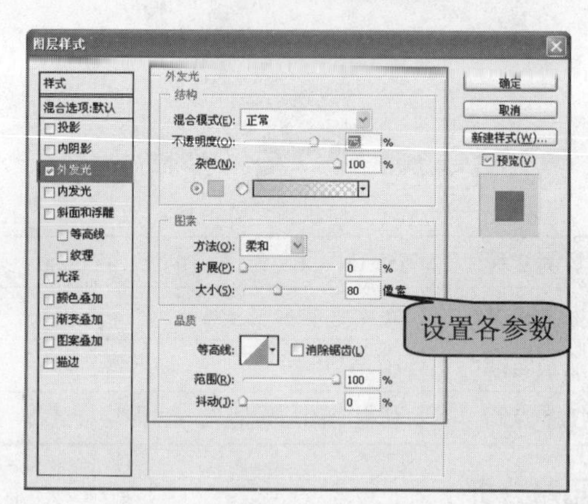

图 14-23　设置“图层样式”对话框

> **提示**　此处可以使用“自定图形”直接绘制形状。绘制路径的目的是为了使读者更加详细的了解该工具的功能。

步骤 3　设置完成后，单击“确定”按钮，效果如图 14-24 所示。执行“文件>打开”命令，打开素材“DVD1\源文件\第 7 章\素材\ 14302.tif”，将其拖入到 14301.tif 文件中，自动生成“图层 2”，如图 14-25 所示。

图 14-24　图像效果

图 14-25　拖入素材

步骤 4　按 Ctrl 键，单击“图层 1”，将其载入选区，选择“图层 2”，单击“图层”面板上的“添加图层蒙版”按钮，为“图层 2”添加图层蒙版，如图 14-26 所示。取消选区，单击“图层”面板上的“添加图层样式”按钮 fx.，在弹出的菜单中选择“内阴影”选项，打开“图层样式”对话框，参数设置内阴影颜色值为 RGB（0，0，0），其他参数设置如图 14-27 所示。

步骤 5　设置完成后，单击左侧“样式”下的“内发光”选项，在右侧设置“发光”颜色值为 RGB（255，

0，240），其他设置如图 14-28 所示，设置完成后单击“确定”按钮，效果如图 14-29 所示。

图 14-26　添加“图层蒙版”

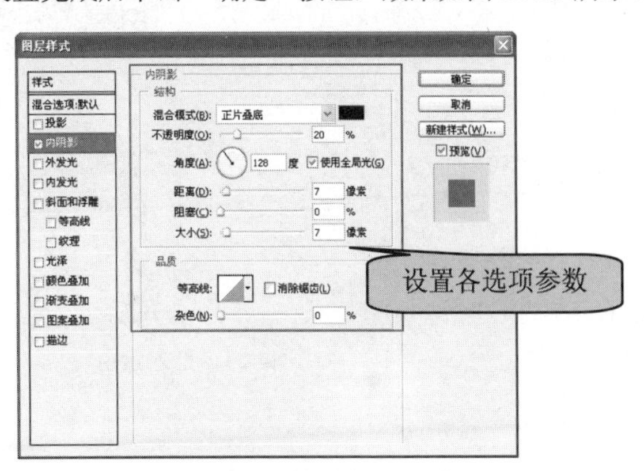

图 14-27　设置“图层样式”对话框

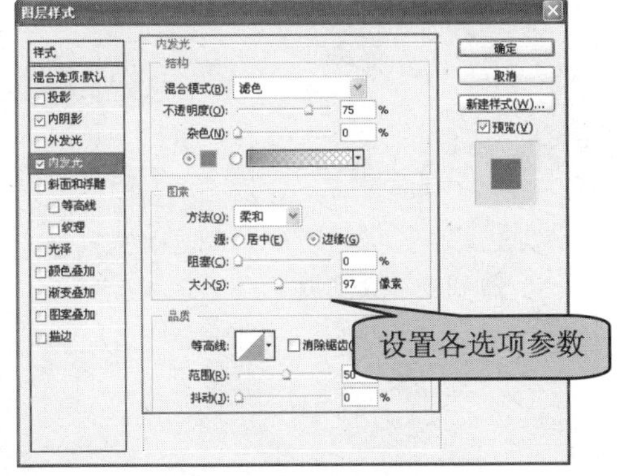

图 14-28　设置“图层样式”对话框

图 14-29　画布效果

步骤 6 设置“图层 2”的混合模式为“明度”，“不透明度”为 80%，效果如图 14-30 所示。相同方法，将素材 14303.tif 拖入到 14301.tif 文件中，进行“图层样式”的设置，并设置“图层混合模式”为“饱和度”，“不透明度”为 90%，效果如图 14-31 所示。“图层”面板如图 14-32 所示。

图 14-30　画布效果

图 14-31　画布效果

图 14-32　“图层”效果

步骤 7 将素材 14304.jpg 打开，拖入 14301.tif 文件中，自动生成“图层 4”，并调整到合适的位置如图 14-33 所示，为“图层 4”添加图层蒙版，使用毛笔工具，在画布中进行涂抹，效果如图 14-34 所示。

步骤 8 设置“图层 4”的不透明度为 43%，如图 14-35 所示，根据“图层 4”的制作方法，制作出“图层 5”，如图 14-36 所示。

步骤 9 单击“图层”面板上的“创建新组”按钮，新建“组 1”，单击工具箱中的“横排文字工具”按钮 T，再单击“选项栏”上的“切换字符和段落面板”按钮，打开“字符”面板，进行相应设置如图 14-37 所示，设置完成后，在画布中输入相应文字，如图 14-38 所示。

图 14-33　拖入素材

图 14-34　照片

图 14-35　画布效果

图 14-36　画布效果

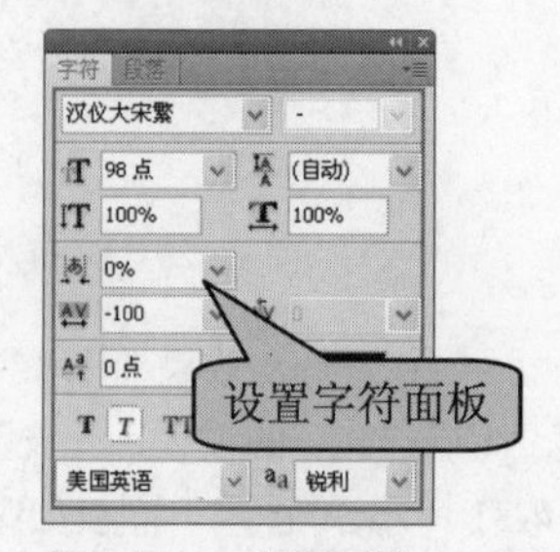

图 14-37　字符面板

图 14-38　输入文字

技巧　图层组就是将多个层归为一个组，这个组可以在不需要操作时折叠起来，无论组中有多少图层，折叠后只占用相当于一个图层的空间，并方便管理图层。

步骤 10　选择刚刚输入的“深”字，在“字符”面板上进行相应设置，如图 14-39 所示，设置完成后，效果如图 14-40 所示。

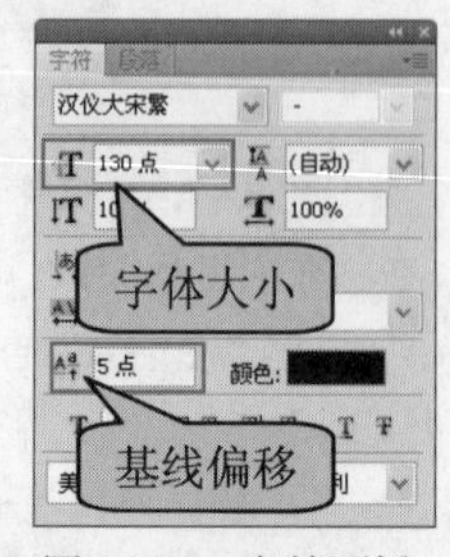

图 14-39　字符面板

图 14-40　文字效果

步骤 11　选择刚刚输入的“情”字，在“字符”面板上进行相应设置，如图 14-41 所示，设置完成后，效果如图 14-42 所示。

图 14-41　字符面板

图 14-42　文字效果

步骤 12 选择刚刚输入的“密”字，在“字符”面板上进行相应设置，如图 14-43 所示，设置完成后，效果如图 14-44 所示。

图 14-43　字符面板

图 14-44　文字效果

步骤 13 选择刚刚输入的“码”字，在“字符”面板上进行相应设置，如图 14-45 所示，设置完成后，效果如图 14-46 所示。

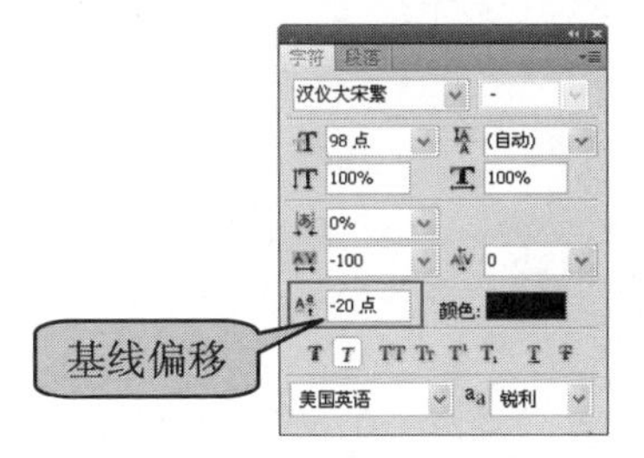

图 14-45　字符面板

图 14-46　文字效果

步骤 14 选择“文字”图层，执行“图层>栅格化>文字”命令，将文字栅格化，使用“自由变换”命令，对其进行调整，如图 14-47 所示。单击工具箱中的“橡皮擦工具”按钮，将多余的内容擦除，如图 14-48 所示。

图 14-47　调整图形

图 14-48　删除多余部分

步骤 15 使用“钢笔工具”在画布中绘制路径，如图 14-49 所示，按 Ctrl+Enter 键将路径转换为选区，填充颜色，如图 14-50 所示。

图 14-49　绘制路径

图 14-50　填充颜色

步骤 16 相同的方法，制作其他部分的内容，并使用“自由变换”命令，对局部进行调整，如图 14-51 所示。单击“图层”面板上的“添加图层样式”按钮 fx，在弹出的菜单中选择“渐变叠加”选项，在弹出“图层样式”对话框中单击“渐变预览条”按钮，在打开的“渐变编辑器”对话框中设置渐变滑块颜色为 RGB（70，12，42）到 RGB（214，35，130）到 RGB（237，39，144）的渐变，如图 14-52 所示。

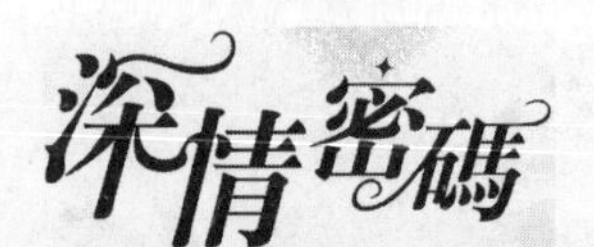

图 14-51 画布效果

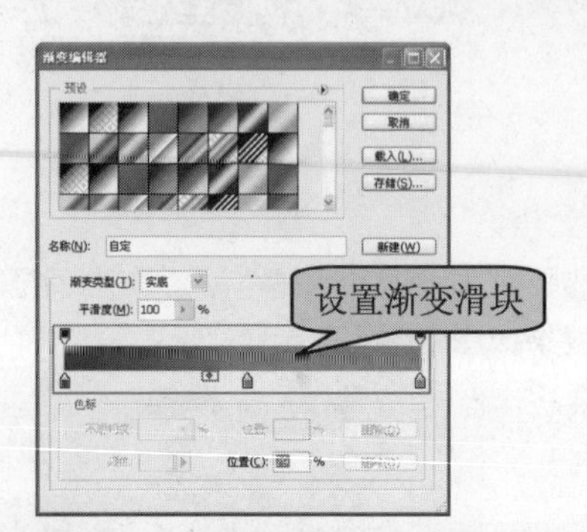

图 14-52 “渐变编辑器”对话框

> **提示** 此处有的图形局部进行了拉伸，可先调出该部分选区，然后在通过“自由变化”命令对其进行相应的调整。

步骤 17 设置完成后单击“确定”按钮，其他参数设置如图 14-53 所示，设置完成后单击“确定”按钮，效果如图 14-54 所示。

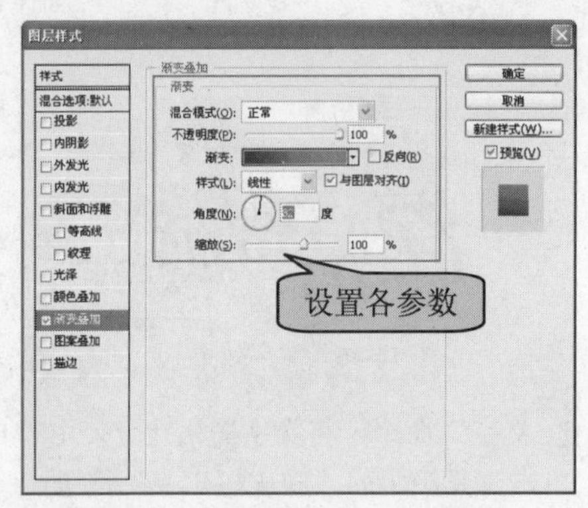

图 14-53 设置“图层样式”对话框

图 14-54 画布效果

步骤 18 相同方法，输入其他文字，并将文字图层栅格化，如图 14-55 所示。新建“图层 6”，使用“钢笔工具”，在画布中绘制路径，如图 14-56 所示。

图 14-55 画布效果

图 14-56 绘制路径

提示 栅格化文字图层的目的是为了防止在其他计算机中打开该文件时，因缺少字体而无法正常显示。

步骤 19 按 Ctrl+Enter 键将路径转换为选区，设置工具箱中的前景色为 RGB（237，87，153），为选区填充前景色，如图 14-57 所示。新建“图层”，相同方法，绘制相应的图形，如图 14-58 所示。并合图层到“图层 6”。

图 14-57 填充前景色

图 14-58 画布效果

步骤 20 多次复制“图层 6”并使用“自由变换”命令，调整其大小，然后移动到相应的位置，如图 14-59 所示。打开素材 14306.tif，将其拖入到 14301.tif 文件中，在“组 1”上自动生成“图层 7”，如图 14-60 所示。

图 14-59 画布效果

图 14-60 拖入素材

步骤 21 相同方法，将素材 14307.tif 拖入到 14301.tif 文件中，自动生成“图层 8”，如图 14-61 所示。相同方法，将素材 14308.tif 拖入到 14301tif 文件中，自动生成“图层 9”，如图 14-62 所示。

图 14-61 拖入素材

图 14-62 拖入素材

步骤 22 选择“图层 9”，单击“图层”面板上的“添加图层样式”按钮 fx.，在弹出的菜单中选择“外发光”选项，打开“图层样式”对话框，设置发光颜色值为 RGB（255，190，251），其他参数设置如图 14-63 所示，设置完成后单击“确定”按钮，效果如图 14-64 所示。

步骤 23 单击“图层”面板上的“创建新的填充或调整图层”按钮，在弹出菜单中选择“色相/饱和度”选项，打开“调整”面板，在该面板中进行相应的设置如图 14-65 所示。完成对“调整”面板的设置，效果如图 14-66 所示。

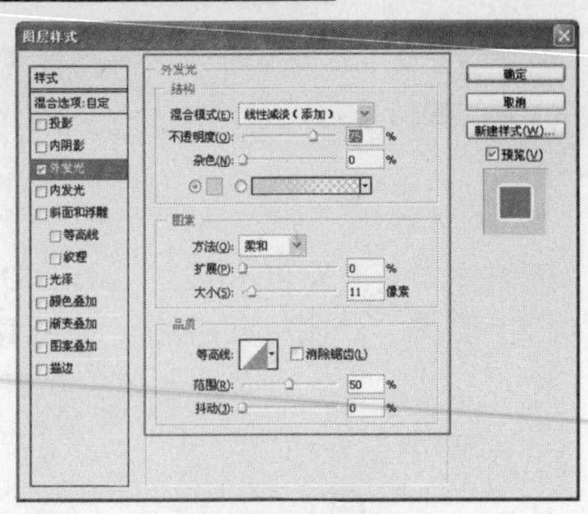

图 14-63 设置“图层样式”对话框

图 14-64 画布效果

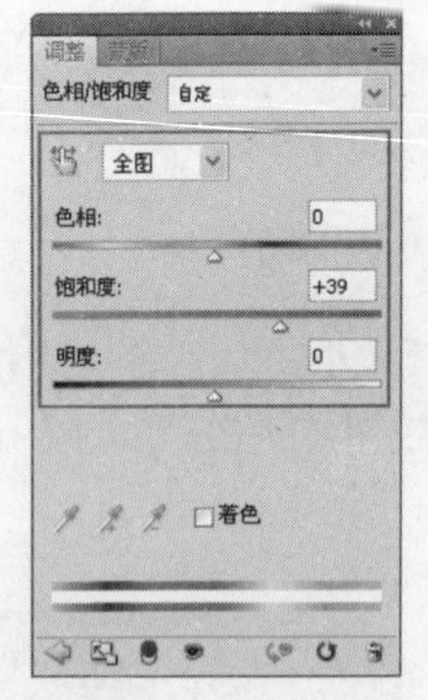

图 14-65 “调整”面板

图 14-66 画布效果

步骤 24 完成照片的处理后，执行“文件>存储为”命令，将文件存储为 PSD 文件。

实例小结

本实例通过对照片添加“图层蒙版”，设置“图层样式”，使照片产生一种浪漫的感觉。再通过一些基本的操作，来制作出整体的效果。在制作过程中，读者应注意色调的搭配。

Example 实例 276 爱在都市

案例文件	DVD1\源文件\第 14 章\14-4.psd
视频文件	DVD2\视频\第 14 章\14-4.avi
难易程度	★★☆☆☆
视频时间	5 分 53 秒

步骤 1 新建文档，打开背景图像，拖入到文档中，并设置其“色相/饱和度”。

步骤 2 打开照片文件，选取照片的一部分并拖入到前面的文档中，然后添加蒙版，使用画笔工具将多余部分隐藏，并设置“色相/饱和度”。

步骤 3 相同的方法完成其他图像的插入和设置。

步骤 4 使用“橡皮擦”和“图层样式”，制作胶片效果，然后拖入相应的照片，最后输入文本内容完成制作。

Example 实例 277 温馨港湾

案例文件	DVD1\源文件\第 14 章\14-5.psd
难易程度	★★★☆☆
视频时间	8 分 53 秒
技术点睛	为照片添加蒙版，使用“画笔工具”，将人物照片与背景相互融合

思路分析

本实例使用天空和湖水作为主背景，利用蒙版和画笔，将照片与背景融合，最后使用变形文字，来增加照片的华丽感，最终效果如图 14-67 所示。

图 14-67　“新建”文档

制作步骤

步骤 1 执行“文件>新建”命令，打开“新建”对话框，参数设置如图 14-68 所示。单击“确定”按钮，完成“新建”对话框的设置。单击工具箱中的“渐变工具”按钮，在“选项”栏单击“渐变滑条”，打开“渐变编辑器”对话框，参数设置如图 14-69 所示。

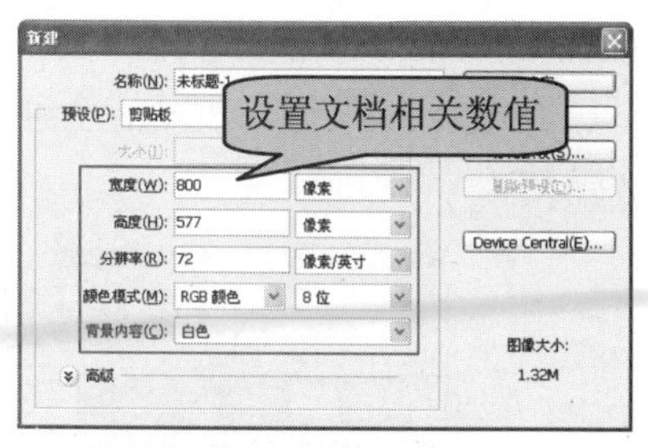

图 14-68　“新建”文档

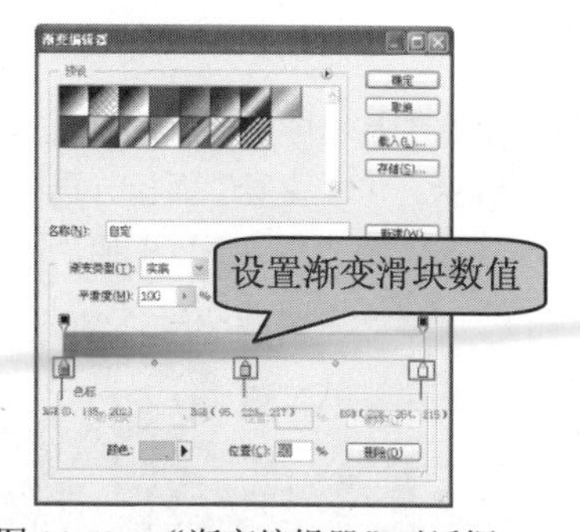

图 14-69　“渐变编辑器”对话框

步骤 2 单击“确定”按钮，完成“渐变编辑器”对话框的设置，使用鼠标在画布中进行拖动填充渐变色，如图 14-70 所示。完成填色后画布效果如图 14-71 所示。

步骤 3 执行“文件>打开”命令，将图像“DVD1\源文件\第 14 章\素材\14501.tif”打开，如图 14-72 所示，单击工具箱中的“移动工具”按钮，将刚刚打开的图像，拖入到前面的文档中，如图 14-73 所示。

图 14-70　画布效果

图 14-71　图像效果

图 14-72　图像效果

图 14-73　图像效果

步骤 4 相同的制作方法，将图像“DVD1\源文件\第 14 章\素材\14502.tif”打开，并拖入到前面的文档中，如图 14-74 所示。执行“文件>打开”命令，将照片“DVD\源文件\第 14 章\素材\ 14503.jpg”打开，如图 14-75 所示。

图 14-74　图像效果

图 14-75　照片效果

步骤 5 单击工具箱中的“移动工具”按钮，将刚刚打开的照片拖入到前面的文档中，如图 14-76 所示。在“图层”面板，选中拖入照片时自动生成的“图层 3”，单击“添加图层蒙版”按钮，为“图层 3”添加“图层蒙版” 如图 14-77 所示。

图 14-76　照片效果

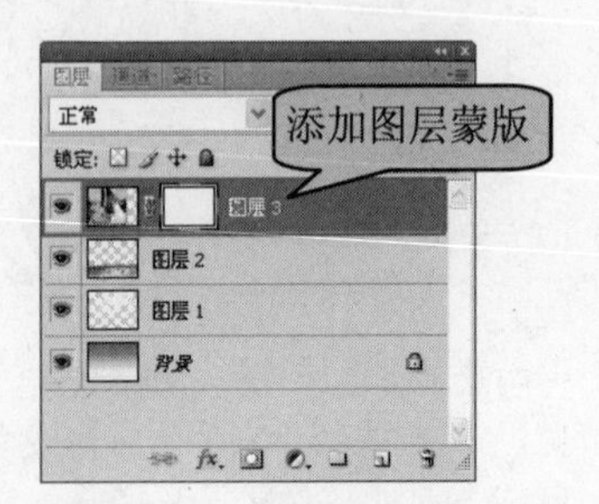

图 14-77　“图层”面板

步骤 6 选中“图层 3”的“图层蒙版”，单击工具箱中的“画笔工具”按钮，按 D 键恢复前景色和背景色的默认值，将照片中多余的部分隐藏，并调整照片的位置，如图 14-78 所示。相同的制作方法，将照片“DVD1\源文件\第 14 章\素材\ 14504.jpg”打开，并拖入到前面的文档中，如图 14-79 所示。

图 14-78　照片效果

图 14-79　照片效果

步骤 7 根据前面的制作方法，为拖入图像时自动生成的“图层 4”添加“图层蒙版”，并使用“画笔工具”，对照片的多余部分进行擦除，如图 14-80 所示。在“图层”面板选择“图层 4”，设置其“不透明度”值为 40%，照片效果如图 14-81 所示。

图 14-80　照片效果

图 14-81　照片效果

步骤 8 执行“文件>打开”命令，将图像“DVD1\源文件\第 14 章\素材\ 14505.tif”打开，如图 14-82 所示，单击工具箱中的“移动工具”按钮，将刚刚打开的图像，拖入到前面的文档中，如图 14-83 所示。

图 14-82　图像效果

图 14-83　照片效果

步骤 9 选中刚刚拖入图像时自动生成的“图层 5”，单击“创建新图层”按钮，在“图层 5”上新建“图层 6”，使用“椭圆选框工具”，在画布中绘制椭圆选框，如图 14-84 所示。单击工具箱中的“渐变工具”按钮，在“选项”栏单击“渐变滑条”，打开“渐变编辑器”对话框，参数设置如图 14-85 所示。

步骤 10 单击“确定”按钮完成设置，移动鼠标到选区内单击并拖动，为选区填充渐变色，如图 14-86 所示。按快捷键 Ctrl+D 取消选区，再按快捷键 Ctrl+T，执行“自用变换”命令，调整图像的大小，按 Enter 键完成调整，如图 14-87 所示。

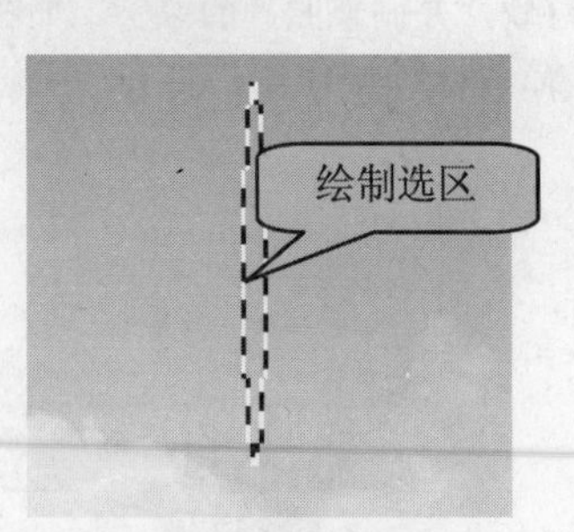

图 14-84　绘制选区

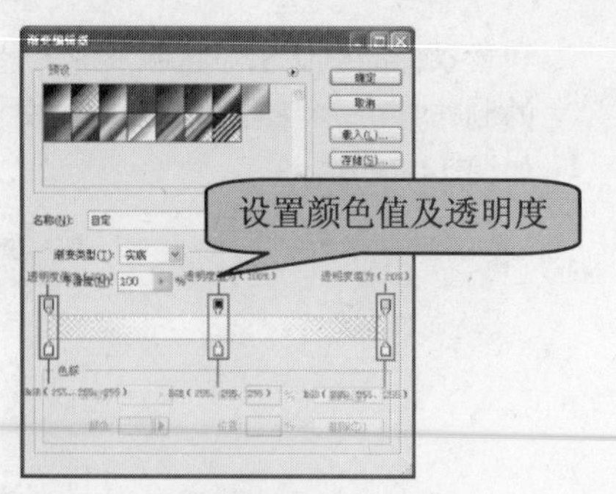

图 14-85　“渐变编辑器”对话框

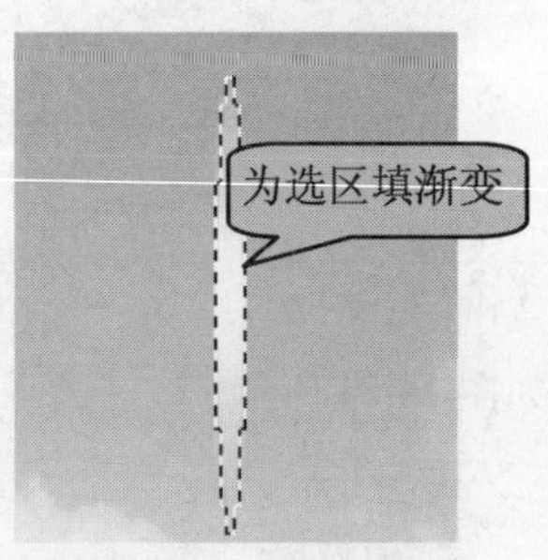

图 14-86　图像效果

图 14-87　图像效果

步骤 11 在“图层”面板，将“图层 6”拖移至“创建新图层”按钮上，复制“图层 6”，得到“图层 6 副本”图层，“图层”面板如图 14-88 所示。选择“图层 6 副本”执行“编辑>变换>旋转 90 度（顺时针）”命令，图像效果如图 14-89 所示。

图 14-88　“图层”面板

图 14-89　图像效果

步骤 12 单击工具箱中的“画笔工具”按钮，在“选项”栏选择硬度值为 0%的圆形笔触，设置前景色为白色，在图像上单击绘制正圆，如图 14-90 所示。在“图层”面板，选择“图层 6 副本”，按快捷键 Ctrl+E 向下合并，将星星层合并在一起，如图 14-91 所示。

图 14-90　“图层”面板

图 14-91　图像效果

步骤 13 保持“图层 6”的选中状态，按快捷键 Ctrl+T，执行自由变换命令，调整图形的大小，完成调整后按 Enter 键完成自由变换，如图 14-92 所示。使用“移动工具”，在“图层”面板将“图层 6”拖曳至“创建新图层”按钮上，复制“图层 6”，得到“图层 6 副本”图层，并移动图形的位置，如图 14-93 所示。

图 14-92　图像效果

图 14-93　图像效果

步骤 14 保持“图层 6 副本”的选中状态，按快捷键 Ctrl+T 执行“自由变换”命令，调整图形的大小，完成调整后单击 Enter 键确认，图像效果如图 14-94 所示。相同的制作方法，完成其他星星的制作，完成制作并将将星星层全部合并，效果如图 14-95 所示。

图 14-94　图像效果

图 14-95　图像效果

步骤 15 单击工具箱中的“横排文字工具”按钮，设置“选项”栏如图 14-96 所示。在画布中单击输入文字内容，如图 14-97 所示。

图 14-96　“选项”栏

图 14-97　文字效果

步骤 16 单击工具箱中的“钢笔工具”按钮，在“选项”栏单击选择“路径”按钮，然后在画布中绘制路径，如图 14-98 所示。按快捷键 Ctrl+Enter，将刚刚绘制的路径转换为选区，并填充为黑色，如图 14-99 所示。

图 14-98　路径效果

图 14-99　文字效果

步骤 17 按快捷键 Ctrl+D 取消选区，按照相同的制作方法，完成其他变形文字的制作，如图 14-100 所示。按住 Ctrl 键，在“图层”面板将文字图层全部选中，执行“图层>栅格化>文字”命令，将文字全部栅格化，如图 14-101 所示。

图 14-100 图像效果

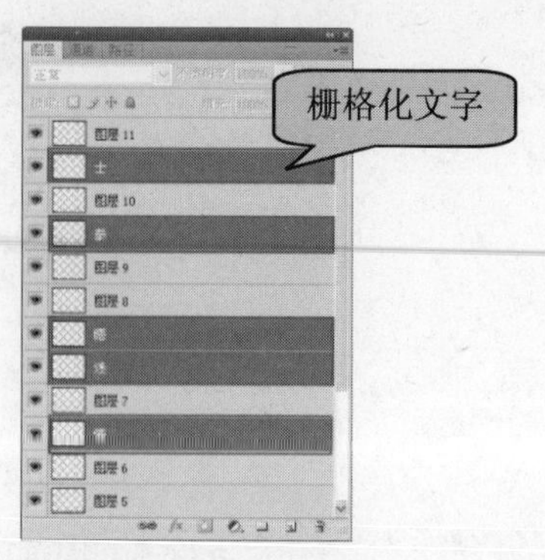

图 14-101 “图层”面板

步骤 18 选择“图层 11”，按快捷键 Ctrl+E 将有关于变形文字的图层全部合并在一起，如图 14-102 所示。完成合并，按快捷键 Ctrl+T 执行自由变换命令，调整图形的大小和位置，完成调整按 Enter 键，图像如图 14-103 所示。

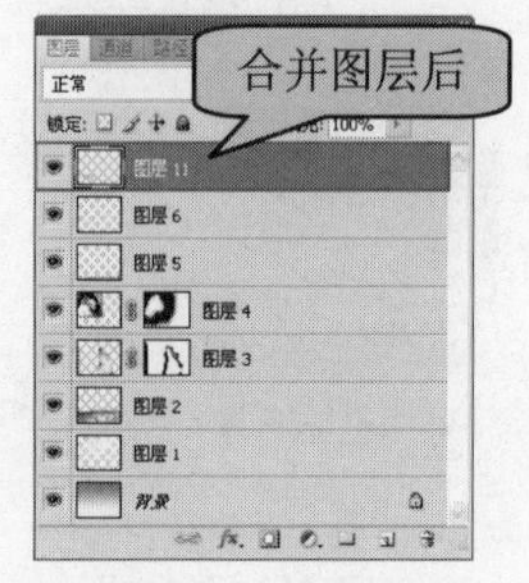

图 14-102 “图层”面板

图 14-103 图像效果

步骤 19 选择“图层 11”，执行“图层>图层样式>渐变叠加”命令，打开“图层样式”对话框，如图 14-104 所示。在“图层样式”对话框中单击“可编辑渐变”预览条，打开“渐变编辑器”对话框，参数设置如图 14-105 所示。

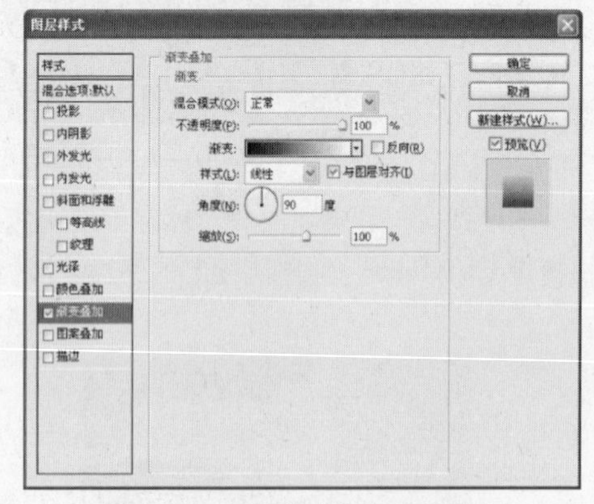
图 14-104 “图层样式”对话框

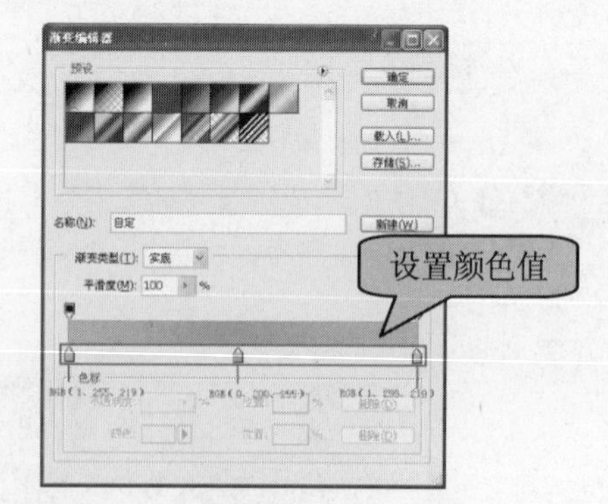

图 14-105 “渐变编辑器”对话框

步骤 20 单击“确定”按钮，完成“渐变编辑器”对话框的设置，然后对图层样式对话框的选项进行设置，如图 14-106 所示，单击“确定”按钮完成设置，图像效果如图 14-107 所示。

步骤 21 单击工具箱中的“画笔工具”按钮，执行“窗口>画笔”命令，打开“画笔”面板，如图

14-108 所示。打开“画笔”面板后，在左侧列表中将“形状动态”选项勾选，并单击进入其面板，设置面板如图 14-109 所示。

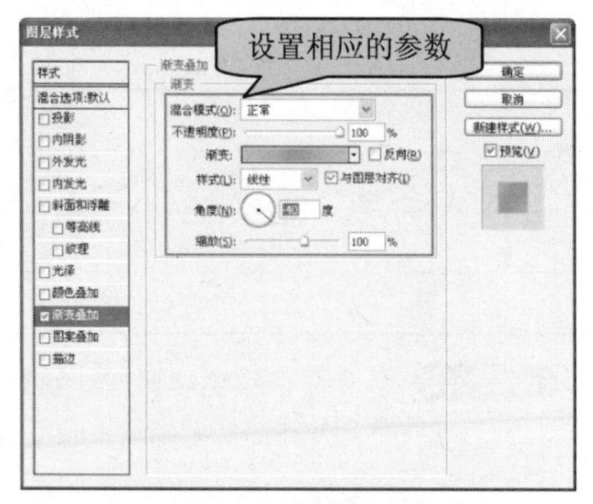

图 14-106　“图层样式”对话框

图 14-107　图像效果

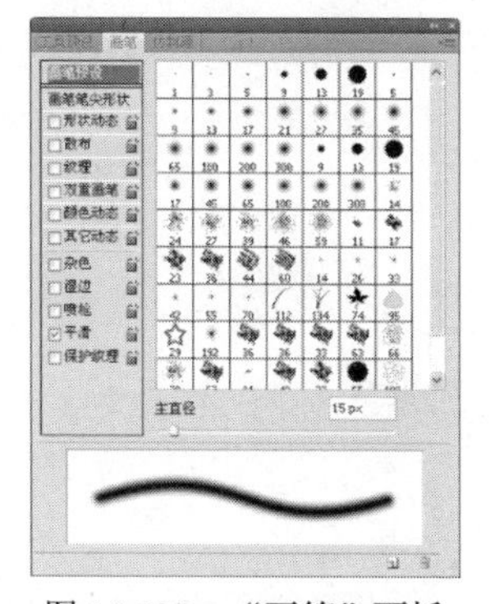

图 14-108　“画笔”面板

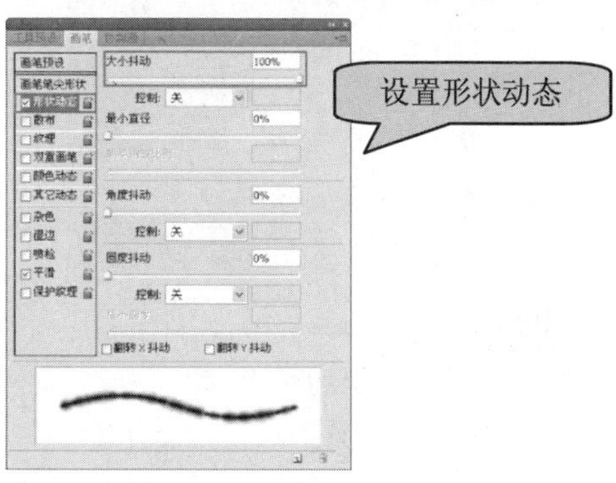

图 14-109　“画笔”面板

步骤 22 完成“形状动态”面板的设置，再到左侧列表中将“散布”选项勾选，并单击进入其面板，设置面板如图 14-110 所示。相同的设置方法，将其他选项一一勾选并设置，如图 14-111 所示。

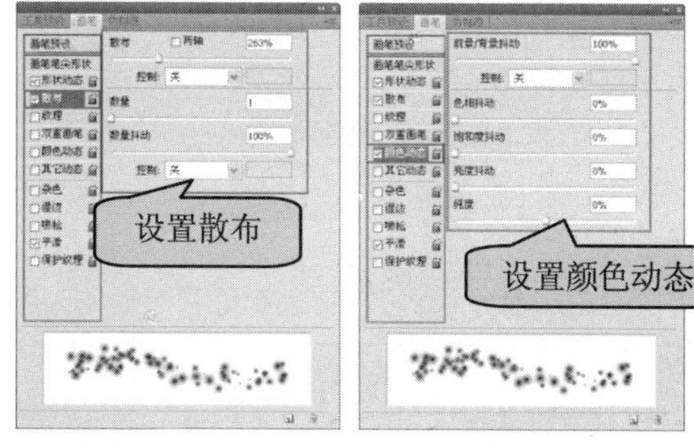

图 14-110　“画笔”面板

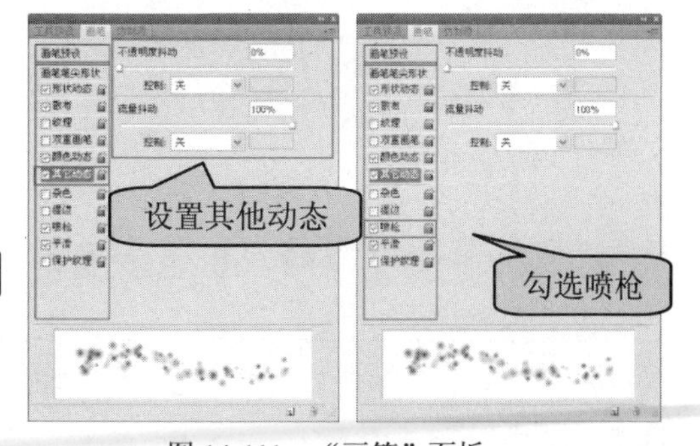

图 14-111　“画笔”面板

步骤 23 完成设置将“画笔”面板关闭，在“图层 11”上新建“图层 12”，选择“图层 12”，在画布中绘制图形，如图 14-112 所示。完成效果的制作后，执行“文件>存储为”菜单命令，将处理完的照片保存为 PSD 文件。

图 14-112　图像效果

实例小结

本实例中主要向读者讲解，如何使用“图层蒙版”和“画笔工具”，使照片与背景融合，在选择人物照片素材时，读者需要注意人物衣服的颜色要适合于背景，以免影响整体效果。

Example 实例 278 绿色幻想曲

案例文件	DVD1\源文件\第 14 章\14-6.psd
视频文件	DVD2\视频\第 14 章\14-6.avi
难易程度	★★★★☆
视频时间	4 分 17 秒

步骤 1 打开需要处理的照片。

步骤 2 新建两个颜色填充层，填充不同的颜色，并在图层蒙版使用画笔进行隐藏。

步骤 3 打开所需素材，拖入前面到文档中，在图层面板复制多次后，摆放到不同的位置，并设置不同的不透明度值。

步骤 4 使用“横排文字工具”T，输入相应的文字内容，完成操作。

Example 实例 279 金色罗曼蒂

案例文件	DVD1\源文件\第 14 章\14-7.psd
难易程度	★★★★☆☆
视频时间	10 分 18 秒
技术点睛	使用“画笔工具”，完成胶片效果的制作，然后使用云彩和径向模糊命令完成光照效过的制作，最后通过“色相/保护度”和“色彩平衡”命令，使色调统一

思路分析

本实例主要以金黄色色调，营造一种金色罗曼蒂的感觉，首先利用“橡皮擦工具”，，完成胶片效果的制作，在通过“云彩”和“特殊模糊”命令，完成背景特效的制作，最后通过调整“色相/饱和度”和“色彩平衡”，使照片与背景吻合，从而更好的营造气氛，最终效果如图 14-113 所示。

图 14-113　最终效果

制作步骤

步骤 1 执行“文件>新建”命令，打开“新建文档”对话框，参数设置如图 14-114 所示。单击“确定”按钮，完成设置，在工具箱中设置前景色颜色值为 RGB（166，130，83），并按快捷键 Alt+Delete 进行填色，如图 14-115 所示。

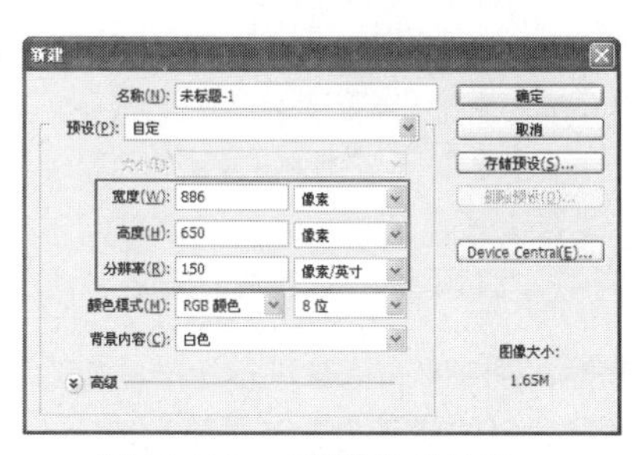

图 14-114　“新建”对话框

图 14-115　图像效果

步骤 2 单击工具箱中的“加深工具”按钮，在“选项”栏设置其“曝光度”值为 20%，在图像的边缘处进行相应的涂抹，如图 14-116 所示。在“图层”面板，单击“创建新图层”按钮，创建“图层 1”，使用“矩形选框工具”在图像上绘制选区，如图 14-117 所示。

图 14-116　图像效果

图 14-117　图像效果

步骤 3 在工具箱中设置前景色颜色值为 RGB（120，90，54），按快捷键 Alt+Delete 完成对选区的填色，按快捷键 Ctrl+D 取消选区，如图 14-118 所示。单击工具箱中的“橡皮擦工具”按钮，在“选项”栏参数设置如图 14-119 所示。

步骤 4 完成设置，对刚刚填色的图像边缘进行相应的擦除，效果如图 14-120 所示。保持“画笔工具”

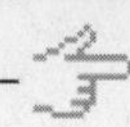

的选中状态，在“选项”栏上单击“切换画笔面板”按钮 ，打开“画笔”面板，设置面板如图 14-121 所示。

图 14-118　图像效果

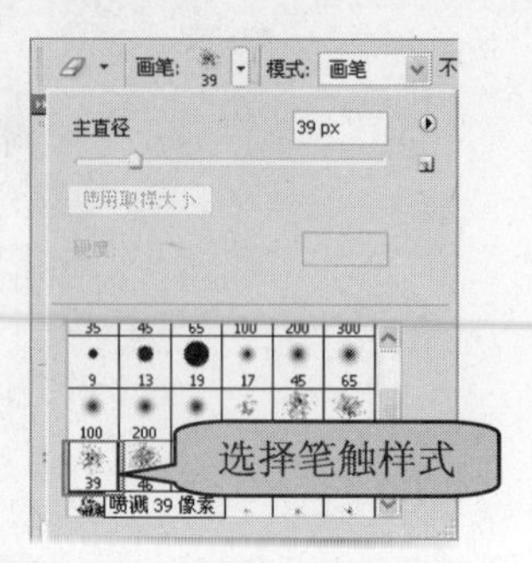

图 14-119　设置“选项”栏

图 14-120　图像效果

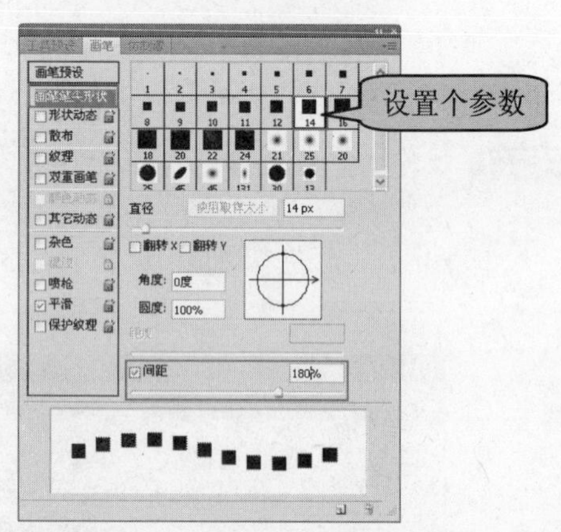

图 14-121　“画笔”面板

步骤 5 完成“画笔”面板的设置，按住 Shift 键拖动鼠标，对图像的边缘进行相应的擦除，如图 14-122 所示。新建“图层 2”，按 D 键恢复前景色和背景色的颜色为默认的黑白色，并执行“滤镜>渲染>云彩”命令，如图 14-123 所示。

图 14-122　图像效果

图 14-123　图像效果

步骤 6 执行“滤镜>模糊>径向模糊”命令，打开“径向模糊”对话框，参数设置如图 14-124 所示，单击“确定”按钮完成设置，图像效果如图 14-125 所示。

步骤 7 单击工具箱中的“多边形套索工具”按钮 ，在图像上绘制选区，如图 14-126 所示。执行“选择>修改>羽化”命令，打开“羽化选区”对话框，参数设置如图 14-127 所示。

步骤 8 单击“确定”按钮，完成“羽化选区”对话框的设置，执行“修改>反向”命令，将选区反选，按 Delete 键将多余的部分删除，如图 14-128 所示，并在“图层”面板设置该层的“图层混合模式”为“颜色减淡”，按快捷键 Ctrl+D 取消选区，效果如图 14-129 所示。

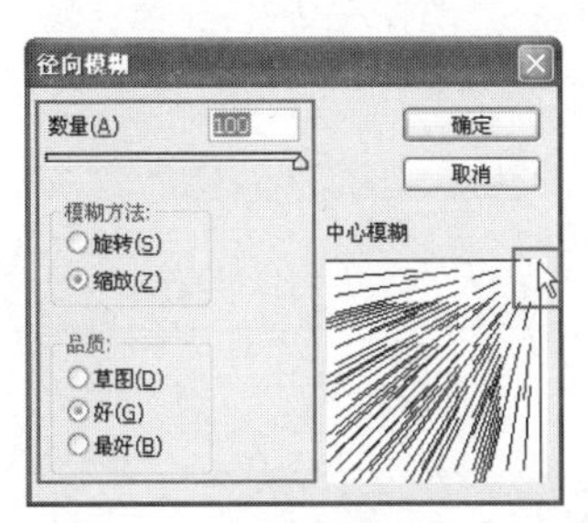

图 14-124　“径向模糊”对话框

图 14-125　图像效果

图 14-126　图像效果

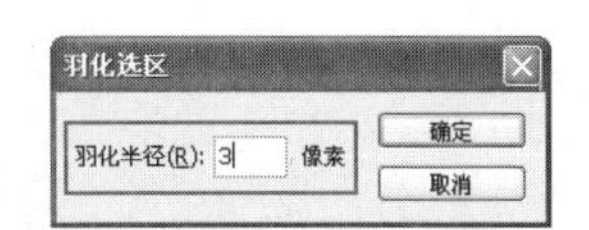

图 14-127　“羽化选区”对话框

图 14-128　图像效果

图 14-129　图像效果

步骤 9 新建“图层 3”，在工具箱中设置前景色颜色值为 RGB（239，235，223），使用“矩形选框工具”，在图像上绘制矩形选区，如图 14-130 所示，并按快捷键 Alt+Delete 完成对选区的填色，完成填色后按快捷键 Ctrl+D 取消选区，如图 14-131 所示。

图 14-130　图像效果

图 14-131　图像效果

步骤 10 选择“图层 3”，执行“图层>图层样式>投影”命令，打开“图层样式”对话框，参数设置如图 14-132 所示，单击“确定”按钮完成设置，图像效果如图 14-133 所示。

步骤 11 新建“图层 4”，在工具箱中设置前景色颜色值为 RGB（63，55，45），使用“画笔工具”，在图像上进行绘制，如图 14-134 所示。相同的制作方法，新建“图层 5”，设置前景色颜色值

为 RGB（167，163，107），使用“画笔工具”，在图像上进行绘制，如图 14-135 所示。

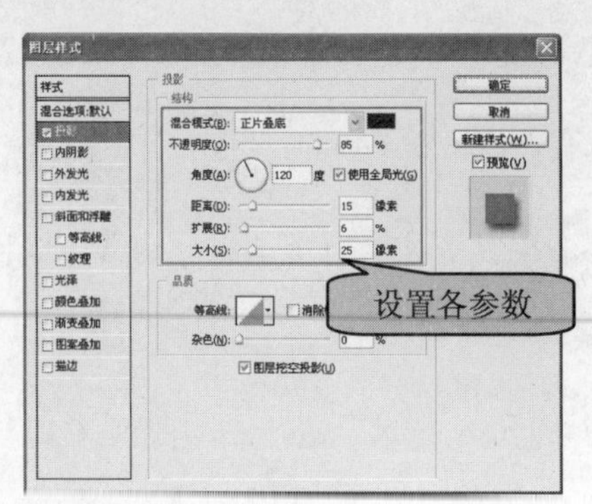

图 14-132　“图层样式”对话框

图 14-133　图像效果

图 14-134　图像效果

图 14-135　图像效果

步骤 12 执行“文件>打开”命令两次，分别将照片“DVD\源文件\第 14 章\素材\14701.jpg 和 14702.jpg”打开，如图 14-136 所示，如图 14-137 所示。

图 14-136　图像效果

图 14-137　图像效果

步骤 13 使用“选择工具”，依次将两张照片拖入到前面的文档中，如图 14-138 所示。并将其移动到相应的位置，如图 14-139 所示。

图 14-138　照片效果

图 14-139　照片效果

步骤 14 按住 Ctrl 键，在“图层”面板单击“图层 3”，载入“图层 3”选区，如图 14-140 所示，执行“选择>反向”命令，如图 14-141 所示。

图 14-140 照片效果

图 14-141 照片效果

步骤 15 在“图层”面板，分别将“图层 6”和“图层 7”依次选中，并按 Delete 键分别将“图层 6”和“图层 7”的多余部分删除，如图 14-142 所示，如图 14-143 所示。

图 14-142 照片效果

图 14-143 照片效果

步骤 16 按快捷键 Ctrl+D 取消选区，单击工具箱中的“橡皮擦工具”按钮，对位于左侧的照片进行相应的擦除，如图 14-144 所示。选择“图层 7”，按快捷键 Ctrl+E 键将“图层 7”向下合并。选择“图层 6”，使用“矩形工具”按钮，在照片上绘制选区，如图 14-145 所示。

图 14-144 照片效果

图 14-145 照片效果

步骤 17 按快捷键 Ctrl+J，拷贝图层得到“图层 6 副本”。将“图层 6 副本”隐藏，选择“图层 6”，按快捷键 Ctrl+D 取消选区，执行“图像>调整>色相/饱和度”命令，打开“色相/饱和度”对话框，参数设置如图 14-146 所示，单击“确定”按钮完成设置，照片效果如图 14-147 所示。

步骤 18 保持“图层 6”的选中状态，在“图层”面板设置其“不透明度”值为 60%，照片效果如图 14-148 所示，并使用“橡皮擦工具”，对照片进行相应的擦除，照片效果如图 14-149 所示。

步骤 19 选择“图层 6 副本”将其显示，执行“图像>调整>色彩平衡”命令，打开“色彩平衡”对话框，参数设置如图 14-150 所示，单击“确定”按钮完成设置，照片效果如图 14-151 所示。

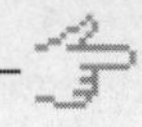

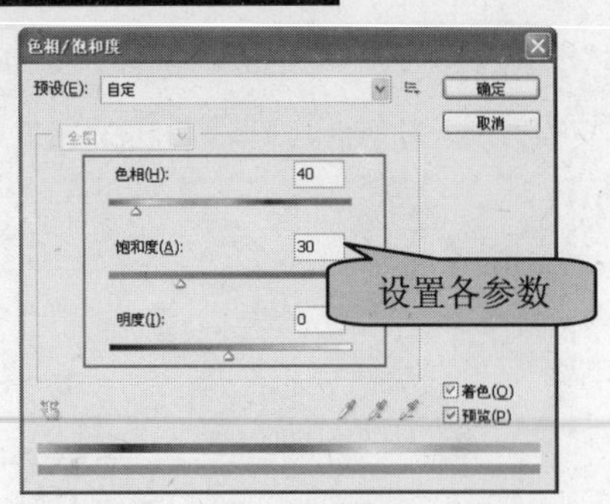

图 14-146 “色相/饱和度”对话框

图 14-147 照片效果

图 14-148 照片效果

图 14-149 照片效果

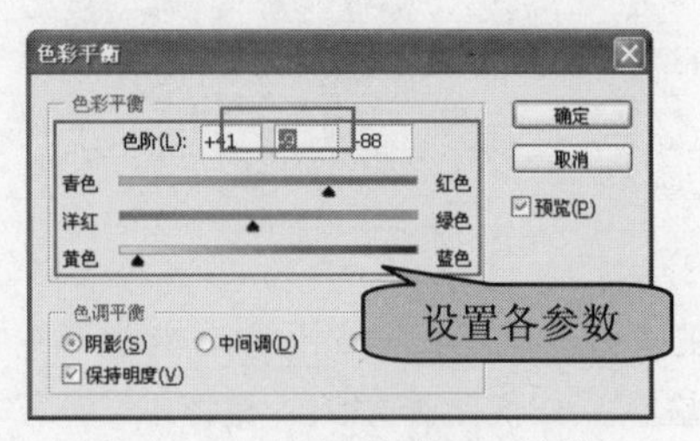

图 14-150 “色彩平衡”对话框

图 14-151 照片效果

步骤 20 根据前面的制作方法，使用“橡皮擦工具”完成下面的制作，如图 14-152 所示。执行“文件>打开”命令，将照片“DVD1\源文件\第 14 章\素材\14703.jpg”打开，如图 14-153 所示。

图 14-152 照片效果

图 14-153 照片效果

步骤 21 根据前面的制作方法，将其拖入到第一个文档中，并进行擦除和大小的调整，如图 14-154 所示，选择拖入图像时自动生成的“图层 7”，执行“图层>图层样式>外发光”命令，打开“图层样式”对话框，参数设置如图 14-155 所示。

步骤 22 单击“确定”按钮，完成“图层样式”对话框的设置，照片效果如图 14-156 所示。保持该图层的选中状态，执行“图像>调整>色彩平衡”命令，打开“色彩平衡”对话框，参数设置如

图 14-157 所示。

图 14-154　照片效果

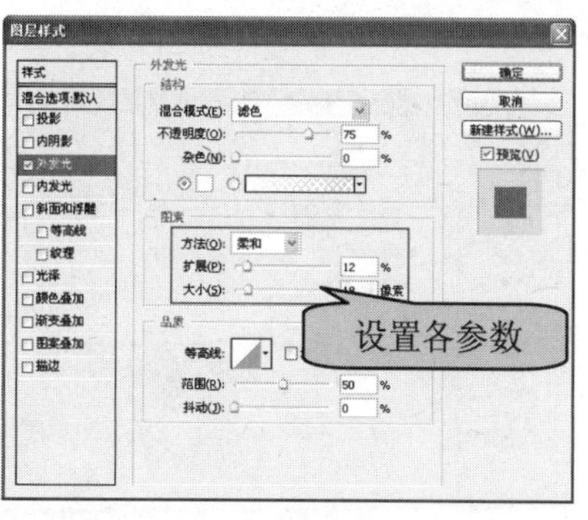

图 14-155　“图层样式”对话框

图 14-156　照片效果

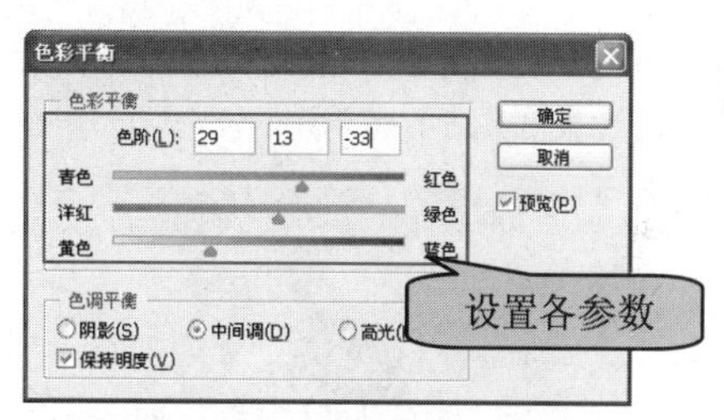

图 14-157　“色彩平衡”对话框

步骤 23 单击“确定”按钮，完成“色彩平衡”对话框的设置，照片效果如图 14-158 所示。在图层面板按住 Shift 键选择“图层 6”和“图层 6　副本”，将其拖到“图层 4”下面，照片效果如图 14-159 所示。

图 14-158　照片效果

图 14-159　照片效果

步骤 24 选择“图层 7”，单击工具箱中的“横排文字工具” T，在“选项”栏设置如图 14-160 所示。在画布中输入相应的文本内容，如图 14-161 所示。

图 14-160　“选项”栏

图 14-161　文字效果

步骤 25 在“图层”面板，选择输入文字时自动生成的文字图层。执行“图层>图层样式>描边”命令，打开“图层样式”对话框，参数设置如图 14-162 所示，单击“确定”按钮完成设置，效果如图 14-163 所示。

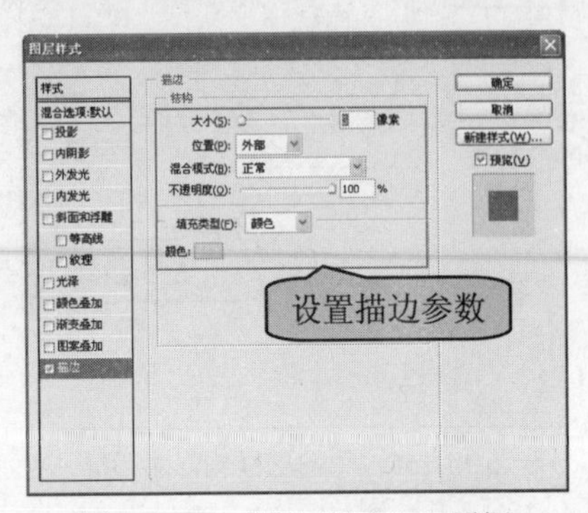

图 14-162　“图层样式”对话框

图 14-163　文字效果

步骤 26 相同的制作方法，完成其他文字的输入，并进行相应的设置，文字效果如图 14-164 所示，面板效果如图 14-165 所示。

图 14-164　文字效果

图 14-165　“图层”面板

步骤 27 完成金色罗曼蒂效果的制作后，执行“文件>存储为”命令，将处理后的照片存储为 PSD 文件。

实例小结

本实例主要利用金黄色来营造一种罗曼蒂的感觉，在制作的过程中，读者需要注意背景特效的制作方法和人物照片的色调调整上。

Example 实例 280 似水留情

案例文件	DVD1\源文件\第 14 章\14-8.psd
视频文件	DVD2\视频\第 14 章\14-8.avi
难易程度	★★★☆☆
视频时间	4 分 20 秒

步骤 1 新建文档，将所需的背景图像素材打开，并拖入到新建的文档中。

步骤 2 将照片打开，拖入到场景中，进行调整，并对其中一张添加“图层蒙版”对齐进行隐藏。

步骤 3 输入文字，并使用相应的工具完成变形文字的制作。

步骤 4 使用“横排文字工具” T，输入相应的文字内容，完成操作。

Example 实例 281 蓝色爱恋

案例文件	DVD1\源文件\第 14 章\14-9.psd
难易程度	★★★☆☆
视频时间	5 分 52 秒
技术点睛	首先利用“图层蒙版”和“画笔工具”，使背景图像融合，在通过“椭圆选框工具”制作背景特效，最后使用图层蒙版将人物与背景融合

思路分析

本实例主要以蓝色为主，通过绚丽的背景营造一种梦幻的感觉，在制作的过程中，读者需要注意，在使用“椭圆选框工具”，制作背景特效时，要充分与背景融合，如图 14-166 所示。

图 14-166 最终效果

制作步骤

步骤 1 执行“文件>新建”命令，打开“新建文档”对话框，参数设置如图 14-167 所示。单击“确定”按钮，完成文档的相关设置。执行“文件>打开”命令，将图像“DVD1\源文件\第 14 章\素材\14901.jpg”打开，如图 14-168 所示。

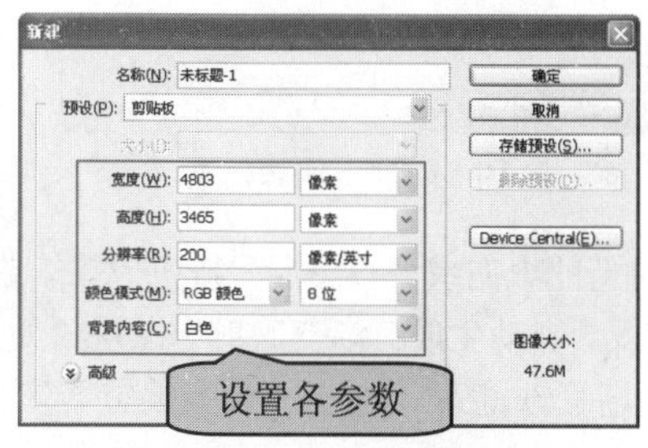

图 14-167 “新建”对话框

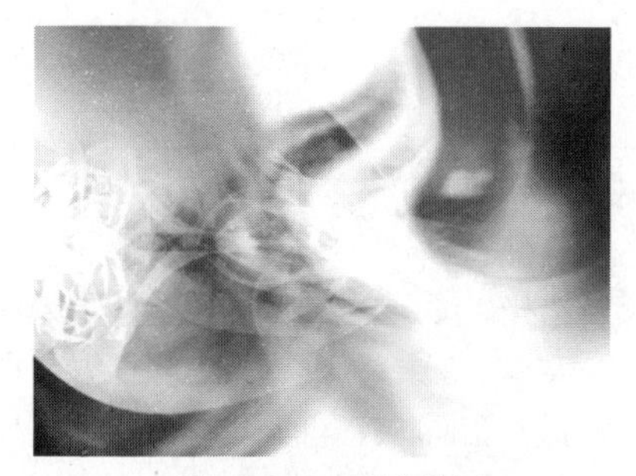

图 14-168 图像效果

步骤 2 将刚刚打开的图像拖入到前面新建的文档中，如图 14-169 所示。在“图层”面板选择拖入图像时自动生成的“图层 1”，单击“添加矢量蒙版”按钮，为“图层 1”添加矢量蒙版，如图 14-170 所示。

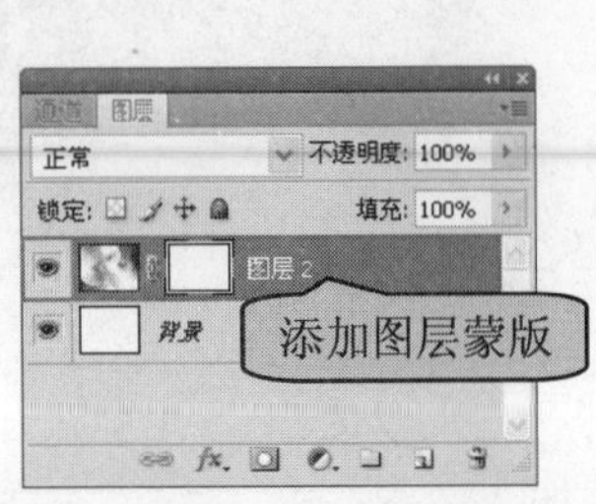

图 14-169 “图层”面板

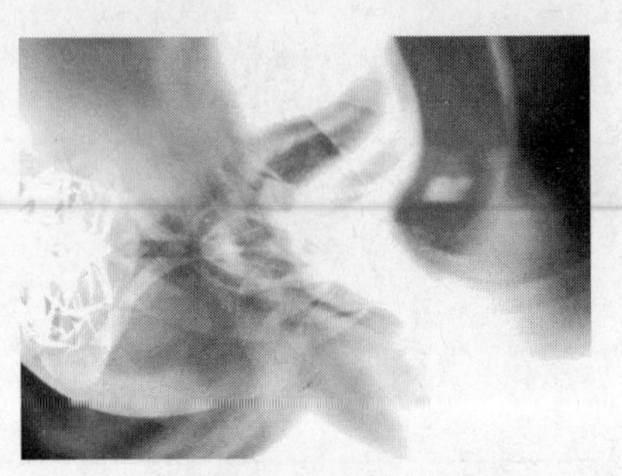

图 14-170 图像效果

步骤 3 选择“矢量蒙版”，单击工具箱中的“画笔工具”按钮，按 D 键恢复前景色和背景色的默认值，在图像上进行涂抹，将背景图像的多余部分隐藏，如图 14-171 所示。执行“文件>打开”命令，将图像“DVD1\源文件\第 14 章\素材\14902.jpg”打开，如图 14-172 所示。

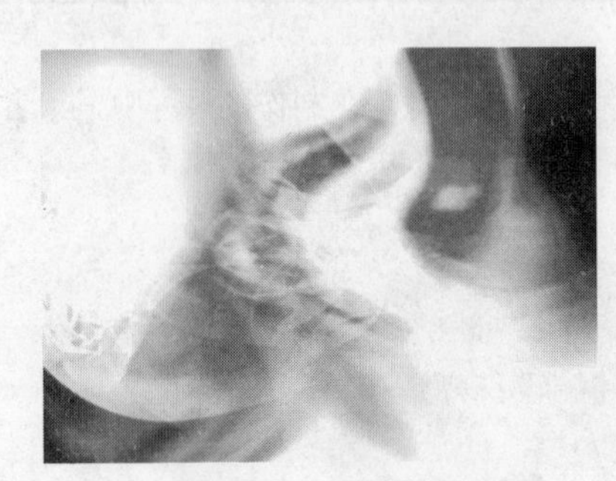

图 14-171 图像效果

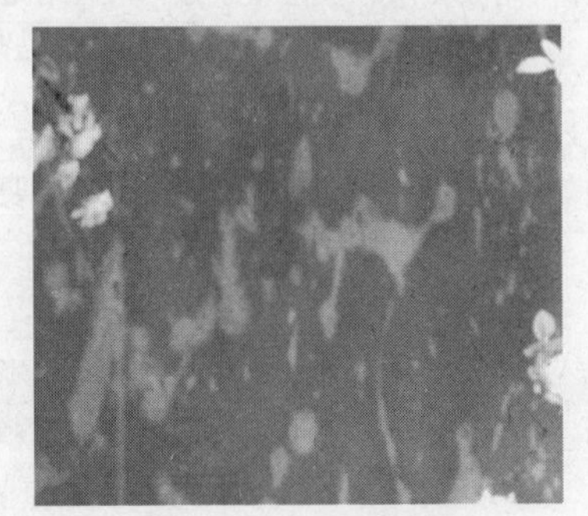

图 14-172 图像效果

步骤 4 将刚刚打开的图像，拖入到前面新建的文档中，到“图层”面板选择自动生成的“图层 2”，单击“添加图层蒙版”按钮，为“图层 2”添加图层蒙版，如图 14-173 所示。单击工具箱中的“画笔工具”按钮，按 D 键恢复前景色和背景色的默认值，在图像上进行涂抹，将多余的部分隐藏，如图 14-174 所示。

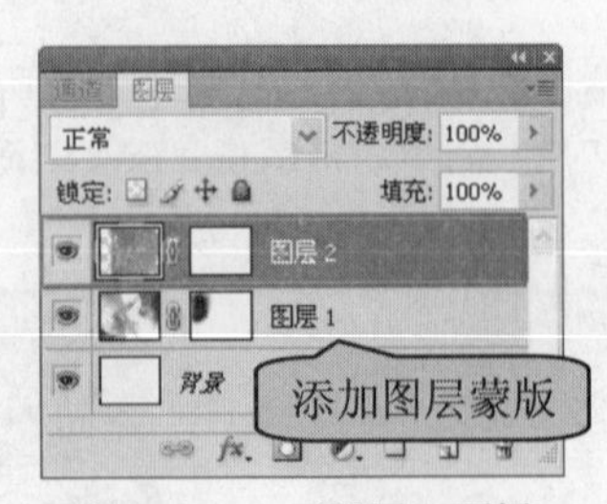

图 14-173 “图层”面板

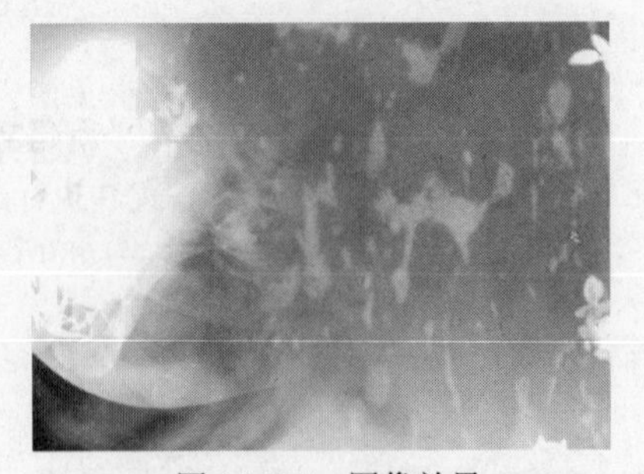

图 14-174 图像效果

步骤 5 选择“图层 2”，在“图层”面板单击“创建新的填充或调整图层”按钮，在弹出的下拉菜单中选择“渐变映射”选项，“图层”面板会自动生成“渐变映射”图层，如图 14-175 所示。在同时打开的“调整”面板中，单击“渐变预览条”，打开“渐变编辑器”对话框，参数设置如图 14-176 所示。

图 14-175　“图层”面板

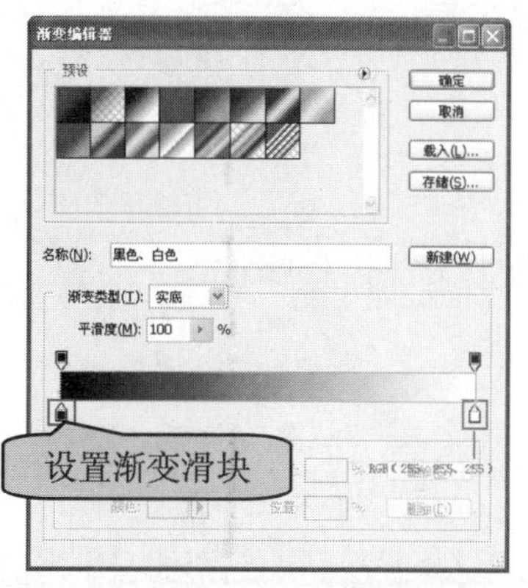

图 14-176　“渐变编辑器”对话框

步骤 6 单击“确定”按钮，完成“渐变编辑器”对话框的设置，到“图层”面板设置该图层的不透明度值为 27%，图像效果如图 14-177 所示。执行“文件>打开”命令，将照片“DVD1\源文件\第 14 章\素材\14903.jpg”打开，并拖入到前面新建的文档中，照片效果如图 14-178 所示。

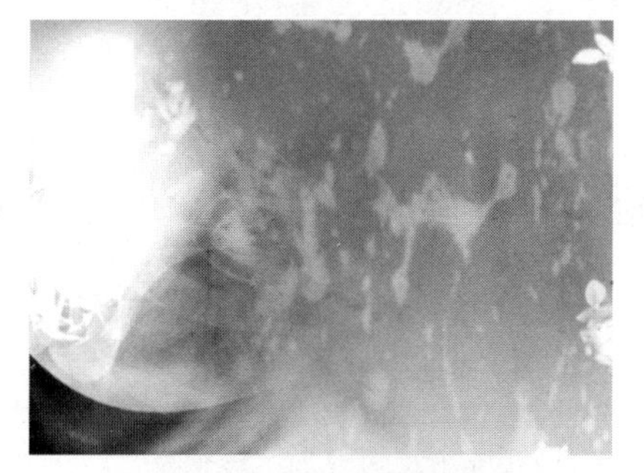

图 14-177　“图像效果

图 14-178　照片效果

步骤 7 根据前面的制作方法，添加图层蒙版，使用画笔工具进行擦除，照片效果如图 14-179 所示。新建“图层 4 “，使用“椭圆选框工具”按钮，在画布绘制椭圆选区，如图 14-180 所示。

图 14-179　照片效果

图 14-180　绘制选区

步骤 8 绘制完选区，执行“选择>变换选区”命令，将选区扩大，完成扩大后按 Enter 键确定，并填充为白色，如图 14-181 所示，按 Ctrl+D 键取消选区，在“图层”面板，设置该图层的图层混合模式为“叠加”，不透明度值为 27%，效果效果如图 14-182 所示。

步骤 9 保持该图层的选中状态，单击“添加图层蒙版”按钮，为该层添加图层蒙版，并使用“渐变工具”，在图像上拖曳，完成淡出的效果，如图 14-183 所示，相同的制作方法，完成后面层的制作，如图 14-184 所示。

图 14-181　图像效果

图 14-182　图像效果

图 14-183　图像效果

图 14-184　图像效果

步骤 10 根据前面的制作方法，通过图层蒙版完成后面的制作，面板效果如图 14-185 所示。画布效果如图 14-186 所示。

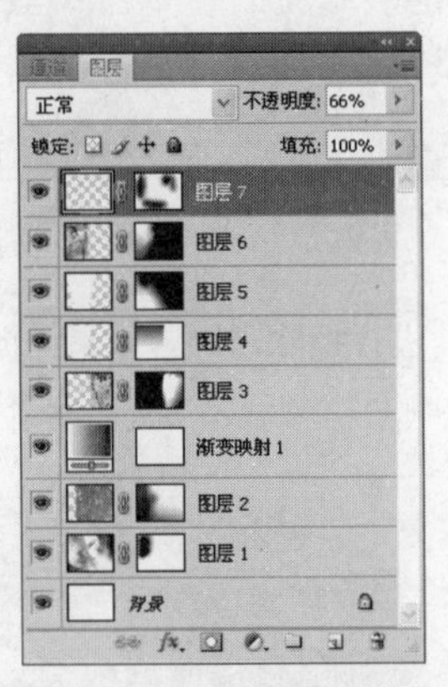

图 14-185　“图层”面板

图 14-186　画布效果

步骤 11 单击工具箱中的“横排文字工具”按钮 T，在“选项”栏设置，如图 14-187 所示。完成设置在画笔单击输入相应的文字内容，如图 14-188 所示。

图 14-187　“选项”栏

图 14-188　图像效果

步骤 12 在“图层”面板选择文字层，执行“图层>图层样式>外发光”选项，打开“图层样式”对话框，参数设置如图 14-189 所示，单击“确定”按钮完成设置，文字效果如图 14-190 所示。

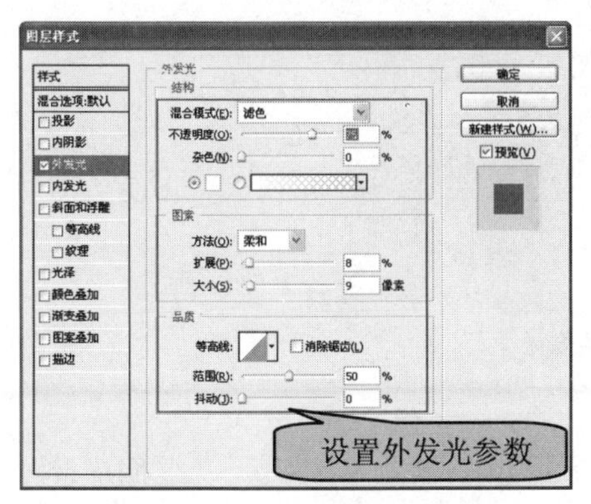

图 14-189　“图层样式”对话框

图 14-190　照片效果

步骤 13 相同的制作方法，完成其他文字内容的输入并添加相应的图层样式，面板如图 14-191 所示，文字效果如图 14-192 所示。

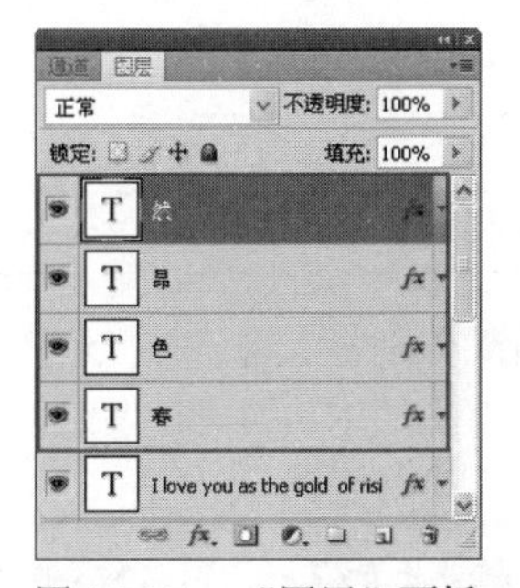

图 14-191　“图层”面板

图 14-192　文字效果

步骤 14 单击工具箱中的“画笔工具”按钮，执行“窗口>画笔”命令，打开“画笔”面板，在画笔面板分别设置如图 14-193 所示。

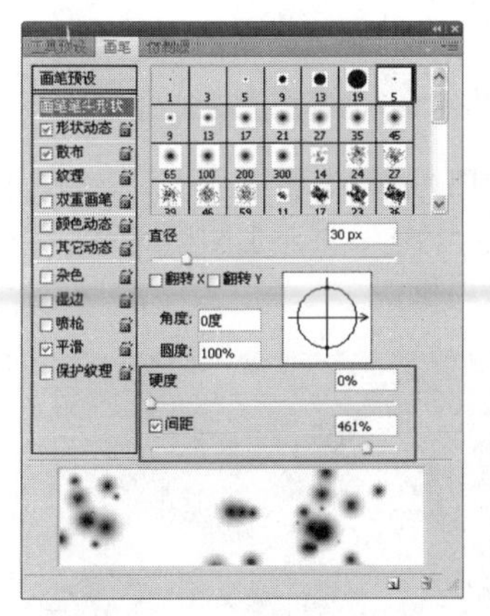

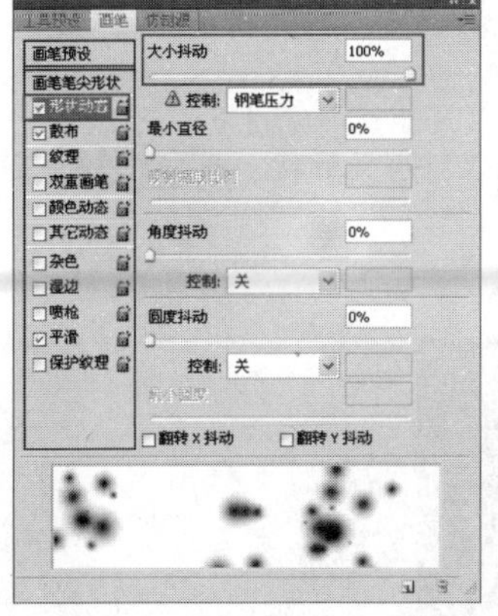

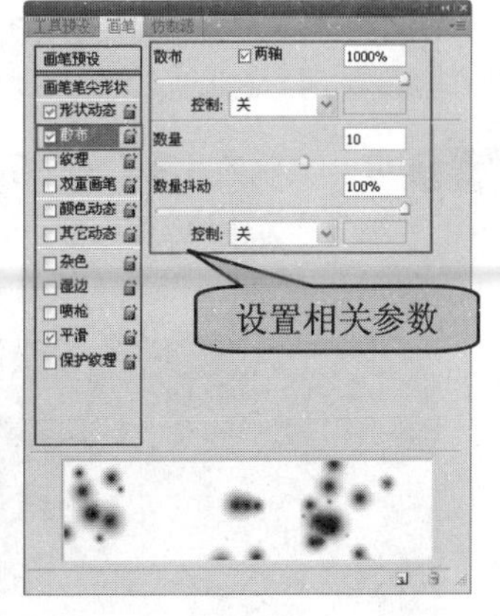

图 14-193　“画笔”面板

步骤 15 完成“画笔”面板的设置，将“画笔”面板关闭，在画布中进行绘制，如图 14-194 所示。完成蓝色爱恋效果的制作后，执行“文件>存储为”命令，将处理后的照片存储为 PSD 文件。

图 14-194　图像效果

实例小结

本实例主要是制作一种蓝色梦幻的效果，在制作的过程中，读者需要注意，人物照片素材与背景的融合营造出梦幻效果的关键。

Example 实例 282　暖暖的歌

案例文件	DVD1\源文件\第 14 章\14-10.psd
视频文件	DVD2\视频\第 14 章\14-10.avi
难易程度	★★★★☆
视频时间	5 分 20 秒

步骤 1 打开背景图像素材。

步骤 2 分别将人物素材打开，拖入到背景素材文档中，并进行调整，然后添加蒙版并进行隐藏。

步骤 3 复制人物照片素材，使用“自定义形状工具”。进行处理。

步骤 4 使用“横排文字工具” T，输入相应的文字内容，并添加图层样式，完成最后的操作。

第 15 章　实用创意特效制作

本章主要是对日常生活中拍摄的照片进行处理，制作出一些流行的个性照片，比如时尚大头贴、夸张变形人物、电脑桌面壁纸、QQ 表情等，经典实用的实例制作让照片充满创意。相信通过本章的学习，可以更加深刻地了解 Photoshop 的各种功能，同时也可以开发自己的想象力，制作出时尚生动的照片。

Example 实例 283　制作时尚大头贴效果

案例文件	DVD1\源文件\第 15 章\15-1.psd
难易程度	★★☆☆☆
视频时间	1 分 7 秒
技术点睛	使用“魔棒工具”选择相同颜色的图像，在“图层”面板中调整图层的层叠顺序

思路分析

本实例中的小女孩照片比较普通，照片背景也非常平淡单调，实例将一张卡通动漫图像进行合成，制作成流行的大头贴效果，制作前和制作后的效果如图 15-1 所示。

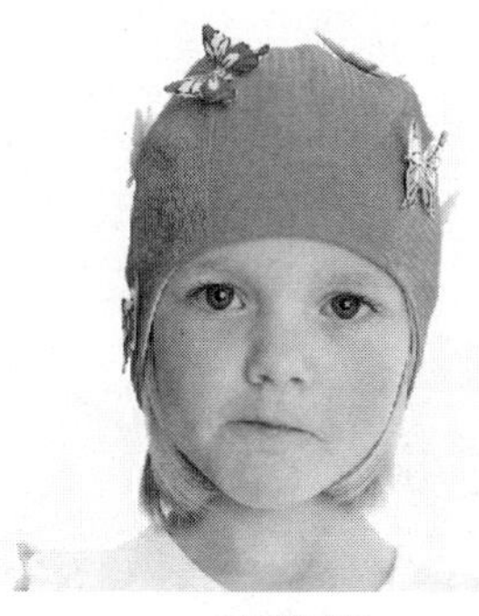

（制作前）

（制作后）

图 15-1　制作前和制作后的效果对比

制作步骤

步骤 1 执行“文件>打开”命令，打开素材图像“DVD1\源文件\第 15 章\素材\15101.jpg”，如图 15-2 所示，将“背景”图层拖动到“创建新图层”按钮上，复制“背景”图层，得到“背景副本”图层，如图 15-3 所示。

图 15-2　打开文件

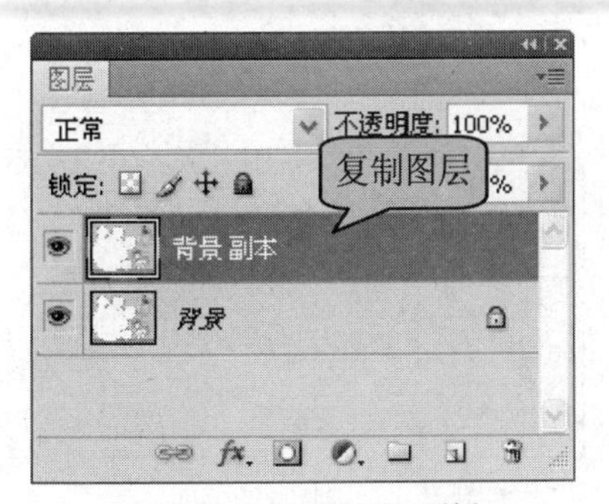

图 15-3　“图层”面板

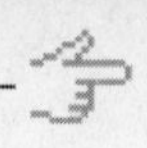

步骤 2 在“图层”面板上单击“背景”图层的“指示图层可见性”按钮，将“背景”图层隐藏，如图 15-4 所示。单击工具箱中的“魔棒工具”，在“选项”栏上设置“容差”值为 1，在图像的白色部分单击，按 Delete 键将选择的图像删除，如图 15-5 所示。

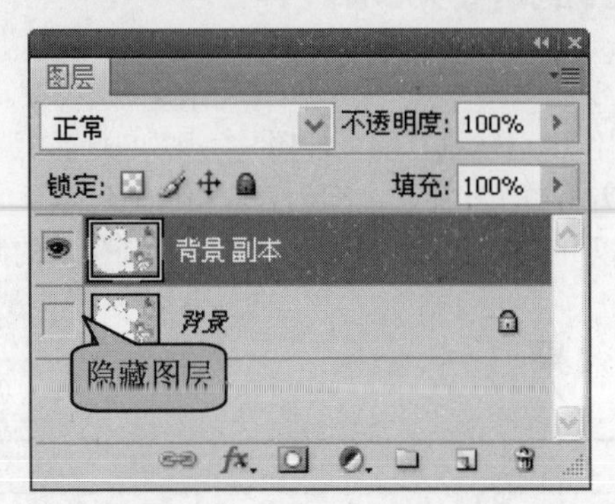

图 15-4 “图层”面板

图 15-5 图像效果

> **提示** 将“背景”图层进行隐藏的目的是能很明显的看清删除图像后的效果，读者在制作的过程中也可以不将“背景”图层隐藏。

步骤 3 执行“文件>打开”命令，打开需要处理的照片“DVD1\源文件\第 15 章\素材\15102.jpg”，如图 15-6 所示，使用“移动工具”将照片“15102.jpg”拖入到“15101.jpg”中，如图 15-7 所示。

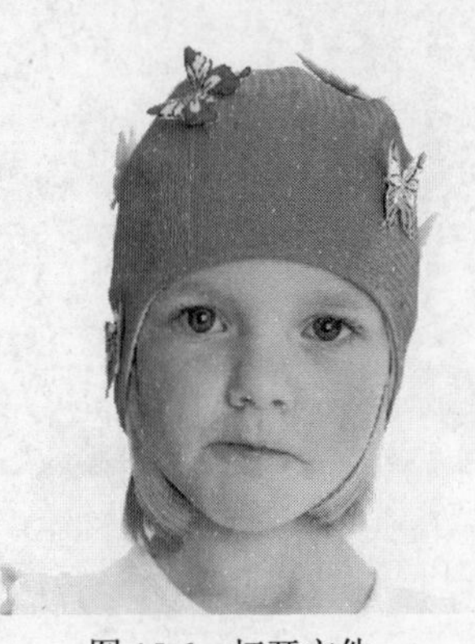

图 15-6 打开文件

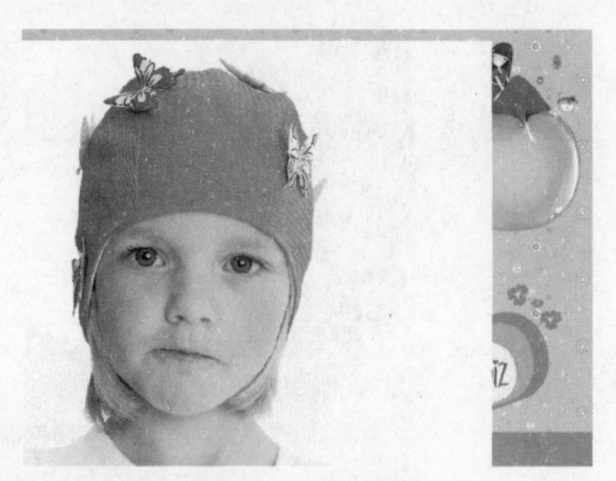

图 15-7 拖入照片

步骤 4 在“图层”面板中将“图层 2”拖动到“背景 副本”图层的下面，如图 15-8 所示，照片效果如图 15-9 所示。

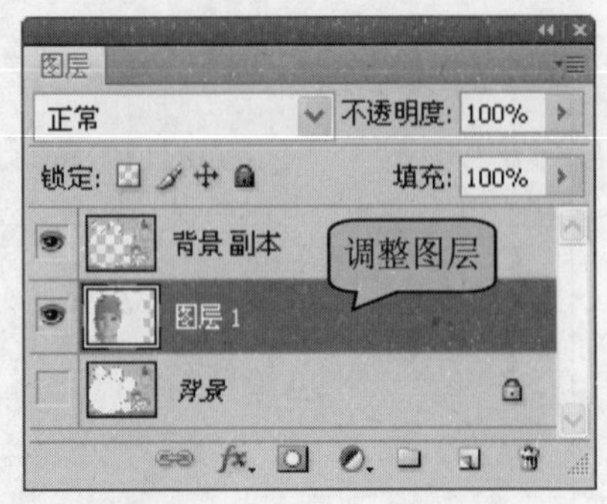

图 15-8 “图层”面板

图 15-9 照片效果

在“图层”面板拖动要调整图层顺序的图层，即可调整图层的层叠顺序，按 Ctrl+[键可以将图层向下移动一层，按 Ctrl+]键可以将图层向上移动一层，按 Shift+Ctrl+[键可以将图层移动到最顶层，按 Shift+Ctrl+]键可以将图层移动到最底层。

步骤 5 制作完时尚大头贴效果后，执行“文件>存储为”命令，将照片存储为 PSD 文件。

实例小结

本实例制作的是时尚大头贴效果，实例主要通过使用“魔棒工具”选择白色的图像部分，并将其删除，利用“图层”面板调整图层的层叠顺序。

Example 实例 284 为照片制作卡通相框

案例文件	DVD1\源文件\第 15 章\15-2.psd
视频文件	DVD2\视频\第 15 章\15-2.avi
难易程度	★★☆☆☆
视频时间	1 分 12 秒

步骤 1 打开要制作的照片，复制“背景”图层。

步骤 2 打开需要合成的照片。

步骤 3 将需要合成的照片拖入到人物的照片中，并适当的进行调整。

步骤 4 选择“背景 副本”图层，按 Ctrl+T 键将照片进行调整。

Example 实例 285 制作夸张变形的人物

案例文件	DVD1\源文件\第 15 章\15-3.psd
难易程度	★★☆☆☆
视频时间	3 分 21 秒
技术点睛	首先使用“钢笔工具”勾画出相应的选区，再使用“自由变换”命令完成对图像的放大或缩小

思路分析

本实例中的原照片是一个可爱的小孩，但没有什么特色，所以本节将讲述一种夸张的变形处理方法，为照片添加特色，效果如图 15-10 所示。

（制作前）（制作后）

图 15-10 制作前和制作后的效果对比

制作步骤

步骤 1 执行“文件>打开”命令，打开需要处理的照片“DVD1\源文件\第 15 章\素材\15301.jpg”，如图 15-11 所示。将“背景”图层拖移至“创建新图层”按钮 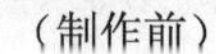 上，复制“背景”图层，得到“背景 副本”图层，“图层”面板如图 15-12 所示。

图 15-11 打开照片

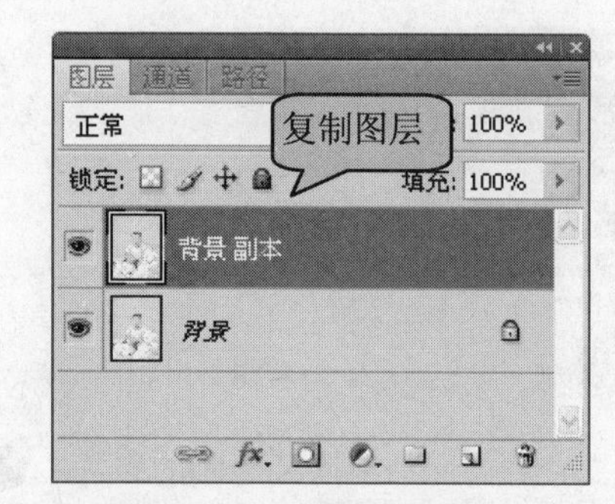

图 15-12 “图层”面板

> 提示 在制作这种夸张变形的效果时一般都是将人物的头部进行放大处理。因此在选图时，尽量选择人物头部上方空白比较大的照片。

步骤 2 选择“背景 副本”图层，单击工具箱中的“钢笔工具”按钮，在照片上勾画出人物的头像部分路径，并按快捷键 Ctrl+Eeter 将其转换成选区，如图 15-13 所示。按快捷键 Shift+F6，打开“羽化选区”对话框，参数设置如图 15-14 所示，单击“确定”按钮羽化选区。

图 15-13 创建选区

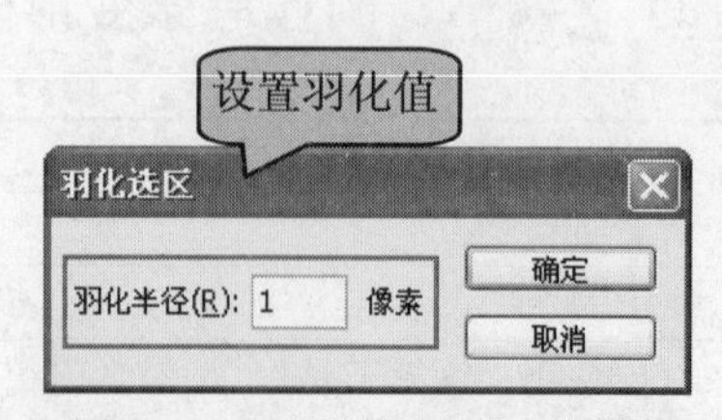

图 15-14 “羽化选项”对话框

步骤 3 按快捷键 Ctrl+J，复制选区并得到“图层 1”，如图 15-15 所示。单击工具箱中的“钢笔工具”按钮，相同的方法勾画出人物身体的部分，创建选区，复制选区并得到“图层 2”，如图 15-16 所示。

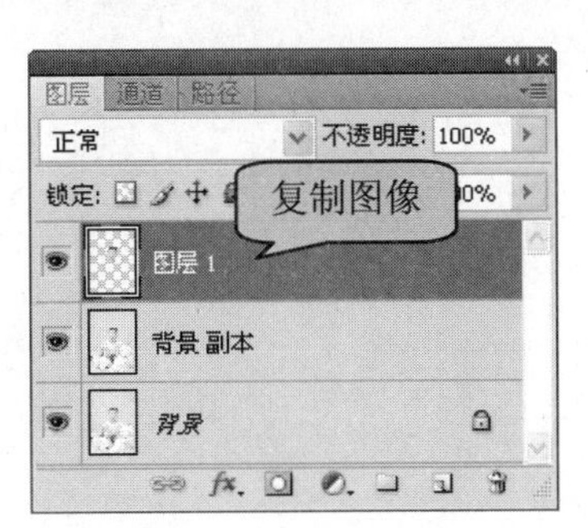

图 15-15 “图层”面板

图 15-16 “图层”面板

步骤 4 单击“图层 1”和“图层 2”的“指示图层可视性”按钮，隐藏这两个图层，如图 15-17 所示。选择“背景 副本”图层，单击工具箱中的“仿制图章工具”按钮，按住 Alt 键在背景图像处吸取图样，松开 Alt 键后在人物的身体处涂抹，将人物的身体去除，反复此操作后，效果如图 15-18 所示。

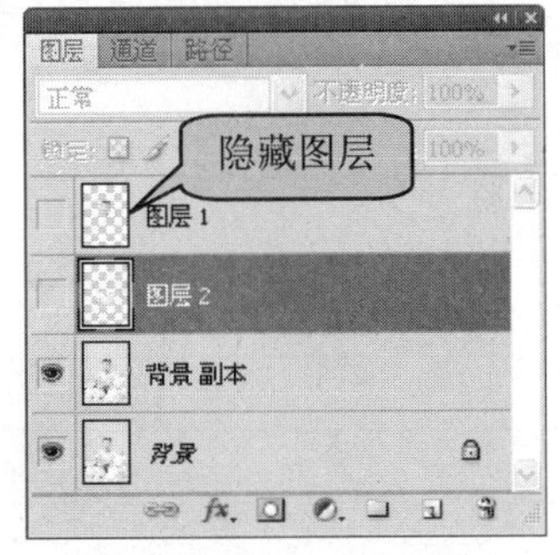

图 15-17 “图层”面板

图 15-18 照片效果

> **技巧** 在照片中对较大的色块进行修复时，最好使用“仿制图章工具”来完成，因为它的修复效果比较自然。

步骤 5 单击“图层 1”的“指示图层可视性”按钮，显示该图层，按快捷键 Ctrl+T，调出自由变换框，对照片进行自由变换操作，调整图形的大小及位置，完成后按下 Enter 键确认，效果如图 15-19 所示。相同的方法，显示“图层 2”，并对照片进行自由变换，完成后按 Enter 键确定，并使用“橡皮擦工具”，将多余的部分擦除，效果如图 15-20 所示。

图 15-19 照片效果

图 15-20 照片效果

步骤 6 新建“图层 3”，分别使用“椭圆工具”和“钢笔工具”在照片上绘制图形，如图 15-21 所示。单击工具箱中的“横排文字工具”按钮 T，在照片上输入文字，并在“字符”面板进行相应的设置，照片效果如图 15-22 所示。

图 15-21　绘制图形

图 15-22　照片效果

步骤 7 制作完夸张变形的人物后，执行“文件>存储为”命令，将照片保存为 PSD 文件。

实例小结

本实例主要向读者讲解如何制作可爱而又夸张的变形人物，在使用“钢笔工具”进行勾画选区时一定要仔细，以免影响到最终效果。制作完后还可以再发挥想象，添加一些可爱的修饰，使照片更可爱。

Example 实例 286 制作个性艺术签名效果

案例文件	DVD1\源文件\第 15 章\15-4.psd
视频文件	DVD2\视频\第 15 章\15-4.avi
难易程度	★★☆☆☆
视频时间	4 分 16 秒

步骤 1 打开照片，将“背景”层复制。

步骤 2 将图像去色，应用“高斯模糊”滤镜，并添加抽丝效果。

步骤 3 制作边框，为大相框添加笔刷效果，复制图层，对图像进行变形并调整色调。

步骤 4 相同方法多次复制图层，并对其进行变形和调整色调，为照片添加文字效果。

Example 实例 287　制作个人相册

案例文件	DVD1\源文件\第 15 章\15-5.psd
难易程度	★★★☆☆
视频时间	4 分 51 秒
技术点睛	利用“曲线”、“高斯模糊”滤镜和“图层样式”等命令，制作个人相册

思路分析

本例中的原照片比较突出，可以结合一些照片，通过利用“曲线”、“高斯模糊”滤镜和“图层样式”等命令，制作出个人相册，本实例最终效果如图 15-23 所示。

（处理前）

（处理后）

图 15-23　制作前和制作后的效果对比

制作步骤

步骤 1 执行“文件>打开”命令，打开需要处理的照片“DVD1\源文件\第 15 章\素材\15501.jpg”，如图 15-24 所示。复制“背景”图层，得到“背景 副本”图层，如图 15-25 所示。

图 15-24　打开文件

图 15-25　复制图层

步骤 2 执行“图像>调整>曲线”命令，打开“曲线”对话框，参数设置如图 15-26 所示，单击“确定”按钮完成设置，照片效果如图 15-27 所示。

步骤 3 单击工具箱中的“矩形选框工具”按钮，在照片合适的位置创建选区，如图 15-28 所示，执行“图层>新建>通过拷贝的图层”命令，复制选区并得到“图层 1”图层，如图 15-29 所示。

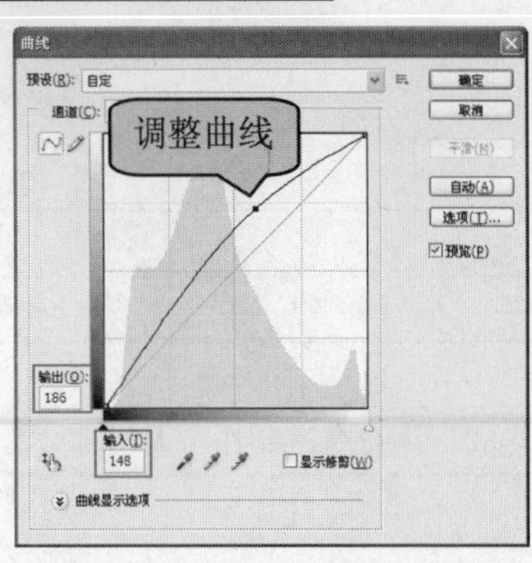

图 15-26 设置“曲线”对话框

图 15-27 照片效果

图 15-28 绘制选区

图 15-29 拷贝图层

步骤 4 将“图层 1”隐藏，选择“图层 副本”图层，执行“滤镜>模糊>高斯模糊”命令，打开“高斯模糊”对话框，参数设置如图 15-30 所示，单击“确定”按钮完成设置，照片效果如图 15-31 所示。

图 15-30 设置“高斯模糊”对话框

图 15-31 照片效果

提示 对背景图像进行模糊处理，可以使主题更突出。

步骤 5 单击“图层”面板上的“添加图层样式”按钮 fx，在打开的菜单中分别选择“内阴影”选项，打开“图层样式”对话框，设置如图 15-32 所示。在“图层样式”对话框左侧的“样式”列表中选择“斜面和浮雕”选项，并对“斜面和浮雕”进行相应的设置，如图 15-33 所示。

步骤 6 单击“确定”按钮完成设置，照片效果如图 15-34 所示，显示“图层 1”，按快捷键 Ctrl+T，调出自由变换框，调整照片的大小、角度和位置，效果如图 15-35 所示。

技巧 在对图像进行大小的调整时，应该按住 Shift 键，确保图像等比例放大和缩小。

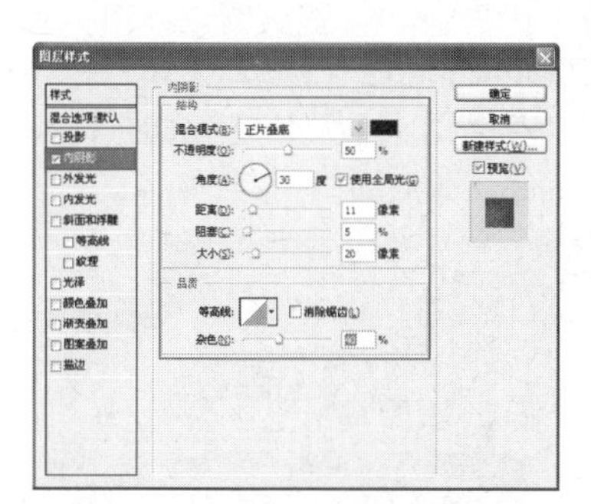

图 15-32　设置“内阴影”样式

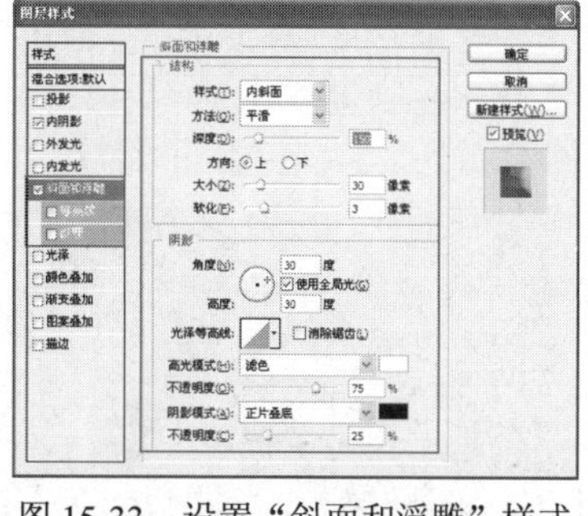

图 15-33　设置“斜面和浮雕”样式

图 15-34　照片效果

图 15-35　照片效果

步骤 7 选择“图层 1”，单击“图层”面板上的“添加图层样式”按钮 fx，在打开的菜单中选择“描边”选项，打开“图层样式”对话框，参数设置如图 15-36 所示。在“图层样式”对话框左侧的“样式”列表中选择“投影”选项，并对“投影”进行相应的设置，如图 15-37 所示。

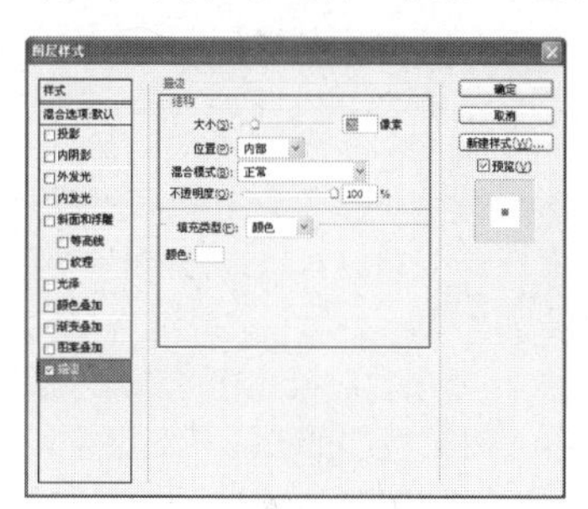

图 15-36　设置“描边”样式

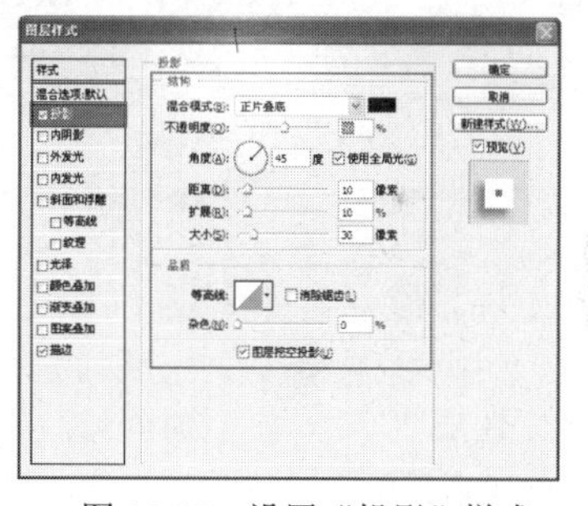

图 15-37　设置“投影”样式

步骤 8 单击“确定”按钮完成设置，照片效果如图 15-38 所示。执行“文件>打开”命令，打开另一张照片素材“DVD1\源文件\第 15 章\素材\15502.jpg”，如图 15-39 所示。

图 15-38　照片效果

图 15-39　打开文件

> **技巧**
> 除了将图像拖入到文件中外，也可以使用“文件>置入”命令，将其他素材置入到文件中。

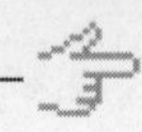

步骤 9 单击工具箱中的“移动工具”按钮，将照片15502.jpg拖入到15501.jpg中，自动创建“图层2”，按快捷键Ctrl+T，调出自由变换框，调整照片的大小及角度，如图15-40所示。相同的制作方法，为照片添加“描边”和“投影”样式，效果如图15-41所示。

图15-40　调整照片

图15-41　照片效果

步骤 10 相同的制作方法，制作出“图层3”、“图层4”和“图层5”，效果如图15-42所示。选择“图层1”，在“图层1”上方新建“图层6”，单击工具箱中的“矩形选框工具”按钮，在照片上合适的位置绘制矩形选区，并填充前景色RGB（252，252，240），效果如图15-43所示。

图15-42　照片效果

图15-43　照片效果

提示

如果打开的外部图像，偏暗或效果不是很好，可以使用“调整”中的命令对图像进行相应的处理。

步骤 11 新建“图层7”，执行“选择>修改>扩展”命令，弹出“扩展选区”对话框，设置“扩展量”为20像素，单击“确定”按钮，将选区扩大，为选区填充前景色RGB（252，252，240），并设置“图层”面板上的“不透明度”为70%，效果如图15-44所示。相同的制作方法，制作出“图层8”和“图层9”，效果如图15-45所示。

图15-44　照片效果

图15-45　照片效果

步骤 12 单击工具箱中的“钢笔工具”按钮，在画布中合适的位置绘制路径，效果如图15-46所示。单击工具箱中的“直排文字工具”按钮，选择合适的字体、字体大小、字体颜色，单击刚刚绘制路径的开始部分，输入相应文本，如图15-47所示。

图 15-46　绘制路径

图 15-47　输入文字

提示 当使用"文字工具"单击路径以后，在单击的位置会多一条与路径垂直的细线，这就是文字的起点，此时路径的终点会变为一个小圆圈，这个圆圈代表了文字的终点。即：从单击的位置开始的那条细线，到这个圆圈为止，就是文字显示的范围。

步骤 13 选择文字图层，单击"图层"面板上的"添加图层样式"按钮 fx，在弹出的菜单中选择"投影"命令，打开"图层样式"对话框，设置如图 15-48 所示，单击"确定"按钮完成设置，文字效果如图 15-49 所示。

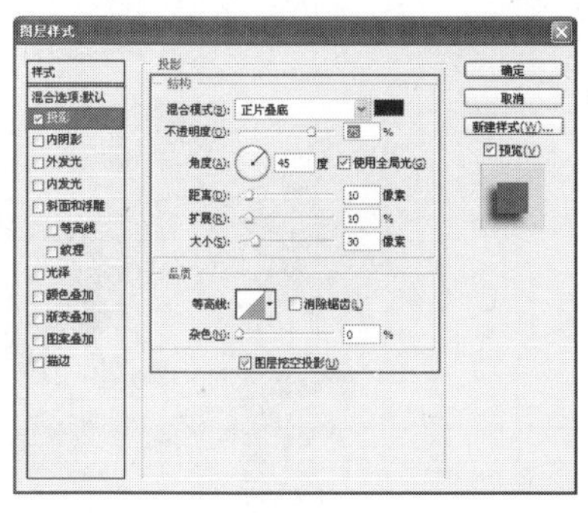

图 15-48　设置"投影"样式

图 15-49　照片效果

步骤 14 新建"图层 10"，并将"图层 10"移至图层顶部，单击工具箱中的"画笔工具"按钮，在"选项"栏中设置笔触为"绒毛球"，其他参数设置如图 15-50 所示。设置工具箱中的"前景色"为 RGB（252，252，240），在画布中合适的位置进行绘制，效果如图 15-51 所示。

画笔: 500　模式: 正常　不透明度: 100%　流量: 100%

图 15-50　设置画笔"选项"栏

图 15-51　照片效果

步骤 15 制作完个人相册后，执行"文件>存储为"命令，将个人相册存储为 PSD 文件。

实例小结

本实例主要讲解了如何使用"图层样式"等命令，对原照片进行加工，配合其他照片制作出个人相册，需要注意照片的位置、大小及构图是否能够突出照片的内容。

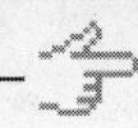

Example 实例 288 制作比较特别的相册

案例文件	DVD1\源文件\第 15 章\15-6.psd
视频文件	DVD2\视频\第 15 章\15-6.avi
难易程度	★★☆☆☆
视频时间	2 分 9 秒

步骤 1 打开照片文件，调整照片的亮度、对比度和色调。

步骤 2 将照片拷贝到一起，并调整大小和位置。

步骤 3 为图层添加“图层蒙版”，使用“画笔工具”设置“前景色”为黑色，在照片边缘绘制，完成羽化效果。

步骤 4 同样的方法依次制作其他照片效果。

Example 实例 289 制作 QQ 表情效果

案例文件	DVD1\源文件\第 15 章\15-7.psd
难易程度	★★☆☆☆
视频时间	1 分 37 秒
技术点睛	利用“图像>图像大小”命令，将照片的尺寸进行调整，使用“横排文字工具” T 在照片上添加文字效果

思路分析

本实例中的照片是一张普通的男孩照片，可以在照片上添加一些特殊的文字效果，制作出流行的 QQ 表情图片，本实例的最终效果如图 15-52 所示。

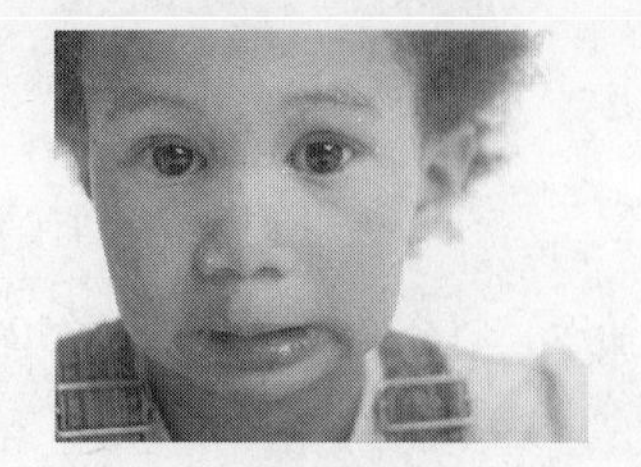

（制作前）

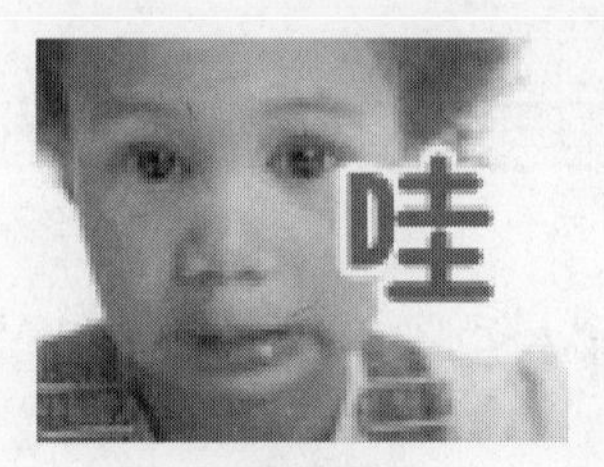

（制作后）

图 15-52 制作前和制作后的效果对比

步骤 1 执行“文件>打开”命令，打开需要处理的照片“DVD1\源文件\第 15 章\素材\15701.jpg”，如图 15-53 所示。执行“图像>图像大小”命令，打开“图像大小”对话框，参数设置如图 15-54 所示，单击“确定”按钮完成设置。

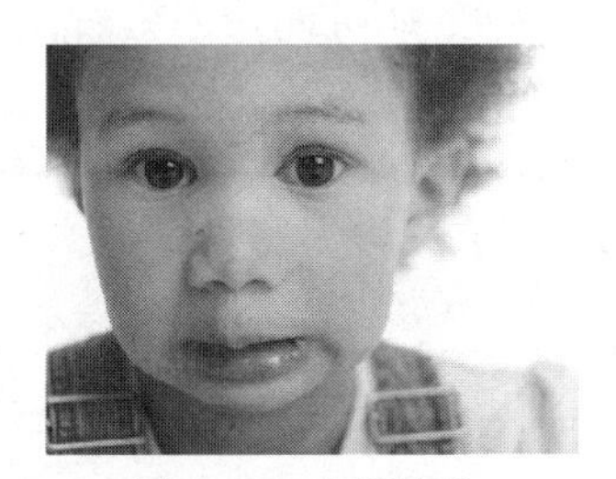

图 15-53　打开文件

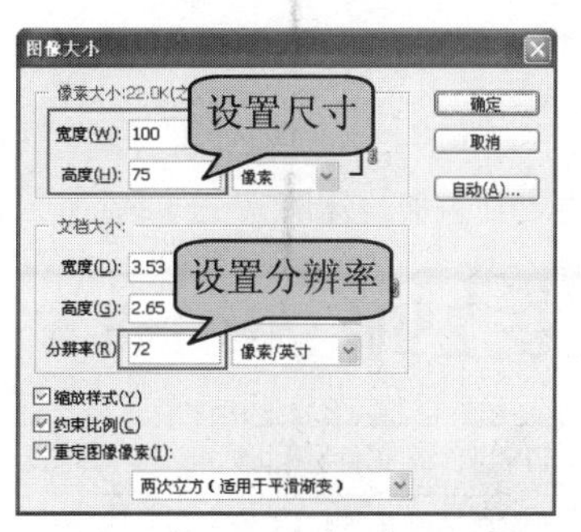

图 15-54　“图像大小”对话框

> **提示**　调图像的尺寸大小是为了减小图像所占的空间，在制作 QQ 表情时图像的大小不能超过 2MB。

步骤 2 单击工具箱中的“横排文字工具”按钮 T，在“字符”面板中进行相应的参数设置，如图 15-55 所示，在照片中输入文字，如图 15-56 所示。

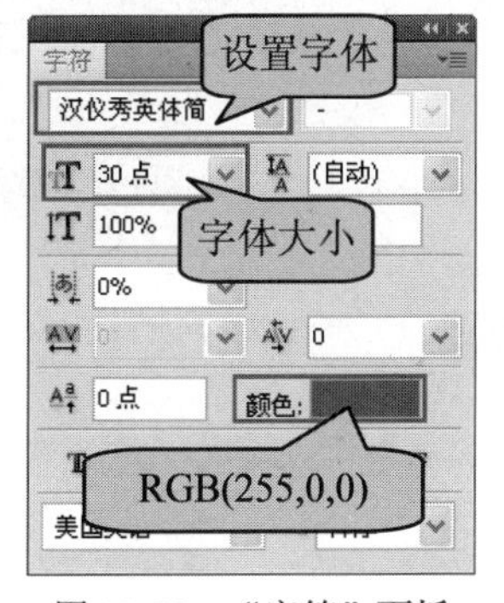

图 15-55　“字符”面板

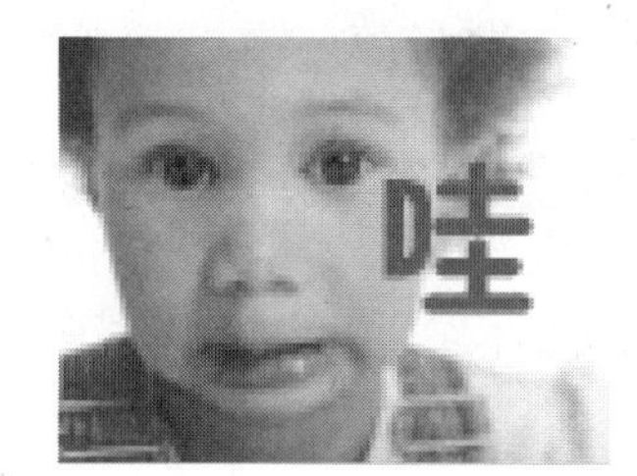

图 15-56　输入文字

步骤 3 选择文字图层，单击“添加图层样式”按钮 fx，在打开的菜单中选择“描边”选项，打开“图层样式”对话框，参数设置如图 15-57 所示，单击“确定”按钮完成设置，文字效果如图 15-58 所示。

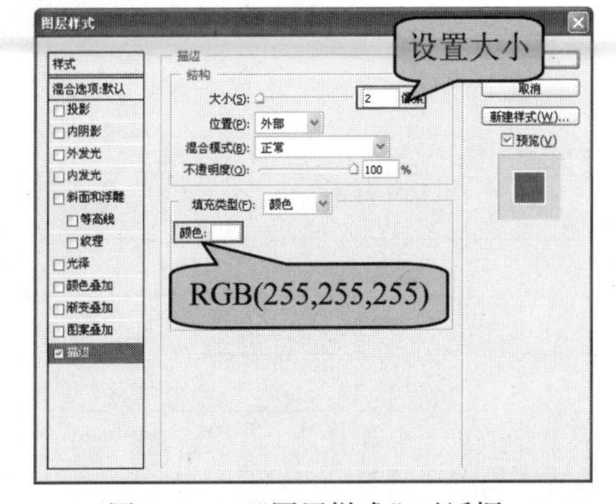

图 15-57　“图层样式”对话框

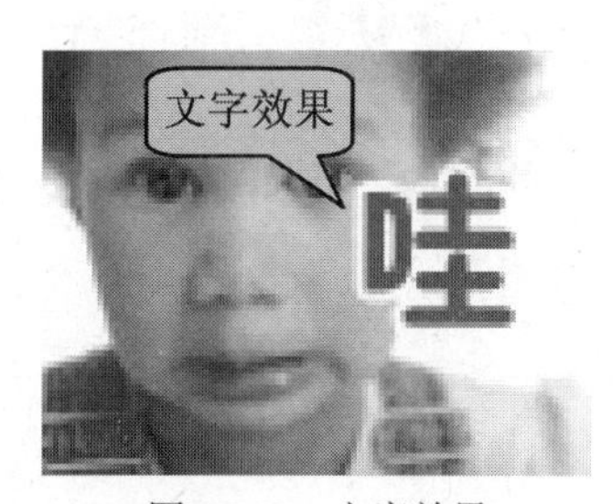

图 15-58　文字效果

步骤 4 制作完 QQ 表情后，执行“文件>存储为”命令，将照片存储为 PSD 文件，再次执行“文件>存储为”命令，将照片存储为 JPG 文件。

提示 上传表情图像格式为 eip、cfc 或 zip，在 Photoshop 中是无法制作这些格式的。通过利用 QQ 的“添加自定义表情”功能，可以将制作好的图像添加到 QQ 的自定义表情中，再将其“导出”，在“导出”对话框中可以选择 eip 和 cfc 两种格式。

实例小结

本实例通过制作 QQ 表情，向读者讲解制作 QQ 表情的尺寸大小以上传体积的限制，实例利用“横排文字工具” T 为照片添加特殊的文字效果，再利用“添加图层样式”为文字添加描边效果。

Example 实例 290 制作搞笑聊天表情

案例文件	DVD1\源文件\第 15 章\15-8.psd
视频文件	DVD2\视频\第 15 章\15-8.avi
难易程度	★★☆☆☆
视频时间	1 分 45 秒

步骤 1 打开要制作的照片。

步骤 2 将照片缩小，并添加文字。

步骤 3 为文字图层添加图层样式，并将文字图层栅格化。

步骤 4 最终完成搞笑表情的制作。

Example 实例 291 制作时尚艺术插画

案例文件	DVD1\源文件\第 15 章\15-9.psd
难易程度	★★☆☆☆
视频时间	3 分 45 秒
技术点睛	主要通过“画笔工具”完成了对背景的处理，再使用“钢笔工具”和“图层样式”完成光束的绘制，最后将所需的图像导入设置相应的混合模式

思路分析

本实例将把一张普通的照片处理成具有一定视觉冲击力的时尚艺术插画效果，实例的制作过程中主要应用了“画笔工具”和“钢笔工具”来实现多彩的背景和光束的制作，然后再将一些花纹图案与图像进行合成，最终完成时尚艺术插画效果，本实例的最终效果如图 15-59 所示。

（处理前）　　　　（处理后）

图 15-59　制作前与制作后的效果对比

制作步骤

步骤 1 执行“文件>打开”命令，打开需要处理的照片原图“DVD1\源文件\第 15 章\素材\15901.jpg”，如图 15-60 所示。单击工具箱中的“画笔工具”按钮，在“选项”栏上单击“切换画笔面板”按钮，打开“画笔”面板，参数设置如图 15-61 所示。

图 15-60　图像效果

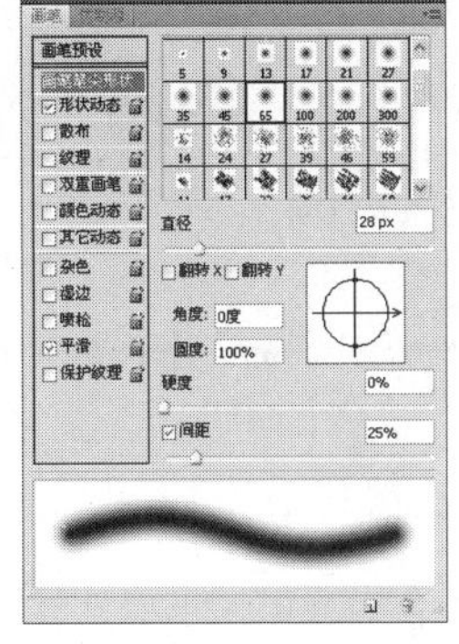

图 15-61　“画笔”面板

步骤 2 在“画笔”面板上的左侧列表中选择“形状动态选项”选项，参数设置如图 15-62 所示，选择“散布”选项，参数设置如图 15-63 所示，在“画笔”面板的左侧列表中分别选中“颜色动态”和“喷枪”选项，“形状动态”选项设置如图 15-64 所示，“喷枪”选项采用默认设置。

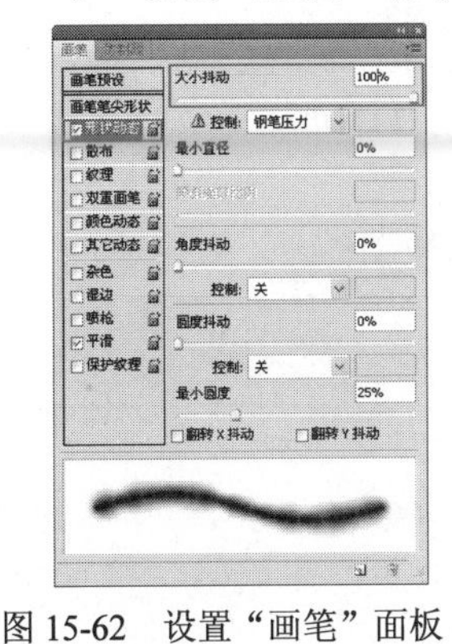

图 15-62　设置“画笔”面板

图 15-63　设置“画笔”面板

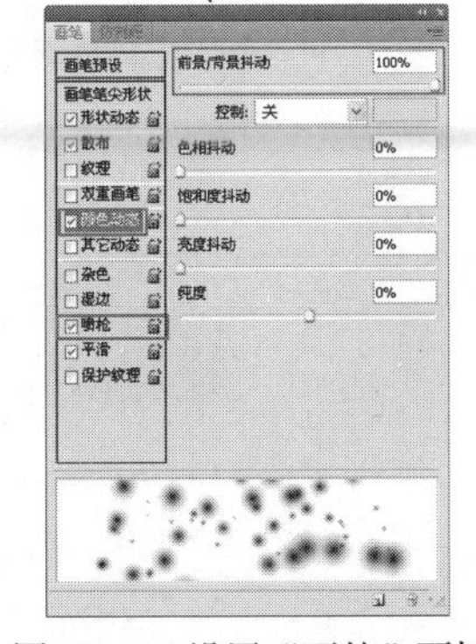

图 15-64　设置“画笔”面板

步骤 3 完成对“画笔”面板的设置，在工具箱中分别设置“前景色”和“背景色”值为 RGB（0,

255，255）和 RGB（255，0，255），如图 15-65 所示。新建“图层 1”，使用“画笔工具”在画布中进行涂抹，如图 15-66 所示。

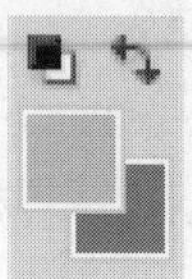

图 15-65 设置前景色和背景色

图 15-66 图像效果

技巧 在前面设置的“画笔”面板中，“颜色动态”选项是要与前景色和背景色配合使用的。在完成图层的涂抹时，如果效果并不是很满意，可以根据个人的意愿使用蒙版进行相应的调整。

步骤 4 完成涂抹，在“图层”面板设置该图层的“混合模式”为“滤色”，如图 15-67 所示，图像效果如图 15-68 所示。

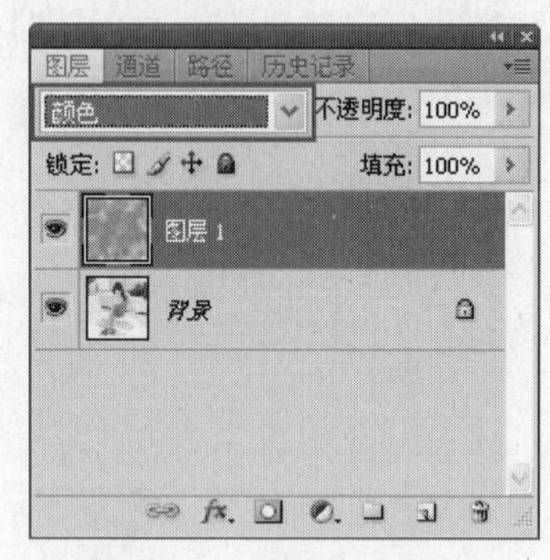

图 15-67 “图层”面板

图 15-68 图像效果

步骤 5 新建“图层 2”，单击工具箱中的“钢笔工具”按钮，在图像上绘制路径，如图 15-69 所示。将“前景色”设置为白色，按住键盘上的 Alt 键，在“路径”面板中单击“用画笔描边路径”按钮，打开“描边路径”对话框，参数设置如图 15-70 所示。

图 15-69 绘制路径

图 15-70 设置“描边路径”对话框

技巧 在使用“钢笔工具”在同一图层中绘制多条单个路径时，可以通过配合“路径”面板来完成，还可以分别在不同的图层中进行绘制，然后将图层合并即可。

步骤 6 单击“确定”按钮完成设置，效果如图 15-71 所示。在“图层”面板双击“图层 2”，打开“图层样式”对话框，参数设置如图 15-72 所示。

图 15-71　路径效果

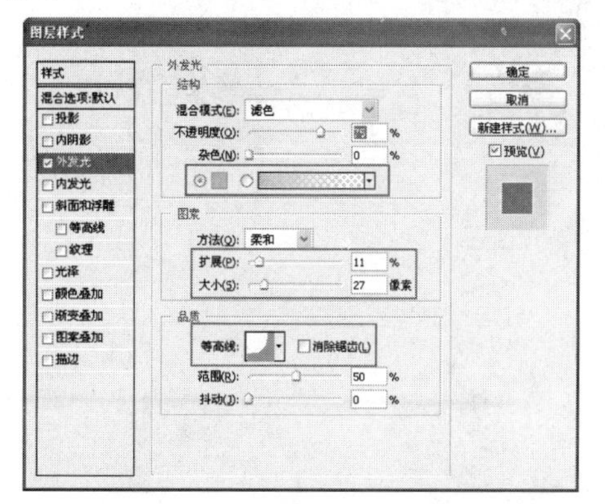

图 15-72　“图层样式”面板

步骤 7 单击“确定”按钮完成设置，效果如图 15-73 所示。在“图层”面板单击“添加图层蒙版”按钮，为“图层 2”添加图层蒙版，使用“画笔工具”，在“选项”栏上设置相应的笔触，设置“前景色”为黑色，在图层蒙版中进行涂抹，将多余的线条隐蔽，效果如图 15-74 所示。

图 15-73　图像效果

图 15-74　图像效果

步骤 8 新建“图层 3”，单击工具箱中的“画笔工具”按钮，打开“画笔”面板，参数设置如图 15-75 所示。在图像上进行相应的涂抹，效果如图 15-76 所示。

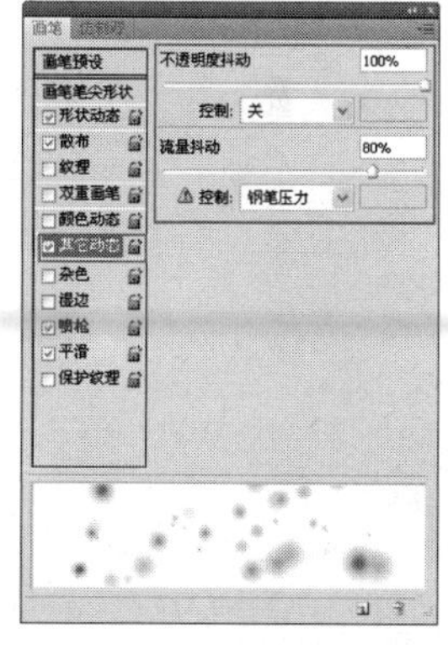

图 15-75　“画笔”面板

图 15-76　图像效果

技巧　在进行涂抹时一定要注意，画笔的直径不要过大，因为此处绘制的是星星效果，如果直径过大会影响效果，涂抹的位置没有过多的要求，根据个人喜好即可，只要美观就好。

步骤 9 执行“文件>打开”命令，打开需要处理的照片原图“DVD1\源文件\第 15 章\素材\15902.png”，如图 15-77 所示。将 15902.png 拖入到前面制作的图像 15901.jpg 中，如图 15-78 所示。

图 15-77 图像效果

图 15-78 图像效果

步骤 10 在“图层”面板上选择刚刚拖入图像时自动生成的“图层 4”，设置该图层的“混合模式”为“叠加”，如图 15-79 所示，图像效果如图 15-80 所示。

图 15-79 “图层”面板

图 15-80 图像效果

步骤 11 执行“文件>打开”命令，打开需要处理的照片原图“DVD1\源文件\第 15 章\素材\15903.png”，如图 15-81 所示。将 15903.png 拖入到前面制作的图像 15901.jpg 中，如图 15-82 所示。

图 15-81 图像效果

图 15-82 图像效果

步骤 12 选择拖入图像时自动生成的“图层 5”，设置该图层的“混合模式”为“叠加”，如图 15-83 所示。单击“添加图层蒙版”按钮，为该图层添加图层蒙版，使用“画笔工具”，在“选项”栏上设置相应的笔触，设置“前景色”为黑色，在图层蒙版中进行涂抹，将多余的图像部分擦除，如图 15-84 所示。

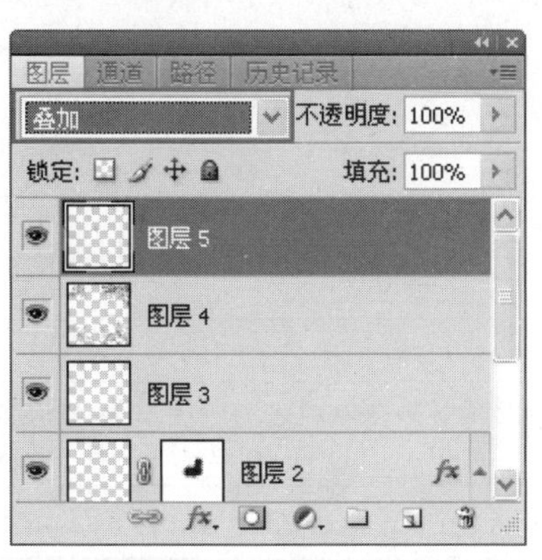

图 15-83 “图层”面板

图 15-84 图像效果

步骤 13 制作完时尚艺术插画后，执行“文件>存储为”命令，将照片保存为 PSD 文件。

实例小结

本实例主要讲解了如何将普通照片处理为艺术插画的效果，在制作的过程中主要运用了“画笔工具”绘制出多彩的背景效果，接着再使用各种花纹素材图像，使照片更具有艺术插画的效果。

Example 实例 292 制作照片包装纸效果

案例文件	DVD1\源文件\第 15 章\15-10.psd
视频文件	DVD2\视频\第 15 章\15-10.avi
难易程度	★☆☆☆☆
视频时间	1 分 23 秒

步骤 1 打开要处理的照片，使用自动调整命令调整照片属性。

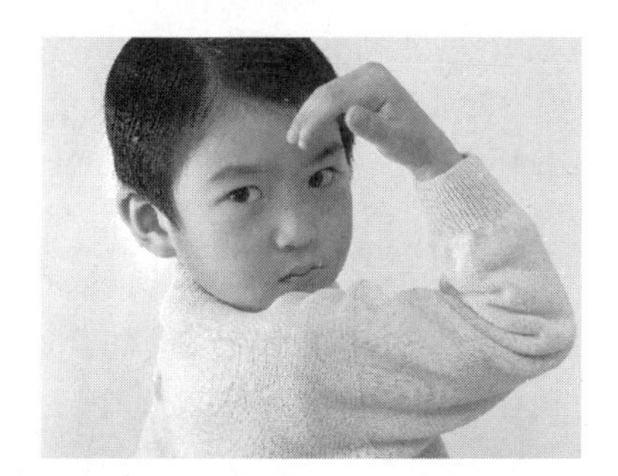

步骤 2 拷贝背景图层，调整照片的大小。

步骤 3 使用“矩形选区工具”将小照片选中，并定义成为图案。

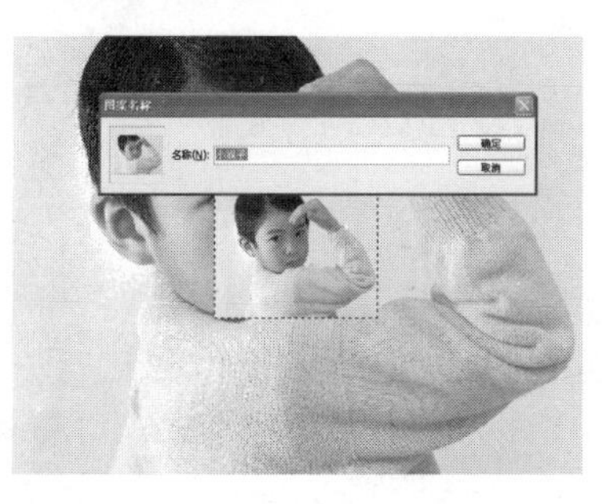

步骤 4 使用“图案图章工具”在新建图层中创建包装纸效果。

Example 实例 293 制作褶皱照片效果

案例文件	DVD1\源文件\第 15 章\15-11.psd
难易程度	★★★☆☆
视频时间	2 分 22 秒
技术点睛	利用“滤镜>渲染>云彩”命令，制作背景的褶皱效果，通过为图层设置“图层混合模式”制作图层的层叠效果

思路分析

本实例中的照片是一张比较清晰平整的照片，通过 Photoshop 的一些滤镜功能与其他功能相结合制作出褶皱效果，本实例的最终效果如图 15-85 所示。

（制作前）

（制作后）

图 15-85　制作前和制作后的效果对比

制作步骤

步骤 1 执行“文件>新建”命令，打开“新建”对话框，参数设置如图 15-86 所示，单击“确定”按钮，创建一个新的文件。按键盘上的 D 键，将工具箱中的前景色设置为黑色，背景色设置为白色，执行“滤镜>渲染>云彩”命令，图像效果如图 15-87 所示。

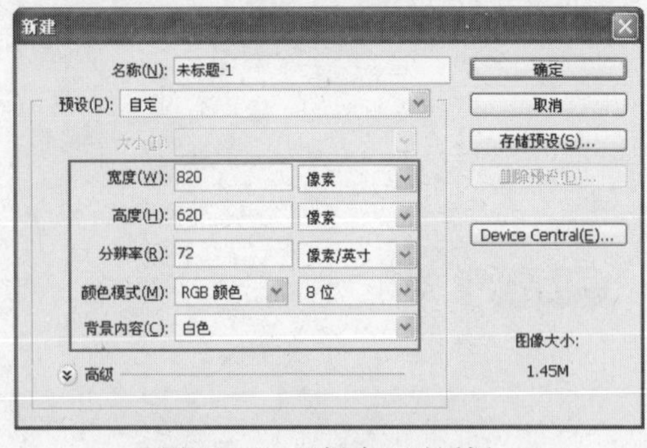

图 15-86　“新建”对话框

图 15-87　图像效果

> **技巧** 执行“文件>新建”命令，可以打开“新建”对话框，按快捷键 Ctrl+N，也可以打开“新建”对话框。

步骤 2 执行“滤镜>渲染>分层云彩”命令，图像效果如图 15-88 所示。再次执行两次“滤镜>渲染>分层云彩”命令，图像效果如图 15-89 所示。

图 15-88　图像效果

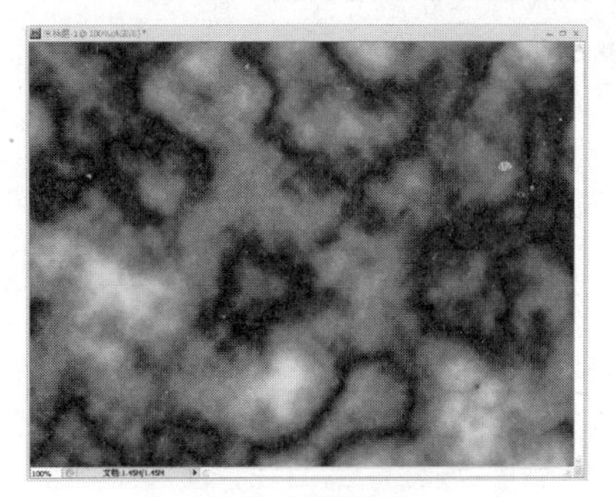

图 15-89　图像效果

 执行“滤镜>风格化>浮雕效果”命令，打开“浮雕效果”对话框，参数设置如图 15-90 所示，单击“确定”按钮完成设置，图像效果如图 15-91 所示。执行“文件>存储”命令，将图像存储为“15-11-1.psd”文件。

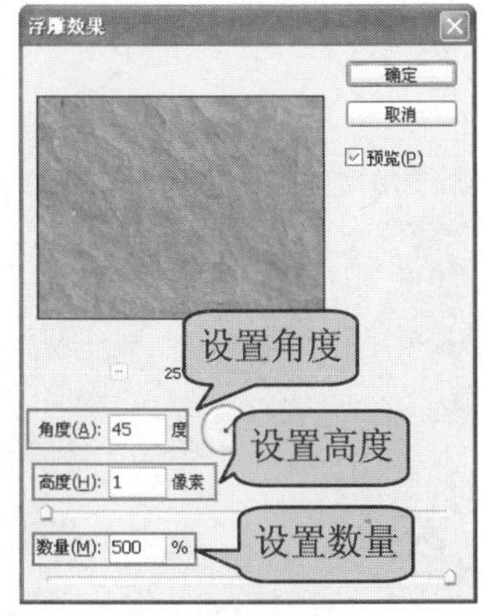

图 15-90　设置“浮雕效果”对话框

图 15-91　图像效果

提示

此处必须将制作的背景效果进行存储，因为在使用“置换”滤镜时将会提示选择一张置换图。

步骤 4 执行“文件>打开”命令，打开需要处理的照片“DVD1\源文件\第 15 章\素材\151101.jpg”，如图 15-92 所示。单击工具箱中的“移动工具”按钮，将刚刚打开的照片 151101.jpg 拖入到 15-11-1.psd 文件中，如图 15-93 所示。

图 15-92　打开文件

图 15-93　拖入照片

提示

本步骤将打开的照片从一个文件拖入到另一个文件，也可以直接在 15-11-1.psd 文件中执行“文件>置入”命令，将照片 151101.jpg 置入到文件中。

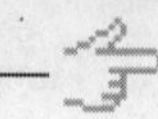

步骤 5 选择“图层 1”图层，执行“滤镜>扭曲>置换”命令，打开“置换”对话框，参数设置如图 15-94 所示，单击“确定”按钮完成设置，弹出“选择一个置换图”对话框，选择刚刚存储的 15-11-1.psd，单击“打开”按钮，照片效果如图 15-95 所示。

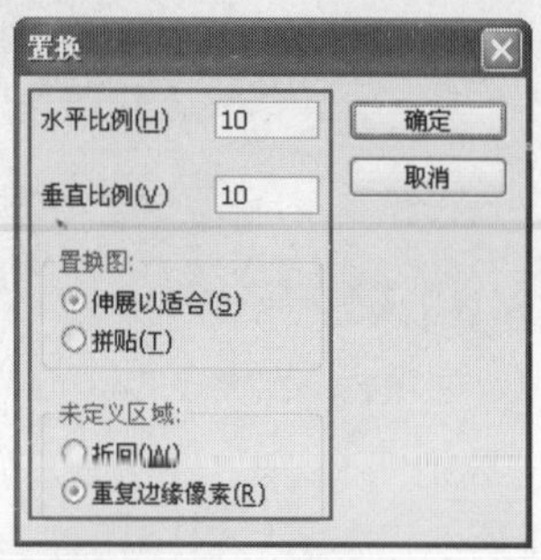

图 15-94 设置“置换”对话框

图 15-95 照片效果

步骤 6 在“图层”面板上设置“图层 1”的“混合模式”为“叠加”，“图层”面板如图 15-96 所示，照片效果如图 15-97 所示。

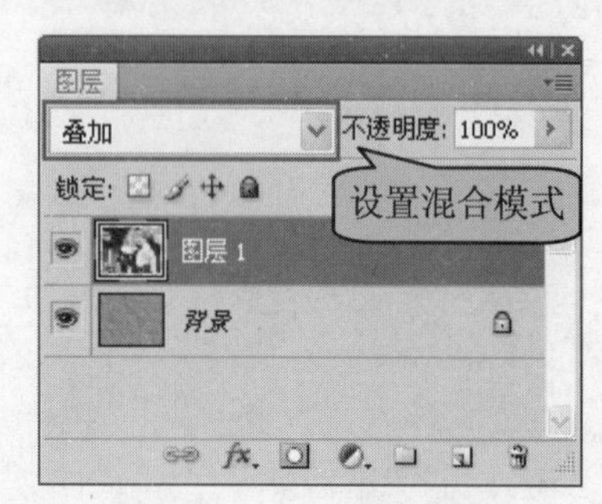

图 15-96 “图层”面板

图 15-97 照片效果

步骤 7 选择“背景”图层，在“调整”面板中单击“创建新的色阶调整图层”按钮，在“调整”面板中进行如图 15-98 所示的设置，照片效果如图 15-99 所示。

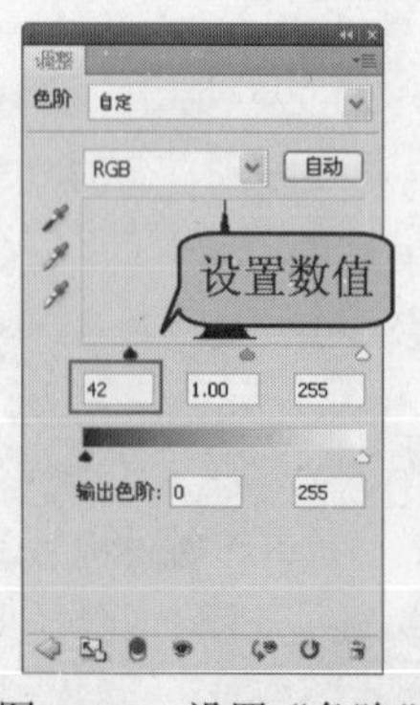

图 15-98 设置“色阶”

图 15-99 照片效果

提示

在本步骤中设置“色阶”是为了将图像调暗一些。

步骤 8 选择“背景”图层，按住 Ctrl 键的同时单击“图层 1”的图层缩览图，调出“图层 1”的选区，如图 15-100 所示，执行“图层>新建>通过拷贝的图层”命令，将选区中的图像复制并新建一个图层，如图 15-101 所示。

图 15-100 创建选区

图 15-101 “图层”面板

步骤 9 选择“背景”图层，设置工具箱中的“前颜色”值为 RGB（255，255，255），按快捷键 Alt+Delete 填充前景色，如图 15-102 所示，“图层”面板如图 15-103 所示。

图 15-102 图像效果

图 15-103 “图层”面板

步骤 10 选择“图层 2”，在“图层”面板上单击“添加图层样式”按钮 fx，在打开的菜单中选择“投影”选项，打开“图层样式”对话框，参数设置如图 15-104 所示，单击“确定”按钮完成设置，照片效果如图 15-105 所示。

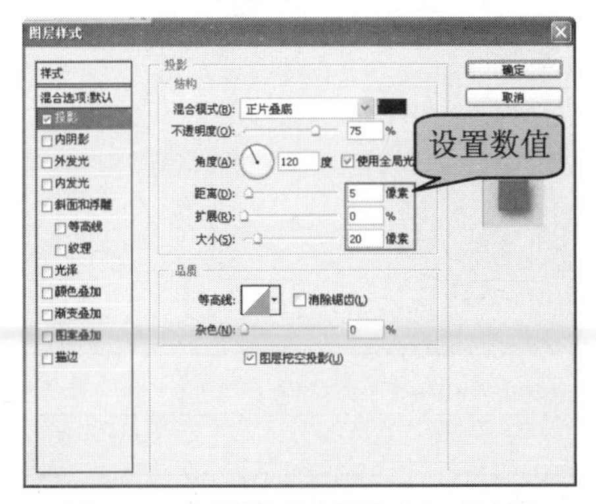

图 15-104 设置“图层样式”对话框

图 15-105 照片效果

步骤 11 制作完褶皱照片后，执行“文件>存储为”命令，将照片存储为 PSD 文件。

实例小结

本实例首先使用“云彩”、“分层云彩”和“浮雕效果”三种滤镜制作褶皱背景的效果，并将制作的背景进行存储。接着置入素材图片，并使用“置换”滤镜使素材图像产生褶皱的感觉，再调整素材图像所在图层的“混合模式”，最终完成褶皱照片效果的制作。

Example 实例 294 制作梦幻黑白照片

案例文件	DVD1\源文件\第 15 章\15-12.psd
视频文件	DVD2\视频\第 15 章\15-12.avi
难易程度	★★★☆☆
视频时间	4 分 12 秒

步骤 1 新建文档，打开两张人物照片，拖入到文档中调整其大小和角度，执行“去色”命令后设置其中一张照片的不透明度值为 30%。

步骤 2 打开背景素材图像，将其拖入到前面的文档中，设置相应的图层混合模式，并添加蒙版进行擦除。

步骤 3 拖入相应的素材图像，设置相应的混合模式，并添加蒙版。

步骤 4 最后使用画笔工具，为照片添加边框，完成个性黑白照片的制作。

Example 实例 295 制作石头人效果

案例文件	DVD1\源文件\第 15 章\15-13.psd
难易程度	★☆☆☆☆
视频时间	2 分 23 秒
技术点睛	本实例在制作过程中主要使用了“图层混合模式”和“图层蒙版”等命令，对图像进行相应的处理，从而达到石头人效果

思路分析

本实例中的原始图像是一般的人物照片，通过使用“图层混合模式”及“图层蒙版”等命令，将两张图像合成为一张图像，形成了石头人效果，本实例的最终效果如图 15-106 所示。

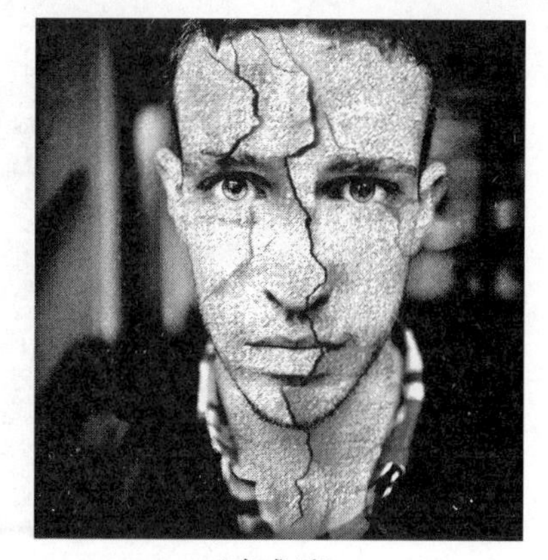

（合成前）　　　　（合成后）

图 15-106　制作前和制作后的效果对比

制作步骤

步骤 1 打开照片“DVD1\源文件\第 21 章\素材\151301.jpg 和 151302.jpg”，效果如图 15-107 所示。

图 15-107　图像效果

步骤 2 将 151302.jpg1 文件拖入到 51301.jpg 文件中，自动生成“图层 1”图层，使用“自由变换”命令将图像旋转，调整到合适的位置，如图 15-108 所示。设置“图层 1”图层的混合模式为“正片叠底”，图像效果如图 15-109 所示。

图 15-108　拖入文件

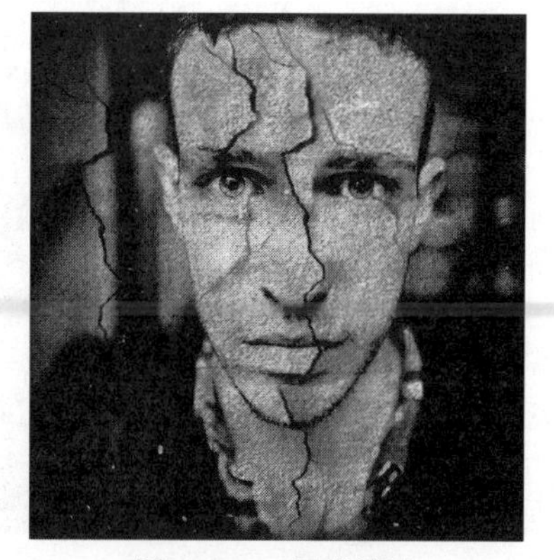

图 15-109　图像效果

步骤 3 为“图层 1”添加“图层蒙版”，单击工具箱中的“画笔工具”按钮，设置相应的“笔触”和“笔触大小”，设置“前景色”为黑色，在画布中进行涂抹，将不需要的部分隐藏，如图 15-110 所示。单击“图层”面板上的“创建新的填充或调整图层”按钮，在打开的菜单中选择“曝光度”选项，在打开的“调整”面板中设置如图 15-111 所示。

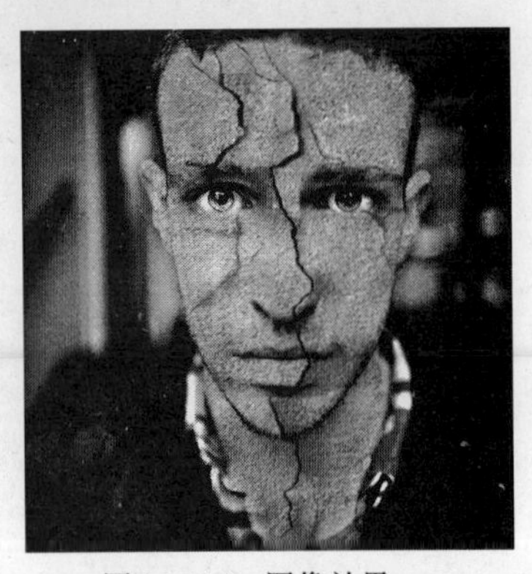

图 15-110　图像效果

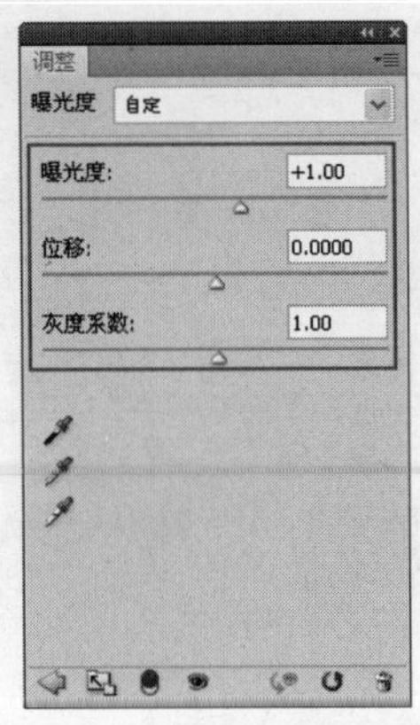

图 15-111　设置“调整”面板

步骤 4 完成“调整”面板设置，图像效果如图 15-112 所示。载入“图层 1”蒙版选区，按快捷键 Shift+Ctrl+I 将选区反选，选择“曝光度 1”图层蒙版，设置“前景色”为黑色，按快捷键 Alt+Delete 填充前景色，并使用“画笔工具”，设置“前景色”为白色，在眼睛部分进行涂抹，如图 15-113 所示。

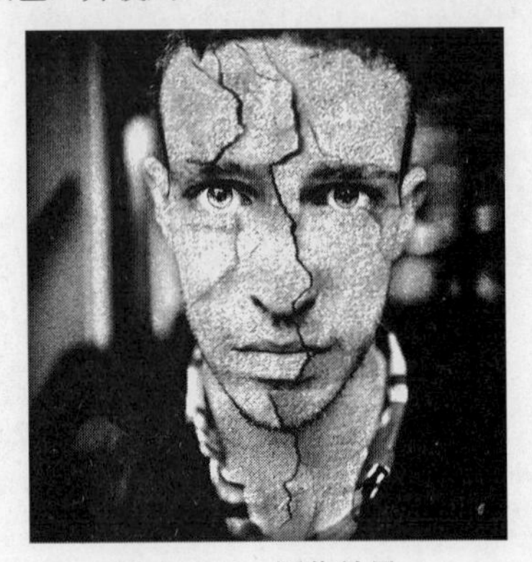

图 15-112　图像效果

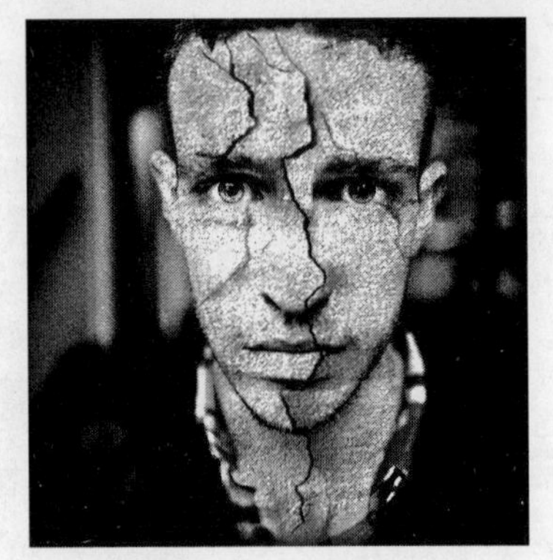

图 15-113　图像效果

步骤 5 再次将“图层 1”蒙版选区载入，选择“曝光度 1”图层，新建“图层 2”，设置“前景色”为 RGB（51，30，1），填充前景色，如图 15-114 所示。设置“图层 2”的“混合模式”为“颜色”，效果如图 15-115 所示。

图 15-114　填充前景色

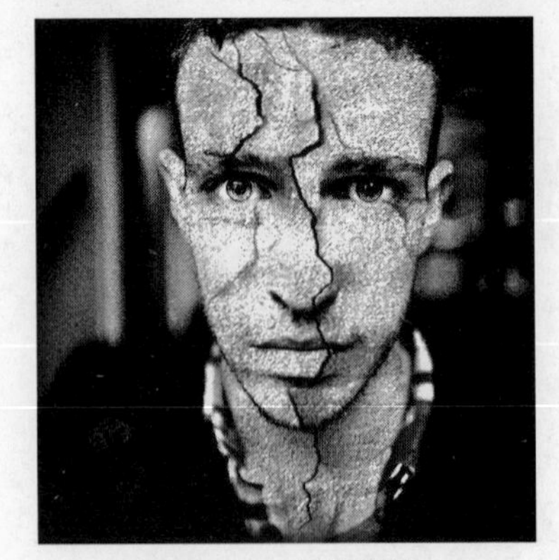

图 15-115　图像效果

步骤 6 制作完石头人效果后，执行“文件>存储为”命令，将文件保存为 PSD 文件。

实例小结

本实例通过使用“图层混合模式”及“图层蒙版”等命令，将两张图像很好地结合在一起。在制作过程中，读者应注意图层蒙版的应用。

Example 实例 296　制作照片层叠成角线条背景

案例文件	DVD1\源文件\第 15 章\15-14.psd
视频文件	DVD2\视频\第 15 章\15-14.avi
难易程度	★★★☆☆
视频时间	4 分 47 秒

步骤 1 新建文档，使用“云彩”滤镜，并分别复制两个图层。并为三个图层设置不同的“马赛克”滤镜。

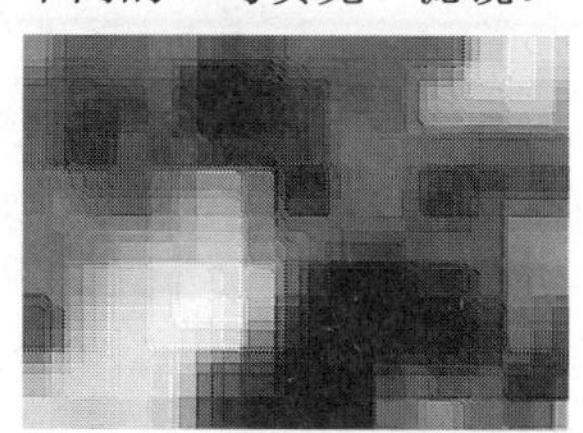

步骤 2 设置三个图层为“滤色”混合模式。合并图层，使用“成角的线条”滤镜。并使用“变化”命令添加颜色。

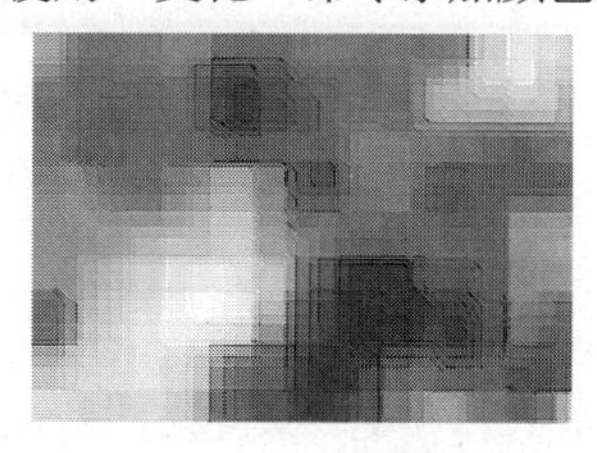

步骤 3 拷贝蝴蝶照片到图片中，设置“混合模式”为“滤色”，并添加蒙版。

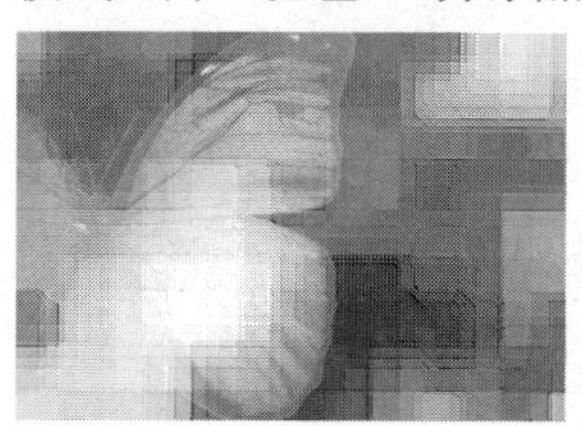

步骤 4 输入文本，完成制作。

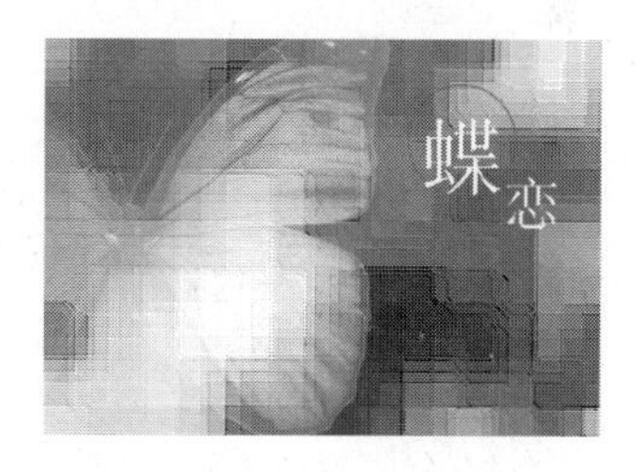

Example 实例 297　制作多彩梦幻桌面

案例文件	DVD1\源文件\第 15 章\15-15.psd
难易程度	★★★★☆
视频时间	8 分 6 秒
技术点睛	定义图案，通过图案填充和渐变颜色填充制作出桌面背景的效果，在通道中对人物选区进行操作，并填充渐变颜色

思路分析

本实例中的原照片只是一张普通的人物照片，可以通过在 Photoshop 中的处理制作，将人物照片制作成为多彩的梦幻桌面壁纸，本实例的最终效果如图 15-116 所示。

（处理前）

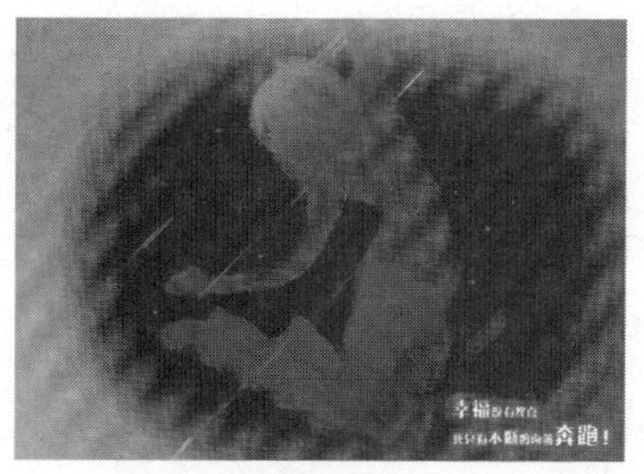

（处理后）

图 15-116　制作前和制作后的效果对比

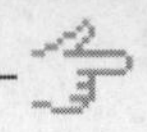

制 作 步 骤

步骤 1 执行“文件>新建”命令，打开“新建”对话框，参数设置如图 15-117 所示，单击“确定”按钮新建一个空白文档。新建“图层 2”，将图像放大，单击工具箱中的“矩形选框工具”按钮，在画布右上角绘制一个矩形并填充为黑色，如图 15-118 所示。

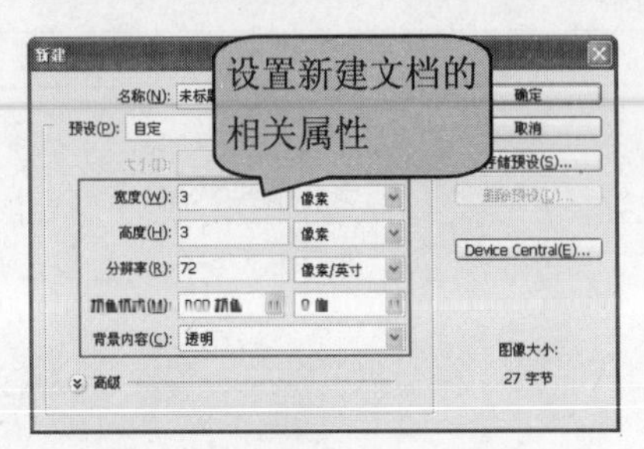

图 15-117 设置“新建”对话框

图 15-118 图像效果

步骤 2 复制“图层 2”两次，得到“图层 2 副本”和“图层 2 副本 2”，分别调整这两个图层上的图形到合适的位置，图像效果如图 15-119 所示，“图层”面板如图 15-120 所示。

图 15-119 图像效果

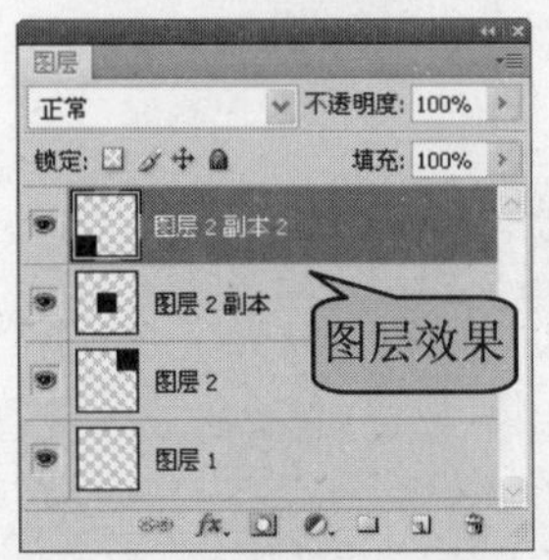

图 15-120 “图层”面板

步骤 3 执行“编辑>定义图案”命令，打开“定义图案”对话框，设置“名称”为“图案 1”，如图 15-121 所示，单击“确定”按钮完成设置。执行“文件>新建”命令，打开“新建”对话框，参数设置如图 15-122 所示。

图 15-121 设置“图案名称”对话框

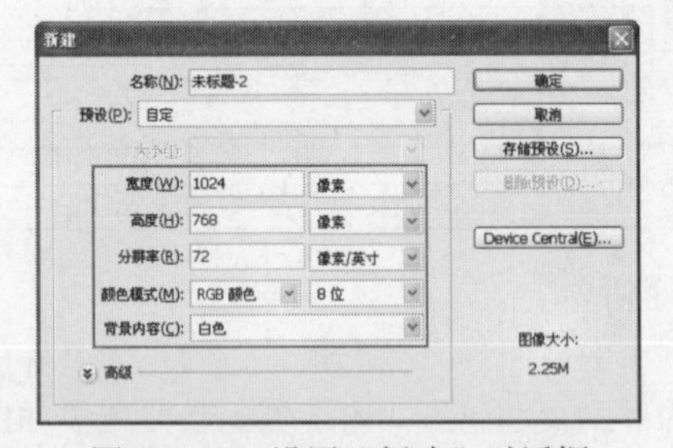

图 15-122 设置“新建”对话框

提示 在将照片处理为电脑桌面壁纸时，应该注意桌面壁纸的尺寸。目前最常见的分辨率尺寸大小为 1024 像素 × 768 像素，也有一些宽屏的显示器，其分辨率还要大，在制作前一定要清楚需要制作多大分辨率的壁纸，再根据需要新建相应分辨率大小的文档，在本实例中以 1024 × 768 分辨率为例，制作桌面壁纸。

步骤 4 单击“确定”按钮，新建一个空白文档，在工具箱中设置“前景色”为 RGB（230，212，167），按快捷键 Alt+Delete 填充前景色，如图 15-123 所示。单击工具箱中的“油漆桶工具”按钮，在“选项”栏上选择“图案”填充，在“图案”下拉列表中选择刚刚定义的图案，如图 15-124 所示。

图 15-123　填充颜色

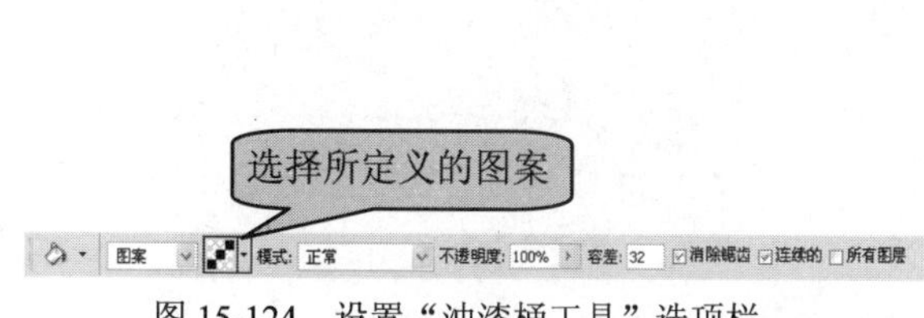

图 15-124　设置“油漆桶工具”选项栏

> **提示**　通过定义图案，再通过图案填充的方式，可以快速地将所定义的图案填充在整个画布中，实现纹理的效果。

步骤 5　新建“图层 1”，使用“油漆桶工具”在画布上单击填充图案，效果如图 15-125 所示。新建“图层 2”，单击工具箱中的“渐变工具”按钮，单击“选项”栏上的“渐变预览条”按钮，打开“渐变编辑器”对话框，在“预设”选项区中单击“透明彩虹渐变”图标，参数设置如图 15-126 所示。

图 15-125　填充图案

图 15-126　设置“渐变编辑器”对话框

> **技巧**　在“渐变编辑器”对话框中的“预设”区域中预设了多种渐变颜色的效果，可以通过选择不同的渐变颜色效果来实现不同的感觉。

步骤 6　单击“确定”按钮完成设置，从画布左上角到右下角拖动鼠标填充渐变颜色，如图 15-127 所示。选择“图层 2”，执行“滤镜>模糊>高斯模糊”命令，打开“高斯模糊”对话框，参数设置如图 15-128 所示。

图 15-127　填充图案

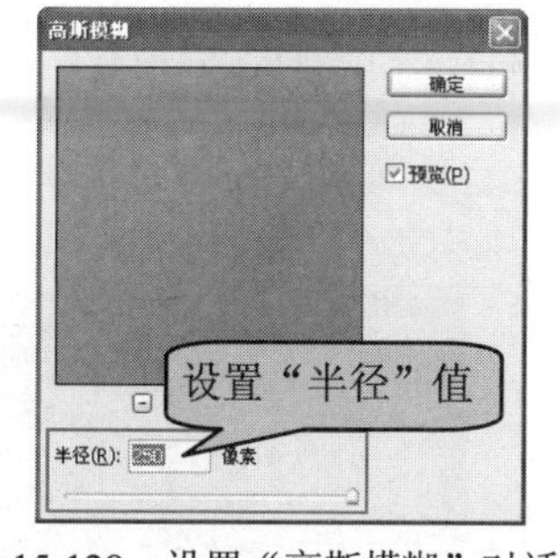

图 15-128　设置“高斯模糊”对话框

步骤 7　单击“确定”按钮完成设置，图像效果如图 15-129 所示。单击“图层”面板上的“添加图层蒙版”按钮，为“图层 2”添加图层蒙版，如图 15-130 所示。

图 15-129　图像效果

图 15-130　添加图层蒙版

步骤 8 单击工具箱中的“画笔工具”按钮，在“选项”栏上选择一种合适的圆形笔触，设置“前景色”为 RGB（0，0，0），使用“画笔工具”在图像上进行涂抹，涂抹出随意的一部分，图像效果如图 15-131 所示，“图层”面板如图 15-132 所示。

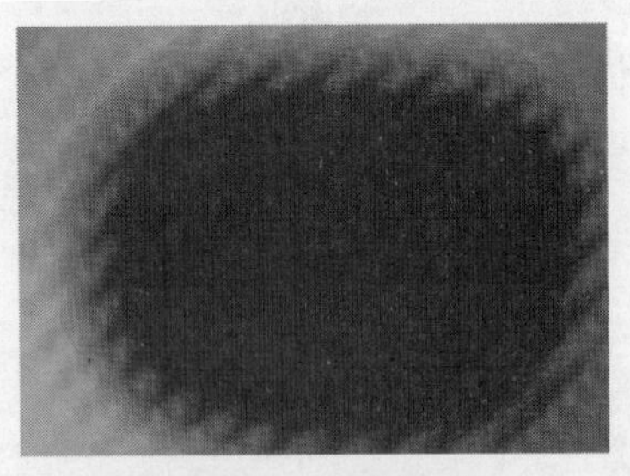

图 15-131　图像效果

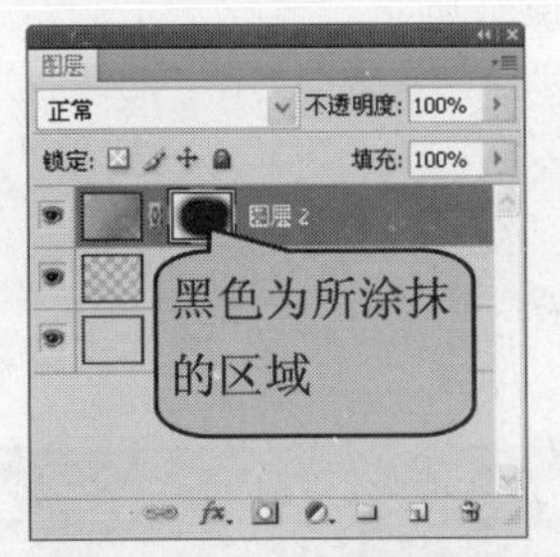

图 15-132　“图层”面板

步骤 9 执行“文件>打开”命令，打开需要处理的照片“DVD1\源文件\第 15 章\素材\151501.jpg”，图像效果如图 15-133 所示。单击工具箱中的“移动工具”按钮，将该照片拖入刚刚制作的背景文件中，并将其他图层全部隐藏，如图 15-134 所示。

图 15-133　打开照片

图 15-134　移动照片

步骤 10 执行“窗口>通道”命令，打开“通道”面板，观察哪个通道中的图像最亮，这里选择“绿”通道，如图 15-135 所示。按住键盘上的 Ctrl 键不放，单击“绿”通道缩览图，截入“绿”通道选区，如图 15-136 所示。

图 15-135　选择“绿”通道

图 15-136　载入“绿”通道选区

步骤 11 单击“通道”面板上的“创建新通道”按钮，新建 Alpha1 通道，如图 15-137 所示。该通道应该显示为黑色，如图 15-138 所示。

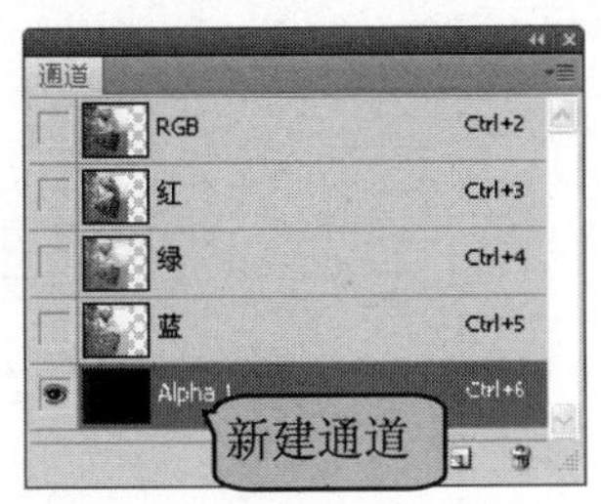

图 15-137　新建 Alpha1 通道

图 15-138　Alpha1 通道效果

步骤 12 将 Alpha1 通道中的选区填充为白色，按快捷键 Ctrl+D 取消选区，图像效果如图 15-139 所示。单击工具箱中的“画笔工具”按钮，设置“前景色”为 RGB（255，255，255），在“选项”栏上选择一个软边的画笔，如图 15-140 所示。

图 15-139　图像效果

图 15-140　设置“画笔工具”选项栏

步骤 13 使用“画笔工具”在图像上进行涂抹，如图 15-141 所示。相同的方法，涂抹出人物边缘虚化的效果，如图 15-142 所示。

图 15-141　涂抹图像

图 15-142　图像效果

步骤 14 按住 Ctrl 键不放，单击 Alpha1 通道缩览图，载入 Alpha1 通道选区，如图 15-143 所示。按快捷键 Ctrl+Shift+I 反向选择选区，如图 15-144 所示。

图 15-143　载入选区

图 15-144　反向选区

步骤 15 在“通道”面板中单击选择 RGB 通道，返回“图层”面板，新建“图层 4”，为选区填充任意颜色，按快捷键 Ctrl+D 取消选区，如图 15-145 所示。选择“图层 4”，单击“添加图层样式”按钮，在打开的菜单中选择“渐变叠加”选项，打开“图层样式”对话框，单击“渐变预览条”，打开“渐变编辑器”对话框，在“预设”选项区中单击“黄、紫、橙、蓝渐变”图标，并对该渐变进行相应的调整，如图 15-146 所示。

图 15-145　图像效果

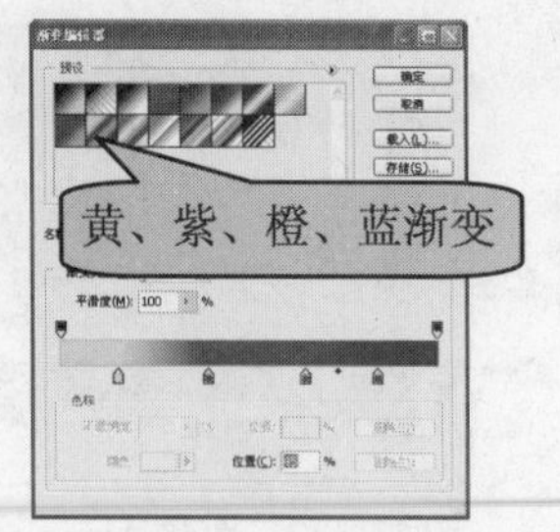

图 15-146　设置“渐变编辑器”对话框

步骤 16 单击“确定”按钮完成设置。再在“图层样式”对话框中进行相应的设置，如图 15-147 所示，单击“确定”按钮完成设置，图像效果如图 15-148 所示。

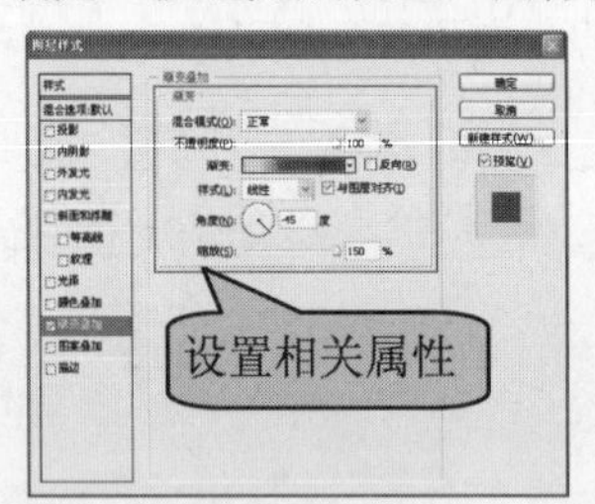

图 15-147　设置“图层样式”对话框

图 15-148　图像效果

> **提示** 使用“渐变叠加”图层样式的好处在于，可以随时更改渐变颜色设置，使得渐变颜色更改起来非常方便。

步骤 17 在“图层”面板中将“图层 3”隐藏，并显示出其他图层，如图 15-149 所示，图像效果如图 15-150 所示。

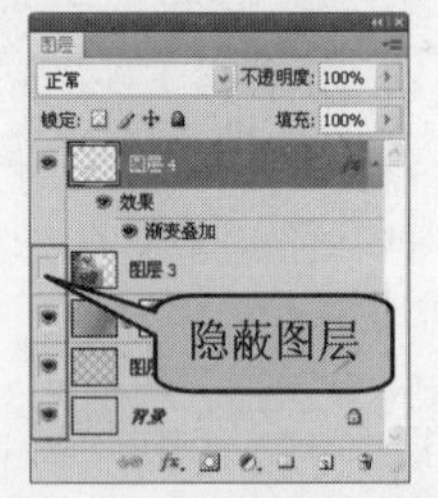

图 15-149　“图层”面板

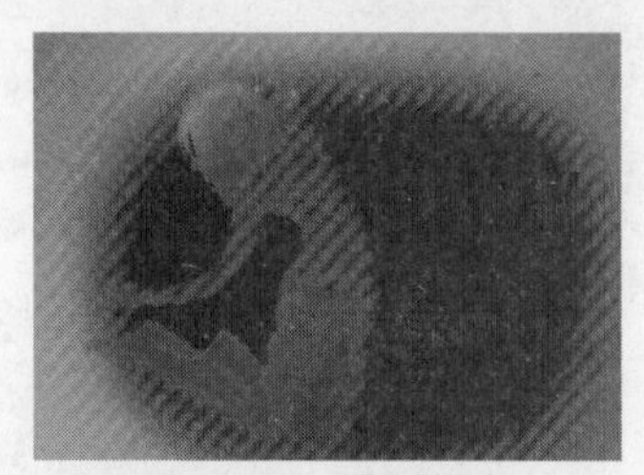

图 15-150　图像效果

步骤 18 选择“图层 4”，单击工具箱中的“选择工具”按钮，调整该图层上图像的位置。复制“图层 4”，得到“图层 4 副本”图层，选择“图层 4 副本”图层，执行“滤镜>模糊>高斯模糊”命令，打开“高斯模糊”对话框，设置如图 15-151 所示，单击“确定”按钮完成设置，图像效果如图 15-152 所示。

图 15-151　设置“高斯模糊”对话框

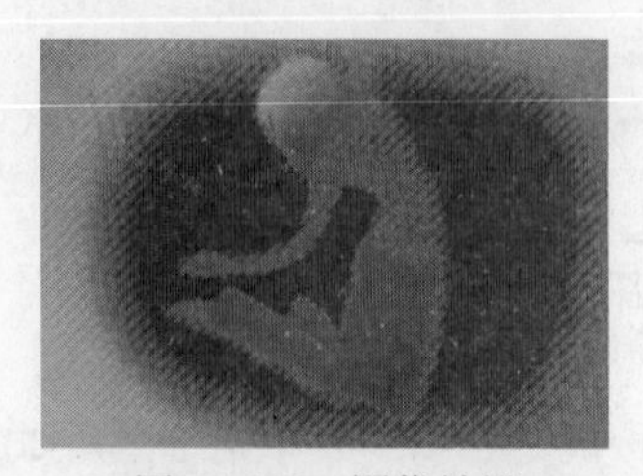

图 15-152　图像效果

步骤 19 选择“图层 4 副本”，设置该图层的“混合模式”为“强光”，“不透明度”为 50%，如图 15-153 所示，图像效果如图 15-154 所示。

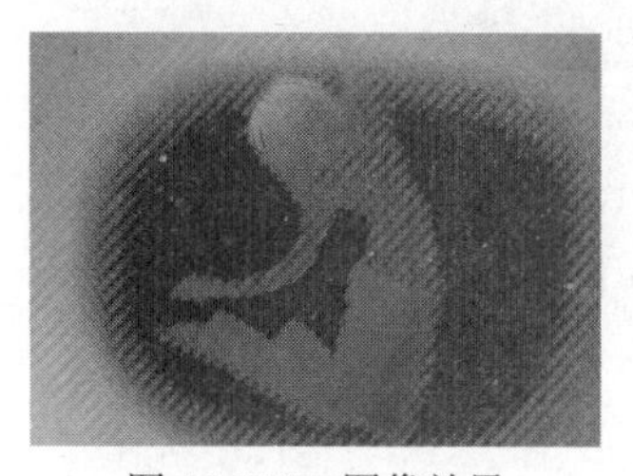

图 15-153　“图层”面板　　　　图 15-154　图像效果

步骤 20 新建“图层 5”，单击工具箱中的“矩形选框工具”按钮，按住键盘上的 Shift 键，在图像中绘制多个矩形选区，如图 15-155 所示。设置工具箱中的“前景色”为 RGB（255，255，255），按快捷键 Alt+Delete 在选区中填充前景色，按快捷键 Ctrl+D 取消选区，效果如图 15-156 所示。

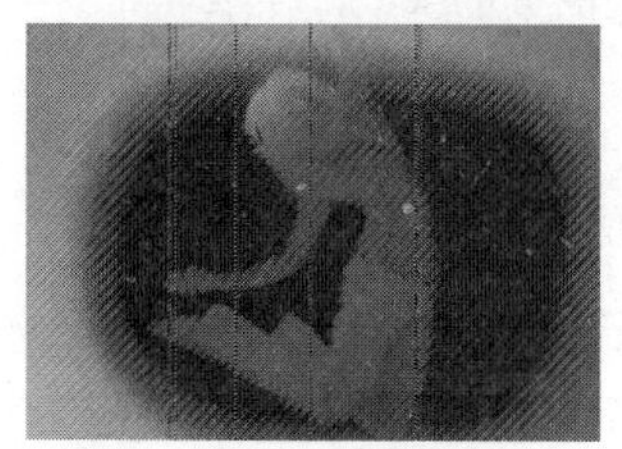

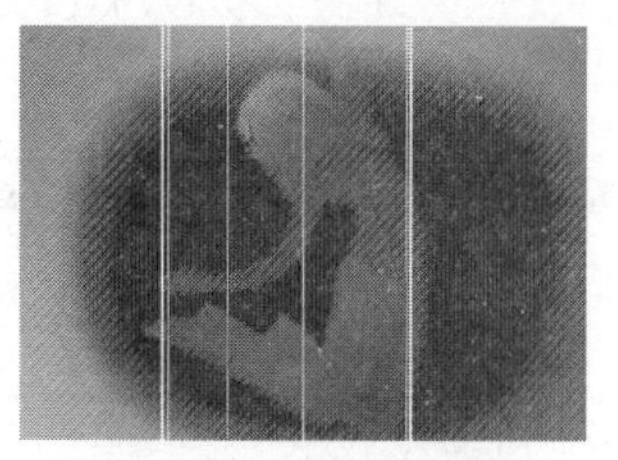

图 15-155　创建选区　　　　图 15-156　图像效果

步骤 21 选择“图层 5”，按快捷键 Ctrl+T，调出自由变换框，将所绘制矩形旋转 45 度，并调整到合适的位置，如图 15-157 所示。单击工具箱中的“橡皮擦工具”按钮，在白色矩形在上进行擦除调整，图像效果如图 15-158 所示。

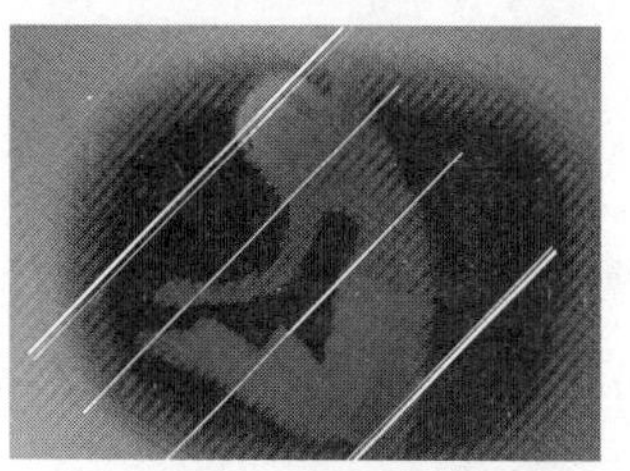

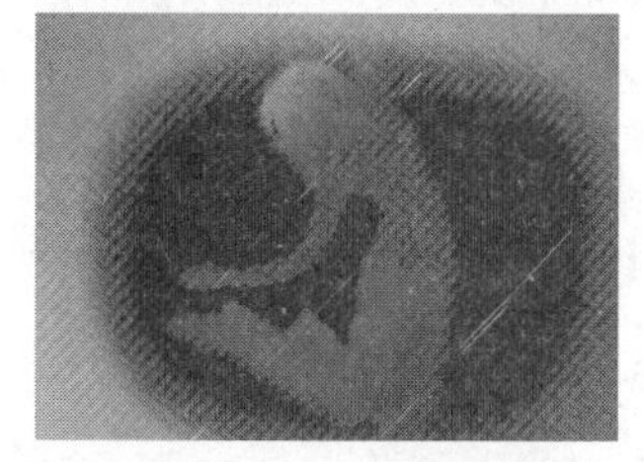

图 15-157　旋转图像　　　　图 15-158　图像效果

> **提示**　在使用“橡皮擦工具”擦除相关图形时，可以根据实际需要，在操作的过程中，随时改变笔触的大小及“不透明度”等设置，使得擦除的效果更好。

步骤 22 选择“图层 5”，执行“滤镜>模糊>径向模糊”命令，打开“径向模糊”对话框，参数设置如图 15-159 所示，单击“确定”按钮完成设置，图像效果如图 15-160 所示。

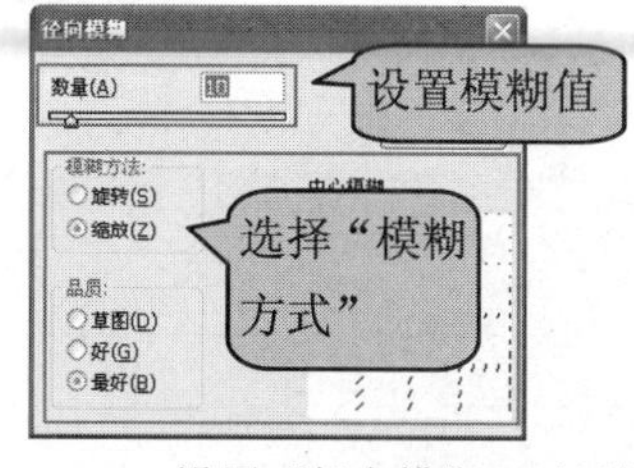

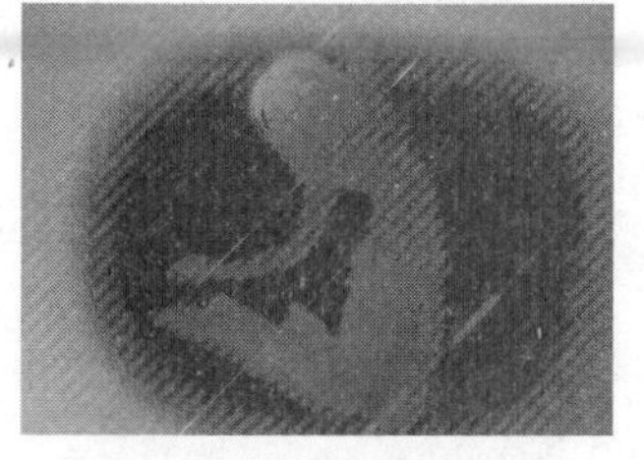

图 15-159　设置“径向模糊”对话框　　　　图 15-160　图像效果

步骤 23 单击工具箱中的“横排文字工具”按钮 T，在图像上合适的位置输入相应的文字内容，并调整到合适的字体和大小，如图 15-161 所示。选择文字所在图层，单击“添加图层样式”按钮 fx，在弹出菜单中选择“外发光”选项，打开“图层样式”对话框，设置如图 15-162 所示。

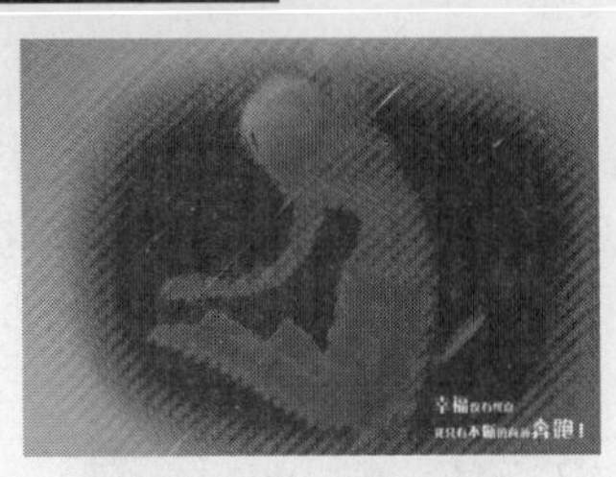

图 15-161　输入文字

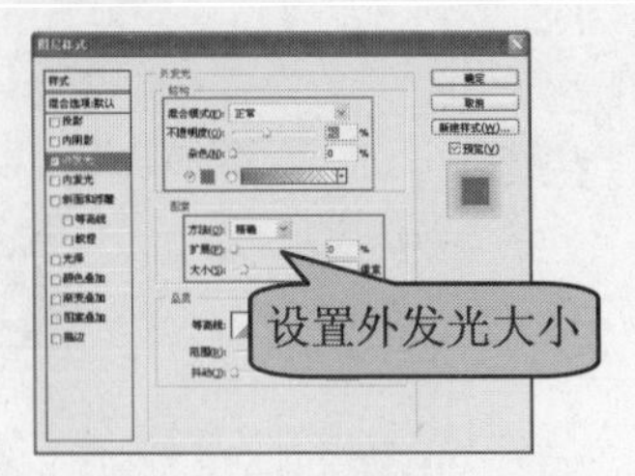

图 15-162　设置"图层样式"对话框

步骤 24 单击"确定"按钮完成设置。制作完多彩梦幻桌面后，执行"文件>存储为"命令，将照片保存为 PSD 文件。

实例小结

本实例介绍如何将一张普通的人物照片处理为梦幻的桌面壁纸，在抠取人物图像时，需要注意人物图像的细节，以及边缘的平滑过渡。

Example 实例 298 制作时尚梦幻效果

案例文件	DVD1\源文件\第 15 章\15-16.psd
视频文件	DVD2\视频\第 15 章\15-16.avi
难易程度	★★★☆☆
视频时间	3 分 32 秒

步骤 1 打开需要处理的人物照片并复制，应用"高斯模糊"滤镜，添加蒙版对人物进行磨皮。

步骤 2 新建图层，使用"画笔工具"为人物添加睫毛。

步骤 3 打开素材，调整其大小并对其执行旋转，设置相应的图层混合模式，并添加蒙版。

步骤 4 使用相应的素材图像，适当的进行处理，完成时尚梦幻效果的制作。

Example 实例 299 制作梦幻唯美效果

案例文件	DVD1\源文件\第 15 章\15-17.psd
难易程度	★★★★☆
视频时间	5 分 57 秒
技术点睛	利用"反相"、"快速蒙版"、"高斯模糊"滤镜、"画笔"和"图层样式"等命令，制作梦幻相框效果

思路分析

本实例中的原照片比较普通，可以利用“反相”、“快速蒙版”、“高斯模糊”滤镜、“画笔”和“图层样式”等命令，制作精美的梦幻唯美的效果，本实例最终效果如图 15-163 所示。

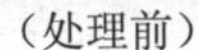

（处理前）

（处理后）

图 15-163　制作前和制作后的效果对比

制作步骤

步骤 1 执行“文件>打开”命令，打开需要处理的照片“DVD1\源文件\第 15 章\素材\151701.jpg”，如图 15-164 所示。复制“背景”图层，得到“背景 副本”图层，如图 15-165 所示。

图 15-164　打开文件

图 15-165　复制图层

步骤 2 执行“图像>调整>反相”命令，将照片反相处理，效果如图 15-166 所示。设置“背景 副本”通层的“混合模式”为“颜色”，照片效果如图 15-167 所示。

图 15-166　照片效果

图 15-167　照片效果

> **提示**　在对图像进行反相时，通道中每个像素的亮度值都会转换为 256 级颜色值标度上相反的值。例如，正片图像中值为 255 的像素会被转换为 0，值为 5 的像素会被转换为 250。

步骤 3 隐藏“背景 副本”图层，选择“背景”图层，单击工具箱中的“以快速蒙版模式编辑”按钮，进入快速蒙版编辑状态，单击工具箱中的“画笔工具”按钮，设置“前景色”为 RGB（0，0，0），在画布中涂抹人物部分，如图 15-168 所示。单击工具箱中的“以标准模式编辑”按钮，退出快速蒙版编辑状态，执行“选择>反向”命令，反向选择选区，再执行“图层>新建>通过拷贝的图层”命令，复制选区，得到“图层 1”图层，并将“图层 1”移至图层顶部，如图 15-169 所示。

图 15-168　绘制选区

图 15-169　拷贝图层

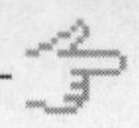

步骤 4 显示“背景 副本”图层，新建“图层 2”，按快捷键 Ctrl+Shift+Alt+E 盖印可见图层，如图 15-170 所示。复制“图层 2”得到“图层 2 副本”，执行“滤镜>模糊>高斯模糊”命令，打开“高斯模糊”对话框，参数设置如图 15-171 所示。

图 15-170 照片效果

图 15-171 设置“高斯模糊”对话框

提示

盖印可见层就是把下面所有的可见图层全部合并到一个新图层里，但保留了下面原有的所有层，方便以后修改。

在合并图层时，较高图层上的数据替换它所覆盖的较低图层上的数据。在合并后的图层中，所有透明区域的交叠部分都会保持透明。

步骤 5 单击“确定”按钮完成设置，照片效果如图 15-172 所示。设置“图层 2 副本”的“混合模式”为“颜色”，照片效果如图 15-173 所示。

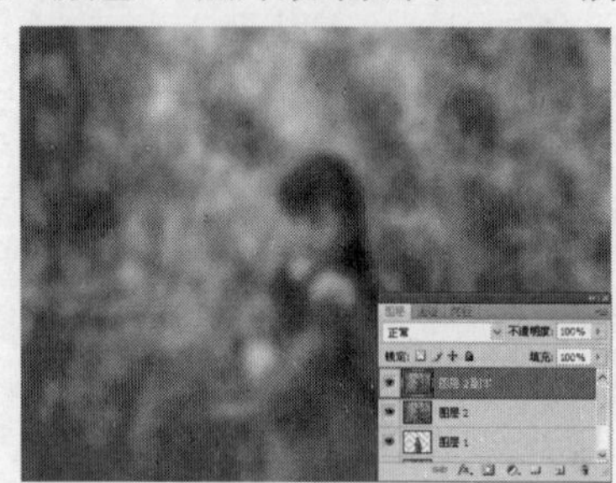

图 15-172 照片效果

图 15-173 照片效果

步骤 6 新建“图层 3”单击工具箱中的“画笔工具”按钮，单击“选项”栏上的“切换画笔面板”按钮，打开“画笔”面板，分别设置“画笔笔尖形状”、“形状动态”和“散布”选项，具体参数设置如图 15-174 所示。

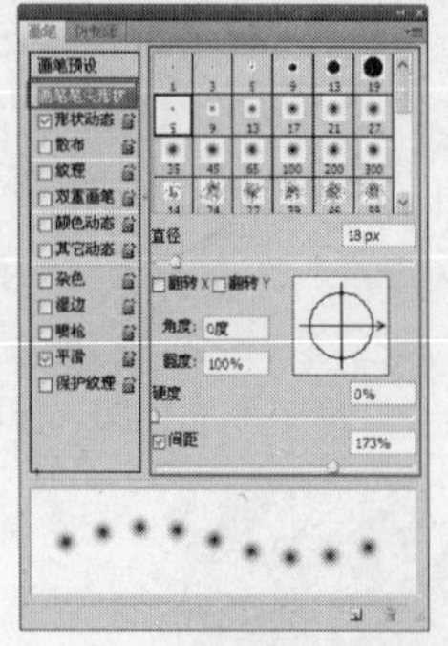

设置“画笔笔尖形状”

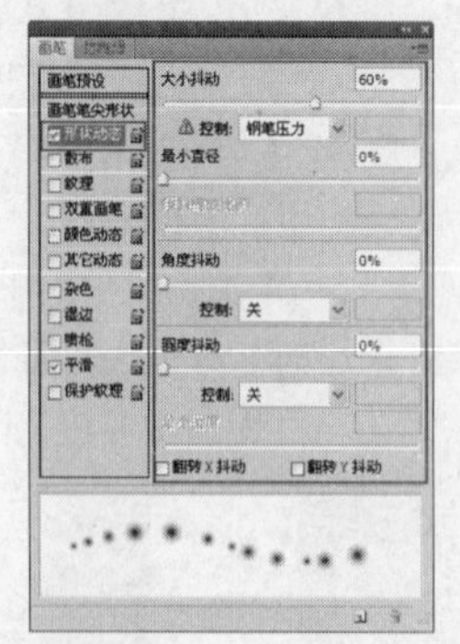

设置“形状动态”

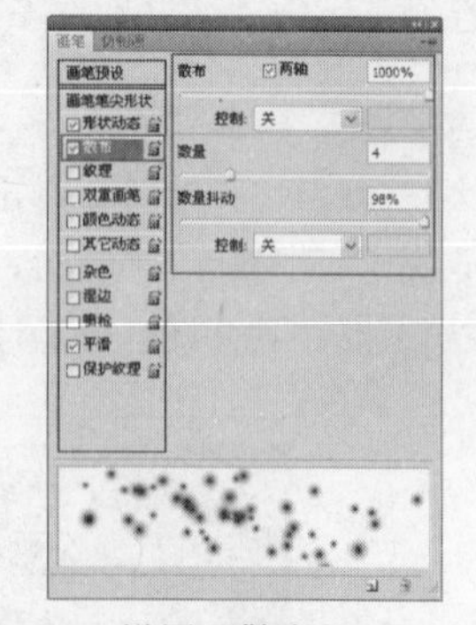

设置“散布”

图 15-174 设置“画笔”面板

步骤 7 完成面板的设置，在画布中合适的位置进行绘制，效果如图 15-175 所示。选择“图层 3”单击“创建新的填充或调整图层”按钮，在菜单中选择“色阶”命令，在打开的“调整”面板中进行设置，如图 5-176 所示。

图 15-175　照片效果

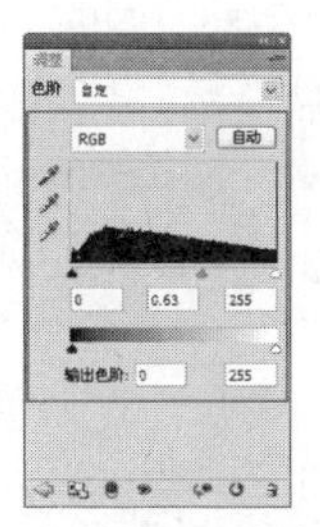
图 15-176　设置“调整”面板

步骤 8　完成“调整”面板的设置，照片效果如图 15-177 所示。新建“图层 4”，按快捷键 Ctrl+Shift+Alt+E 盖印可见图层，如图 15-178 所示。

图 15-177　照片效果

图 15-178　照片效果

步骤 9　按快捷键 Ctrl+T 调出自由变换框，调整“图层 4”图像的大小，并设置“图层 4”的“不透明度”为 60%，效果如图 15-179 所示。单击“图层”面板上的“添加图层蒙版”按钮，单击工具箱中的“画笔工具”，设置合适笔触、笔触大小，设置工具箱中的“前景色”为 RGB（0，0，0），在画布中将人物部分进行涂抹，效果如图 15-180 所示。

图 15-179　调整图像

图 15-180　图像效果

提示

因为前面的制作中有过对“画笔工具”的调整，所以再次使用画笔工具时，要进行新的调整。

步骤 10　复制“图层 4”，得到“图层 4 副本”图层，设置“图层 4 副本”的“混合模式”为“滤色”，“不透明度”为 50%，效果如图 15-181 所示。新建“图层 5”，按快捷键 Ctrl+Shift+Alt+E 盖印可见图层，并调出“图层 4 副本”选区，按 Delete 键清除选区中的内容，如图 15-182 所示。

图 15-181　图像效果

图 15-182　图像效果

步骤 11 按快捷键 Ctrl+D 取消选区。选择“图层 5”，单击“图层”面板上的“添加图层样式”按钮 fx，在菜单中选择“投影”选项，打开“图层样式”对话框，参数设置如图 15-183 所示，在“图层样式”对话框左侧的“样式”列表中勾选“斜面和浮雕”复选框，在右侧进行相应的设置，如图 15-184 所示。

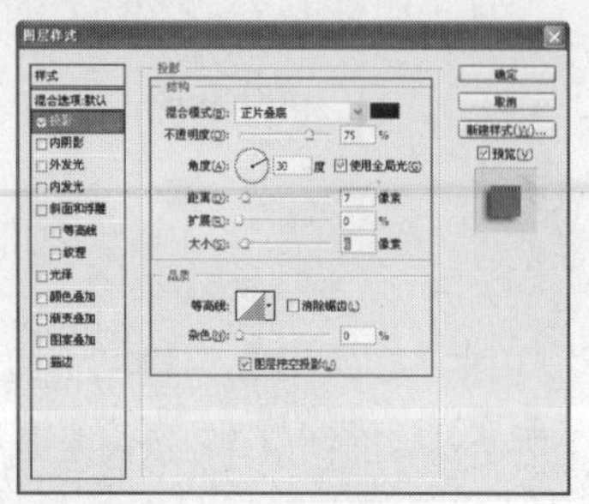

图 15-183 设置“投影”图层样式

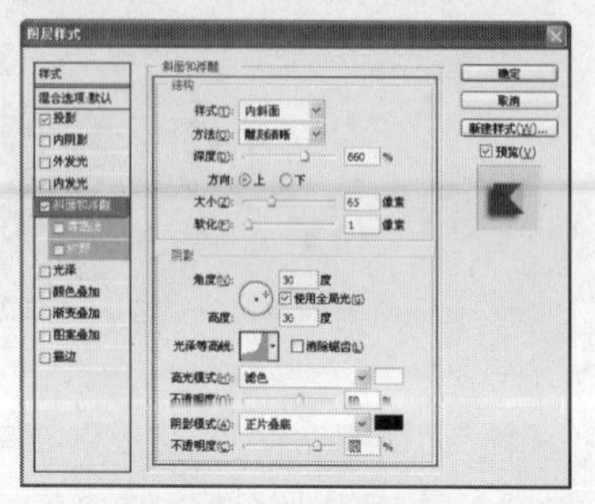

图 15-184 设置“斜面和浮雕”图层样式

步骤 12 在“图层样式”对话框左侧的“样式”列表中勾选“等高线”复选框，在右侧进行相应的设置，如图 15-185 所示。在“图层样式”对话框左侧的“样式”列表中勾选“颜色叠加”复选框，在右侧进行相应的设置，如图 15-186 所示。

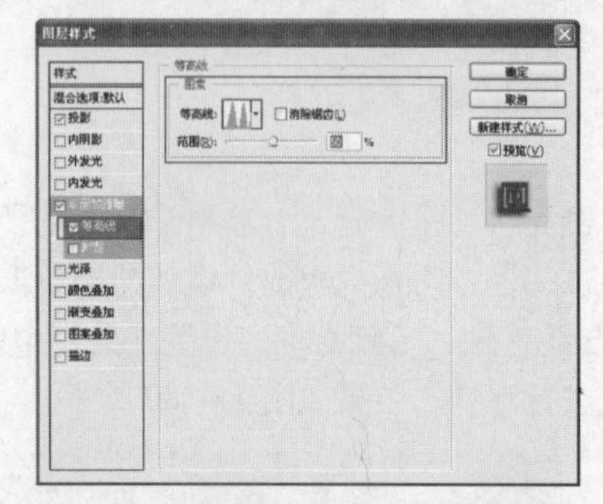

图 15-185 设置“等高线”图层样式

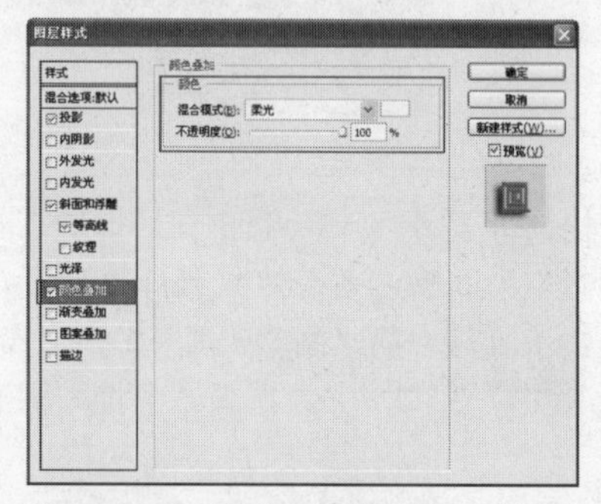

图 15-186 设置“颜色叠加”对话框

提示 在制作透明相框时，要根据实际情况进行相应的样式调整。

步骤 13 单击“确定”按钮完成设置，效果如图 15-187 所示。新建“图层 6”，单击工具箱中的“自定义形状工具”按钮，在“选项”栏中进行相应的设置，如图 15-188 所示。

图 15-187 图像效果

图 15-188 设置“自定义形状工具”选项栏

技巧 可以根据自己的喜好，在自定义形状中选择相应的形状，也可以通过下载外部自定义形状插件，使用自己喜欢的形状。

步骤 14 在场景中绘制路径，按快捷键 Ctrl+Enter 将路径转换为选区，将选区填充为白色，并在“图层”面板上设置“图层 6”的“不透明度”为 80%，效果如图 15-189 所示。单击工具箱中的“横排文字工具”按钮 T，选择合适的字体、字体大小，在场景中输入文字，如图 15-190 所示。

步骤 15 调出文字选区，选择“图层 6”图层，按 Delete 键清除选区内的内容，取消选区，并将文字层删除，如图 15-191 所示。复制“图层 6”，得到“图层 6 副本”图层，调整“图层 6 副本”图层的大小及位置，并在“图层”面板上设置“图层 6 副本”图层的“不透明度”为 50%，效果如图 15-192 所示。

图 15-189　图像效果

图 15-190　输入文字

图 15-191　图像效果

图 15-192　图像效果

步骤 16 制作完梦幻唯美效果后，执行“文件>存储为”命令，将照片存储为 PSD 文件。

实例小结

本实例主要讲解了在实际操作中如何使用“反相”、“快速蒙版”、“高斯模糊”滤镜、“画笔”和“图层样式”等命令，制作精美的梦幻效果。操作时应注意色调的调整及画笔的应用。

Example 实例 300　打造照片紫色梦幻背景

案例文件	DVD1\源文件\第 15 章\15-18.psd
视频文件	DVD2\视频\第 15 章\15-18.avi
难易程度	★★★☆☆
视频时间	3 分 4 秒

步骤 1 打开需要处理的照片，复制“背景”图层，得到“图层 副本”图层。

步骤 2 执行“曲线”命令，对图像进行调整。

步骤 3 执行“通道混合器”命令，对图像进行调整。并添加蒙版擦出人物部分。

步骤 4 执行“色相/饱和度”命令，对图像进行调整，加以装饰，完成制作。